生活垃圾焚烧厂渗滤液处理技术与工程实践

王天义　主　编

蔡曙光　胡延国　副主编

U0212078

化学工业出版社

·北京·

本书为一线工程技术人员多年来在渗滤液处理工艺设计、工程建设、设备安装、调试运行等方面的经验总结，全书共分 12 章，系统总结了渗滤液的预处理技术、厌氧生物处理技术、好氧生物处理技术、脱氮处理技术、深度处理技术、污泥与臭气处理技术，以及设备安装、调试、运行方法等。本书介绍的生活垃圾焚烧发电厂渗滤液处理技术细化到渗滤液处理工艺的每个单元以及工程安装和调试、运营等，内容系统、完整、案例内容翔实。

读者对象：生活垃圾渗滤液处理行业相关设计、建设、调试、管理人员等；各大高校、科研院所相关人员等。

图书在版编目（CIP）数据

生活垃圾焚烧厂渗滤液处理技术与工程实践／王天义主编 . —北京：化学工业出版社，2018.8（2025.5重印）
ISBN 978-7-122-32177-0

Ⅰ . ①生⋯ Ⅱ . ①王⋯ Ⅲ . ①垃圾处理 Ⅳ . ①X705

中国版本图书馆 CIP 数据核字（2018）第 106032 号

责任编辑：廉　静
责任校对：边　涛　　　　　　　　　装帧设计：王晓宇

出版发行：化学工业出版社（北京市东城区青年湖南街 13 号　邮政编码 100011）
印　　装：北京建宏印刷有限公司
787mm×1092mm　1/16　印张 22¾　字数 582 千字　2025 年 5 月北京第 1 版第 6 次印刷

购书咨询：010-64518888　　售后服务：010-64518899
网　　址：http://www.cip.com.cn
凡购买本书，如有缺损质量问题，本社销售中心负责调换。

定　　价：88.00 元　　　　　　　　　　　　　　　　版权所有　违者必究

《生活垃圾焚烧厂渗滤液处理技术与工程实践》
编写委员会

前 言

FOREWORD

《"十三五"全国城镇生活垃圾无害化处理设施建设规划》（以下简称《规划》）指出，到2020年底，直辖市、计划单列市和省会城市，其他城市以及县城的生活垃圾无害化处理率要分别达到100%、95%以上和80%以上；设市城市生活垃圾焚烧处理能力占无害化处理总能力的50%以上。预计"十三五"期间，我国生活垃圾焚烧处理产业将迎来发展高峰。生活垃圾成分复杂，有机质含量高，在储运、处置过程中产生大量的渗滤液，渗滤液的达标处理面临巨大压力。

我国垃圾渗滤液的处理经历了类似于城市污水处理工艺到厌氧、膜生物反应器膜深度处理系统等工艺的发展。随着人民生活水平日益提高，环保问题得到了越来越多的重视，我国对渗滤液处理的排放标准也逐渐提高。目前渗滤液处理普遍采用生物处理与深度处理相结合的工艺，但同时，系统产生的大量膜浓缩液给渗滤液处理带来诸多困难，膜浓缩液处置问题是当前的研究热点。

中国光大国际有限公司（简称"光大国际"）的垃圾焚烧项目遍布全国十七个省市，项目数量百余个，其中渗滤液处理设施是重要配套建设的内容，关系着十几项重要环保排放指标。光大国际历来都十分重视渗滤液处理的研发、设计、建设和运营，集中人力、资金等各方面资源进行攻关，不断精进工艺水平，严守高质量的建设标准，已经研发了四代渗滤液处理技术，为接近50座渗滤液处理项目服务，参与研发、设计和运行的人员接近五百人。

本书作者均为经验丰富的一线工程技术人员。根据光大国际多年来在渗滤液处理工艺设计、工程建设、设备安装、调试运行等方面经验，系统总结了相关知识，最终编写本书。第1、2章由孔芹、陆飞鹏、朱浩、彭磊、赵野、马法跃编写；第3章由徐璜、廖晓聪、何敏霞编写；第4、5章由张林、姚春阳、李向东、卢遥编写；第6章由安瑾、朱亚茹、陈方方编写；第7~9章由曾宪勇、童胜宝、王干、钱中华编写；第10~12章由古创、江景杰、陈杰、杨亚政编写。

本书编写的过程中得了中环协渗滤液专委会和光大国际领导、专家、运营管理人员的帮助和支持，他们是：陈小平、邵哲如、聂永丰、白浩、蒋旭东、许玉东、杨仕桥、朱福刚、陈忠、张洪波、吴凯、史焕明、桂宏桥、杨彭明、于磊等。

希望本书的出版能为从事渗滤液处理领域的技术人员提供指导和帮助。由于编者水平有限，书中的错误和纰漏在所难免，望广大读者不吝指正。

编者

2018 年 1 月

目 录
CONTENTS

第1章
概　述

随着城镇化的快速发展和人民生活水平的日益提高,我国城镇生活垃圾清运量仍在快速增长,在未来一段时间内,生活垃圾无害化处理能力仍相对不足。"十三五"期间,我国政府计划增强生活垃圾处理能力,以期实现垃圾的减量化、资源化和无害化处理的目标。规划指出"十三五"期间,全国规划新增生活垃圾无害化处理能力为50.97万吨/天,总投资约2518亿元,到2020年底,具备条件的直辖市、计划单列市和省会城市实现原生垃圾"零填埋",设市城市生活垃圾焚烧处理能力占无害化处理总能力的50%以上,其中东部地区达到60%以上。由此可见,我国生活垃圾处理方式将由卫生填埋逐渐向垃圾焚烧转型,处理规模不断增大,市场广阔。

目前,针对城市生活垃圾的处理,无论采用直接焚烧发电还是卫生填埋,都面临垃圾渗滤液处理的难题。渗滤液成分复杂、污染物浓度高,若处理不当会对地下水、土壤、大气等造成严重的二次污染。国内外均对渗滤液处理制定了严格的排放标准。我国在2008年颁布了《生活垃圾填埋场污染控制标准》（GB 16889—2008）,其中渗滤液处理排放标准显著升级,化学需氧量（COD_{Cr}）、氨氮等主要污染物指标受到严格管控。

综上所述,作为生活垃圾焚烧处置过程的配套项目,渗滤液处理已成为当前环保高压下监管部门重点督查对象,同时由于涉及污染物处置和排放问题,受到社会群众的密切关注和重视,因此垃圾渗滤液的处理和处置面临着新时期的严格考验。在环保新形势下,不仅要求环保企业严格管理垃圾渗滤液处理过程,控制污染物排放标准,也对渗滤液处理技术提出更高标准,以满足日益增长的环保需求。

1.1　渗滤液的产生和水质特性

1.1.1　渗滤液的产生

垃圾渗滤液,又称渗沥液,是垃圾在堆放过程中因重力压实、发酵等物理、生物及化学作用产生的废液。生活垃圾焚烧发电厂（以下简称"垃圾焚烧厂"）产生的渗滤液是生活垃圾焚烧厂主要的二次污染产物之一。垃圾焚烧厂的垃圾在入炉焚烧前,通常将新鲜垃圾在垃圾储坑内进行3~7d的发酵熟化,以沥出水分,提高垃圾热值,有利于焚烧发电和后续系统的正常运行。由于中国生活垃圾分类制度不完善,生活垃圾中混入厨余垃圾、工业垃圾、建筑垃圾等行业垃圾,导致渗滤液产生量大、水质成分复杂、污染物浓度高、环境危害大;同时渗滤液水质水量也与当地气候、水文等因素有关。因此,垃圾渗滤液的特性研究分析是处理垃圾焚烧厂渗滤液的基础。

影响垃圾焚烧厂渗滤液产生的因素很多，主要归纳如下：

①生活垃圾中的水分，主要来源于生活垃圾外在水分和内在水分。外在水分即垃圾各组分表面保留的水分，内在水分即垃圾各组分内部毛细孔中的水分。我国大陆地区城市生活垃圾分类包括厨余、纸类、竹木类、橡塑、纤维、玻璃、金属和渣土砖瓦等。大多数城市的餐厨垃圾未进行单独处理，常常和生活中的其他垃圾混合，从而导致垃圾含水率较高、分拣困难等一系列问题。垃圾中的水分主要来自生活垃圾中的瓜果蔬菜等厨余物，以及雨水侵蚀和冲洗水等。

②为提高垃圾热值，新鲜垃圾在垃圾储坑中会放置 3~7d，垃圾中的有机物在微生物作用下经过厌氧反应和好氧反应发生降解，其反应式分别表示为式（1-1）和式（1-2）。

$$有机物 \xrightarrow{\text{好氧菌}} H_2O + CO_2 + NH_3 + NO_2 + SO_4^{2-} + PO_4^{3-} + \cdots \tag{1-1}$$

$$有机物 \xrightarrow{\text{厌氧菌}} H_2O + CO_2 + NH_3 + CH_4 + H_2S + 低分子有机物 \tag{1-2}$$

垃圾降解后生成的无机物以及可溶性污染物大量渗沥出来从而形成渗滤液。

③垃圾降解产生的 CO_2 溶于垃圾渗滤液中使其偏酸性。在这种酸性环境下，垃圾中不溶于水的碳酸盐、金属及其金属氧化物等无机物发生溶解，继而使垃圾焚烧厂渗滤液中含有种类繁多且含量超标的重金属类物质。

1.1.2 水质特征及水质变化因素

由于城市垃圾组分复杂、管理处理方式差异以及渗滤液产生机制的多重影响，导致垃圾渗滤液成分也不尽相同，但总的来说，垃圾焚烧厂渗滤液水质特征主要有以下几个方面。

（1）水质复杂、含有多种污染物

通过质谱分析显示，国内部分城市焚烧厂渗滤液中有机物种类达数百余种，采用 GC-MS-DS 技术，垃圾渗滤液中已经鉴定出 99 种化合物，其中 22 种被列为我国和美国 EPA 环境优先控制污染物的黑名单。此外，渗滤液中还含有 Hg、Cd、Cr、As、Fe、Cu、Zn、Pb 等重金属污染物和较高浓度的氨氮及含氮有机物。同时，渗滤液中还有大量的病原微生物与病毒等微生物。总而言之，渗滤液水质成分十分复杂，其受当地居民生活水平及习惯、垃圾分类及收集方式、当地气候等因素影响很大，其感官表现为黑褐色、黏稠状、强恶臭。

（2）COD_{Cr}、BOD_5 浓度高

渗滤液中的有机物通常可分为三类：低分子量的脂肪酸类、腐殖酸类高分子的碳水化合物、中等分子量的黄霉酸类物质。垃圾在垃圾焚烧厂垃圾坑中停留时间很短，渗滤液中的挥发性脂肪酸没有经过充分的水解发酵，含量较多，意味着垃圾焚烧厂渗滤液的 BOD_5/COD 可生化性较高。渗滤液中 COD_{Cr}、BOD_5 浓度高，其中 COD_{Cr} 一般为 60000mg/L 左右，在个别地区最高可达到 100000mg/L，BOD_5/COD 最高达到 0.6 以上。

（3）氨氮含量高

城市生活垃圾中蛋白质等含氮有机物易被溶出或在微生物作用下水解，氨基酸等小分子物质，进而在氨化细菌的作用下，发生分解，释放出氨气，在发生一系列反应后，渗滤液中常常含有较高浓度的氨氮，其浓度可达到 1500~2500mg/L，渗滤液中的氮以铵根离子形式存在，约占总氮的 75%~90%。

（4）营养元素比例失调

对于生物处理方法，微生物的繁殖需要主要营养元素碳、氮、磷达到一定的比例，而相较于渗滤液中高浓度 COD_{Cr} 和 BOD_5，磷元素往往缺乏的，氮元素充足。

（5）重金属含量较高

渗滤液中通常含有多种金属离子，其浓度与垃圾组分、生物降解等密切相关。由于垃圾本身成分的复杂性及生物降解的复杂性，重金属元素等也会出现在渗滤液中。但由于重金属的微溶出率和垃圾本身的吸附作用，垃圾焚烧厂渗滤液中的重金属浓度整体相对较低，但重金属种类较多。渗滤液中 Fe、Cu、Zn、Pb、Cr、As、Cd 等重金属含量较多，而重金属含量可能会影响到生化系统中微生物的生长和繁殖，特别是在生化系统中微生物培育调试初期。除此之外，渗滤液中的金属离子，常常以沉淀和活性污泥吸附的方式进入到污泥系统中，其中污泥包覆的重金属可能占有较大的比例。对于含有重金属的污泥，目前垃圾焚烧厂主流处理方法是脱水后送主厂房焚烧，或者干化后送至垃圾填埋场进行填埋。

（6）含盐量或溶解性固体较高

渗滤液中含有大量的钠盐、钾盐、钙盐、镁盐等，并多以氯化物和硫酸盐的形式存在，其盐浓度（TDS）通常高达 10000mg/L 以上，而硬度常常在 1000mg/L（以碳酸钙计）以上。在实际运行过程中，由于垃圾渗滤液高碱度和高硬度的特性，在厌氧罐的进水管路、布水管路，厌氧罐底部等位置比较容易结垢，给长时间正常运行带来了一定的困难。同时，由于氯离子具有较高的腐蚀性，高浓度的氯离子会影响各处理设备的使用寿命。含盐过高还会导致调试驯化活性污泥的周期过长，会影响生化系统的正常运行。此外，由于渗滤液高含盐量和高硬度的特性，常常造成后续处理单元膜系统渗透压过大，膜的浓缩液侧容易结晶，造成产水率过低和膜寿命下降等问题。

渗滤液的水质变化受到多种因素的影响，可以总结为以下几个方面：

（1）垃圾成分的影响

从垃圾焚烧厂渗滤液的产生明显看出，COD_{Cr} 和 BOD_5 主要来自厨余垃圾中的有机质，垃圾中厨余含量的高低直接影响渗滤液中 COD_{Cr} 和 BOD_5 浓度的高低；氨氮来源于垃圾中的有机质及其降解，垃圾有机质成分及含量直接影响氨氮浓度的高低；垃圾渗滤液中重金属直接来源于垃圾中生活垃圾或部分工业垃圾。因此，垃圾渗滤液水质受垃圾成分的影响很大。

社会经济发展、城镇居民生活水平、生活观念及生活方式、城镇人口及比例等因素对生活垃圾成分组成具有较大的影响。不同地区的生活垃圾成分差异较大，导致渗滤液成分差异也较大，表1.1为国内主要大城市生活垃圾组成。

城市	北京	上海	天津	广州	杭州	哈尔滨
厨余	32	29	29	32	25	16
灰分	65	67	67	62	71	82
砖陶、脏土	—	—	—	—	—	—
纸类	1.3	1.2	1.4	1.6	1.3	0.6
塑料	1.0	1.4	1.3	2.6	1.5	0.8
玻璃	0.4	1.0	0.8	1.2	1.0	0.4
金属	0.3	0.4	0.5	0.6	0.2	0.2
纤维、竹木	—	—	—	—	—	—

表1.1 国内主要大城市生活垃圾组成   %

注："—"表示未测出。

根据表 1.1 可知，居民生活水平越高，厨余含量越高，当垃圾中炉灰含量相近时，垃圾中厨余含量越高，渗滤液中 COD_{Cr}、BOD_5、氨氮浓度越高。

（2）居民燃煤结构的影响

炉灰沙土等无机物对渗滤液中有机物具有吸附和过滤作用，对渗滤液含水量、渗滤液中重金属和有机物的成分及含量具有明显影响。我国民用燃料结构经历了使用燃煤到燃气燃料的转变，对垃圾物理成分中炉灰、沙土等成分的影响十分明显，燃气区的上海生活垃圾含水量为58.58%，而燃煤区的济南则为42.7%，可见居民生活燃料结构对渗滤液产生的影响也比较明显。

垃圾焚烧厂的渗滤液水质特点决定渗滤液处理工艺的选择，垃圾焚烧厂渗滤液水量的变化决定渗滤液处理站的规模。

垃圾焚烧厂渗滤液水量的主要影响因素有以下几点。

（1）气候、水文的影响

渗滤液的水质受季节降雨影响波动很大，变化规律较难确定。一般来说，在每年 5～9 月（有的城市会更早或更晚些），渗滤液含水量较高，最高月为 7 月和 8 月。此段时间称为丰水期。在天气转冷之后，垃圾渗滤液的产生量会逐渐减少，并逐步进入枯水期。这种情况的发生主要与人们在不同季节的生活习惯差异、不同温度下微生物的生化作用以及发酵时间长短等因素有较大的相关性。

（2）城市生活垃圾处理技术政策的影响

生活垃圾在放置、收集、运输及处理处置过程中，垃圾含水量也在发生变化。如家庭原始垃圾弃置状态下经过 24h，高含水量的厨余与庭院垃圾组分的含水率降低了 5%～10%，而低含水量的纸类、织物等垃圾组分的含水率提高了 10%～20%。

城市生活垃圾转运站的设置及运营管理也同样对垃圾焚烧厂渗滤液水量变化影响显著。例如深圳市宝安区桃源居垃圾中转站通过压缩机进一步浓缩城市生活垃圾，将产生的压缩渗滤液、冲洗水等排污水共计 88m³/d 直接送入污水处理厂进行处理。常州市勤业垃圾中转站通过压块机进一步浓缩城市生活垃圾，将产生的压缩渗滤液、冲洗水等排污水共计 25m³/d 送入自建渗滤液处理设施进行处理。而部分城市垃圾转运站只是简单的放置中转，渗滤液和地面冲洗水一起送入生活垃圾焚烧厂处理。由此可见城市生活垃圾转运站对垃圾焚烧厂渗滤液的水量影响很大。

1.1.3　渗滤液处理方案

渗滤液有较为复杂的水质特性，渗滤液的处理方案的制订不同于传统的生活污水、印染废水等，主要可以分为如下几个方面。

（1）综合处理

所谓综合处理就是将渗滤液引入城市污水处理厂进行处理，这也可能包括在垃圾焚烧厂内进行必要的预处理。这种方案需要在生活垃圾焚烧厂附近建设一座配套的城市污水处理厂。该厂在设计时就应该考虑接纳垃圾焚烧厂产生的渗滤液，其工艺应多增加三级深度处理系统，目的是为了防止渗滤液和城市污水综合处理后，渗滤液中难降解的有机物以及其他有毒有害物质因没有完全去除就排放到水体，对环境造成二次污染。

综合处理的优点是：城市污水对渗滤液有缓冲、稀释作用；在处理过程中，城市污水可以补充渗滤液中磷等营养物质的不足；综合处理不仅投资费用低，而且可以达到节能减排的国家政策要求。综合处理的难点在于需要严格控制渗滤液与城市污水的配比，一般要求渗滤液的量占比不超过城市污水的 0.5%，同时污泥负荷不超过接受渗滤液之前的 10%，否则会出现污泥膨胀等问题，影响正常运行。

一般生活垃圾焚烧厂离市区较远，在焚烧厂附近没有城市污水处理厂，因此需要密闭良好的运输车辆将渗滤液运到城市污水处理厂进行处理。这样，不但增加了渗滤液的处理费用，而且在运输途中的遗撒会对环境造成污染。若为垃圾焚烧厂的渗滤液，而在垃圾焚烧厂附近新建一座城市污水处理厂，投资成本和运行成本会大大增加。所以，综合处理的方式不适用于所有垃圾焚烧厂。

（2）混合处理

混合处理就是将渗滤液和垃圾在焚烧、发电等生产过程中产生的废水一起混合后进行处理。混合处理需要在生活垃圾焚烧厂内建造一套专门的废水处理系统，该系统工艺需要满足垃圾渗滤液和生产废水混合处理的要求。这就需要了解厂内废水的来源和水质水量。

生产过程中产生的废水主要有以下几个方面：垃圾运输车等车辆冲洗时产生的废水；垃圾运输车倾倒平台冲洗时产生的废水；垃圾焚烧后灰渣消火和冷却时产生的废水；灰储槽内的灰喷水冷却后产生的废水；循环冷却水的排污水；洗烟设备产生的废水；锅炉定排、连排产生的废水；制锅炉汽包用水（除盐水）的离子交换器，在反洗再生时产生的废水；实验室测定污染物时产生的废水；职工在生活和生产时产生的废水。

混合处理是利用生产过程中产生的废水稀释渗滤液，使污水在处理前，先降低各种污染物的浓度。所以混合处理和综合处理一样，也需要控制渗滤液和生产废水的体积比。但是，垃圾焚烧厂生产废水一般量大、浓度低，处理费用也低，而渗滤液水质复杂、浓度高，处理成本较高，而混合处理会比单独处理增加处理成本，因此垃圾焚烧厂全部污废水混合处理并不经济。以上海江桥生活垃圾焚烧厂为例，在夏季丰水期，该厂设计入炉垃圾处理量为1500t/d，而日进厂垃圾量达到2100t/d左右，渗滤液的产生量为600t/d，而生产过程中产生的废水量为400t/d左右。生产废水主要以无机污染为主，适合采用物化法和膜法处理，而渗滤液以有机污染为主，适合采用生化法处理，两种水混合处理比分开处理的成本更高，同时系统将产生更多的膜浓缩液，给回用带来困难。

（3）回喷焚烧处理

回喷焚烧处理是渗滤液产生量不大时的一种有效的渗滤液处置方法。一般将渗滤液导入焚烧炉中进行焚烧，焚烧炉的炉膛温度高，常常在800～1000℃左右，高温使渗滤液中的有机物和有毒有害物质等被燃烧分解，难以或不能分解的物质一部分进入炉渣系统，另一部分进入飞灰系统。在实际应用中，必须注意回喷的量及回喷方式。一般回喷的量较少，喷洒的方式以雾状为宜，这样能使渗滤液中污染物在高温下充分分解。渗滤液回喷处理适用于渗滤液产生量低、热值高的生活垃圾，因此在欧美等发达国家可以采用这种方法处理，我国居民的生活习惯和垃圾混合处理的方式，决定了垃圾渗滤液的产率高、垃圾热值低的特点，因此在我国渗滤液回喷处理方式处理量低，达不到渗滤液全量处理的要求，一般只是作为辅助或应急处理措施来使用。

（4）单独处理

所谓单独处理就是在生活垃圾焚烧厂内，建造一套专门处理渗滤液的系统。由于渗滤液相较于传统的生活污水，其成分复杂，高碱度、高硬度、高 SS（Suspended Solids，SS）、色度大、异味大，含有铁、铜、铅、砷、铬等重金属离子，处理难度大，必须采用合适的工艺对其进行处理。单一的生物法、物化法等常常不能够满足处理要求，在实际的渗滤液处理过程中，常常采用组合工艺进行处理。

1.1.4 设计规模的确定

焚烧厂渗滤液的水量波动与季节的相关性很高，不同的季节有不同的垃圾渗滤液产生量，此外与城市发展水平、生活垃圾分类水平、餐厨垃圾处理程度以及居民消费习惯等都有较大的关系。通常，垃圾渗滤液产生量占入场垃圾重量的15%~30%之间，具体以实际统计数据为准。在垃圾焚烧厂渗滤液处理量设计计算时，常常以丰水期的垃圾渗滤液产生量与卸料平台冲洗水之和作为设计依据，保证无论丰水期还是枯水期渗滤液处理设施都能全量处理垃圾焚烧过程产生的渗滤液，并确保所有垃圾渗滤液经过处理达标后排放。

表1.2为不同地域的垃圾焚烧处理项目渗滤液产量。

表1.2 不同地域的垃圾焚烧处理项目渗滤液产量 　　　　　　　　%

2016年6月~2017年5月渗滤液产生率					
时间	苏州	南京	济南	宁波	惠州
6月	21.77	26.34	22.66	22.54	17.76
7月	26.88	26.39	27.06	22.75	17.96
8月	24.78	24.64	28.73	21.51	16.51
9月	21.43	24.02	—	18.42	15.18
10月	24.08	23.79	15.37	21.62	—
11月	19.03	19.43	19.15	15.69	19.18
12月	18.10	18.14	13.24	15.23	9.87
1月	26.69	17.86	12.67	15.11	10.79
2月	15.39	20.43	13.45	14.48	12.39
3月	17.48	20.04	16.25	15.70	10.33
4月	22.16	20.85	16.22	19.10	14.85
5月	24.92	25.63	18.81	19.11	16.79

其中垃圾焚烧厂渗滤液产生量可依据经验公式（1-3）确定。

$$Q = [cf/(1 - b)]b + q \tag{1-3}$$

式中　Q——渗滤液产生量，m^3/d；

c——设计入炉垃圾量，t/d；

f——垃圾焚烧电厂超负荷系数，宜取1.0~1.2；

b——入厂垃圾渗滤液产生率，宜取15%~30%；

q——入厂垃圾产生的渗滤液以外的其他废水，如冲洗水、杂用水等，m^3/d。

假设生活垃圾焚烧厂入炉垃圾设计值1000t/d，结合当地气候及项目实际情况调研确定入场垃圾渗滤液产生率为25%，超负荷系统取1.1，计算得垃圾焚烧厂储坑产生渗滤液 $[cf/(1 - b)]b = (1000 \times 0.25/0.75) \times 1.1 = 366t/d$。此外，考虑卸料平台冲洗水、杂用水等水源，约为入炉垃圾量的3%~4%。垃圾焚烧厂渗滤液处理站设计规模可取400m^3/d。

1.1.5 渗滤液处理站总体规划

渗滤液处理站是垃圾焚烧厂的配套工程，目的在于处理垃圾焚烧厂渗滤液、初期雨水、生活污水和部分冲洗水等废水，最终实现该类废水的达标排放或厂内回用。渗滤液作为垃圾焚烧厂二次污染物，其危害性影响较大，必须引起足够的重视。渗滤液站的设计严格遵守垃圾焚烧厂总体规划布置原则的前提下，根据自身特点，因地制宜地实现渗滤液站的合理化规范化设计。

（1）垃圾焚烧厂渗滤液处理站总平面规划布置

首先，为减少管线跨越过长而引起的增大施工难度和增加运行故障，渗滤液处理站应靠近垃圾仓渗滤液收集坑；其次，为保证功能分区合理，渗滤液站应与飞灰固化间、垃圾通道以及综合水泵房等存在气味和噪声的功能性区域集中布置。典型垃圾焚烧厂总平面布置图，如图1.1和图1.2所示。

（2）建构筑物布置

垃圾焚烧厂渗滤液处理因排放或回用标准不同，其工序一般由预处理、厌氧处理、好氧处理、深度处理以及膜浓缩液处理等单元组成，建构筑物除主要处理单元外，还包括污泥处理间、配电间、设备间、化验间和办公区域等功能性建筑物。参照工艺衔接、单体建造形式以及环境影响等因素，区域划分如下：厌氧罐为钢制罐体，有沼气和臭气产生，应设置独立区域，布置在主厂房和渗滤液站的下风口；预处理、调节池、好氧生化池和深度处理车间依次共壁一体化设计；脱水机房、鼓风机房、设备间、变配电间也与主体设施共壁一体化设计，脱水机房应靠近预处理、厌氧罐和好氧生化池，便于排泥，鼓风机房靠近好氧生化池减少曝气管路长度和沿程阻力；中控室、化验间和办公用房设置在深度处理车间二层，并应远离噪音大、气味重的处理设施；如果设置沼气火炬和除臭系统，应尽量靠近预处理和厌氧系统，远离深度处理区域。

（3）渗滤液站道路及绿化

渗滤液站作为主厂房以外的较大的功能区划，其道路与绿化设计不仅需与主厂房协调设计，还应方便运行及维护。

1.2 渗滤液处理工艺的发展历程

垃圾渗滤液处理工艺与传统废水处理工艺具有一定的共性，但由于渗滤液来源特殊、水量波动大、水质复杂以及危害性高，因此其处理工艺更加复杂，技术要求更加严苛。在渗滤液的处理过程中，既要保证技术上的可行性，还要考虑经济上的合理性。在确定焚烧厂垃圾渗滤液处理工艺时，需要根据实际情况以及渗滤液的实际特点，将最佳的处理工艺和最优的管理措施相结合，才能有效地解决各种渗滤液处理的难题。目前，渗滤液处理工艺以场内单独处理为主，渗滤液处理工艺一般以生物法处理和膜法深度处理为主。受限于经济发展水平，国内垃圾渗滤液处理技术起步较晚，但随着经济的快速发展和相关处理技术的不断革新，渗滤液处理工艺已有了较大的进步，国内渗滤液处理技术发展主要经历三个阶段。

第一阶段在20世纪90年代初期，渗滤液处理工艺基本与城市污水处理工艺一致，其中代表性工程为杭州天子岭垃圾渗滤液处理工程，采用三沉二曝活性污泥法工艺。该工艺针对垃圾填埋场初期渗滤液特性具有较好的处理效果，但随着填埋时间延长，垃圾渗滤液污染物浓度越高，可生化性越差，因此处理难度越来越大。

第二阶段为21世纪初期，考虑到焚烧厂渗滤液水质高氨氮、高有机物等特性，提出采用厌氧处理和MBR处理技术，工艺一般采用预处理+调节池+厌氧处理+MBR处理。该工艺可实现较低的氨氮排放，出水水质达到污水综合排放三级标准（GB 8978—1996），其中代表性工程有光大环保苏州项目一期工程、上海江桥垃圾焚烧厂渗滤液处理项目等。

第三阶段为2010年后，随着经济的发展，垃圾处理站远离城区，因此垃圾渗滤液处理

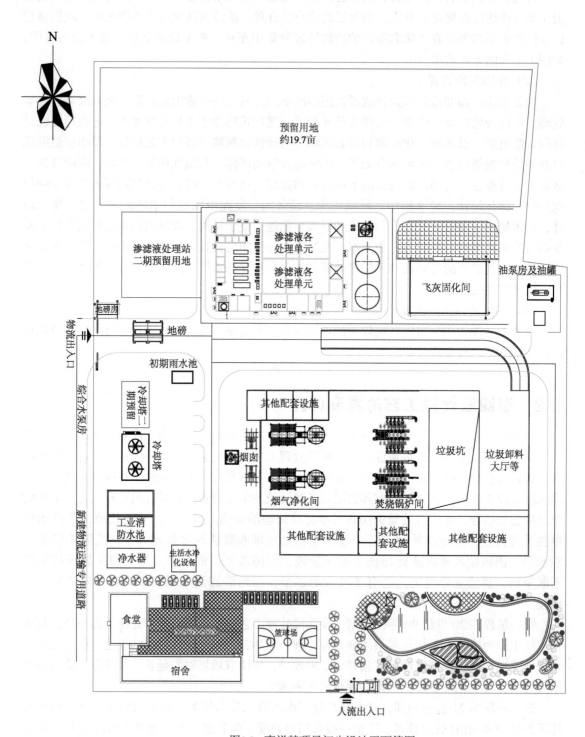

图1.2 嘉祥某项目初步设计平面简图

后无法并入城市污水管网。与此同时，生活垃圾渗滤液排放标准也在逐步提高，甚至要求达到中水回用的标准。

目前，渗滤液处理主要采用生物法处理+膜法深度处理的结合工艺，即预处理+厌氧（UASB/IOC）+膜生物反应器（MBR）+纳滤（NF）+反渗透（RO）处理工艺，出水水质最终可达到《城市污水再生利用　工业用水水质》（GB/T 19923—2005）中敞开式循环冷却水系统补充水标准。代表性工程有光大环保南京项目一期工程、深圳老虎坑垃圾焚烧厂等渗滤液处理项目。

然而近年来，针对渗滤液处理工程中出现的纳滤和反渗透浓缩液处置难题，也出现了一些处理浓缩液的新工艺路线和解决思路。比如：深度处理采用化学软化+微滤+RO处理工艺，减少了浓缩液产生量，产水回收率达70%~75%；RO浓缩液采用碟管反渗透（DTRO）处理工艺，全厂总回收率可达85%；膜浓缩液采用蒸发技术处理生成结晶盐。通过以上措施可实现垃圾焚烧厂渗滤液的全量处理和回用。

1.3　国内外渗滤液处理技术路线

由于城市生活垃圾具有的含水率高、热值低的特点，垃圾焚烧法处理垃圾时需将新鲜垃圾在垃圾储坑中储存3~7d进行发酵，以达到沥出水分、提高热值的目的，保证后续焚烧炉的正常运行，而渗滤液处理技术路线的选择又受产生的渗滤液水质水量的影响。同国外相比，国内焚烧厂垃圾渗滤液的产生量和成分有很大不同。由于垃圾分类政策措施及生活习惯的差异，国外垃圾中厨余物含量很少，日常基本不产生渗滤液，而中国城市生活垃圾中厨余物含量很高，渗滤液产生量大。据统计，中国城市生活垃圾渗滤液产生量约占垃圾总量的10%~25%左右，平均约为18%。所以目前国内外渗滤液处理工艺受水质水量的影响有所差异。

1.3.1　国外主流技术路线

（1）"MBR+NF"工艺

该渗滤液处理技术路线主要以MBR膜生化反应器处理为主，辅以NF。其中，MBR技术是用膜过滤代替传统活性污泥法的二沉池，一方面可使生化反应器内的污泥浓度从（3~5）$\times 10^3$mg/L提高到（2~3）$\times 10^4$mg/L，成倍提高了好氧生化单位容积下生化效率；另一方面起到截留作用，有效降低污染物出水浓度；而纳滤膜的使用有效拦截生化出水COD$_{Cr}$、二价以上金属离子以及出水浊度等，系统出水达到一级排放标准，其工艺流程图如图1.3所示。

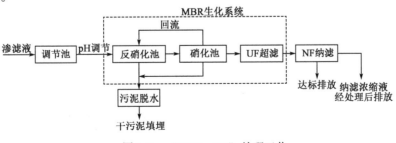

图1.3　"MBR+NF"处理工艺

该工艺下，渗滤液先引入调节池进行均量均质，随后渗滤液由调节池泵入生化池，生化池包括硝化池和反硝化池。在硝化池中，通过好氧微生物作用，降解大部分有机物，并使得氨氮和有机氮转化为硝酸盐和亚硝酸盐，回流到反硝化池，在缺氧环境中被还原成氮气，达到高效脱氮的效果。MBR反应器通过超滤膜分离净化水和污泥，污泥回流可使生化反应器中的污泥浓度达到 $2×10^4$ mg/L 以上，经过驯化的微生物菌群，对渗滤液难降解有机物进行逐步降解。此外，MBR好氧采用特殊设计的高效射流曝气系统，氧利用率可高达25%，剩余污泥量小。

MBR出水虽然去除了悬浮物，但部分溶解性难降解有机物仍然大量存在，经过纳滤系统进行深度处理，有机物去除率80%以上，同时一价盐随净化水排出，不会出现盐富集现象，清水回收率可达85%。采用该工艺路线处理渗滤液，优点是适应性强，能确保不同季节不同水质条件下，出水稳定；不足之处是排水中污染物浓度依然较高，尤其是总氮指标，不能满足越来越严格的排放标准，同时纳滤膜浓缩液依然是需要亟待解决的问题。表1.3为该工艺各单元的处理效率。

表1.3　各单元处理效率

项目		COD_{Cr}/(mg/L)	BOD_5/(mg/L)	氨氮/(mg/L)
MBR	进水	10000~20000	5000~10000	2100~3000
	出水	800	180	8
	去除率	92%~96%	96%~98%	99.9%~99.9%
深度处理	进水	800	100	8
	出水	32	10	8
	去除率	96.0%	90.0%	100%
总排浓度		50%	10%	10%

（2）"UASB + SBR + CMF + RO"工艺

该渗滤液处理技术路线"UASB + SBR + CMF + RO"工艺，将生化+深度处理技术相结合，可有效降低渗滤液 COD_{Cr} 和 BOD_5，保证渗滤液出水水质达标。其典型工艺流程如图1.4所示。

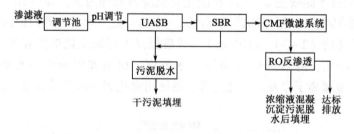

图1.4　"UASB + SBR + CMF + RO"处理工艺

该工艺下，渗滤液先送入调节池进行水质水量均衡以及pH调节，调节池出水泵入UASB反应池中，在反应池中 COD_{Cr} 负荷为 8~10kg COD/(m³·d)，BOD_5 降解率可达75%，COD_{Cr} 降解率可达70%。经厌氧后，渗滤液进入SBR池，在此发生生化反应，进一步去除 BOD_5、COD_{Cr} 以及氨氮，停留时间为 10.5d，反硝化率为 4.5g NO_3/(kgVSS·h)（20℃）。SBR池采用好氧和缺氧交替操作，在好氧条件下，微生物发生硝化反应；而在缺氧条件下，微生物会进行反硝化作用以去除总氮。为了避免高浓度氨氮对生化系统可能产生抑制作用，

SBR系统采用高污泥龄设计（30d），这较生活污水处理厂的设计周期更长，从而保证氨氮及总氮的高效去除。高污泥龄设计还可去除较难生化的有机物。

经生化处理后的渗滤液进入连续微滤（CMF）系统，此系统作为RO系统的前处理，采用0.2μm中空纤维膜，用于拦截渗滤液中尺寸大于0.2μm的固体、细菌和不溶性有机物。经生化和微滤处理的渗滤液进入RO反渗透系统，RO系统采用宽幅螺旋卷式复合膜，设计最大工作压力为3.5×10^3kPa，最大回收率为80%，清洗周期为1~2星期，预期膜工作寿命为1~2年。RO出水可直接进行回用，浓缩液中硬度成分及部分高价金属离子经化学反应后沉淀，沉淀形成的盐泥进一步脱水后进入工业废弃物填埋场填埋。表1.4为该工艺各单元处理效率。

表1.4　各单元处理效率

项目	COD_{Cr}/(mg/L)	BOD_5/(mg/L)	氨氮/(mg/L)	SS/(mg/L)
原水	20000	12000	2100	5000
UASB单元	6000	3000	1890	1000
本单元去除率	75%	75%	10%	80%
SBR单元	<700	<200	<50	<110
本单元去除率	88%	93%	97%	89%
CMF单元	<600	<150	<50	<1
本单元去除率	14%	25%	0%	99%
RO单元	40	8	8	<1
本单元去除率	93%	95%	84%	100%

上述工艺的特点在于：UASB能耗低、效率高，与SBR结合的工艺适合于处理高有机物和高氨氮废水，既经济又灵活；高效SBR系统是生物脱氮的关键，其将渗滤液中总氮转变为氮气，彻底解决渗滤液中高氨氮问题；CMF + RO的深度处理系统出水水质好且稳定；SBR系统频繁切换对运行和维护要求较高；CMF作为RO的预处理，过滤精度较低，容易导致RO有机污染，清洗频繁；RO产生的膜浓缩液亟待解决。

（3）DTRO（碟管式反渗透）处理工艺

碟管式反渗透（DTRO）系统用于渗滤液处理，目前已在全球范围内广泛使用。碟管式反渗透系统由六个子系统组成：预处理系统、两级反渗透系统、自清洗系统、PLC控制系统、除味系统以及浓缩液处理系统。DTRO由于采用两级反渗透膜组合的形式，这样可以保证出水水质。其典型的处理流程如图1.5所示。

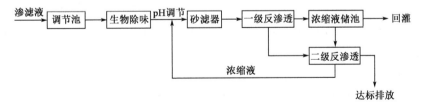

图1.5　DTRO处理工艺

该工艺下，原生渗滤液由调节池泵入储罐中进行pH调节，控制pH值在6~6.5之间。经pH值调节的渗滤液加压后，泵入砂滤器，砂滤器可根据压差自动进行反冲洗，反冲洗水进入膜浓缩液池。经过砂滤的渗滤液泵入筒式过滤器，过滤后的渗滤液由柱塞泵输入第一级反渗透（RO）系统。一级 RO 系统膜通量为 12L/（m²·h），清水回收率为 80%，设计操作压力为 6×10^3 kPa。一级出水进入二级 RO 装置，浓缩液排至膜浓缩液池。二级 RO 系统回收率为 90%，膜通量为 34.6L/（m²·h），设计压力为 5×10^3 kPa。表 1.5 为上述工艺各单元处理效率。

表1.5　各单元处理效率

项目	COD_Cr/（mg/L）	BOD_5/（mg/L）	氨氮/（mg/L）	SS/（mg/L）
渗滤液原水	15000 ~ 20000	5000 ~ 12000	2100 ~ 3000	5000
二级 RO 出水	< 20	< 5	< 5	—
截留率	99.9%	99.9%	99.7%	100%

该工艺的特点是：预处理简单，且不需要生化处理系统，占地小；DTRO 膜组的结垢较少，膜污染减轻，使反渗透膜寿命延长；安装、维修以及操作简单，自动化程度高；DTRO 系统可扩充性强，可根据需要增加一级、二级或高压膜组；未设生化处理系统，容易导致模组有机污染，清洗频繁；DTRO 能耗高，膜更换成本高，总体运行成本高；DTRO 产生的膜浓缩液亟待解决。

1.3.2　国内主流技术路线

我国早期的生活垃圾处理以填埋为主，由于填埋场渗滤液水质波动大、可生化性能随填埋时间逐渐变差等特点，其处理工艺以好氧生物法和化学法为主，而焚烧厂渗滤液具有水质复杂，COD、BOD 和氨氮含量高等特点，目前多采用先厌氧处理，以降低污染物浓度，然后再采用好氧处理和后处理工艺，并根据渗滤液水质的特点选取不同的厌氧反应器、生化及深度处理方式达到高效去除 COD 及氨氮的目的。下面结合国内渗滤液处理工程实例对国内主流技术路线进行介绍。

（1）"高效厌氧 + 氨吹脱 + A/O 接触氧化 + NF" 工艺

北京某生活垃圾焚烧发电厂渗滤液处理采用该工艺路线将高效厌氧、氨吹脱、A/O 接触氧化以及纳滤技术相结合的一套渗滤液处理技术路线。如图 1.6 所示。

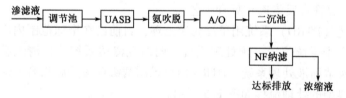

图 1.6　"高效厌氧 + 氨吹脱 + A/O 接触氧化 + NF" 处理工艺

该工艺下，通过生化和物化过程相结合，三段法的 COD_{Cr} 去除率大于 85%，氨氮去除效率大于 95%，增加的纳滤技术用于去除生化难以降解的溶解性有机物，从而保证出水 COD_{Cr} 达标。该技术路线成功应用于北京六里屯填埋场垃圾渗滤液处理工程的改造中，处理量为 350m³/d，其中回用水处理量为 50m³/d，运行费用为 25.7 元/m³。表 1.6 为上述工艺各单元处理效率。

上述工艺的主要特点如下：高效复合厌氧反应器采用特殊结构设计，将 UASB 和厌氧 MBR 相结合，实现无污泥排放，耐冲击能力强，运行稳定；脱氮不受季节、气候影响。采用混凝气浮破坏胶体，解决超滤膜污染问题。纳滤脱盐率低，膜浓缩液中没有无机盐积累。

表1.6 各单元处理效率

项目	COD_{Cr}/(mg/L)	氨氮/(mg/L)	SS/(mg/L)	色度
渗滤液原水	18600	2920	7.0	黑色
厌氧出水	4623	2443	6.16	黑色
本单元处理效率	75%	16%	12%	—
二沉池出水	530	119	5.0	浅黄色
本单元处理效率	89%	95%	19%	—
超滤出水	400	5.91	5.0	浅黄色
本单元处理效率	25	95%	0%	—
纳滤出水	68.7	3.59	5.0	2度
本单元处理效率	83%	39%	0	—
反渗透出水	22.0	0.75	—	1度
本单元处理效率	68%	79%	—	—

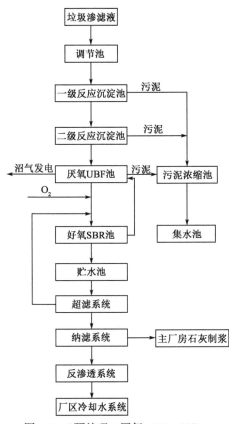

图1.7 "预处理+厌氧UBF+SBR+
NF+RO" 处理工艺

（3）"氨吹脱+UBF+SBR+深度处理" 工艺

（2）"预处理+厌氧UBF+SBR+NF+RO" 工艺

该工艺路线的流程图如图1.7所示。

该工程设计工艺包括由调节池和混合反应沉淀池组成的预处理系统、厌氧UBF处理系统、好氧SBR处理系统、浸没式超滤膜处理系统、纳滤处理系统、污泥处理系统及除臭系统。垃圾渗滤液从垃圾储仓收集池由泵提升过滤后进入调节池，池内设搅拌装置以防止悬浮物沉淀。经过调节池调节水质、水量后，用泵送至混合反应沉淀池，去除部分大颗粒有机物和无机物后进入加温池，利用电厂产生的蒸汽使水温保持在35℃左右，而后进入UBF进行厌氧生化处理，去除90%以上的COD_{Cr}，产生的沼气经收集处理后综合利用。厌氧池出水进入SBR反应池，采用射流曝气和序批式反应，去除90%以上的氨氮，然后经提升泵进入浸没式超滤膜池以及纳滤膜系统，去除水中残余污染物，使出水水质达到设计要求的指标值。

沉淀池、厌氧系统及好氧系统产生的污泥均排至污泥浓缩池进行减量化处理，再经泵送至脱水机脱水干化。调节池、混合反应沉淀池及污泥处理系统产生的臭气收集后送焚烧电厂焚烧处理。

该工艺路线处理的出水达到《污水综合排放标准》（GB 8978—1996）的一级标准。该渗滤液系统处理规模为150m³/d，根据渗滤液水质特点和处理要求，选用物化+生化相结合的处理工艺，流程见图1.8。

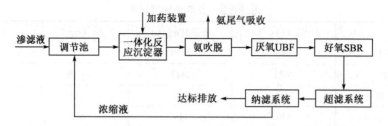

图 1.8 "氨吹脱 + UBF + SBR + 深度处理"工艺

渗滤液原水经调节池均质、均量后送入一体化反应沉淀器,采用化学混凝沉淀作为预处理方法,去除大部分悬浮物及胶体污染物,COD$_{Cr}$去除率可达30%。为了去除氨氮,加碱性药剂将 pH 值调至 10 ~ 11,调节 pH 后的渗滤液由泵提升进入氨吹脱塔顶部,空气由塔底部进入,在塔内逆流接触传质进行脱氮反应。氨吹脱产生的含氨尾气进入氨尾气吸收系统。脱氨后渗滤液送入两级 UBF 池进行厌氧生化反应,去除大部分有机污染物。厌氧 UBF 出水送入 SBR 反应池进行好氧生化反应,通过控制曝气实现好氧、兼氧反应交替进行,最终实现渗滤液高效脱氮。后续出水进入深度处理系统,去除悬浮物、溶解性固体、硬度、色度、氨氮、氯离子等污染指标,使得出水达标排放,各单元处理效率如表1.7所示。

表1.7 各单元处理效率

名称		COD$_{Cr}$/(mg/L)	BOD$_5$/(mg/L)	氨氮/(mg/L)	TP/(mg/L)
反应沉淀池	进水水质	45000	38000	1500	87
	预计出水水质	30000	24500	1335	15
	去除率	33%	36%	11%	83%
氨吹脱	预计出水水质	28800	—	668	—
	去除率	4%	—	50%	—
UBF	预计出水水质	3500	1450	700	8
	去除率	88%	94%	—	84
SBR	预计出水水质	510	14.5	20	2
	去除率	85%	99%	97%	75%
深度处理系统	预计出水水质	89	10	7	0.02
	去除率	83%	31%	65%	99%

该工艺系统具有较强的耐冲击负荷能力,从运行结果来看,结合工艺各工序取长补短,提高了系统的稳定性和可靠性,增强了系统对水质变化的适应能力,使得出水水质得到保证。

(4)"预处理 + IOC + A/O + UF + NF + RO"工艺

某渗滤液设计处理站设计规模为1000m³/d。考虑到焚烧厂垃圾渗滤液水质水量特点,其处理工艺选用的是"预处理 + IOC + A/O + UF + NF + RO"工艺,渗滤液进水水质见表1.8,其出水水质设计要求达到《城市污水再生利用 工业用水水质》(GB/T 19923—2005)中表1敞开式循环冷却水水质标准。

表1.8 设计进水水质

序号	主要指标	设计值
1	COD$_{Cr}$/(mg/L)	≤60000
2	BOD$_5$/(mg/L)	≤35000
3	氨氮/(mg/L)	≤2000

序号	主要指标	设计值
4	总氮/（mg/L）	≤2200
5	SS/（mg/L）	≤15000
6	pH	6~9

该项目渗滤液处理技术路线采用"预处理＋IOC＋A/O＋UF＋NF＋RO"工艺，主要流程见图1.9。具体流程描述如下。

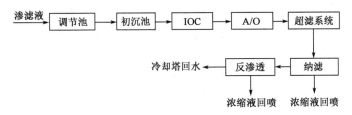

图1.9　"预处理＋IOC＋A/O＋UF＋NF＋RO"处理工艺

垃圾渗滤液在预处理阶段首先经自清洗过滤器后进入调节池均质、均量后，经一级提升泵进入初级沉淀池。经预处理后的渗滤液进入加温池进行加温，而后进入厌氧罐，去除大部分有机污染物，厌氧出水后渗滤液进入A/O系统，厌氧出水首先进入A池（缺氧池），在缺氧条件下反硝化菌利用污水中的有机碳将硝酸盐还原为氮气，在脱氮的同时降低了容积负荷，并补充了后续硝化反应的碱度，同时部分悬浮污染物被吸附并分解，提高了污水的可生化性，随后污水通过推流进入O池（好氧池），在好氧条件下残余的有机物被进一步降解，同时硝化菌将污水中的氨氮氧化为硝酸盐氮，再回流至A池进行反硝化脱氮。经A/O处理后出水进入外置式管式超滤膜进一步去除大分子COD_{Cr}、悬浮物等污染物，经超滤处理后出水进入纳滤、反渗透系统，去除悬浮物、溶解性固体、硬度、色度、氨氮、氯离子等污染指标，最终出水作为冷却塔循环冷却水补水。

预处理系统由调节池和反应沉淀池组成，渗滤液原液先经调节池调节水质水量，后经两级反应沉淀池去除部分悬浮物和胶体物质后，在出水池设置蒸汽加温设备，保障后续中温厌氧反应。

厌氧系统采用高效厌氧反应器IOC，渗滤液原水接入外置式循环泵的进水管，通过循环泵使渗滤液与厌氧污泥混合后再喷射到厌氧罐底部，保证渗滤液与污泥能充分混合，提高处理效率。产生的沼气由两层三相分离器进行分离。IOC高效厌氧反应器具有容积负荷高、抗水力冲击能力强等特点，而且构造简单，通过两层三相分离器实现泥、水与沼气的分离，不需架设填料，设备较为简单，维修方便，大修周期较长；较大的高径比减小了占地面积，解决了用地紧张问题；内回流系统节省了提升动力，电耗成本相对较低，厌氧反应器密封性较好，无臭气逸散。

A/O工艺＋外置式管式超滤膜组成MBR系统。A/O工艺流程简单，反硝化池在前，硝化池在后，碳源以超越原液的方式补充，COD_{Cr}去除效率80%以上，氨氮去除效率99%以上，总氮去除率90%以上。采用鼓风曝气方式向废水充氧，使好氧菌利用水中的有机物进行新陈代谢，最后生成二氧化碳和水等。

A/O系统出水先经过滤袋式过滤器，待拦截大颗粒物质和毛发等纤维物后进入外置式管式超滤系统。超滤产水进入超滤产水池，由后续系统进一步处理。膜浓缩液则回到前端

A/O 系统。管式超滤通过拦截作用进一步去除生化系统未降解的有机污染物。

纳滤系统主要功能是拦截渗滤液中剩余有机物、二价离子等，能够有效降低出水浊度和色度，纳滤产水进入纳滤产水池进行后续处理，浓缩液外排至浓缩液储池进行回用。

反渗透系统主要功能几乎能够拦截渗滤液中所有污染物，尤其是溶解性有机物和一价盐等，反渗透产水进入回用水池用于循环冷却水的补水，反渗透浓缩液外排至浓缩液储池进行回用。纳滤及反渗透浓缩液与工业水按照一定比例混合后作为焚烧厂石灰浆配制用水和炉渣冷却水进行回用，浓缩液可以全量回用，石灰浆系统运行稳定。

纳滤浓缩液与反渗透浓缩液因所含污染物类别不同，拟分开处置。其中纳滤浓缩液用于捞渣机熄渣、飞灰固化等用水点；反渗透浓缩液可用于石灰乳制备、喷嘴冷却水等用水点。表 1.9 为各单元处理效率。

表1.9 各单元处理效率

名称		COD_{Cr}/(mg/L)	BOD_5/(mg/L)	氨氮/(mg/L)	TN/(mg/L)	SS/(mg/L)
混凝沉淀	进水水质	60000	35000	2000	2200	15000
	预计出水水质	54000	33250	1900	2090	6000
	去除率	10%	5%	5%	5%	60%
IOC	预计出水水质	6480	2660	1900	2090	2400
	去除率	88%	92%	0	0	60%
MBR	预计出水水质	454	27	29	418	24
	去除率	93%	99%	98.5%	80%	99%
纳滤系统	预计出水水质	91	5	1	251	0
	去除率	80%	80%	95%	40%	100%
反渗透系统	预计出水水质	9	1	0	50	0
	去除率	90%	80%	90%	80%	0
敞开式循环水回用标准		60	10	10①	—	—

①当换热器为铜制时，循环系统中的循环水氨氮应小于 1mg/L。

上述渗滤液处理技术路线的特点为：采用高效厌氧反应器，增加高径比，提高污泥床膨胀高度，提高污水与床体接触几率与时间。采用创新的多点布水方式，降低短流及堵塞几率。底部设计成锥形斗结构，采用大管径单点排泥，改善排泥效果；采用 A/O 工艺，提高池容和设备利用率，曝气系统采用进口管式曝气膜片，设置水力消泡设施；反渗透膜浓缩液和纳滤膜浓缩液分开处置与处理：反渗透膜浓缩液主要含有一价离子物质和小分子难降解腐殖酸，硬度和碱度含量低，不易结垢，可回用于石灰乳制备和反应塔烟气冷却；纳滤膜浓缩液主要含有二价以上（含二价）离子物质、溶解性难降解有机物等，其中硬度和碱度浓度高，易结垢，可回用于漏灰输送和灰渣冷却；膜浓缩液产量大，且品质差，存在不能全量回用和回用困难等问题。

（5）"前置反硝化 + 改性 MBR + 脱气池 + 后置反硝化 + UF + NF" 工艺

该工艺针对机物浓度更高的焚烧厂渗滤液，在 MBR + NF/RO 工艺基础上，同时采用进口填料的 UBF 厌氧工艺对渗滤液进行预处理，具体如图 1.10 所示。

该改性 MBR 反应器又称 CJMBR 反应器，其硝化速率为原有硝化池的一倍，池容减少一半左右，更为高效的曝气方式使得风机风量低于原系统的 30% ~ 40%，且风压降低至 6m 以

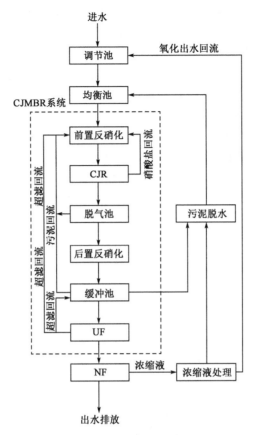

图 1.10　"前置反硝化 + 改性 MBR + 脱气池 + 后置反硝化 + UF + NF"处理工艺

下，整体池容与传统 MBR 工艺可减少 40% 左右，占地面积可减少 40% ~ 50%，能耗可减少 20% ~ 30%。而 UBF 兼有厌氧活性污泥床和厌氧滤池的优势，与 CJMBR + 膜深度处理工艺相结合，具有污泥浓度高、剩余污泥产生量少、反应器高效集成占地面积小、有机污染物去除率高、厌氧回收沼气、总氮稳定达标、出水可回用或直接排放等优点。

（6）"预处理 + IOC + MBR + 化软 + RO + DTRO"工艺

某项目的渗滤液处理规模为 1500m³/d，设计进水水质见表 1.10，考虑到渗滤液的水质特点，采用的是"预处理 + IOC + MBR + 化软 + RO + DTRO"工艺，设其计产水达到《城市污水再生利用　工业用水水质》（GB/T 19923—2005）中表 1 敞开式循环冷却水水质标准。

表 1.10　设计进水水质

序号	主要指标	设计值
1	$COD_{Cr}/(mg/L)$	≤60000
2	$BOD_5/(mg/L)$	≤30000
3	氨氮/(mg/L)	≤2000
4	总氮/(mg/L)	≤2100
5	SS/(mg/L)	≤15000
6	pH	6 ~ 9

渗滤液处理技术采用"预处理+IOC+MBR+化软+RO+DTRO"工艺，其工艺流程见图1.11。垃圾渗滤液经篮式过滤器后进入初沉池，去除悬浮物后溢流进入调节池，经调节池均质、均量后，经厌氧进水泵，进入厌氧罐，去除大部分有机污染物，厌氧出水后，渗滤液进入A/O系统，厌氧出水首先进入A池（缺氧池），在缺氧条件下反硝化菌利用污水中的有机碳将硝态氮还原为氮气，在脱氮的同时降低了容积负荷，并补充了后续硝化反应的碱度，同时部分悬浮污染物被吸附并分解，提高了污水的可生化性，随后污水进入O池（好氧池），在好氧条件下残余的有机物被进一步降解，同时硝化菌将污水中的氨氮氧化为硝态氮，再回流至A池进行反硝化脱氮。经A/O处理后出水进入浸没式超滤系统进一步去除大分子有机物、悬浮物等污染物，经超滤处理后，出水进入化学软化TUF系统、反渗透系统，去除悬浮物、溶解性固体、硬度、色度、氨氮、氯离子等污染指标，最终出水作为冷却塔循环冷却水补水。

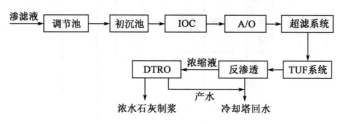

图1.11 "预处理+IOC+MBR+化软+RO+DTRO"处理工艺

采用上述技术路线后，各单元的处理效率见表1.11。

表1.11 各单元处理效率

名称		COD$_{Cr}$/(mg/L)	BOD$_5$/(mg/L)	氨氮/(mg/L)	TN/(mg/L)	SS/(mg/L)
预处理	进水水质	60000	30000	2000	2100	15000
	预计出水水质	54000	28500	2000	2100	10500
	去除率	10%	5%	0	0	30%
高效厌氧反应器	进水水质	54000	28500	2000	2100	10500
	预计出水水质	7000	1425	2000	2100	3000
	去除率	87%	95%	0	0	71%
MBR	进水水质	7000	1425	2000	2100	3000
	预计出水水质	500	20	20	350	5
	去除率	92.8%	99%	99%	83.3%	99.8%
软化系统	进水水质	500	20	20	350	5
	预计出水水质	350	15	18	300	5
	去除率	30%	25%	10%	15%	0
反渗透系统	进水水质	350	15	18	300	5
	预计出水水质	50	5	5	100	0
	去除率	86%	67%	72%	67%	100%
敞开式循环冷却水回用标准		≤60	≤10	≤10[①]	—	—

①当换热器为铜制时，循环系统中的循环水氨氮应小于1mg/L。

上述技术路线的特点为：采用改进过的高效 IOC 厌氧反应器，COD_{Cr} 去除率可达 90% 以上。双层三相分离器可有效截留污泥，提高反应器容积负荷；MBR 系统采用液态氧供氧，溶解氧易控制、污泥活性强、泡沫少、噪音小、运行环境好。采用内置 PTFE 帘式膜，能耗低、故障少、操作简单、使用寿命周期长；采用化学软化替代纳滤系统作为深度处理步骤，通过投加石灰，并利用厌氧产生的过量碳酸根，可与水中的钙离子和镁离子以及大部分的金属离子反应生成沉淀，反应后混合液经过管式微滤膜分离，硬度去除 98% 以上，大大减少二价离子在反渗透膜浓缩液端结垢的倾向；RO 运行环境大为改善，出水水质以及回收率大幅提高；RO 膜浓缩液采用 DTRO 进一步浓缩，系统清水回收率 ≥85%，浓缩液大幅降低，膜浓缩液品质好，有利于回用。

1.4 渗滤液处理存在的问题

目前，生活垃圾焚烧厂渗滤液处理技术及工程应用日趋成熟，渗滤液处理出水可满足《生活垃圾填埋场污染控制标准》（GB 16889—2008）中表 2 标准，以及《城市污水再生利用 工业用水水质》（GB/T 19923—2005）中表 1 敞开式循环冷却水水质标准，最普遍的工艺路线为"厌氧 + 生化 + 膜深度处理"。但在实际运行过程中，大多数渗滤液处理工程中仍存在许多问题，比如膜浓缩液处理和处置问题、总氮不达标问题等。此外，较高的运行成本和二次污染等问题，也制约着生活垃圾处理可持续性发展进程。总体来说，渗滤液处理过程中目前存在以下几个亟须解决的问题。

（1）膜浓缩液问题

膜深度处理过程中存在大量的膜浓缩液，该膜浓缩液为高盐废水，很难通过常规的生化或简单的分离方式进行解决。随着环保要求越来越严格，垃圾焚烧厂渗滤液站膜浓缩液回用主厂房受限，因此必须进一步提高系统产水回收率，减少膜浓缩液产量并合理妥善处理产生的膜浓缩液。特别是对于项目规模较大的渗滤液工程，接近渗滤液总量的 30% 的膜浓缩液也无法全量消耗。膜浓缩液回喷虽然能够解决膜浓缩液回用问题，但是对电厂的发电量有影响，减少了电厂的经济效益。在一些改扩建项目和新项目环评评审的过程中，专家已经对膜浓缩液用于石灰制浆和飞灰固化的回用途径提出质疑，甚至有些项目不允许将膜浓缩液用于石灰制浆。此外，这些项目还存在洗烟废水、脱白废水和冷却塔排污水等高盐水的回收利用问题。不仅会造成全厂膜浓缩液回用难，还会造成二次污染。膜浓缩液问题直接关系到焚烧厂渗滤液全量处理以及"零排放"的目标，因此必须采取切实可行的办法对膜浓缩液进行有效处理和处置。

（2）总氮问题

目前垃圾渗滤液处理常用的脱氮工艺有生物脱氮、氨吹脱及膜法脱氮等工艺，不同脱氮工艺在实际应用中均取得了较好的效果，为渗滤液处理达标排放创造了有利条件，但上述各种工艺也存在着许多问题。比如，生化脱氮工艺硝化作用可以使氨氮达标排放，但反硝化作用无法使总氮达标排放，并且生化脱氮操作复杂、运行不稳定、占地面积大以及环境较差；氨吹脱可以保证氨氮绝大部分去除，但要使氨氮达标排放，还要增加生化处理措施，同时氨吹脱需要投加碱性物质，易导致系统结垢，氨外溢会形成二次污染；膜法脱氮工艺采用气体膜技术，通过投加碱性物质使离子铵变成游离氨，而透过气体膜，并在膜产气侧用酸性物质吸收氨氮变成铵盐，膜法脱氮对渗滤液水质要求高，需脱除悬浮物、结垢性物质，同时还要投加碱性物质和升温，氨吸收会消耗酸性物质，并且铵盐的处置也是需要面对的问题，因此经济性较差。综上所述，高浓度的氨氮不但使运行成本剧增，而且也会影响渗滤液的处理效果，找到一种行之有效的去除渗滤液高浓度氨氮的方法是当务之急。

（3）臭气、噪声问题

大部分渗滤液处理站由于周围环境条件较差，而且距市区也较远，臭气污染问题并未引起足够重视，许多垃圾渗滤液处理站未建除臭设施，散发的臭气对周围环境影响较大。为保护环境，除臭设施应与渗滤液处理设施同步建设，并应同时满足相关排放标准的要求。此外，渗滤液处理工程也往往忽视噪声的影响，部分厂区并未采取降噪措施，使得噪声出现一定程度的超标。因此需要采取合理的措施，解决噪声污染问题。

（4）生化污泥问题

由于渗滤液污染物浓度高，且通常采用好氧生化工艺，弊端就是产生数量可观的生化污泥，且脱水后污泥含水率在75%以上，通常采取送入焚烧炉进行焚烧，一方面消耗大量热量进而影响发电效益，另一方面导致垃圾焚烧过程生渣出现，影响焚烧效果。因此亟须有效的工艺和处理技术从根本上解决生化污泥产生率高的问题。

（5）能耗问题

目前国内渗滤液处理的能耗普遍较高，既有工艺选择上的原因，也有设备先进程度的因素。因此，渗滤液处理在节能减排上还大有可为，降低渗滤液处理能耗是今后乃至相当长一段时间内的艰巨任务，必须从工程设计、设备选型以及运行维护等多方面入手，降低运行成本，提高企业经济效益。

1.5　渗滤液处理未来的发展趋势

综上所述，渗滤液处理过程中面临着许多问题，而这些问题的存在不单是挑战和困难，也是渗滤液行业技术发展的动力。为了解决上述问题，可以预测未来渗滤液处理技术开发需要从以下几个方面进行落实。

（1）开发新技术

渗滤液处理过程中涉及很多技术和设备，但由于渗滤液体系的复杂性，在应用过程中也暴露了很多问题，这就需要出现新技术和设备以满足不同渗滤液处理要求。比如，MBR 处理系统中采用液氧供氧取代传统空气曝气，可在一定程度上提高好氧处理效率、改善运行和操作环境；针对 NF 和 RO 技术，采用化学软化 + 微滤取代 NF 和采用 DTRO 取代 RO，均可有效提高回收率。

针对膜浓缩液处理难题，湿式氧化、全膜法、电化学以及蒸发等技术的出现和应用有望解决该问题，特别是以机械蒸发（MVR/MVC）和浸没燃烧蒸发为代表的蒸发技术，可对膜浓缩液进行蒸发浓缩，实现膜浓缩液减量化。但蒸发技术对膜浓缩液水质中氨氮、挥发性有机物和溶解性难降解有机物含量均具有要求，并且硬度含量高的膜浓缩液也会导致蒸发设备的结垢堵塞，因此仍需要进行技术改进。

（2）开发新工艺

基于垃圾焚烧厂渗滤液处理的特点，开发出系统运行稳定、出水水质优、膜浓缩液产量低、操作环境好、运行成本低以及资源化利用程度高的新型工艺，是未来渗滤液处理行业技术发展的大势所趋。以光大环保渗滤液处理技术发展历程为例，渗滤液处理技术从第一代的

"混凝＋氨吹脱＋UBF＋SBR＋MBR"工艺，到第二代的"预处理＋IOC＋A/O＋UF＋NF＋RO"工艺，再发展至近年来应用的"预处理＋IOC＋A/O＋TUF＋NF＋RO/DTRO"工艺，排放标准逐步提升，产水回收率可达85%，膜浓缩液水质也得到明显提高。目前，光大环保第四代渗滤液"预处理＋IOC＋MF＋蒸氨＋化软微滤＋DTRO/RO"工艺正在工程化试验阶段。该工艺摒弃了缺/好氧生化系统，通过蒸氨工艺的采用可实现渗滤液中氨氮的资源化利用；化软微滤技术取代纳滤膜的应用，硬度得到绝大部分去除；渗滤液化软微滤后直接进入 DTRO 膜，既缩短了工艺流程，同时产水回收率可达85%以上；膜浓缩液再经过蝶管式纳滤膜（DTNF）进一步提取有机物，产水再经浸没蒸发处理后，可进一步浓缩10倍以上，最终系统产水率可达98%以上。

新技术的采用，使全系统占地面积和能耗大幅降低，出水水质明显优于传统工艺和循环冷却水回用标准。由此可见，新型渗滤液处理工艺的开发不仅有助于解决目前渗滤液处理过程中急需解决的产水水质差和膜浓缩液产生量大的行业难题，更能促进渗滤液处理行业的可持续发展。

第2章

渗滤液预处理技术

渗滤液预处理单元位于整个渗滤液处理工程的前端，是整个渗滤液处理工程的重要组成部分。通过预处理系统可以去除渗滤液中较大的颗粒、纤维等悬浮物，减轻后续处理系统的压力，防止管道、设备发生堵塞现象，减小对泵、仪表等设备的损坏。同时，预处理系统还可以对渗滤液起到均质均量的作用，减少水质、水量波动对后续处理系统的影响。一般渗滤液预处理技术包括过滤、调节、混凝、沉淀等。

2.1 过滤

过滤是利用过滤材料分离污水中杂质的一种技术。在渗滤液处理工艺的最前端需要设置物理过滤器，用以去除渗滤液中较大的悬浮物、漂浮物、纤维物质和固体颗粒等物质，防止损坏水泵等设备，保证后续工艺的正常运行。同时，一定程度上降低了后续处理单元的处理负荷，提高了渗滤液处理系统的稳定性。渗滤液处理工程中常用的过滤设备有篮式过滤器、筛网、格栅等。

2.1.1 篮式过滤器

篮式过滤器是渗滤液处理工程中常见的一种过滤器，是除去液体中少量固体颗粒的小型设备，可保护后续设备正常运行，当渗滤液通过筒体进入滤网后，固体杂质颗粒被拦截在滤网内，滤液则通过滤网从过滤器出口排出。其滤网结构和其他过滤设备有所差异，主要由接管、阀门、筒体、滤篮、法兰、法兰盖及紧固件等组成。可用于渗滤液管道上，拦截渗滤液中较大的固体颗粒、纤维等，主要作用为防止机器设备（搅拌机和泵等）、仪表等设备损坏，稳定工艺过程，保障安全生产。当需要清洗时，只要将可拆卸的滤筒取出，处理后重新装入即可，因此，使用维护极为方便。篮式过滤器根据清洗方式的不同分为手动清洗和自动清洗两种类型。

（1）手动清洗篮式过滤器

其结构图如图2.1所示。清洗时，旋开主管底部螺塞，排干液体，拆卸法兰盖，提出滤芯进行清洗，清洗完毕后重新装入即可重新使用，维护较为方便。

（2）自动清洗篮式过滤器

其结构简图如图2.2所示。在过滤器运行过程中，存在"过滤"和"清洗"两种状态。通过压力损失程度结合自控系统进行"过滤"和"清洗"的转换，即当过滤的压力损失大于最大允许值时，则停止过滤，系统会对滤网进行清洗。根据清洗的方式可分为手动过滤器和自清洗过滤器。清洗是恢复过滤功能的关键，一次清洗不彻底，就会大大缩短过滤周期。

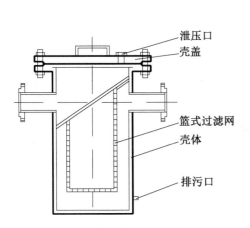

图 2.1　手动清洗篮式过滤器

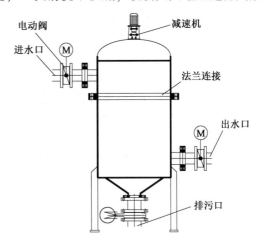

图 2.2　自动清洗篮式过滤器

根据篮式过滤器结构的不同又可以把篮式过滤器分为直通平底篮式过滤器、直通弧底篮式过滤器、高低接管平底篮式过滤器、高低接管弧底篮式过滤器四种。平底篮式过滤器容易积聚杂质，有死角；弧底篮式过滤器可以达到零死角，但是它下面需要用支架支撑，价格也相对贵一些。其结构图如图 2.3~图 2.6 所示。

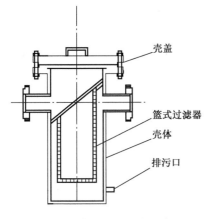

图 2.3　直通平底篮式过滤器

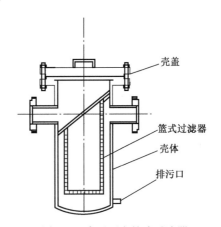

图 2.4　直通弧底篮式过滤器

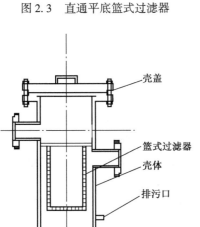

图 2.5　高低接管平底篮式过滤器

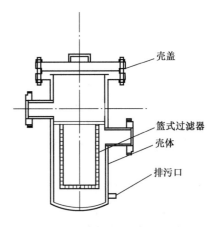

图 2.6　高低接管弧底篮式过滤器

（3）篮式过滤器的选型原则

管道用篮式过滤器制造标准 JB/7538。

①进出口通径　原则上过滤器的进出口通径不应小于相配套的泵的进口通径，一般与进口管路口径一致。

②公称压力　按照过滤管路可能出现的最高压力确定过滤器的压力等级。

③孔目数的选择　主要考虑需拦截的杂质粒径，依据介质流程工艺要求而定。各种规格丝网可拦截的粒径尺寸的总结如表2.1所示。

表2.1　滤网规格

孔目数目	丝径/mm	可拦截的粒径/μm	开孔面积/%
10	0.508	2032	36
12	0.475	1660	39
14	0.376	1438	37
16	0.315	1273	35
18	0.315	1096	39
20	0.273	955	33
22	0.234	882	31
24	0.234	785	44
26	0.234	743	41
28	0.234	673	44
30	0.234	614	47
32	0.234	560	50
36	0.234	472	54
38	0.234	455	54
40	0.193	442	51
50	0.152	356	50
60	0.122	301	49
80	0.102	216	53
100	0.081	173	54
120	0.081	131	62
150	0.065	104	31
200	0.050	74	33
300	0.035	44	30

④过滤器材质　过滤器的材质一般选择与所连接的工艺管道材质相同，对于不同的应用条件，可考虑选择铸铁、碳钢、低合金钢或不锈钢材质的过滤器。

⑤过滤器阻力损失　过滤器在额定流速下，压力损失一般为0.52～1.2kPa。

（4）维护保养

①过滤器的核心部位是过滤器芯件，过滤芯由过滤器框和不锈钢钢丝网组成，不锈钢钢丝网属易损件，需特别保护；

②当过滤器工作一段时间后，过滤器芯内沉淀了一定的杂质，这时压力降增大，流速会

下降，需及时清除过滤器芯内的杂质；

③清洗杂质时，特别注意过滤芯上的不锈钢钢丝网不能变形或损坏，否则，影响过滤效果，需马上更换。

2.1.2　格栅

渗滤液在进入二级处理构筑物之前一般要先通过格栅进行预处理，目的是尽量去除那些在性质上或大小上不利于后续处理的物质。当渗滤液二级处理工艺采用传统工艺时，格栅系统主要是分离取出较粗大物质；当采用更先进的工艺（主要指 MBR 膜生物反应器）时，对格栅提出了更高的分离要求，还需要去除毛发等细小纤维物质。格栅是一种最简单的过滤设备，用来截留污水中粗大的悬浮物和漂浮物，可防止后续处理构筑物的管道、阀门或水泵堵塞，其起到的作用与篮式过滤器类似。

按过滤精度，格栅可分为粗格栅、细格栅和精细格栅

（1）粗格栅

粗格栅一般设置在进水泵房之前，主要用以去除较大尺寸的漂浮、悬浮物质，保护水泵运行，避免叶轮缠绕、堵塞等事故，同时，部分粗大物质的去除也能够有效降低后续格栅系统的运行负荷。其格栅间距范围为 40 ~ 150mm，在实际应用中，通常取 100mm。格栅材质为金属，排列方式为垂直排列，一般不设置清渣装置，必要时采用人工清渣。

（2）中格栅

中格栅的过滤精度大于粗格栅，常用于尽可能多的去除较大的悬浮物，格栅间距范围为 10 ~ 40mm，通常取 16 ~ 25mm。其一般均会设置机械清渣，以改善工作环境和工作效率。

（3）细格栅

细格栅可以有效地去除细小的杂物，以避免污堵有孔口布水器的设备等。其避免生物滤池的旋转布水器堵塞，可以去除毛发等细小纤维物质，避免其进入 MBR 膜生物反应器的膜系统中造成膜污染等。

除此之外，格栅还可以按其外形进行分类，具体可分为平面格栅和曲面格栅两种。平面格栅由栅条和框架组成，曲面格栅又可分为固定曲面格栅和旋转曲面格栅。图 2.7 固定式筛主要由曲面栅条和框架构成，筛面自上而下形成一个倾角逐渐减小的曲面。渗滤液经过栅条时，污物被栅条截留，并在水力冲刷和自身重力下沿筛面滑下落入渣槽。图 2.8 为旋转筒筛，流入转筒内的污水经下部筛网过滤后排出，污物被截留在筛网内壁上，并随转筒旋转至水面上，经刮渣设备刮渣及冲洗水冲洗后，被截留污物掉落在转筒中心收集槽内，最终由出渣导槽排出。

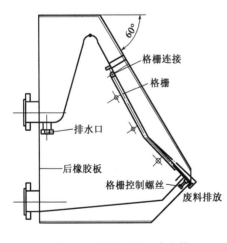

图 2.7　固定式筛（水力筛）

（4）转鼓式螺旋格栅

转鼓式螺旋格栅是一种细格栅，后续处理对过滤精度要求比较高的工艺经常采用转鼓式螺旋格栅除污机，转鼓式螺旋格栅结构紧凑，精度要求高，制造成本高，运行成本也高，功率一般为 8kW。

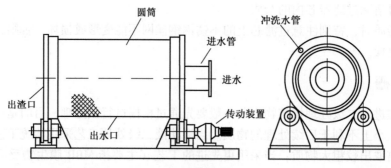

图 2.8　旋转筒筛过滤机

其工作原理如下：将其与水平面呈35°安装在水渠中，污水从鼓的端头流入鼓中，水通过栅网的栅缝流出，固体垃圾被过滤在栅网筒内，带有耙齿的清洁臂在圆周运动时清理格栅缝隙，耙齿伸入栅网中，将固体取出。它不同于内进流格栅，当清洁臂处于最高点时，通过水的冲洗及挡渣板的作用，将垃圾从耙齿上清除下来，并掉入垃圾收集装置螺旋输送斗中，在输送过程中通过变螺距的作用被脱水，在最上端压缩区被挤干，而挤压水被回流至水渠，垃圾最后送入集装箱或后继设备，再进行处理。但在实际使用中转鼓格栅也存在一些不足：首先该设备与水平渠道存在安装角度，这样就使过滤网筒与流水水平面也存在这个角度，那么过滤网筒的实际过滤面积降低。其次，由于整个网筒埋于渠道底部以及底部转动轴承留置于污水中，水下转动轴承长期浸泡于污水中，在出现腐蚀和润滑不利时会出现卡死，导致整个设备不能正常运转。对于纤维、毛发类的污物容易倒挂于网孔之上，长期运行过滤网面容易结膜，虽有喷淋装置的冲洗，过滤网面也不能被彻底冲洗干净，所以人工清除和水下轴承的维护在所难免。转鼓式螺旋格栅的示意图，如图2.9所示。

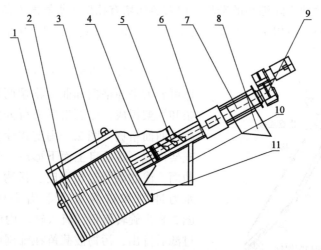

图 2.9　转鼓式螺旋格栅

1—水下轴承；2—栅筐；3—清污耙；4—清洗水装置；5—螺旋轴；6—回水管路；
7—输送压榨管；8—出料口；9—驱动装置；10—水上安装支架；11—水下安装支架

2.2　调节

生活垃圾焚烧厂渗滤液处理站进水水量和水质常常不稳定，其主要与垃圾存储量、发酵环境和发酵时间、当地气候、生活习惯等因素有关。而水质的波动会对渗滤液处理系统，特别是生化系统产生冲击，甚至会破坏生化系统的正常运行，进而对其他渗滤液处理设施、设备的运行和参数控制产生不利影响。在这种情况下，应在预处理系统设置均化调节池，用以调节进水水量和水质，保证渗滤液处理的正常进行。此外，调节池还提供了水量缓冲功能，起到应急事故池的作用。使得，渗滤液处理系统在枯水期也可以正常运行，不至于因缺水而导致生化系统停止运行。在丰水期时，可存储多余的渗滤液，防止垃圾仓积水或渗滤液外溢处理的事故发生。

具体渗滤液处理设施中调节池的作用主要有以下几方面：

①均质均量渗滤液，防止因渗滤液水质、水量突变引发生化系统不稳定；

②调节 pH 值，以减小后续调节 pH 值时的化学品用量；

③可稀释高浓度有毒物质，防止高浓度的有毒物质进入后续生物处理系统，引发系统不稳定；

④可以保证突发事件发生时，生物处理系统在一定时间内的进水，起到事故池的作用。

2.2.1 调节池类型

调节池又称均化池，可分为均量池和均质池。均量池主要起均化水量的作用，也称为水量均化池；均质池主要起均化水质作用，也称为水质均化池。

（1）均量池

常用的水量调节池有两种调节方式。

①线内调节。进水一般采用重力流，出水用泵提升，池内最高水位不高于进水管的设计水位，有效水深一般为 2～3m，线内调节的示意图如图 2.10 所示。

②线外调节。调节池设在旁路上，当废水流量过高时，多余废水用泵打入调节池，当流量低于设计流量时，再从调节池回流至集水井，并送去后续处理。

线外调节与线内调节相比，其调节池不受进水管高度限制，但被调节水量需要两次提升，能耗大。其示意图如图 2.11 所示。

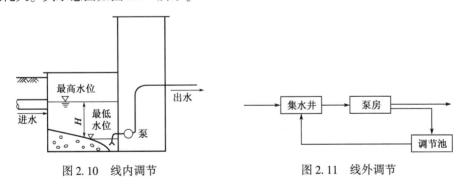

图 2.10　线内调节　　　　　　　图 2.11　线外调节

（2）均质池

异程式均质池是最常见的一种均质池，为常水位，重力流。均质池中水流每一质点的流程由短到长，都不相同（沉淀池每一质点的流程都相同），再结合进出水槽的配合布置，使不同时程的水得以相互混合，取得随机均质的效果。均质池设在泵前、泵后均可，应当注意，这种池子只能均质，不能均量。由于均质的机理有很大的随机性，故均质池的设计关键在于均质池构造，通过适当的结构使先后到达的废水充分混合。常用的均质池的池型有以下两种。

①折流调节池。配水槽设在调节池上部，池内设有多个折流板，废水通过配水槽上的空口溢流到调节池的不同折流间，从而使某一时刻的出水包含不同时刻流入的废水，达到某种程度的调节。其示意图如图2.12所示。

图2.12　折流调节池

②差流式调节池。对角线上的出水槽所接纳的废水为来自不同时刻进入均质池的进水，从而达到水质调节的目的。为防止调节池内废水短路，可在池内设置一些纵向挡板，以增强调节效果。其示意图如图2.13所示。

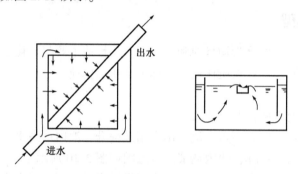

图2.13　差流式调节池

（3）均化池

均化池既能均量又能均质，在池中设置搅拌装置，出水泵的流量用仪表控制。池前须设置格栅、沉砂池以及（或）磨碎机，以去除砂砾及杂质等。池后接二级或三级处理。

（4）事故池

为解决可能出现的污水处理系统运行的事故时（如偶然的废水倾倒或泄漏等），废水的去向问题，宜设事故调节池，或分流贮水池，贮留事故排水。

2.2.2　调节池混合方法

由于渗滤液来水呈峰、谷不均匀状态，调节池内通常要进行混合，以缓解来水不均匀可能给后续处理系统带来的冲击负荷。调节池内一般设置液下搅拌器以保持整池的内部循环流动，避免池体内部产生死角而形成沉淀。常用的混合方法包括以下几种：

（1）水泵强制循环

即污水泵从调节池抽水，又回流到调节池的方式。在调节池底设穿孔管，穿孔管与水泵压水管相连，用压力水进行搅拌，不需要在均化池内安装特殊的机械设备，简单易行，混合也比较完全，回流水量、搅拌时间、搅拌次数根据实际需要决定，但动力消耗较大。

（2）空气搅拌

在调节池的侧壁上布置环状管道，管道上开孔，按照穿孔管曝气的方式进行搅拌。也可在池底设穿孔管，穿孔管和鼓风机空气管相连，用压缩空气进行搅拌。空气搅拌不仅起到混合均化的作用，且具有预曝气的功能，效果较好，能够防止水中悬浮物的沉积，动力消耗也较少。空气搅拌的缺点也很明显，会使废水中的挥发性物质散逸到空气中，产生异味，同时布气管经年淹没在水中，容易被腐蚀。

（3）穿孔导流槽引水

即利用差流方式使污水进行自身水力混合。同时进入调节池的废水，由于流程的长短不同，前后进入调节池的废水发生混合。该过程几乎不需要消耗动力，但会出现水中杂质在池中积累的现象，而且，池体结构也较为复杂。

（4）机械搅拌

典型的机械搅拌装置包括以下几部分：搅拌器，包括旋转轴和叶轮；辅助部件和附件，包括密封装置、减速箱、搅拌电机、支架、挡板和导流筒等。搅拌器是实现搅拌操作的主要部件，叶轮是其主要的组成部分，它随旋转轴运动将机械能传递给液体，促使液体运动。机械搅拌的混合效果较好，但是，这些设备常年浸泡在水中，容易腐蚀损坏，维护保养工作量较大。

搅拌器有多种形式：按流体流动形态，可分为轴向流搅拌器、径向流搅拌器、混合流搅拌器；按搅拌器叶片结构，可分为平叶、折叶、螺旋面叶；按搅拌用途，可分为低黏流体用搅拌器、高黏流体用搅拌器；按安装形式，可分为顶进式、侧入式以及潜水搅拌器。

常用机械搅拌设备有桨式、推进式、涡流式、双曲面式等。

①桨式搅拌器。桨式搅拌机结构最简单，叶片常由扁钢制成，用焊接或螺栓固定在轮毂

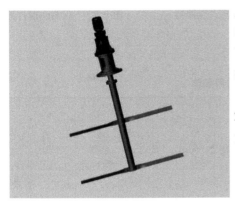

图2.14　桨式搅拌器

上，叶片数通常为2～4片，叶片形式可分为平直叶和折叶式两种，即根据叶片的形状特点的不同可分为平桨式搅拌器和斜桨式搅拌器。平桨式搅拌器产生的是径向力，斜桨式搅拌器产生的是轴向力，桨式搅拌器的转速相对较低，一般为20～80r/min，适用于低黏度的液体、悬浮液及溶解液搅拌。其示意图如图2.14所示。

②推进式搅拌器。推进式搅拌器的特征是排出液体的能力强，叶轮在旋转时液体向前方成轴向流排出，使之循环流动，流体以容积循环形式流动，所受的剪切作用较小，上下翻腾效果良好。推进式搅拌器常用于液液混合、使温度均一化、防止淤浆沉降等。转速常为300～600r/min，常被用于大容积的搅拌。其示意图如图2.15所示。

③涡流式搅拌器。其常常由水平圆盘和2～4片叶片构成，能有效地完成搅拌操作，并能处理黏度范围很广的流体，是应用较广的一种搅拌器。按照叶轮又可分为平直叶和弯曲叶。涡流搅拌器速度较大，一般为300～600r/min。其主要优点是当能量消耗不大时，搅拌效率较高，搅拌产生很强的径向流。其示意图如图2.16所示。

④双曲面搅拌器。双曲面叶轮体上表面为双曲线母线绕叶轮体轴线旋转形成的双曲面结构，其独特的叶轮结构设计，最大限度地将流体特性与机械运动相结合。为了迎合水体流动，设计从叶轮的中心进水，这一方面减少了进水素流，另一方面保证了液体对叶轮表面的压力均匀，从而保证整机在运动状态下的平衡。在渐开双弧面上均布有八条导流叶片，借助液体自重压力作补充进水获得的势能与叶轮旋转时产生的离心力形成动能，液体在重力加速

度的作用下经双曲面结构过渡，沿叶轮圆周方向作切线运动，在池壁的反射作用下，形成自上而下地循环水流，故可获得在轴向（y）和径向（x）方向的交叉水流（如图2.17所示）。正是由于立式波轮搅拌机叶轮的结构特性和接近池底安装的特点，其工作位置决定了它对悬浮物的防沉降作用是直接的，在工作中可获得理想的搅拌效果，能有效地消除搅拌死角。大比表面积可获得大面积的水体交换。

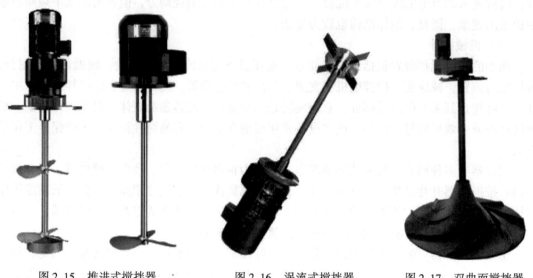

图2.15　推进式搅拌器　　　　图2.16　涡流式搅拌器　　　　图2.17　双曲面搅拌器

搅拌器的选择总结出相关内容，如表2.2所示。

表2.2 搅拌器的适用条件

搅拌器型式	流动状态			搅拌目的										搅拌容器容积/m³	转速范围/(r/min)	最高黏度/Pa·s
	对流循环	湍流扩散	剪切流	低黏度混合	高黏度液混合传热反应	分散	溶解	固体悬浮	气体吸收	结晶	传热	液相反应				
涡流式	◆	◆	◆	◆		◆	◆	◆	◆	◆	◆	◆	1~100	10~300	50
桨式	◆	◆	◆	◆				◆	◆	◆	◆	◆	1~200	10~300	50
推进式	◆	◆		◆		◆		◆				◆	1~1000	10~500	2
双曲面	◆	◆		◆			◆	◆	◆	◆	◆		—	10~250	—

注：有◆者为可用，空白者不详或不可用。

2.2.3　调节池设计

调节池的设计主要是确定调节池的容积。垃圾焚烧厂调节池的设计容量相比垃圾填埋场要小很多，主要是由于垃圾填埋场渗滤液水量受气象条件影响较大，特别是暴雨会大大提高垃圾填埋场渗滤液产生量，其调节池池容设计需要考虑满足十年一遇或三十年一遇暴雨下产生的渗滤液，而垃圾焚烧厂渗滤液来源于垃圾焚烧厂的垃圾储仓中，其产量大小与垃圾进场量、渗滤液产生率和垃圾停留时间、当地气候、生活水平、生活习惯、垃圾分类水平等因素有关系，池容通常比垃圾填埋场渗滤液调节池池容要小很多。

不同的垃圾焚烧工艺使垃圾渗滤液的产量存在一定的差异。比如使用循环流化床处理工艺的焚烧厂，原生垃圾经过预处理后直接进入锅炉焚烧，一般不对垃圾进行堆酵和储存，所以其产生的渗滤液会相对较少，基本是日产日清。此外，随着季节和垃圾库存量的不同，其垃圾渗滤液产量会有波动。而对于使用机械炉排的焚烧厂，生活垃圾一般先进行 5~7d 的堆酵预处理后再进入炉内进行焚烧处理。

有研究发现，垃圾堆酵 48h 析出的渗滤液量为可析出全量的 99%。深圳市政环卫综合处理厂在 2001 年与清华大学合作进行生活垃圾堆酵实验，实测数据表明，进厂初测低位热值为 4000kJ/kg，含水率为 50%~65% 的生活垃圾，在堆酵 48~72h，脱水失重比大致为 10%~12%。由此可以看出，炉排炉垃圾焚烧厂与循环流化床锅炉垃圾焚烧厂的垃圾渗滤液产量区别较大。另外，调节池还需考虑雨天导致的垃圾水分含量的增加，从而导致的垃圾渗滤液产量的大幅度增加所带来的储存风险，因此，调节池的容积应尽可能设置大些。

在垃圾焚烧厂渗滤液处理工艺中，调节池一般采用钢筋混凝土结构。为减少对环境的污染，其上部设顶板和人孔盖板进行密封，安装除臭系统抽取调节池产生的臭气送到垃圾焚烧炉进行焚烧。池体采取防腐防渗措施，避免池内液体渗漏。为方便调节池的维护及检修，调节池设 2 个，交替运行。调节池一般设计的水力停留时间为 7~8d 左右，池内设液下搅拌器以保持整池的内部循环流动，避免池体内部产生死角而导致固体颗粒的沉淀、沉积等。同时调节池的营养底物、微生物和温度条件具备产生厌氧发酵的条件，会产生沼气和臭气，因此，需要设置抽负压，防止爆炸。

以下将介绍垃圾焚烧厂渗滤液处理站调节池设计，当垃圾渗滤液的处理规模为 400t/d 时，调节池的设计说明与设计要点如下。

（1）设计说明

垃圾焚烧厂渗滤液处理站调节池设计遵循以下原则，首先需要确定垃圾焚烧厂渗滤液处理规模 Q，再根据项目总平面图等进行初步设计，合理安排调节池的尺寸，使得调节池既有良好的均质均量作用，同时也可以承担渗滤液处理系统事故池的作用，给予特殊情况下系统充分的恢复时间，根据实践经验，一般设计调节池理论水力停留时间处于 7~8d。此外，设计调节池的超高 1m，计算理论水力停留时间时使用的是调节池的有效容积，即 $V_{有效}$ 进行计算。

（2）主要构筑物

处理规模：$Q = 400\text{m}^3/\text{d}$；

构筑物尺寸：$L \times B \times H = 21\text{m} \times 10\text{m} \times 8.0\text{m}$，数量：2 座；

取有效水深：$H_{有效} = 7.0\text{m}$；

取超高 1m，则 $H = 8.0\text{m}$；

则有效容积：$V_{有效} = 21\text{m} \times 10\text{m} \times 7\text{m} \times 2 = 2940\text{m}^3$；

理论水力停留时间：$\text{HRT} = V_{有效}/Q = 2940/400 = 7.35\text{d}$；

结构型式：半地下式钢筋混凝土结构。

（3）主要设备

潜水搅拌机：$N = 5\text{kW}$，数量 6 台；

过滤器：过滤精度 2mm，$Q = 40\text{m}^3/\text{h}$，数量 2 台；

自吸式排污泵：$Q = 15\text{m}^3/\text{h}$，$H = 30\text{m}$，$N = 3.0\text{kW}$，数量 4 台（2 用 2 备）；

袋式过滤器：$Q = 25\text{m}^3/\text{h}$，过滤精度 2mm，数量 1 台。

2.3 混凝沉淀

渗滤液成分复杂，处理渗滤液是一个相对复杂的过程，在渗滤液预处理阶段，有部分工程采用混凝沉淀的工艺，先对渗滤液进行混凝处理，以去除渗滤液中的一部分悬浮物和COD等，减少后续处理系统压力。通过投加混凝剂使水中难以自然沉淀的胶体物质以及细小的悬浮物聚集成较大的颗粒，使之能与水发生分离的过程称为混凝。混凝是水处理的重要方法，能去除水中的浊度和色度，还能对水中无机和有机污染物有一定的去除效果。

2.3.1 混凝原理

化学混凝所处理的对象，主要是水中的微小悬浮固体和胶体杂质。大颗粒的悬浮固体由于受重力的作用而下沉，可以用沉淀等方法去除。但是，微小粒径的悬浮物固体和胶体，能在水中长期保持分散状态，即使静止数小时以上，也不会自然沉降。这是由于胶体微粒及细微悬浮颗粒具有"稳定性"。

（1）胶体的稳定性

天然水中的黏土类胶体微粒以及污水中的胶体蛋白质和淀粉微粒等都带有负电荷，中心称为胶核。其表面选择性地吸附了一层带有电荷的离子，这些离子可以是胶核的组成物直接电离而产生，也可以是从水中选择吸附离子而造成的。这层离子称为胶体微粒的电位离子，它决定了胶粒电荷的大小和电性。由于电位离子的静电引力，在其周围又吸附了大量的电荷相反的离子，形成了所谓"双电层"。这些离子中紧靠电位离子的部分被牢固的吸引着，当胶核运动时紧靠电位离子的部分也随着一起运动，形成固定的离子层。离子离电位离子越远，受到的引力越弱，并有向水中扩散的趋势，形成了扩散层。固定的离子层和扩散层之间的交界面称为滑动面。滑动面以内的部分称为胶粒，胶粒与扩散层之间存在电位差。此电位称为胶体的电动电位，常称为 ζ 电位。而胶核表面的电位离子与溶液之间的电位差称为总电位或 φ 电位。其原理示意图如图2.18所示。

胶体在水中的运动受几方面的影响：由于胶粒带电，带相同电荷的胶粒产生静电排斥，而且 ζ 电位愈高，胶粒之间的静电斥力越大；胶粒受水分子热运动的撞击，使微粒在水中做不规则的运动，即"布朗运动"；

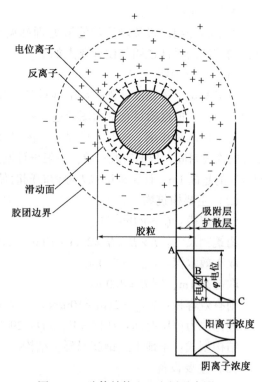

图2.18 胶体结构和双电层示意图

胶粒之间还存在着相互引力——范德华引力，范德华引力的大小与胶粒间距的2次方成反比，当间距较大时，此引力忽略不计。

一般水中的胶粒，ζ 电位较高。其相互间斥力不仅与 ζ 电位有关，还与胶粒的间距有关，距离愈近，斥力愈大。而布朗运动的动能不足以将两胶粒推近到使范德华引力发挥作用的距离。因此，胶体微粒不能相互聚结，而是长期保持稳定的分散状态。

另一个使胶粒不能相互聚结的原因是水化作用。由于胶粒带电，其将有极性的水分子吸引到它的周围形成一层水化膜。水化膜同样能阻止胶粒间相互接触。但是，水化膜是伴随胶粒带电而产生的，如果胶粒的ζ电位消除或减弱，水化膜也就随之消失或减弱。

（2）混凝机理

混凝的机理依据采用的混凝剂种类和投加量、胶体颗粒的性质、含量以及溶液的 pH 值等因素的不同而不同，一般可分为：压缩双电层理论、吸附电中和理论、吸附架桥理论、沉淀物的卷扫（网捕）理论。这四种混凝机理在水处理过程中往往是同时存在的，在不同的药剂、投加量和水质条件下因发挥作用的程度不同，而以某一种作用机理为主。

①压缩双电层理论。水中胶体颗粒之所以能维持稳定的分散悬浮状态，主要是由于胶粒的ζ电位（胶粒与溶液主体间由于胶粒剩余电荷的存在所产生的电位）。当混凝剂投加到水中时，大量的正离子会进入胶体的扩散层，甚至吸附层，中和了带负电荷的黏土胶粒，导致扩散层减薄，此时ζ电位降低或消除，胶体颗粒受到电位影响而脱稳，并相互碰撞发生聚结。当扩散层完全消失时，ζ电位为零，胶粒间的静电斥力消失，发生聚结。胶体凝聚的一个重要理论便是压缩双电层原理，但当投加过量的混凝剂时，水中的胶体颗粒重新稳定，导致混凝效果下降；或者在实际工艺中，混凝效果最佳时的ζ电位常大于零，不是理论上的等电状态，而这些现象均无法用压缩双电层解释。

②吸附电中和理论。吸附电中和理论是指选用铁盐或铝盐作为混凝剂处理废水时，高价金属离子以水解聚合离子状态存在，随着水样 pH 值的变化而产生不同的水解产物，水解产物由于氢键、范德华力或共价键的作用，对胶体颗粒具有吸附能力，从而将胶体颗粒从废水中去除。这种吸附不受电性的影响，只要有空位便会产生吸附作用。

③吸附架桥理论。主要是指胶体颗粒与高分子物质的吸附桥连作用。由于高分子混凝剂具有线性结构，含有的某些化学基团能与胶体颗粒表面相互吸附，形成大颗粒的絮凝体。例如，三价铝盐、铁盐或其他高分子混凝剂经水解和缩聚反应，形成的高分子聚合物可被胶体微粒吸附。由于其线性长度较大，当一端吸附胶粒后，另一端也吸附胶粒，于是在两胶体颗粒间进行吸附架桥，使颗粒逐渐结大，形成粗大的絮凝体。

④网捕作用。三价铝盐或铁盐等在水解时生成的沉淀物在沉降过程中，能集卷、网捕水中的胶体微粒，使其黏结并脱稳，从而沉降去除。

（3）混凝剂

在渗滤液处理中所用的混凝剂可分为两大类，一类是无机混凝剂，另一类是有机絮凝剂。无机混凝剂包括铁和铝两类金属盐以及聚合氯化铝等无机高分子混凝剂。有机絮凝剂主要是聚丙烯酰胺等有机高分子物质。目前较普遍的混凝剂如表 2.3 所示。

表2.3 常见混凝剂

名称	分子式	一般介绍
硫酸铝	$Al_2(SO_4)_3 \cdot 18H_2O$	①适用于水温为 20～40℃ ②当 pH＝4～7 时，主要去除水中有机物 当 pH＝5.7～7.8 时，主要去除水中悬浮物 当 pH＝6.4～7.8 时，处理浊度高、色度低（小于 30 倍）的水

名称	分子式	一般介绍
硫酸亚铁	$FeSO_4 \cdot 7H_2O$	①腐蚀性较高 ②矾花形成较快，较稳定，沉淀时间短 ③适用于碱度高、浊度高的水，不论在冬季或夏季使用都很稳定，混凝作用良好
三氯化铁	$FeCl_3 \cdot 6H_2O$	①对金属（尤其是铁器）腐蚀性大，对混凝土亦腐蚀，对塑料管也会因发热而引起变形 ②不受温度影响，矾花结得大，沉淀速度快，效果较好 ③易溶解，易混合，渣滓少 ④适用最佳 pH 值为 6.0 ~ 8.4
聚合氯化铝	$[Al_n(OH)_mCl_{3n-m}]$（通式）简写 PAC	①净化效率高，耗药量少，过滤性能好 ②温度适应性高，pH 值适用范围宽（可在 pH = 5 ~ 9 的范围内） ③使用时操作方便，腐蚀性小，劳动条件好 ④设备简单，操作方便，成本较三氯化铁低 ⑤是无机高分子化合物
聚丙烯酰胺	$(C_3H_5NO)_n$ 简称 PAM	①被认为是最有效的高分子絮凝剂之一，常被用作助凝剂，与铝盐或铁盐配合使用 ②与常用混凝剂配合使用时，应按一定顺序先后投加，以发挥两种药剂的最大效果 ③聚丙烯酰胺固体产品不易溶解，宜在有机械搅拌的溶解槽内配制成 0.1% ~ 0.2% 的溶液再进行投加，稀释后的溶液保存期不宜超过 1 ~ 2 周 ④是合成有机高分子絮凝剂，为非离子型

（4）助凝剂

当单用混凝剂不能取得良好效果时，可投加某些辅助药剂以提高混凝效果，这种辅助药剂称为助凝剂。助凝剂可用以调节或改善混凝的条件，例如当原水的碱度不足时可投加石灰或重碳酸钠等；当采用硫酸亚铁作混凝剂时可加氯气将亚铁离子 Fe^{2+} 氧化成三价铁离子 Fe^{3+} 等。助凝剂也可用以改善絮凝体的结构，利用高分子助凝剂的强烈吸附架桥作用，使细小松散的絮凝体变得粗大而紧密，常用的有聚丙烯酰胺、活化硅酸、骨胶、海藻酸钠、红花树等。

2.3.2　影响混凝的主要因素

由于混凝剂的性能各不相同，同一影响因素对不同混凝剂的影响程度也存在差异。因此需要在不同渗滤液处理系统里对混凝条件进行优选。

（1）水温

当水温较低时，混凝剂的水解速率很慢，同时水的黏度大，致使水分子的布朗运动减弱，不利于水中污染物胶粒的脱稳和聚集，因而不易形成絮凝体。在一定的低水温范围内，即使增加混凝剂的投加量，也难以取得良好的混凝效果。当水温提高时，有利于絮凝反应的进行，但在处理实际废水时，若要提高水温，从技术和经济等方面考虑，都是较为困难。因此，废水处理的水温通常控制在 20 ~ 30℃ 之间。

（2）水质

垃圾渗滤液中污染物随着地区不同而千变万化。污染物在化学组成、带电性能、亲水性能、吸附性能等方面都可能不同，因此，某一种混凝剂对不同废水的混凝效果可能相差很大。另外，有机物对于水中的憎水胶体具有保护作用，因此，对于高浓度有机废水采用混凝沉淀方法处理效果往往不好。

（3）pH值

pH值也是影响混凝的一个主要因素。在不同的pH值条件下，铝盐和铁盐的水解产物形态不一样，产生的混凝效果也会不同。由于混凝剂水解反应过程中不断产生H^+，因此要保持水解反应充分进行，水中必须有碱去中和H^+，如果碱度不足，水的pH值将下降，水解反应不充分，对混凝过程不利。

（4）水力学条件及混凝反应的时间

混凝过程中水力条件和混凝反应的时间对絮凝体的形成影响极大。整个混凝过程可分为两个阶段：混合和反应。

把一定的混凝剂投加到污水中后，首先要使混凝剂迅速、均匀地扩散到水中。混凝剂充分溶解后，所产生的胶体与水中原有的胶体及悬浮物接触后，会形成许许多多微小的矾花，这个过程又称为混合。混合过程要求水流产生激烈的湍流，在较快的时间内使药剂与水充分混合，混合时间一般要求几十秒至两分钟。混合作用一般靠水力或者机械方法来完成。

在完成混合后，水中胶体等微小颗粒已经产生初步凝聚现象，生成了细小的矾花，其尺寸可达5μm以上，但还不能达到靠重力可以下沉的尺寸（通常需要0.6~1.0mm以上）。因此还要靠反应阶段使矾花逐渐长大。在反应阶段，要求水流有适当的紊流程度，为细小的矾花提供互相碰撞和互相吸附的机会，并且随着矾花的长大这种紊流应该逐渐减弱下来。反应时间一般控制在10~30min。

另外，絮凝剂的投加量、性质和结构、混凝剂的选择等也对混凝效果有很大的影响。

2.3.3 混凝常用设备

（1）溶解搅拌装置

搅拌可采用水力、机械或压缩空气等，见表2.4，具体由用量大小及药剂性质决定，一般用药量大时用机械搅拌和压缩空气搅拌，用药量小时用水力搅拌。

表2.4 各种搅拌方法

搅拌方法	适用条件	一般规定
水力搅拌	中小水厂，易溶解的药剂。可利用出水压力来节省电机等设备	溶药池容积一般约等于3倍药剂量，压力水水压约为0.2MPa
机械搅拌	各种不同药剂和各种规模水厂	搅拌叶轮可用电机或水轮带动，可根据需求安装带有转速调节的装置
压缩空气搅拌	较大水厂与各种药剂	不宜用作较长时间的石灰乳液连续搅拌

（2）混凝剂投加方法

根据溶液池液面高低，有重力投加和压力投加两种方式，见表2.5。

表2.5 混凝剂投加方式

投加方式		作用原理	特点	适用情况
重力投加		建造高位溶液池,利用重力作用将药剂投入水中	①管理操作简单,投加安全可靠 ②必须建高位池	①中小型水厂 ②考虑到输液管线的沿途水头损失,输液线管不宜过长
压力投加	加药泵	泵在药液池内直接吸取药液,加入压力管内	①可以定量投加,不受压力管压力所限 ②成本较高,泵易引起堵塞,养护比较麻烦	适用于大中型水厂
	水射器	利用高压水在水射器喷嘴处形成的负压将药液射入压力管	①设备简单,使用方便,不受溶液池高程所限 ②效率较低,如药液浓度不当,可能引起堵塞	适用于不同规模的水厂

（3）混合设备

几种混合设备的比较见表2.6。

表2.6 混凝常用混合设备

混合池池型	优点	缺点	适用条件
浆板式机械混合槽	混合效果良好,水头损失小	维护管理较复杂	各种水量
分流隔板混合槽	混合效果较好	水头损失大,占地面积大	大中水量
水泵混合	设备简单,混合较为充分,效果好,不另外消耗功能	管理较复杂,特别是在吸水管较多时,不宜在距离太长时使用	各种水量

（4）反应设备

各种常见的反应设备见表2.7。

表2.7 混凝常见反应设备

反应池形式	优点	缺点	适用条件
隔板式反应池	反应效果好,构造简单,施工方便	容积较大,水头损失大	水量大于 $1000m^3/h$ 且变化较小
旋流式反应池	反应效果良好,水头损失较小,构造简单,管理方便	池较深	水量大于 $1000m^3/h$ 且变化较小,改建或扩建旧有设备
涡流式反应池	反应时间短,容积小,造价低	池较深,截头圆锥形池底难以施工	水量小于 $1000m^3/h$
机械搅拌反应池	反应效果好,水头损失小,可适应水质水量的变化	部分设备处于水下,维护较难	各种水量

2.3.4 混凝优缺点

优点:混凝沉淀法处理效率高,处理方法成熟稳定,处理方法操作相对简单,能量消耗低。

缺点:投入过多的药剂时,药剂本身也会对水体造成污染(增大 COD 含量等);水质千变万化，最佳的投药量各不相同，必须通过实验确定；占地面积比较大；污泥需经浓缩后脱水。

2.3.5 沉淀

2.3.5.1 沉淀原理

沉淀是利用重力沉降原理将比水重的悬浮颗粒从水中去除的工艺过程，处理设施是沉淀池。沉淀池利用水流中悬浮杂质颗粒向下的沉淀速度大于水流向下流动速度或向下沉淀时间小于水流流出沉淀池的时间，从而实现悬浮物与水流的分离，达到净化水质的目的。沉淀的主要作用是去除主厂房垃圾仓带入的泥沙以及细小、坚硬的颗粒物，防止对后续工艺及设备运行造成影响。

根据水中悬浮颗粒的性质、凝聚性能及浓度，沉淀通常可以分为四种不同的类型。

（1）自由沉淀

自由沉淀是最为常见的一种沉淀方式，当水中悬浮固体浓度不高时发生的主要沉淀类型。在沉淀过程中悬浮颗粒之间互不干扰，颗粒各自独立完成沉淀过程，颗粒的沉淀轨迹呈直线。整个沉淀过程中，颗粒的物理性质，如形状、大小及相对密度等不发生变化。沙粒在沉砂池中的沉淀就属于自由沉淀。

（2）絮凝沉淀

在絮凝沉淀中，悬浮颗粒浓度不高，但沉淀过程中悬浮颗粒之间有互相絮凝作用，颗粒因相互聚集增大而加快沉降，沉淀的轨迹呈曲线。沉淀过程中，颗粒的质量、形状和沉速是变化的，实际沉速很难用理论公式计算，需要通过试验测定。化学混凝沉淀及活性污泥在二沉池中间段的沉淀属絮凝沉淀。

（3）区域沉淀（或称成层沉淀、拥挤沉淀）

区域沉淀的悬浮颗粒浓度较高（5000mg/L以上），颗粒的沉淀受到周围其他颗粒的影响，颗粒间相对位置保持不变，形成一个整体共同下沉。与澄清水之间有清晰的泥水界面，沉淀显示为界面下沉。在二沉池下部及污泥重力浓缩池开始阶段均有区域沉淀发生。

（4）压缩沉淀

压缩沉淀发生在高浓度悬浮颗粒的沉降过程中，由于悬浮颗粒浓度很高，颗粒之间互相接触，互相支撑，下层颗粒间的水在上层颗粒的重力作用下被挤出，使污泥得到压缩。二沉池污泥斗中的污泥浓缩过程以及污泥重力浓缩池中均存在压缩沉淀。

2.3.5.2 沉淀池类型

沉淀池是分离悬浮固体的一种常用处理构筑物。按照工艺布置的不同，可分为初沉池和二沉池。初沉池是一级污水处理系统的主要处理构筑物，或作为生物处理法中预处理的构筑物，其去除的对象是悬浮固体，可以去除 SS 约 40%～50%，同时可去除 20%～30% 的 BOD_5，可降低后续生物处理构筑物的容积负荷。初沉池中沉淀物质成为初次沉淀污泥。二沉池设在生物处理构筑物后面，用于沉淀分离活性污泥或去除生物膜法中脱落的生物膜，是生物处理工艺中的重要组成部分。

每种沉淀池均包括进水区、沉淀区、缓冲区、污泥区和出水区五个部分。进水区和出水区的作用是使水流均匀地流过沉淀池，避免短流和减少紊流对沉淀产生的不利影响，同时减少死水区、提高沉淀池的容积利用率；沉淀区也称澄清区，即沉淀池的工作区，是可沉淀颗粒与废水分离的区域；污泥区是污泥贮存、浓缩和排出的区域；缓冲区则是分隔沉淀区和污泥区的水层区域，保证已经沉淀的颗粒不因水流搅动而再行浮起。

沉淀池按池内水流方向的不同，可分为平流式沉淀池、辐流式沉淀池和竖流式沉淀池。沉淀池各种池型的优缺点和使用条件见表2.8。

表2.8　各种沉淀池比较

池型	优点	缺点	适用条件
平流式沉淀池	①沉淀效果好 ②对冲击负荷和温度变化的适应能力较强 ③施工简易、造价较低	①池子配水不易均匀 ②采用多斗排泥，每个泥斗需要单独设排泥管各自排泥，操作量大；采用链带式刮泥机排泥时，链带的支撑件和驱动件都浸于水中，易腐蚀	①适用于地下水位高及地质较差地区 ②适用于大、中、小型处理厂
竖流式沉淀池	①排泥方便，管理简单 ②占地面积小	①池子深度大，施工困难 ②对冲击负荷和温度变化的适应能力较差 ③造价较高 ④池径不宜过大，否则布水不均	适用于处理水量不大的小型处理厂
辐流式沉淀池	①多为机械排泥，运行较好，管理较简单 ②排泥设备已趋定型	机械排泥设备复杂，对施工质量要求高	①适用于地下水位较高地区 ②适用于大、中型处理厂
斜板沉淀池	①沉淀效果好 ②占地面积小 ③排泥方便	易堵塞，不宜作为二次沉淀池，造价高	常在扩容改建中应用，或在用地特别受限时使用

①平流式沉淀池。平流沉淀池是一个矩形池，因此也称矩形沉淀池。污水从池一端流入，水平方向流过池子，从池子的另一端流出。在池的进口底部处设贮泥斗，池底其他部位有坡度，倾向贮泥斗。一般由进水装置、出水装置、沉淀区、缓冲区、污泥区及排泥装置等组成。平流沉淀池是应用较早也较普遍的一种沉淀形式，它既可以用作滤前沉淀（初沉池）处理，也可用作预沉（沉砂）或最终沉淀（二沉池）处理。其主要特征是构造简单、池深较浅、造价低、沉淀效果稳定、操作管理方便。主要缺点是占地面积较大、池深较浅，常常限制后续滤池的选用。其示意图如图2.19所示。

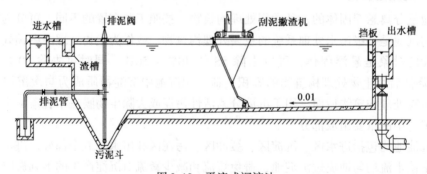

图2.19　平流式沉淀池

②竖流式沉淀池。竖流式沉淀池一般为圆形或方形，由中心进水管、出水装置、沉淀区、污泥区及排泥装置组成。沉淀区呈柱状，污泥斗呈截头倒锥体。竖流式沉淀池结构及组成部分见图2.20。渗滤液从中心管自上而下进入池内，管下设伞形挡板使渗滤液在四周均匀分布，沿沉淀区的整个过水断面缓慢上升，悬浮物沉降进入池底锥形沉泥斗中，澄清水由池四周的集水槽收集。集水槽前设挡板及浮渣槽以拦截浮渣，保证出水水质。池的一边靠池壁设排泥管，污泥可借静水压力由排泥管定期排出。其示意图如图2.20所示。

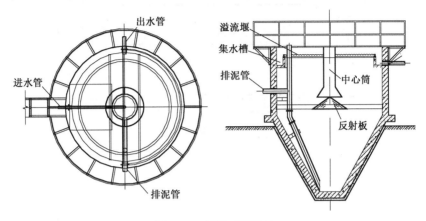

图2.20　竖流式沉淀池

③辐流式沉淀池。辐流式沉淀池的池型多呈圆形，小型池子有时亦采用正方形或者多角形。按进出水方式可分为中心进水周边出水、周边进水中心出水和周边进水周边出水三种形式。其中应用最广泛的是中心进水周边出水辐流式沉淀池。渗滤液经中心进水口流入池内，在挡板的作用下，平稳均匀地流向周边出水堰。随着水流沿径向辐射状流动，水流过水断面逐渐增大，水流速度逐渐减小，有利于悬浮物的沉降。辐流式沉淀池大多采用机械排泥，将全部沉积污泥收集到中心污泥斗，再借助静水压力或者污泥泵排出。其示意图如图2.21所示。

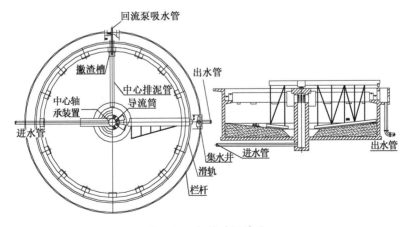

图2.21　辐流式沉淀池

④斜板沉淀池。斜板（管）沉淀池利用"浅层沉淀"的原理，在沉淀区放置与水平面成一定夹角（一般为60°）的斜板或蜂窝斜管组件，以提高沉淀效率。水流在经过沉淀区时，水沿斜板（管）上升流动，水中悬浮物在斜板（管）上沉降，分离出的泥渣在重力作用下滑动至池底，再集中排出。这种池子可提高沉淀效率50%～60%，在同一面积上可提

高处理能力 3～5 倍。根据水流和污泥相互运动方向可分为异向流、同向流和侧向流 3 种。斜板（管）沉淀池的优点是：利用了层流原理，提高了沉淀池的处理能力；缩短了颗粒沉降距离，缩短了沉淀时间；增加了沉淀池的沉淀面积，提高了处理效率。其示意图如图 2.22 所示。

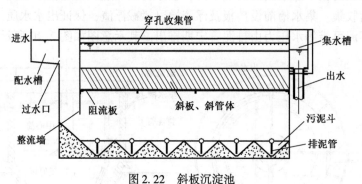

图 2.22　斜板沉淀池

第3章

渗滤液厌氧生物处理技术

针对渗滤液成分复杂、浓度高、难处理的水质特征，渗滤液处理工艺多采用"预处理+生物处理+深度处理"的组合工艺。生物处理工艺中，厌氧生物处理法具有容积负荷高、能耗低、污泥产率低、占地小、投资及运行费用低等优点，在渗滤液处理上得到了广泛的应用。渗滤液中有机物含量高，可生化性好，厌氧处理既可以有效地去除有机物，又可以产甲烷对能量进行回收。垃圾焚烧厂的渗滤液的 COD_{Cr} 浓度较高，对渗滤液的处理宜首先选用厌氧生物处理，而后再采用好氧或其他后续处理方法。

3.1 厌氧生物处理技术概述

厌氧生物处理技术是指在厌氧条件下由多种微生物的共同作用，使有机物分解并转化成小分子的无机物质，并产生沼气（主要是 CH_4、H_2S、CO_2 等）的过程，该过程又称厌氧消化。厌氧生物处理技术不以氧气作为氢受体，在一定的温度、酸碱度等条件下，通过多种类、功能各异的厌氧微生物（专性、兼性）的分解、代谢，最终生成以甲烷和二氧化碳为主的混合气体。厌氧生物处理技术从理论到生产实践都已经趋于成熟，在垃圾渗滤液处理方面已得到广泛的应用。

3.1.1 厌氧生物处理技术发展历程

厌氧反应器经历了三个时代，第一代厌氧反应器是以普通厌氧消化池和厌氧接触工艺为代表的低负荷系统，具有如下特点：厌氧产生的沼气能使废水与污泥完全混合，能有效降解废水中的有机物；反应器内污泥与废水不能有效分离；处理效率低，水力停留时间（Hydraulic Retention Time，HRT）较长，属于低负荷系统。

第二代反应器以厌氧滤池和上流式厌氧污泥床为代表的高负荷系统，20 世纪 60 年代末，Young 和 Mccarty 发明了厌氧滤池（Anaerobic Filter，AF）；70 年代，荷兰农业大学环境系 Lettinga 等人发明了上流式厌氧污泥床（Up-flow Anaerobic Sludge Blanket，UASB）。UASB 已成为当前应用最广泛的厌氧反应器。第二代反应器的主要特点有：可以将活性污泥与污水有效地分离，能够保持大量的活性污泥和足够长的污泥龄；水力停留时间短、容积负荷高、处理效率高。注重培养颗粒污泥，属于高负荷系统。

第三代厌氧反应器是在 20 世纪 90 年代以后，在 UASB 广泛运用的基础上发展了以颗粒污泥为根本的膨胀颗粒污泥床（Expanded Granular Sludge Blanket Reactor，EGSB）和厌氧内循环（Internal Circulation，IC）为代表的高效厌氧反应器。第三代厌氧反应器要具备的主要特点有：良好的污泥截留能力；具有生物污泥与进水基质充分接触的条件；具有提供微生物适宜的生长环境条件的功能。

第三代厌氧反应器采用高的水力和容积负荷，大大提高反应器的处理效率，达到真正的高效目的。厌氧反应器的种类很多，目前处理垃圾渗滤液的厌氧反应器主要有上流式污泥床－过滤器（基于 AF 和 UASB 开发的新型复合式厌氧流化床反应器，Up-flow Blankt Filter，UBF）、UASB、IC 等。

3.1.2　厌氧生物处理技术特点

厌氧生物处理技术由于具有运行成本低、能耗少、剩余污泥量少、可以处理高浓度和好氧条件下生物难降解有机物的特点，近年来已经广泛运用于水处理，特别在高浓度有机废水处理方面也取得了良好效果。与好氧生物处理相比，厌氧生物处理有如下优点：

（1）应用广泛

好氧法因供氧限制一般只适用于中、低浓度有机废水的处理，而厌氧法既适用于高浓度有机废水，又适用于中、低浓度有机废水。厌氧生物处理能降解多种在好氧条件下难以降解的有机物质，可直接处理高浓度渗滤液。

（2）能耗低

好氧法需要消耗大量能量供氧，厌氧法不需要充氧，因此可以节省大量的曝气能耗。同时，厌氧反应产生的含有 50% ~ 70% 甲烷的沼气可作为能源，废水有机物达到一定浓度后，沼气能量可以抵偿消耗能量。

（3）营养需求低

好氧处理中微生物对碳、氮、磷的需求量为 COD:N:P = 100:5:1，而厌氧方法为（350 ~ 500）:5:1。渗滤液一般均含氮、磷及多种微量元素，因此厌氧处理渗滤液可不额外添加营养盐。

（4）能量回收多

厌氧处理过程中，产生大量以甲烷为主的沼气，甲烷热值高，是很好的能源。理论上每去除 $1kg\ COD_{Cr}$ 产生约 $0.35Nm^3$ 的甲烷，低位燃烧热值为 $35.88MJ/Nm^3$，每 $1Nm^3$ 甲烷可发电约 3kW·h。

（5）容积负荷率高

渗滤液厌氧处理时，系统容积负荷通常为 5 ~ 10kg COD/（m^3 · d），容积负荷是普通好氧工艺的 5 ~ 10 倍，占地少。厌氧处理高浓度有机废水有较高的去除率，BOD_5 去除率可达 90% 以上，COD_{Cr} 去除率在 70% ~ 90% 之间。

（6）剩余污泥量少

厌氧环境中，微生物生长速率慢，因此剩余污泥的产量只有好氧法的 5% ~ 20%，厌氧剩余污泥在卫生学和化学上都是稳定的，剩余污泥处理和处置简单，处理费用低。

（7）活性污泥储存期长

厌氧产生的菌种（例如厌氧颗粒污泥）可以在中止供给营养的情况下保存其生物活性与良好的沉淀性 1 年以上，因此适于项目间断或季节性运行。

（8）臭气易控制

厌氧生物处理常在密闭系统中进行，有机物分解后的臭味易于统一收集处理，不致引发二次污染。

（9）水力停留时间短

厌氧生物处理水力停留时间和污泥停留时间（Sludge Retention Time，SRT）的高度分离，使反应器内能够保留大量生物物质，大大地提高了污泥浓度。提高了厌氧处理效率，缩短了水力停留时间。

（10）能去除难降解的有机物

厌氧微生物可对好氧微生物所不能降解的一些有机物及时进行降解或部分降解。越来越多的事实证明，某些高氯化脂肪族化合物在好氧情况下生物不能降解，却能被厌氧生物转化。

厌氧生物处理技术优点显著，适合我国国情现状，是一种值得推广的技术。然而，以厌氧法大规模处理工业废水仅是近20年来的事，厌氧技术的发展尚不完善，其经验与技术的积累尚有一定局限性。

厌氧技术缺点如下：

①出水 COD_{Cr} 浓度高。尽管厌氧生物处理的进液浓度、负荷以及去除有机物的绝对量均较高，但其出水 COD_{Cr} 浓度亦较高，仍需要增设后续处理工艺才能达到排水标准。

②厌氧微生物对有毒物质敏感。如果对有毒废水性质了解不足或操作不当可能导致反应器运行恶化。但随着人们对有毒物质种类、允许浓度和可生化性了解程度的加深以及在工艺上的改进，这一问题将会逐步得到克服。近年来人们发现厌氧细菌经驯化后可极大地提高其对毒性物质的耐受力。

③生化反应复杂。厌氧消化过程实质上是由多种不同种类、不同功能的微生物协同工作的连续的生化反应过程，以产酸菌和产甲烷菌为主要类别的微生物对适宜的生长繁殖条件需求差别较大，因此运行厌氧反应器对技术要求高。

④反应器启动慢。产甲烷菌属于古菌，世代时间较长，因此在反应器初期运行时，需要花费较长时间进行启动。得益于剩余污泥可以保存较长时间，新建的厌氧系统启动时可以直接使用剩余污泥接种，能够明显缩短反应器启动时间。一般启动时间需要8～12周。

⑤氨氮去除效果差。一般认为，在厌氧条件下氨氮不会降低，而且还可能由于原废水中含有的有机氮在厌氧条件下的转化而导致氨氮浓度上升，这为下游好氧处理提出较高要求。

⑥操作复杂。厌氧处理系统是在缺氧条件下进行的，产生的沼气因含有较多的甲烷，属于易燃易爆气体。一般地，沼气的爆炸范围为5%～16%，因此厌氧生物处理的气路系统的安全性需要特别注意，操作控制因素比好氧生物处理复杂。

⑦反应条件要求高。厌氧反应中的微生物对温度的变化非常敏感，温度的突然变化对沼气产量有明显影响。根据厌氧反应的温度的高低，厌氧可分为常温厌氧（10～30℃）、中温厌氧（35℃）和高温厌氧（54℃）。

3.2 厌氧生物处理基本原理

废水厌氧生物处理与好氧过程的根本区别在于，它不以分子态氧作为受氢体，而以化合态的氧、碳、硫、氮等为受氢体。厌氧生物处理是一个复杂的微生物生物化学过程，主要依靠三大细菌类群——水解产酸细菌、产氢产乙酸细菌和产甲烷细菌的联合作用完成。

3.2.1 厌氧生物反应阶段

目前普遍认为厌氧反应分为三个阶段：水解酸化阶段、产氢产乙酸阶段和产甲烷阶段。

第一阶段：水解酸化阶段。在水解与发酵细菌作用下，可溶性、不溶性大分子有机物在水解为可溶性小分子有机物的过程，这一阶段主要完成有机物的增溶和减积（缩小体积）。不溶性有机物（以污泥为例）的主要成分是脂肪、蛋白质和多糖类，在细菌胞外酶作用下分别水解为长链脂肪酸、氨基酸和可溶性糖类。蛋白质和多糖类的水解速率通常比较快，脂肪的水解速率要慢得多，因而脂肪的水解对不溶性有机物在厌氧处理时的稳态程度起控制作用，使水解反应成为整个厌氧反应过程的限速步骤。

第二阶段为产氢产乙酸阶段。第一阶段水解产生的可溶性小分子有机物被产酸细菌作为碳源和能源，最终产生短链挥发性脂肪酸，如乙酸等。有些产酸细菌能利用挥发酸生成乙酸、氢和二氧化碳，将能生成氢气的产酸菌称为产氢细菌。由于产氢细菌的存在，使氢气能部分地从渗滤液中逸出，导致有机物内能下降，所以在产酸阶段，渗滤液的 COD_{Cr} 值有所降低。这一阶段的反应速率很快，据 Andrews 和 Pearson 介绍，当进水在反应器中的平均停留时间小于产甲烷菌的世代时间时，其中的大部分溶解性物质便已转化成了挥发酸。因此，产酸产乙酸阶段不会成为整个厌氧反应过程的限制阶段。

第三阶段是产甲烷阶段。在渗滤液的厌氧生物处理过程中，第三阶段完成有机物的真正稳定或完全降解。产甲烷反应由严格厌氧的专性产甲烷细菌来完成，这类细菌将产酸阶段产生的短链挥发酸（主要是乙酸）氧化成甲烷和二氧化碳，称为嗜乙酸产甲烷菌。另外，还有一类产甲烷细菌可以利用氢气和二氧化碳产生甲烷，称为嗜氢产甲烷菌。对长链挥发酸类、醇类等转化成乙酸的热动力学研究表明，这些反应对渗滤液中氢的分压十分敏感，只有当渗滤液中的氢分压保持在足够低的水平，这些反应才能进行。产甲烷反应速率一般较慢，因而产甲烷反应多是整个厌氧反应过程限速步骤。

上述三个反应阶段如图 3.1 所示。在厌氧生物处理过程中，尽管反应是按三个阶段进行的，但在厌氧反应器中，它们应该是瞬时、连续发生的，并保持动态平衡，这种动态平衡一旦被 pH 值、温度、容积负荷等外加因素所破坏，产甲烷阶段将受到抑制，导致短链脂肪酸的积存和厌氧进程的异常，甚至使整个厌氧消化过程停滞、酸败。

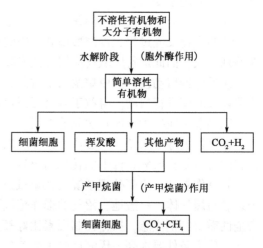

图 3.1 厌氧反应的三个阶段

3.2.2 厌氧生物处理影响因素与控制要求

渗滤液的厌氧处理受诸多因素影响，常分为环境因素和工艺条件因素两类。前者是根本因素，是决定厌氧处理工艺设计与操作的依据。

环境因素主要是指温度、pH 值、酸碱度以及氧化还原电位等。较低的氧化还原电位是厌氧微生物赖以生存的前提条件；适宜的温度是保证厌氧消化高效进行的条件；合适的 pH 值则是保证厌氧消化稳定进行的条件。工艺条件因素主要有渗滤液水质、微生物浓度、容积负荷与污泥负荷、水力停留时间、主要营养元素以及毒害物质和抑制剂等。渗滤液应有较好的可生化性，营养要完全，浓度要高，且无抑制物质；微生物要有较大的浓度，负荷率要适中；污泥停留时间要长，水力停留时间要短。厌氧生物处理的主要因素有：

（1）氧化还原电位

氧化还原电位可反映厌氧消化过程的氧气含量。一般而言，渗滤液进入厌氧系统会带入分子态氧，引起好氧性微生物或兼性厌氧微生物的需氧代谢作用，但这是短时和局部的。厌氧消化的过程是通过微生物的无氧代谢作用完成的，因此，整个过程要求在厌氧条件下，即在较低的氧化还原电位条件下进行。

不同的厌氧消化系统要求的氧化还原电位不尽相同；同一系统中，不同菌群要求的氧化还原电位也不尽相同。研究表明，高温厌氧消化系统要求的氧化还原电位为 −500～−600mV；中温厌氧消化系统及浮动温度厌氧消化系统要求的氧化还原电位应低于 −300～−380mV。产酸细菌对氧化还原电位的要求不甚严格，甚至可在 +100～−100mV 的兼性条件下生长繁殖，而产甲烷细菌最适宜的氧化还原电位为 −350mV 或更低。对自然环境渍水土壤和淡水沉积物的检测结果表明：体系中的氧化还原电位降至 +200mV 时，即可引起碳水化合物的发酵分解；降至 −200mV 时，出现产甲烷现象，在 −200～−250mV 或更低时甲烷细菌数量最多，产甲烷效果最好。

在大多数厌氧消化系统中，决定发酵液氧化还原电位值的主要化学物质是溶液氧。此外，发酵系统中往往存在着多种能够影响氧化还原电位的化学物质，此时要准确计量氧化还原电位较难。实际工程中，通常采用非选择性电极直接测定发酵液的氧化还原电位值。

（2）pH 值

pH 值是影响厌氧消化微生物生命活动过程的重要因素。一般认为，pH 值对微生物的影响主要表现在以下两个方面：pH 值与各种酶的稳定性有关；pH 值直接影响底物的存在状态，进而影响其对细菌细胞膜的透过性。

在厌氧处理渗滤液过程中，产酸过程和产甲烷过程大多在同一构筑物内进行（单相发酵）。中温消化系统应维持的 pH 值应比两大类中温细菌（产酸细菌和产甲烷细菌）要求的适宜值略高一些，即 pH = 7.0～7.6，以 7.2～7.3 为佳，这主要和系统中各种细菌的代谢平衡有关。产酸细菌要求的 pH 值较低，以 6.5～7.0 为好，在此范围内，产酸菌具有旺盛的代谢能力；产甲烷细菌在此 pH 值范围内虽亦有较强的代谢能力，但难于与产酸细菌旺盛的代谢能力相匹配，结果导致有机酸的积累和 pH 值的下降。因此，若系统 pH 值介于 6.8～7.0 之间，系统难于维持长期恒定的 pH，使厌氧消化过程受到酸抑制。若控制 pH 在 7.2～7.3 之间时，产酸细菌较弱的代谢能力（就其本身而言）和产甲烷菌较强的代谢能力之间易形成代谢平衡，有机酸的产生和消耗基本平衡，从而促使厌氧消化稳定进行。因此，为维持消化平衡，避免有机酸过多积累，工程上常保持反应器内的 pH 值在 6.5～7.5 的范围内，最好在 7.0～7.2 之间。

在厌氧消化过程中，pH 值的升降变化除外界因素的影响外，还受有机物代谢过程中某些产物增减的影响。酸化作用产生的有机酸促使 pH 值下降；含氮有机物分解产生的氨会引起 pH 值升高。

在 pH 值为 6~8 范围内，控制消化液 pH 值的主要化学反应是二氧化碳-碳酸盐缓冲系统，它们通过化学平衡影响消化液的 pH 值，计算公式如式（3-1）和式（3-2）所示，其中，K_1、K_2 分别为碳酸的一级、二级电离常数。

$$CO_2 + H_2O \Leftrightarrow H_2CO_3 \tag{3-1}$$

$$H_2CO_3 \Leftrightarrow H^+ + HCO_3^- \tag{3-2}$$

综上所述，在厌氧处理中，pH 值除受进水的 pH 值影响外，主要取决于代谢过程中自然建立的缓冲平衡，即，取决于挥发酸、碱度、氨氮、氢之间的平衡。

另外，pH 值无法准确反映厌氧系统中挥发性有机酸的浓度，这是因为系统中存在氢氧化铵、碳酸氢盐等缓冲物质。而挥发酸积累过多时，其引发的系统 pH 值下降将是瞬时的，增大系统恢复难度。因此，工程上常把挥发酸浓度及碱度作为厌氧系统监控指标。

（3）温度

温度是影响微生物生命活动过程的重要因素。微生物与温度的关系早有研究，但针对厌氧消化微生物的研究工作却要迟得多，在 21 世纪 20 年代末始有报道，研究的方向集中于如下三个方面。

①温度对厌氧消化的影响。温度影响酶的活性，从而影响微生物的生长速率及其对基质的代谢速率；温度影响有机物的降解效率以及污泥的产量和性状；温度影响有机物在生化反应中的流向；温度影响沼气的产量与组分；温度影响系统运行的成本。

②消化温度的选择与控制。各类微生物适宜繁殖的温度范围不同。一般认为，产甲烷菌在 5~60℃ 的温度范围均能存活，但在 35℃ 和 55℃ 左右分别具有较高的消化效率，温度在 44~45℃ 时厌氧消化效率较低。根据产甲烷菌适宜的代谢温度的不同，厌氧发酵常分为常温消化、中温消化和高温消化三种类型。常温消化指在自然气温或水温下进行厌氧处理的工艺，温度范围为 10~30℃；中温消化的适宜温度为 35~38℃，当温度低于 32℃ 或者高于 40℃，厌氧消化效率明显降低；高温消化的适宜温度为 50~55℃。

厌氧消化温度的选择主要考虑两方面因素，即消化效果和能量消耗。高温消化的处理效率高，自身产能也高，但能耗相对较高，因此，只有在原水温度较高（例如 48~70℃ 之间）或有大量废热可以利用的前提下才宜选用；另外，对那些必须进行严格消毒才能排放的废水或污泥，也可采用高温消化。一般情况下，渗滤液处理以中温消化为宜，可兼收消化效果和节能双重好处。自然温度下的厌氧消化效率过低，在渗滤液、工业废水及各种有机污泥的处理中，不宜轻易选取。

③温度突变对厌氧消化的影响。温度的急剧变化不利于厌氧消化作用。短时内温度升降 5℃，沼气产量明显下降，波动的幅度过大时，甚至发生产气停滞。温度的波动，不仅影响沼气产量，还影响沼气中的甲烷含量，尤其高温消化对温度变化更为敏感。因此，在设计消化器时常采取一定的控温措施，尽可能使消化器在恒定的温度下运行，温度变化幅度不超过 2~3℃/h。然而，温度的暂时性突然降低不会使厌氧消化系统遭受根本性破坏，温度一经恢复到原来水平，处理效率和产气量也随之恢复，只是温度降低持续的时间较长时，恢复所需时间也相应延长。

（4）营养要求

产酸细菌、产甲烷古菌对营养物质的需求大致可分为常量元素和微量元素，前者是所有微生物在生长繁殖过程中大量需要的，后者是大多数微生物在正常代谢过程中少量需要的。主要的常量元素包括氮、磷，这两种常量元素几乎是在所有微生物降解过程中不可缺少的，以可溶的铵盐及磷酸盐形式存在，以供细菌、古菌利用。厌氧消化体系中的 COD_{Cr}、N 及 P 的浓度比例应控制在（300~500）:5:1 的范围内以满足微生物对营养的需求。

同时，微量元素对厌氧消化系统至关重要，主要体现在其作为辅酶、辅基以及辅因子的成分出现在微生物的酶系统中，产甲烷菌特殊的酶系统对某些微量元素含量要求较高，如铁、钴、镍、硫、硒、钨等，这些元素均是产甲烷菌生长、繁殖的必需元素。此外，钯、铜、锰、铯、钨、钼、硼、铅等元素对产甲烷菌的增殖活性也具有促进作用。在消化系统中如果菌群缺乏微量元素，即使在厌氧罐启动时无明显异常，但随着种泥中的微量元素含量越来越低，以至消耗殆尽，会使整个厌氧系统的产气效率受到影响。

（5）容积负荷

容积负荷，即消化器单位有效容积每天接受的有机物量 [kg COD/(m³·d)]。容积负荷是影响厌氧消化效率的重要因素，直接影响沼气产量。在一定范围内，随着容积负荷的提高，单位质量物料的产气量（原料产气潜力）趋向下降，而消化器的容积产气量（容积产气率）则增多，反之亦然。厌氧系统正常运转与否取决于产酸作用和产甲烷作用的平衡与否。一般地，酸化细菌的代谢速率快于甲烷菌，若容积负荷过高，系统中的挥发酸出现累积而使 pH 值下降，不利于甲烷菌代谢而影响产甲烷作用，严重时引发系统崩溃，难以恢复；再者，过高的容积负荷缩短水力停留时间，造成污泥速率增大，从而降低消化效率。相反，若系统容积负荷过低，原料产气潜力或有机物去除率虽可提高，但容积产气率降低，增大反应器的容积，提高投资运行费用，降低消化设备的利用效率。

厌氧系统的适宜容积负荷因工艺类型、运行条件以及渗滤液的种类及其浓度而异。对于中温处理高浓度工业废水，常规厌氧消化工艺的容积负荷为 2～3kg COD/(m³·d)，高温处理为 4～10kg COD/(m³·d)；在上流式厌氧污泥床反应器、厌氧滤池、厌氧流化床等新型厌氧工艺中，容积负荷宜为 5～15kg COD/(m³·d)，最高达 30kg COD/(m³·d)。在具体的渗滤液处理工程中，容积负荷的确定最好事先通过实验室小试来确定。

（6）厌氧活性污泥性能

厌氧处理时，渗滤液中的有机物主要靠活性污泥中的微生物分解去除，故在一定的范围内，活性污泥浓度愈高，厌氧消化的效率愈高，但至一定程度后，效率的提高不再明显。这主要因为：其一，厌氧污泥的生长率低，增长速度慢，积累时间过长后，污泥中无机成分比例增高，活性降低；其二，污泥浓度过高时易于引起堵塞而影响系统的正常运行。

厌氧活性污泥主要由厌氧微生物及其代谢的和吸附的有机、无机物构成。厌氧活性污泥的浓度和性状与消化效率密切相关。评价厌氧活性污泥的主要指标为作用效能与沉淀性能，前者主要取决于污泥颗粒中活体微生物的比例、污泥对底物的适应性以及产甲烷菌与非产甲烷菌数量的平衡性；活性污泥的沉降性能是指污泥混合液在静止状态下的沉降速度，它与污泥的凝聚性有关。与好氧处理相似，厌氧活性污泥的沉淀性能同样以污泥体积指数（Sludge Volume Index，SVI）衡量。Lettinga 认为，在 UASB 中，当活性污泥的 SVI 为 15～20mL/g 时，污泥具有良好的沉淀性能。

（7）搅拌

搅拌促进厌氧体系中原料的均质，增大底物和微生物接触机会，避免池内料液产生分层现象，同时促进沼气逸出。搅拌是提高厌氧消化效率的重要工艺条件之一。

搅拌的方式主要有三种：机械搅拌法、消化液搅拌法和沼气搅拌法。在厌氧滤池和上流式厌氧污泥床等新型厌氧消化设备中，虽没有设置搅拌装置，但以上流的方式连续投入料液，通过液流的扩散作用，也起到一定程度的搅拌作用。

（8）有毒物质

厌氧系统中的有毒物质会不同程度地抑制酸化作用和甲烷化作用，这些物质可能是进水中所含的成分，也可能是微生物的代谢副产物，通常包括有毒有机物、重金属离子和硫化物、氨氮、氰化物及其一些阴离子等。厌氧系统对有毒物质的最高容许浓度与运行方式、污泥驯化程度、渗滤液特性、操作条件等因素有关。有毒物质主要包括以下几类：

①有机物：带醛基、双键、氯取代基、苯环等结构的有机物往往具有抑制性，五氯苯酚和半纤维素衍生物，主要抑制产乙酸和产甲烷细菌的活动。

②硫化物：过量的硫化物会对厌氧过程产生强烈的抑制作用。

③硫酸盐和其他硫的氧化物：当厌氧系统中可溶的硫化物达到一定浓度时，会对厌氧消化过程主要是产甲烷过程产生抑制作用：其一，硫酸盐还原菌（将硫酸盐还原成硫化物）与嗜氢产甲烷菌竞争氢气，影响甲烷化过程；其二，过多的硫化物会对细菌细胞的功能产生抑制作用，使产甲烷菌的数量减少。硫的其他形式化合物（如 SO_3^{2-}、SO_4^{2-} 等），对厌氧过程也有抑制作用。

④氨氮：氨氮是厌氧消化体系的缓冲剂，但浓度过高会对厌氧消化过程产生毒害作用，这是由 NH_4^+ 浓度增高和 pH 值上升两方面引起的，主要影响产甲烷阶段，抑制作用可逆。当氨氮浓度为 50～200mg/L 时，经驯化后，系统的适应能力能够增强，抑制效果不明显；当氨氮浓度在高于 3000mg/L 时，系统的产甲烷效率可能出现明显下降。

⑤重金属：重金属被认为是使反应器失效的最普遍、最主要的因素，它通过与微生物酶系统中的巯基、氨基、羧基等结合使酶失活，或者通过金属氢氧化物的凝聚作用使酶沉淀。研究表明，金属离子对产甲烷菌的毒性作用大小顺序为 Cr > Cu > Zn > Cd > Ni。若系统中存在重金属离子时，硫化物可与重金属形成沉淀而使二者毒性减轻。

3.3　厌氧生物处理的反应器类型

厌氧生物处理技术在污水处理中的应用已有一个多世纪，其中厌氧反应器是该技术发展最快的领域之一。厌氧反应器高效、稳定运行的关键是能够保持足够多的生物量并且能够促进污水与活性污泥的充分接触。下面介绍具有代表性的不同类型的厌氧反应器：AF、UASB、UBF、EGSB、IC。

3.3.1　厌氧生物滤池 （AF）

厌氧生物滤池（Anaerobic Filter，AF）也称厌氧滤池，是国际上使用最早的废水厌氧生物处理构筑物之一。20 世纪 60 年代末，美国 McCarty 和 Young 在 Coulter 等研究的基础上，发展并确立厌氧生物滤池作为厌氧生物膜法的代表性工艺之一，并成为第一个高效厌氧反应器。厌氧生物滤池的工作过程为：有机废水通过挂有生物膜的滤料时，废水中的有机物扩散到生物膜表面，并被生物膜中的微生物降解转化为沼气；净化后的废水通过排水设备排至池外，沼气则被收集利用。

据 Bonastre 和 Paris 报道，至 1989 年至少有 30 多个厌氧滤池用于工业规模的废水处理，其容积负荷通常在 5～12 kg COD/（m³·d）。厌氧滤池适用于低分子量的溶解性废水处理，悬浮物较高的废水易于引发堵塞。

（1）工艺构造

按水流方向，厌氧生物滤池可分为升流式厌氧生物滤池和降流式厌氧生物滤池两类，近年来又出现了一种升流式混合型厌氧反应器，实际上是厌氧生物滤池的一种变形。这三种不同类型的厌氧生物滤池如图 3.2 所示。无论哪种类型的厌氧生物滤池，其构造类似于一般的好氧生物滤池，包括池体、滤料、布水设备以及排水、排泥设备等；也可以按功能不同将滤池分为布水区、反应区（滤料区）、出水区、集气区四部分。

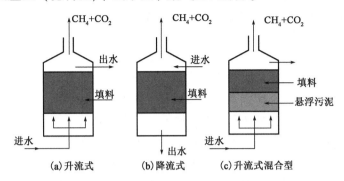

图 3.2　厌氧生物滤池的三种类型

　　厌氧生物滤池的中心构造是滤料，滤料的形态、性质及其装填方式对滤池的净化效果及其运行有着重要的影响。滤料要求质地坚固、耐腐蚀；滤料是微生物的固着部位，进而形成生物膜，因此需要具有大的比表面积，同时，又要有一定的空隙率以便废水均匀扩散。滤料的形状及其在生物滤池中的装填方式等对厌氧滤池的运行性能有很大影响。

　　升流式厌氧生物滤池的流态接近于平推流，纵向混合不明显。降流式厌氧生物滤池一般采用较大回流比，其流态接近于完全混合状态。因此，在升流式厌氧生物滤池中，反应器内存在较明显的有机物浓度梯度，进而出现明显的微生物分层现象；而在降流式生物滤池内，上、中、下层的生物量接近。

　　（2）反应器特点

　　由于厌氧微生物在厌氧滤池中附着于载体表面并形成生物膜，微生物浓度较高，因此有机物去除能力强，出水悬浮固体 SS 较低，出水水质较好；微生物停留时间长，可缩短水力停留时间，生成的剩余污泥可不需要专设泥水分离和污泥回流设施，运行管理方便；耐冲击负荷能力较强，适用的废水有机物浓度范围宽；启动时间短，停止运行后的再启动也较容易，无搅拌与回流设施，整个工艺能耗低，系统运行稳定；主要问题为布水不易均匀，滤料易堵塞。此缺点可通过改变滤料和运行方式而克服。

　　由于垃圾焚烧厂渗滤液的 SS、COD、硬度等指标较高，使用 AF 易堵塞滤料，清洗频繁，故 AF 在垃圾焚烧厂渗滤液处理中使用较少。

3.3.2　上流式厌氧污泥床反应器（UASB）

　　UASB 是目前应用最为广泛的一种厌氧反应器。如图 3.3 所示，UASB 反应器在运行过程中，废水以一定的流速自反应器底部流入，一般为 0.5 ~ 1.5m/h，多宜在 0.6 ~ 0.9m/h 之间。UASB 底部有大量厌氧污泥，废水从底部进入并通过污泥层，废水中的有机物与其中的微生物充分接触进而得到降解。产生的沼气附着在污泥颗粒上，使其悬浮于废水中，形成下密上疏的悬浮污泥层。悬浮的气泡逐渐上浮、聚集、变大，能够起到一定的搅拌作用；污泥颗粒被附着的气泡

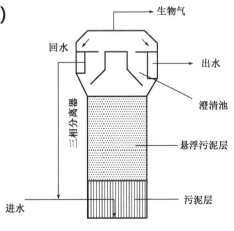

图 3.3　上流式厌氧污泥床反应器

带到上层后撞在三相分离器上使气泡脱离，污泥颗粒又沉降到污泥层，部分进入澄清区的微小悬浮固体也由于静沉作用而被截留下来，最终滑落到反应器下层。这种反应器的污泥浓度可维持在 40~80g/L，容积负荷达 3~15kg (COD)/(m³·d)。

（1）工艺构造

UASB 反应器的基本构造主要包括以下几个部分：污泥床、污泥悬浮层、沉淀区和三相分离器，各组成部分的功能、特点及工艺要求分述如下。

①污泥床：污泥床位于 UASB 反应器的底部，具有很高的污泥生物量，其混合液悬浮固体浓度（Mixed Liquid Suspended Solids，MLSS）一般为 40~80g/L。污泥床中的污泥由活性生物量（或细菌）占 70%~80% 以上的颗粒污泥组成，正常运行的 UASB 中的颗粒污泥的粒径一般在 0.5~5mm 之间，具有优良的沉降性能，其沉降速度一般为 1.2~1.4cm/s，典型的 SVI 为 10~20mL/g。颗粒污泥中的生物相组成较复杂，主要为杆菌、球菌和丝状菌等。污泥床一般占 UASB 容积的 30% 左右，但它对有机物的降解量一般可占到整个反应器全部降解量的 70%~90%。污泥床在对有机物降解的同时，产生的微小沼气气泡经不断地积累、综合而逐渐形成大气泡，气泡在上升过程中实现污泥混合。

②污泥悬浮层：污泥悬浮层位于污泥床的上部，占整个 UASB 容积的 70% 左右，其污泥浓度低于污泥床，通常为 15~30g/L。污泥高度絮凝，一般为非颗粒状，其沉降速度明显小于颗粒污泥，SVI 一般在 30~40mL/g 之间，靠来自污泥床中上升的气泡实现混合。污泥悬浮层中絮凝污泥的浓度呈自下而上逐渐减小的分布状态。该层负责降解整个 UASB 反应器 10%~30% 的有机物。

③沉淀区：沉淀区位于 UASB 反应器顶部，其作用之一是使随水流上升的固体颗粒（主要是污泥悬浮层中的絮凝性污泥）沉淀下来，并沿沉淀区底部的斜壁滑落至反应区内（包括污泥床和污泥悬浮层），以减少反应器污泥流失、保证污泥床中污泥浓度。另一个作用是，可以通过调整沉淀区的水位高度来保证集气室的有效体积，防止集气空间破坏。

④三相分离器：三相分离器是 UASB 反应器的主要特点之一，三相分离器的合理设计是其正常运行的重要保证。三相分离器一般设在沉淀区下部，也可设在反应器顶部，主要作用是将气体（沼气）、固体（污泥）和液体（被处理的废水）三相加以分离，沼气被引入集气室，而污泥和出水则进入上部的静置沉淀区，泥水在重力的作用下发生分离，固体污泥颗粒下沉至反应区。三相分离器由气体收集器和折流挡板组成。实质上，沉淀装置也可看作三相分离器的组成部分，相当于传统污水处理工艺中的二次沉淀池，并同时具有污泥回流功能。

（2）工艺设计

①反应器的有效容积计算公式如式（3-3）所示。

$$V = \frac{QC_0E}{N_v} \tag{3-3}$$

式中　Q——设计处理流量，m³/d；

　　　C_0——进出 COD_{Cr} 浓度，kg COD/m³；

　　　E——去除率，一般取 65%~80%；

　　　N_v——容积负荷，m³/(m²·h)。

②反应器的形状和尺寸。工程设计反应器 n 座，横截面积为圆形。从布水均匀性和经济性考虑，单池高径比设计为 1.2:1 较合适。

反应器有效高度计算公式如式（3-4）所示。

$$V_{有效} = n3.14 \times \frac{D^2}{4}H \quad (H = 1.2D) \tag{3-4}$$

计算可得到单体的横截面积 S 和高度 H。

利用公式（3-5）可得反应器的水力负荷。

$$V_r = \frac{Q}{S} \tag{3-5}$$

对于颗粒污泥，水力负荷 V_r 一般在 $0.1 \sim 0.9 \mathrm{m^3/(m^2 \cdot h)}$。

③布水系统的设计计算。反应器布水点数量设置与进水浓度、处理流量、容积负荷等因素有关。当颗粒污泥的 N_v 为 4kg COD/($\mathrm{m^3 \cdot d}$) 左右时；每个布水点服务区域 $2 \sim 5\mathrm{m^2}$；出水宜为流速 $2 \sim 5\mathrm{m/s}$；配水中心距池底一般为 $20 \sim 25\mathrm{cm}$。

④污泥总量计算。UASB 的污泥床主要由沉降性能良好的厌氧污泥组成，平均浓度为 20g VSS/L，则 UASB 反应器中污泥的总量可由式（3-6）计算，总产泥量可由式（3-7）计算。

$$G = VC \tag{3-6}$$

式中　V——反应器有效容积，$\mathrm{m^3}$；

　　　C——悬浮颗粒物浓度，mg/L。

$$X = \gamma Q C_0 E \tag{3-7}$$

式中　γ——污泥常数，kg VSS/kg $\mathrm{COD_{Cr}}$，一般取 $0.05 \sim 0.10$；

　　　Q——每日进水量，$\mathrm{m^3/d}$；

　　　C_0——反应器内 $\mathrm{COD_{Cr}}$ 浓度，$\mathrm{kg/m^3}$；

　　　E——$\mathrm{COD_{Cr}}$ 去除率，%。

（3）UASB 反应器特点

反应器中有高浓度的活性污泥。这种污泥是通过严格控制反应器的水力特性和容积负荷，通过污泥的自身絮凝、结合及逐步的固定化过程而形成的。污泥特性的好坏直接影响 UASB 反应器的运行性能；反应器具有三相分离器。这种三相分离器具有可以自动将泥、水、气加以分离的功能；反应器无搅拌装置。反应器的搅拌是通过产气的上升迁移作用而实现的，因而操作管理比较简单。

（4）渗滤液处理设计案例

宿迁某生活垃圾发电厂渗滤液处理规模为 $250\mathrm{m^3/d}$，采用"调节池 + 加温池 + UASB 厌氧反应器 + MBR 系统（SBR 系统 + 内置式帘式膜）+ 深度处理系统（纳滤系统 + 反渗透系统）"组合工艺，其进水水质如表 3.1 所示。出水达到《城市污水再生利用　工业水水质》（GB/T 19923—2005）中表 1 敞开式循环冷却水水质标准，在全量处理渗滤液的同时，实现其全回用的目标。

表3.1 设计进出水水质

水质指标 种类	$\mathrm{COD_{Cr}}$/(mg/L)	$\mathrm{BOD_5}$/(mg/L)	氨氮/(mg/L)	TN/(mg/L)
进水	40000	24000	2400	2500
去除率/%	80	80	—	—
出水	8000	4800	2400	2500

①进出水水质

②设计参数

UASB 反应器容积负荷：$N_v = 3.5\text{kg COD}/(\text{m}^3 \cdot \text{d})$；

沼气产气率：0.35m^3（标准）$/\text{kg COD}$；

沼气热值参考值：$21000 \sim 25000\text{kJ/m}^3$（标准）；

沼气产气总量：$Q \approx 2350\text{m}^3$（标准）$/\text{d}$（CH_4 含量按 65% 考虑）；

单格平面尺寸：$\varphi = 10\text{m} \times 16.5\text{m}$；

设计总容积：$V = 1150\text{m}^3$；

总水力停留时间：$\text{HRT} = 9.2\text{d}$；

有效水深：14.70m；

结构形式：地上式钢结构；

数量：2 座。

③设备清单及仪表

排泥泵：$Q = 29\text{m}^3/\text{h}$，$H = 12.7\text{m}$，$N = 3.0\text{kW}$，数量 1 台；

循环泵：$Q = 160\text{m}^3/\text{h}$，$H = 16\text{m}$，$N = 11.0\text{kW}$，数量 4 台；

电动蝶阀：$DN100$，数量 6 台；

沼气点火器：$Q = 100\text{m}^3/\text{h}$，$H = 7\text{m}$，数量 1 台；

流量计：介质为气体，型号 $DN100$，$Q = 30 \sim 200\text{m}^3/\text{h}$，数量 2 台；

温度计：$DN100$，数量 6 台。

该渗滤液处理站目前已稳定运行 6 年，UASB 反应器能有效地截留有机物，去除率仍可保持在 80% 左右。反应器设有三相分离器，可以有效地收集沼气，便于沼气回收利用。另外，该反应器操作管理比较简单。然而，因为渗滤液水质的 SS 及硬度较大，在运行后期，该反应器经常会出现进水管路结垢，出水带泥等现象，仍存在较多需要改善的地方。

3.3.3 升流式厌氧污泥床—滤层反应器（UBF）

升流式厌氧污泥床－滤层反应器，又称厌氧复合反应器，由几种厌氧反应器复合而成，目前已开发的多由升流式厌氧污泥床和厌氧生物滤池复合而成。

(1) 工艺构造

1984 年加拿大科学技术委员会生物科学部 Guiot 和 den Berg 等人开发了 UBF，用来处理制糖废水。反应器上部 1/3 容积为填料层，填充的塑料环比表面积为 $235\text{m}^2/\text{m}^3$，反应器下部 1/3 容积为污泥床。容积负荷在 $26\text{kg COD}/(\text{m}^3 \cdot \text{d})$ 和 $51\text{kg COD}/(\text{m}^3 \cdot \text{d})$ 时的 COD_{Cr} 去除率分别为 93% 以上和 64%。其后，加拿大多伦多附近城市污水处理厂将原有厌氧工程改建为 3400m^3 的复合床反应器，反应器上部 2/3 填充波纹板塑料，比表面积 $125\text{m}^2/\text{m}^3$，波纹板的间距为 1.3cm。处理的废水为丁氨二酸废水，进水 COD_{Cr} 为 18000mg/L，停留时间 50h，容积负荷为 $6\text{kg COD}/(\text{m}^3 \cdot \text{d})$，$COD_{Cr}$ 去除率达 80%，未出现堵塞和短流情况，底部的污泥浓度（VSS）达 $50 \sim 100\text{g/L}$。

(2) 反应器特点

载体填料的存在为微生物的附着和生长提供足够空间，为反应器保持高浓度生物量，保证反应器的稳定进行和良好的出水水质；容积负荷较高，水力停留时间短，耐冲击能力较强，不易堵塞；颗粒污泥的存在保证了反应器停运后可实现快速启动。

（3）渗滤液处理设计案例

宜兴某生活垃圾发电厂渗滤液处理规模为150m³/d，采用"调节池＋氨吹脱预处理＋厌氧池（UBF）＋SBR池＋臭氧系统＋膜处理系统（微滤＋纳滤）"，其进水水质如表3.2所示。出水达到《污水综合排放标准》（GB 8978—1996）中一级排放标准。

表3.2 设计进出水水质

水质指标　种类	COD_{Cr}/（mg/L）	BOD_5/（mg/L）	氨氮/（mg/L）	TN/（mg/L）
进水水质	50000	30000	2400	2500
去除率/%	85	85	—	—
出水水质	7500	4500	2400	2500

厌氧生物反应系统选用两级UBF，中温条件下消化。第一级的功能是：水解和液化固态有机物为有机酸；缓冲和稀释负荷冲击与有害物质，并将截留难降解的固态物质。第二级的功能是：保持严格的厌氧条件和pH值，以利于甲烷菌的生长；降解、稳定有机物，产生含甲烷较多的消化气，并截留悬浮固体，以改善出水水质。该系统使用潜水搅拌机作为内循环装置，池外设置污泥回流循环。

①进出水水质

②设计说明　UBF反应器的设计核心是容积负荷，一般情况下，一级UBF反应器容积负荷可以设置高一些，二级UBF反应器容积负荷设计值偏低一些，用于提高UBF反应器处理效果。

③设计参数

一级UBF反应器容积负荷：$N_{v1} = 6.5$kg COD/（m³·d）；

二级UBF反应器容积负荷：$N_{v2} = 2.0$kg COD/（m³·d）；

沼气产气率：0.35Nm³/kg COD；

沼气热值参考值：21000～25000kJ/Nm³；

污泥产率：$X = 0.04$kg 干泥/kg COD；

沼气产气总量：$Q \approx 1410$Nm³/d（CH_4含量按65%考虑）；

污泥总量：$X = 18$m³/d（按99%的含水量考虑）；

单格平面尺寸：$LB = 7.00$m×5.50m；

设计总容积：$V = 1440$m³；

总水力停留时间：HRT = 8d；

有效水深：9.50m；

结构形式：半地下式钢筋混凝土结构；

数量：2座，每座分2格。

④设备清单及仪表

潜水搅拌机：$\Phi260$，$N = 1.5$kW，数量8台；

排泥泵：$Q = 10$m³/h，$H = 16$m，$N = 4.0$kW，数量2台；

电动蝶阀：DN50，数量6台；

沼气点火器：$Q = 50$m³/h，$H = 7$m，数量1台；

阻燃器：$DN100$，数量 1 台；

安全阀：$DN100$，数量 1 台；

流量计：介质为气体，型号 $DN100$，$Q = 30 \sim 200\text{m}^3/\text{h}$，数量 1 台；

半软性填料：$\varPhi150$，数量 540m^3。

UBF 反应器中的填料为微生物的附着和生长提供足够空间，使反应器内保持高浓度生物量，对有机物去除率可达 85%，出水指标较优。然而，其结构形式为半地下式，在运行后期排泥较为困难，致使污泥沉积在池底，堵塞布水管并影响池容。此外，填料容易结垢，在影响了处理效率的同时也为检修带来较大不便。

3.3.4 膨胀颗粒污泥床反应器（EGSB）

膨胀颗粒污泥床反应器（Expanded Granular Sludge Blanket，EGSB），是第三代厌氧反应器，于 20 世纪 90 年代初由荷兰瓦赫宁根大学的 Lettinga 等率先开发。

（1）工艺构造

EGSB 的构造与 UASB 有相似之处，主要由布水装置、三相分离器、出水收集装置、循环装置、排泥装置及气液分离装置组成。与 UASB 反应器的不同之处是，EGSB 反应器设有专门的出水回流系统。EGSB 反应器一般为圆柱状塔形，具有很大的高径比，宜在 3 ~ 8 之间。颗粒污泥的膨胀床改善了废水中有机物与微生物之间的接触，强化了传质效果，提高了反应器的生化反应速度，从而大大提高了反应器的处理效能。EGSB 反应器结构形式如图 3.4 所示。

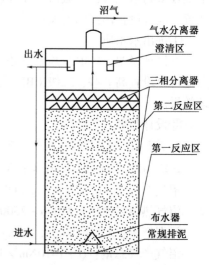

图 3.4 EGSB 反应器结构示意图

EGSB 反应器进水应符合如下条件：①pH 值宜为 6.0 ~ 8.0；②常温厌氧温度宜为 20 ~ 25℃，中温厌氧温度宜为 35 ~ 40℃，高温厌氧温度宜为 50 ~ 55℃；③进水 COD_{Cr} 浓度宜大于 1000mg/L；④营养元素 COD:N:P 宜为（100 ~ 500）:5:1；⑤悬浮物含量宜小于 2000mg/L，氨氮浓度宜小于 2000mg/L，硫酸盐浓度应小 1000mg/L，COD/SO_4^{2-} 比值应大于 10。

（2）工艺设计

①EGSB 反应器的容积计算。对 EGSB 反应器容积的设计可由式（3-8）计算得出

$$V = \frac{QS_0}{1000N_v} \tag{3-8}$$

式中　V——反应器有效容积，m^3；

$\quad\quad Q$——EGSB 反应器设计流量，m^3/d；

$\quad\quad N_v$——容积负荷，kg COD/（$\text{m}^3 \cdot \text{d}$），适宜范围为 10 ~ 30kg COD/（$\text{m}^3 \cdot \text{d}$）；

$\quad\quad S_0$——进水有机物浓度，mg COD/L。

②布水装置。布水装置宜采用一管多孔式布水和多管布水方式。一管多孔式布水孔口流速应大于 2m/s，穿孔管直径应大于 100mm，配水管中心距反应器池底宜保持 150 ~ 250mm 的高度；多管布水每个进水口负责的布水面积宜为 2 ~ 4m^2。另外，EGSB 反应器的有效水深宜在 15 ~ 24m 之间；EGSB 反应器内废水的上升流速宜在 3 ~ 7m/h 之间。

③三相分离器。EGSB 宜采用整体式或组合式的三相分离器。整体式三相分离器斜板倾角范围为 55°~60°；组合式三相分离器反射板与隙缝之间的遮盖应在 100~200mm，层间距宜为 100~200mm。EGSB 反应器可采用单级三相分离器，也可采用双级三相分离器，设置双级三相分离器时，下级三相分离器宜设置在反应器中部，覆盖面积宜为 50%~70%，上级三相分离器宜设置在反应器上部，出气管尺寸大小应满足从集气室安全、高效地收集沼气的需要。

④出水装置。出水收集装置应设在 EGSB 反应器顶部，圆柱形 EGSB 反应器出水宜采用放射状的多槽或多边形槽出水方式，集水槽上应加设三角堰，堰上水头应大于 25mm，水位宜在三角堰齿 1/2 处，出水堰口负荷宜小于 1.7L/(s·m)。EGSB 反应器进出水管道宜采用聚氯乙烯（PVC）、聚乙烯（PE）、聚丙烯（PPR）、不锈钢、高密度聚乙烯（HDPE）等材料。若废水中含有大量蛋白质、脂肪或悬浮固体，宜在出水收集装置前设置消泡装置。

⑤循环装置。EGSB 反应器设有循环装置，分外循环和内循环两种，二者均由水泵加压实现，回流比根据上升流速确定，上升流速按公式（3-9）计算。

$$V = \frac{Q + Q_{回}}{A} \tag{3-9}$$

式中　V——反应器上升流速，m/h；

　　　Q——EGSB 反应器进水流量，m³/h；

　　　$Q_{回}$——EGSB 反应器回流流量，包括内回流和外回流，m³/h；

　　　A——反应器横截面积，m²。

⑥排泥装置。EGSB 反应器的污泥产率为 0.05~0.10kg VSS/kg COD，排泥频率宜根据污泥浓度分布曲线确定。应在不同高度设置取样口，根据污泥浓度制定分布曲线。EGSB 反应器宜采用重力多点排泥方式，排泥点宜设在污泥区的底部。排泥管管径应大于 150mm，底部排泥管可兼作放空管。

（3）EGSB 反应器特点

EGSB 反应器作为一种改进型的 UASB 反应器，虽然在结构形式、污泥形态等方面与 UASB 反应器非常相似，但其工作运行方式与 UASB 显然不同，高的液体表面上升流速使颗粒污泥床层处于膨胀状态，不仅使进水能与颗粒污泥充分接触，提高了传质效率，而且有利于基质和代谢产物在颗粒污泥内外的扩散、传送，保证了反应器在较高的容积负荷条件下正常运行。EGSB 反应器的主要特点体现在以下几个方面：

①结构方面：高径比大，大大缩小占地面积；布水均匀，污泥床处于膨胀状态，不易产生沟流和死角；三相分离器工作状态、条件稳定。

②运行方面：反应器启动时间短，容积负荷率可达 40kg COD/(m³·d)，污泥不易流失；液体表面上升流通常为 2.5~6.0m/h，最高可达 10m/h，液固混合状态好，因而在低温、处理低浓度有机废水有明显的优势；反应器设有出水回流系统，更适合于处理含有悬浮性固体和有毒物质的废水；以颗粒污泥接种，颗粒污泥粒径较大、沉降性能好、活性较高，处理效果较好。

③适用性方面：对含有难降解有机物、大分脂肪酸类化合物、高盐量、高悬浮性固体的废水亦有优势；适合处理中低浓度有机废水。

生活垃圾焚烧厂渗滤液是一种高盐量、高悬浮性固体的废水，但因其还含有高有机物（COD_Cr 在 40000mg/L 以上），因此，EGSB 反应器在对生活垃圾渗滤液处理中应用较少。

3.3.5　内循环厌氧反应器（IC）

1985 年，荷兰 Paques 公司开发了一种被称为内循环的反应器。IC 反应器在处理中低浓度废水时，容积负荷可达 20 ～ 40kg COD/（m³·d），在处理高浓度有机废水时，容积负荷可提高至 35 ～50kg COD/（m³·d），这是对现代高效反应器的一种突破，有着重大的理论意义和实用价值。

（1）工艺构造

IC 反应器的基本构造如图 3.5 所示。

IC 反应器的构造特点是具有很大的高径比，一般可达到 4 ～8，高度可达 16 ～25m。IC 反应器从功能上讲由四个不同的功能部分组成，即混合部分、污泥膨胀床部分、精处理部分以及回流部分，具体的说明如下：

①混合区：由反应器底部进入的废水与颗粒污泥、内部气体循环所带回的出水在该区域有效混合，使进水得到有效稀释和均质化。

②污泥膨胀床：污泥床的膨胀或流化是由上流进水、回流沼液和沼气造成的。废水和污泥之间有效地接触能够保持污泥较高的活性，提高容积负荷和反应器处理效率。

③精处理区：由低的污泥负荷率、相对长的水力停留时间和推流的水力特性，使进水在该部分得到二次处理。另外，该部分由沼气产生的扰动较小，生物可降解物质几乎可被全部去除。虽然 IC 反应器的水力负荷率常高于 UASB 反应器，但因内部循环流体不经过精细处理区，因此，IC 反应器在精处理区的上升流速也较低，这两点为 IC 反应器二次处理进水提供了条件。

④回流系统：IC 反应器利用气提原理完成内部回流，这是因为上、下层气室间存在压力差，回流比例由产气量决定的。大部分有机物是在 IC 反应器下部的颗粒污泥膨胀床内降解的，产生的沼气经由第一分离器收集，通过气体升力携带水、污泥进入气体上升管，至反应器顶部的液气分离罐进行液气分离，水与污泥经过中心循环下降管流向反应器底部，形成内循环。一级分离器的出水在第二级处理区（反应器上部）得到再处理，由此，大部分可降解有机物得到降解，产生的沼气被二级分离器收集，出水通过溢流堰流出反应器。

（2）IC 反应器特点

一般而言，与 UASB 反应器相比，在获得相同处理效率的条件下，IC 反应器具有更高的进水容积负荷和污泥负荷率，IC 反应器的平均升流速率可达处理同类废水 UASB 反应器的 20 倍左右。在处理低浓度废水时，混合区水力停留时间可缩短至 2.0 ～ 2.5h，反应器容积更趋小型化。IC 反应器的优点如下：

①容积负荷率高：由于 IC 反应器存在内循环，第一反应区有很高的升流速率，传质效果好，污泥活性高，能够处理高浓度有机废水，当 COD_{Cr} 为 10000 ～15000mg/L 时，进水容积负荷率可达 30 ～40kg COD/（m³·d）。处理低浓度有机废水，当 COD_{Cr} 为 2000 ～3000mg/L 时，进水容积负荷率可达 20 ～50kg COD（m³·d），HRT 仅为 2 ～3h，其 COD_{Cr} 去除率可达 80%。

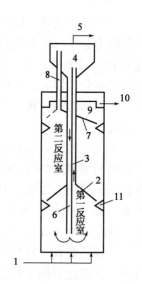

图 3.5　IC 反应器构造原理图
1—进水；2—第一反应室集气罩；3—沼气提升管；4—气液分离器；5—沼气排出管；6—回流管；7—第二反应室集气罩；8—集气管；9—沉淀区；10—出水管；11—气封

②节省基建投资：IC 反应器占地面积小，仅为 UASB 反应器的 1/4～1/3，可显著降低反应器的基建投资，适用于占地面积紧张的厂矿企业。

③形成内循环：与流化床和膨胀颗粒污泥床反应器不同，IC 反应器靠沼气实现混合液循环，无需外加动力，降低能耗。

④抗冲击负荷能力强：以 IC 反应器处理低浓度废水时，循环流量可达进水流量的 2～3 倍；处理高浓度废水时，循环流量可达进水流量的 10～20 倍。循环流量与进水在第一反应室充分混合，使原污水中的有害物质得到充分稀释，降低了有害程度，并可防止局部酸化，提高了反应器的耐冲击负荷的能力。

⑤具有强缓冲能力：相对于进水，内循环液体碱度增加，后者通过与进水混合，提高进水 pH 值，提高对低 pH 值进水的适应性，使反应器的 pH 值保持稳定。处理缺乏碱度的废水时，可减少进水的投碱量。

⑥出水稳定性好：IC 反应器相当于两个 UASB 反应器串联运行，第一反应室有很高的容积负荷率，相当于起"粗"处理作用，第二反应室具有较低的容积负荷率，相当于起"精"处理作用，一般情况下，两级厌氧处理比单级厌氧处理的稳定性好。

同样地，IC 反应器仍有以下问题亟待解决：内循环系统复杂，内部管路过多，控制繁琐，占用了反应器的有效空间，影响了反应效率，增大了反应器的总容积；三相分离器的结构缺陷：IC 反应器三相分离器造价较高，施工困难，日常维护复杂；高径比问题：较大的高径比使得水泵运行费用增加，且基建费用高，单位反应器体积造价的初始造价较高。

在渗滤液应用方面，IC 反应器对进水 SS 要求较高，而生活垃圾渗滤液的 SS 较高，使 IC 反应器在处理渗滤液时，不易形成颗粒污泥，影响其处理效率；另外，生活垃圾渗滤液的硬度较大，IC 反应器因其内部管线和构造较为复杂，因此较易出现结垢等问题，导致检修频繁。故 IC 反应器在焚烧厂垃圾渗滤液处理系统中应用较少。

3.3.6 内外循环厌氧反应器（IOC）

内外循环厌氧反应器（Internal Out Circulation，IOC）在结构上主要沿袭 IC 反应器的特点，如较大的高径比、串联的双反应室、双层三相分离器等特点。但是，IOC 反应器主要改进了 IC 反应器的三相分离器、布水系统、排泥系统等。降低了系统调试和排泥的难度，同时，更加方便地控制反应器的上升流速，已经在项目上取得了较好的效果。

（1）工艺构造

如图 3.6 所示，高效厌氧反应器（IOC）主要由底部布水系统、第一反应室、一级三相分离器、第二反应室、二级三相分离器、气水分离器、内循环系统、外循环系统、排泥系统、沼气系统等组成。

与 UASB 类似，废水由 IOC 底部进入系统后在布水管道的作用下实现均匀布水。废水中有机物与底部污泥充分接触并被降解，产生的沼气随进水、污泥沿反应器上升至一级三相分离器，此时，大量沼气被收集，部分颗粒污泥被截留并下沉至反应器（第一反应室）；同样地，通过一级三相分离器的废水继续上升至第二反应室完成精处理，精处理后经二级三相分离器实现三相分

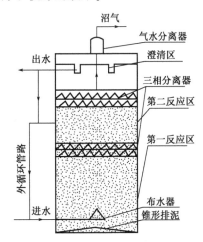

图 3.6 IOC 厌氧反应器示意图

离。由一级、二级三相分离器分离得到的沼气携带大量的废水沿管道进入气水分离器，经过气水分离器的沼气被引至下游综合利用设备，而废水则回流至反应器底部形成内循环以提高第一反应室的上升流速。反应过程中产生的剩余污泥则通过排泥系统排入污泥池。

①布水系统。布水系统的合理设计对厌氧反应器的良好运转至关重要，布水系统兼有配水和水力搅拌的双重功能，为了实现此二功能，布水系统的设计需满足如下条件：确保单位面积进水量相同，防止短路等现象发生；尽可能满足水力搅拌需要，保证进水有机物与污泥迅速混合；根据实际应用情况及计算流体动力学（Computational Fluid Dynamics，CFD）模拟成果，完成布水管道的长度、角度以及开口位置的设计。IOC 反应器布水系统采用外置可插拔式布水装置，通过调节倾角角度，使进水形成旋流，提高生化反应传质效率，改善布水效果，同时便于后期检修。

②三相分离器。三相分离器是厌氧反应器最有特点和最重要的装置。它同时具有两个功能：截留上浮的悬浮物，收集分离器下方反应室产生的沼气，保证反应器出水水质。若要同时实现上述两种功能，则三相分离器的设计要力求高效收集沼气，并避免沼气和悬浮物上升至沉淀区，造成出水混浊和活性污泥流失。

根据垃圾渗滤液有机物、悬浮物浓度高的特点，IOC 反应器的设计借鉴了 IC 反应器的特点，设置了上、下两级三相分离器，并通过二者将反应器分为上、下两个反应室和澄清区，下部为第一反应室，第一反应室内活性污泥浓度高、上升流速快，是降解有机物、产生沼气的主要区域；上部为第二反应室，该反应室内污泥浓度低、上升流速慢，在进一步去除剩余有机物的同时，减少出水带泥，提高出水水质；最上部为澄清区，进入澄清区的污水，通过溢流排出系统。

③内、外循环系统。循环系统能有效提高反应器内液体上升流速，使污泥处于流化膨胀状态，增大其与污水中有机物的接触几率，提高了反应器的容积负荷。IOC 反应器顶部增设气水分离装置，分离水由内循环系统引至反应器底部，在不消耗能源的条件下提高了第一反应室的上升流速，既满足高效厌氧反应器上升流速高的要求，又最大限度地节约了能源。

IOC 反应器设有外循环系统，外循环系统由集水装置、循环管路、循环泵及布水系统等组成。在第二反应室中间位置设置外循环集水装置，由集水管取水汇至集水筒，由外循环管路送至外循环泵，在泵的作用下，打入反应器底部布水管网，实现外循环。

④排泥系统。厌氧消化过程中由于微生物不断繁殖和进水中不可降解悬浮固体的长期累积，导致系统内污泥量增多，为定期排出剩余污泥，IOC 反应器有针对性地设计考虑了排泥系统。传统厌氧反应器大多采用穿孔管多点排泥的方式，这种方式容易在穿孔管开口位置形成堵塞，造成排泥不均和形成死角，导致污泥无法及时排出。IOC 反应器采用中心桶排泥，中心桶通过多根吸泥管与底部污泥斗连接，中心桶可双向流动，由内及外为排泥，由外及内为冲洗。此种排泥方式管路简单、排泥均匀、不短流；排泥前启动冲洗和搅动，排泥顺畅、不沉积。

⑤沼气水封系统。IOC 反应器的沼气输送管路上设置有水封系统，减少沼气压力波动，稳定沼气压力，同时亦可吸收沼气中的水分。沼气水封装置内的液位可通过液位控制阀门组调节，多余的水分可自动排出，防止沼气憋压。

（2）IOC 反应器特点

污泥浓度高，微生物量大，并且在内、外循环的作用下，传质效果好，进水容积负荷为普通厌氧反应器的 2～3 倍；有机物去除率高，去除率基本在 90% 左右，出水水质稳定；IOC 反应器高径比大，占地面积小；高容积负荷率使其罐体体积相当于普通厌氧反应器的 1/3～1/2，大大降低了基建投资；在以 IOC 处理渗滤液时，内循环流量可达进水量的 20～30 倍，大量循环水和进水充分混合，使原水中的有害物质得到充分稀释，大大降低了毒性物质对厌氧消化系统的影响，使得 IOC 反应器抗负荷冲击能力强；IOC 反应器结合内、外循环系统，在厌氧罐正常运行时，只靠内循环即可满足上升流速的要求，节约能耗；IOC 反应器的有机物降解率高，沼气产率高。

（3）工艺设计

①有效容积设计。厌氧罐的有效容积计算公式如式（3-10）所示。

$$V = \frac{Q(C_0 - C_e)}{N_v} \tag{3-10}$$

式中　V——反应器有效容积，m^3；

　　　Q——废水的设计流量，m^3/d；

　　　N_v——容积负荷率，$kg\ COD/(m^3 \cdot d)$；

　　　C_0——进水 COD_{Cr} 浓度，kg/m^3；

　　　C_e——出水 COD_{Cr} 浓度，kg/m^3。

②反应器尺寸设计。本项目设计 IOC 反应器的高径比为 1.9，体积计算如式（3-11）所示。

$$V = AH = \frac{\pi D^2 H}{4} = \frac{1.9\pi D^3}{4} \tag{3-11}$$

③循环量设计。反应器中的进水总水力停留时间计算见式（3-12）。

$$t_{HRT} = \frac{V}{Q} \tag{3-12}$$

式中　V——反应器有效容积，m^3；

　　　Q——废水的设计流量，m^3/d。

④厌氧反应器的沼气产量还可以通过公式（3-13）计算得到。

$$Q_a = \frac{Q(S_0 - S_e)\eta}{1000} \tag{3-13}$$

式中　Q_a——沼气产量，m^3（标准）/d；

　　　Q——进水流量，m^3/d；

　　　η——沼气产率，m^3（标准）/kg COD，一般为 0.45～0.50m^3（标准）/kg COD；

　　　S_0——进水有机物浓度，mg COD/L；

　　　S_e——出水有机物浓度，mg COD/L。

（4）渗滤液厌氧处理案例

常州某项目设计处理规模为 400m^3/d，采用"调节池 + IOC 厌氧反应器 + MBR 系统（A/O 系统 + 外置管式超滤膜处理系统）+ 深度处理系统（纳滤系统 + 反渗透系统）"组合工艺，进水水质如表 3.3 所示。出水达到《城市污水再生利用　工业水水质》（GB/T 19923—2005）中表 1 敞开式循环冷却水水质标准，在全量处理渗滤液的同时，实现其全回用的目标。

表 3.3 设计进出水水质

种类 \ 水质指标	$COD_{Cr}/(mg/L)$	$BOD_5/(mg/L)$	氨氮/(mg/L)	TN/(mg/L)
进水水质	54000	33250	2400	2500
去除率	90	92	—	—
出水水质	5400	2660	2400	2500

①进出水水质

②设计说明　渗滤液厌氧部分的设计核心要点是控制好污泥负荷，IOC 厌氧反应器由上下两个反应室构成，当其应用于高浓度废水处理时，如渗滤液等，进水容积负荷可以达 5～8kg COD/($m^3 \cdot d$)。厌氧反应器在实际应用中已经标准化，可根据渗滤液水量来合理选择不同规格的厌氧反应器，使得厌氧反应器各反应室的容积负荷处于合理的区间。此处，取容积负荷为 5kg COD/($m^3 \cdot d$)。其中厌氧反应器第一反应室需去除总 COD 的 80%，其容积负荷可适当放大。第二反应室去除总 COD 的 20%，其容积负荷可以适当缩小。

以第一反应室有机负荷取 6.8kg COD/($m^3 \cdot d$)，第二反应室有机负荷取 2.4kg COD/($m^3 \cdot d$) 为例。在厌氧罐选型中，可根据有机负荷、水量由式（3-10）计算得第一、二反应室体积；由反应室总容积、厌氧罐高径比（经验值）计算出厌氧罐的直径，以确定厌氧罐的规格、尺寸，由厌氧罐直径及反应室容积等，可计算出理论第一、二反应室高度，考虑到厌氧罐三相分离器，出水堰等部件，可对厌氧罐的设计高度再进行调整，由式（3-11）计算；厌氧罐中渗滤液的水力停留时间可用式（3-12）计算；沼气产量可由式（3-13）计算所得。最终，通过一系列计算可得厌氧反应器的各项重要参数。其具体的计算过程如下所示。

③设计参数

设计规模：$Q = 400m^3/d$；

设计 COD 去除率：90%；

设计数量：2 座；

结构形式：地上式钢结构。

则，单座厌氧罐的计算过程如下。

容积尺寸：

第一反应室有效容积：

$$V_1 = \frac{Q(C_0 - C_e) \times 80\%}{N_v} = \frac{200 \times (54.00 - 5.40) \times 80\%}{6.8} = 1140m^3;$$

第二反应室有效容积：

$$V_2 = \frac{Q(C_0 - C_e) \times 20\%}{N_v} = \frac{200 \times (54.00 - 5.40) \times 20\%}{2.4} = 810m^3$$

IOC 反应器的总有效容积为 $V = V_1 + V_2 = 1140 + 810 = 1950m^3$

本设计的 IOC 反应器的高径比为 1.9。

$$V = AH = \frac{\pi D^2 H}{4} = \frac{1.9\pi D^3}{4}$$

则 $D = \left(\frac{4V}{1.9\pi}\right)^{1/3} = 10.7m$，取 11m。

$H = 1.9 \times 10.7 = 20.3m$，有效高度取 20.5m，设计高度取 22m。

IOC 反应器的底面积 $A = \dfrac{\pi D^2}{4} = \dfrac{3.14 \times 11^2}{4} = 95.0 \text{m}^2$，则

第二反应室高 $H_2 = \dfrac{V_2}{A} = \dfrac{810}{95.0} = 8.5 \text{m}$，预留出水堰高度 1.5m，取 10m。

第一反应室的高度 $H_1 = H - H_2 = 22 - 10 = 12 \text{m}$

设计水力停留时间：$t_{\text{HRT}} = \dfrac{V}{Q} = \dfrac{1950}{200} = 9.7 \text{d}$

沼气产量计算：$Q_{\text{沼气}} = \dfrac{Q\ (S_0 - S_e)\ \eta}{1000} = \dfrac{400\ (54000 - 5400)\ 0.48}{1000} = 8748 \text{m}^3\ （标准）/\text{d}$

④主要设备及仪表

厌氧进水泵，$Q = 36 \text{m}^3/\text{h}$，$H = 30 \text{m}$，$N = 7.5 \text{kW}$，2 台；

厌氧循环泵：$Q = 200 \text{m}^3/\text{h}$，$H = 9 \text{m}$，$N = 7.5 \text{kW}$，4 台；

厌氧排泥泵：$Q = 49 \text{m}^3/\text{h}$，$H = 17.5 \text{m}$，$N = 7.5 \text{kW}$，2 台；

进水电动调节阀：$DN65$，2 台；

排泥电动阀：$DN150$，$p_n = 1.0 \text{MPa}$；

温度计：2 台；

进水电磁流量计：$DN65$，2 台；

循环电磁流量计：$DN200$，2 台；

火炬：$Q = 600 \text{m}^3/\text{h}$，$N = 3.0 \text{kW}$；

沼气压力传感器：1 台；

沼气流量计：1 台；

温度传感器：1 台。

IOC 厌氧反应器针对生活垃圾渗滤液的复杂性进行了针对性的设计，使其可以高效地处理生活垃圾渗滤液。在项目运行中，IOC 对于有机物的去除率可达 90% 以上；对 SS 的截留效率较高，出水无带泥现象；通过结构形式的优化，可以大大降低反应器结垢速率。得益于以上优点，IOC 在渗滤液处理行业内得到越来越多的应用。

3.4 沼气的净化与利用

沼气是厌氧条件下微生物分解有机物产生的一种可燃性混合气体，成分以甲烷为主，含量达 50% ~ 80%，在标准状况下，甲烷的低位热值是 35.88MJ/m³，沼气低位热值不低于 17MJ/m³。据国家发改委《可再生能源中长期发展规划》预计，2020 年的沼气生产量为 440 亿 m³，如全用于发电，按每立方米沼气发电 1.6kW·h 计算，沼气发电量超过 700 亿 kW·h。我国在 G20 峰会和巴黎峰会做出承诺，到 2030 年非化石能源占一次能源消费比重提高到 20% 左右。在此过程中，沼气产业将逐步实现规模化、产业化、市场化和用途高值化。

渗滤液处理工程中的沼气产自厌氧反应器，甲烷含量达 60% ~ 75%，二氧化碳约为 25% ~ 40%，此外还有少量的氢气、硫化氢、氧气、氮气和水蒸气等。甲烷含量为 70% 的渗滤液沼气的低位热值约为 25.12MJ/Nm³。相对于农业沼气，渗滤液沼气中硫化氢含量偏高，可达 5000 ~ 10000ppm。《大中型沼气工程技术规范》中规定了用于民用、发电和提纯压缩的沼气质量要求，见表 3.4。

表3.4 用于民用、发电和提纯压缩的沼气质量

项目	民用集中供气	发电	提纯压缩
热值/(MJ/m³)		≥17	
硫化氢/(mg/m³)	≤20	≤200	
水露点	在脱水装置出口处的压力下，水露点比输送条件下最低环境温度低5℃		可与提纯压缩终端用户协商确定

3.4.1 沼气净化与提纯

沼气净化的目的是脱除会对后续利用过程产生不利影响的成分。渗滤液沼气中含有较多的硫化氢和饱和水蒸气，随着温度的降低，水蒸气凝结成水，与硫化氢结合，对管道和设备造成腐蚀；硫化氢随沼气燃烧产生的二氧化硫是大气主要污染物之一；高压储存时，水蒸气易发生冷凝、结冰等问题；另外，CO_2降低了沼气的能量密度和热值，限制了沼气的利用范围。不同的利用途径对沼气质量有不同的要求，用于沼气发电机组时，需进行脱硫和脱水，作为液化天然气（LNG）或压缩天然气（CNG）时，还需进行脱碳提纯处理。

（1）沼气脱硫

常用的沼气脱硫方法有干法脱硫、湿法脱硫和生物脱硫。干法和湿法属于传统的化学方法，是目前沼气脱硫的主要手段；生物脱硫是国际上新兴的脱硫技术，运行成本低。具体方案设计时应考虑沼气量、硫化氢含量和使用要求等因素。

干法脱硫一般采用氧化铁脱硫剂，在常温下沼气通过脱硫剂床层，沼气中硫化氢与活性氧化铁接触，生成三硫化二铁，然后含有硫化物的脱硫剂与空气中的氧气接触，三硫化二铁又转化为氧化铁和硫单质，化学反应如式（3-14）、式（3-15）所示。

第一步：　　　　$Fe_2O_3 \cdot H_2O + 3H_2S \Longrightarrow Fe_2S_3 + 4H_2O$（脱硫）　　　　　　(3-14)

第二步：　　　　$Fe_2S_3 + 3/2O_2 + H_2O \Longrightarrow Fe_2O_3 \cdot H_2O + 3S$（再生）　　　　(3-15)

脱硫再生可以循环2~3次，直至脱硫剂表面的大部分孔隙被硫或其他杂质覆盖而失去活性为止。经干法脱硫后的沼气中硫化氢含量可少于20mg/m³，为"精脱"，适用于硫化氢含量低、气体气量小的情况。

湿法脱硫又称湿式氧化法脱硫，利用含有脱硫催化剂组成的弱碱性脱硫液在脱硫塔中与逆向流动的沼气充分接触吸收硫化氢，再通过吸入空气将吸收的硫化氢氧化成单质硫，单质硫以硫泡沫的形式浮选出来，脱硫液恢复吸收功能，实现脱硫液再生循环使用。当以碳酸钠为弱碱液、以钛菁钴磺酸盐系化合物的混合物为催化剂脱硫时，主要发生如式（3-16）~式（3-21）的反应式。

吸收过程：

$$H_2S + Na_2CO_3 \longrightarrow NaHS + NaHCO_3 \text{（一般化学吸收）} \qquad (3-16)$$

$$NaHS + Na_2CO_3 + (X-1)S \longrightarrow Na_2S_x + NaHCO_3 \text{（催化化学吸收）} \qquad (3-17)$$

再生过程：

$$2NaHS + O_2 \longrightarrow 2S\downarrow + 2NaOH \qquad (3-18)$$

$$2Na_2S + O_2 + 2H_2O \longrightarrow 2S\downarrow + 4NaOH \qquad (3-19)$$

$$2Na_2S_x + O_2 + 2H_2O \longrightarrow 2S_x\downarrow + 4NaOH \qquad (3-20)$$

$$NaOH + NaHCO_3 \longrightarrow Na_2CO_3 + H_2O \text{（生成碳酸钠，碱液得到再生）} \qquad (3-21)$$

湿法脱硫过程的循环液体流程如图 3.7 所示。湿法脱硫适用于流量大、硫化氢浓度较高的沼气，脱硫后沼气硫化氢含量可低于 $50mg/m^3$（标准）。据调研，对于日供气量在 $10000Nm^3$ 以上的沼气脱硫宜采用湿法脱硫。

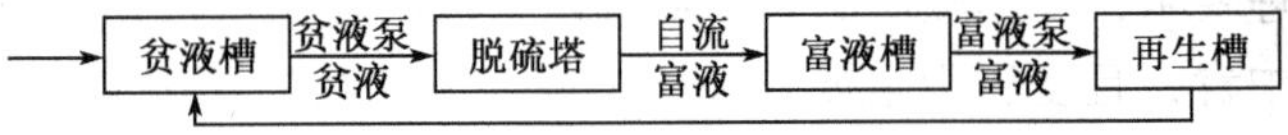

```
→ 贫液槽 ──贫液泵──→ 脱硫塔 ──自流──→ 富液槽 ──富液泵──→ 再生槽
         贫液              富液              富液
```

图 3.7　湿法脱硫工艺流程图

生物脱硫法是利用硫细菌，如氧化硫杆菌、氧化亚铁硫杆菌、脱氮硫杆菌等，在微氧条件下将硫化氢氧化成单质硫，如供氧过量则转化为硫酸，生成的稀硫酸在营养液的缓冲中和作用下，与营养液一起定期排出系统。一般情况下，营养液可自然获得，例如消化后的污水、脱水污泥上清液或者渗滤液等。生物脱硫法包括生物过滤法、生物吸附法和生物滴滤法，三种系统均属开放系统，其微生物种群随环境改变而变化。在适当的温度、反应时间和空气量的条件下，生物脱硫法可将沼气中硫化氢含量减少至 $75mg/m^3$（标准），具有工艺简单、反应条件温和、能耗低、无二次污染等优势。在工程上已经有了一定应用，但国际上只有少数几个研究机构掌握该技术，国内技术尚不成熟。

对以上三种脱硫技术比较见表 3.5。

表 3.5　沼气脱硫技术比较

脱硫方式	初始投资	运行费用	管理维护	适用于
干式脱硫	低	高	脱硫剂更换频繁，塔体存在腐蚀问题	精细脱硫，适于沼气流量小、硫化氢浓度低的进气
湿法脱硫	中等	中等	可实现自动化，日常巡检维护	适合用于沼气流量大，硫化氢浓度高的进气
生物脱硫	中等	最低	自动化运行，维护简单	适合中等规模的沼气脱硫

（2）沼气提纯（二氧化碳脱除）

沼气脱碳技术多源于天然气脱碳技术，包括物理吸收法、化学吸收法、变压吸附法、膜分离法、低温分离法等，但由于沼气的处理量远小于天然气，在脱碳技术选择上应更注重小型化、节能化。

物理吸收法适用于二氧化碳分压较高的场合，根据吸收溶液在不同压力下对二氧化碳的溶解度不同，利用加压吸收、减压再生的方式实现二氧化碳的吸收和吸收液的再生，主要包括加压水洗法、碳酸钠烯酯法、聚乙二醇法等。加压水洗是沼气提纯中应用最多的物理吸收法，采用 $1\sim2MPa$ 水洗压力，二氧化碳在水中的溶解度远大于甲烷的溶解度，甲烷损失较少。

化学吸收法是指沼气中的二氧化碳与溶剂在吸收塔内发生化学反应，溶剂吸收二氧化碳后成为富液，然后富液进入脱吸塔加热分解释放二氧化碳，吸收与脱吸交替进行，从而实现二氧化碳的脱除。化学吸收法的优点是气体净化度高，处理气量大。目前工业中广泛采用的是醇胺法脱碳，其实质是酸碱中和反应，弱碱（醇胺）和弱酸（二氧化碳、硫化氢等）发生可逆反应生成可溶于水的盐。通过温度调节控制反应方向，在 37.8℃ 时，反应正向进行生成盐；在 109.8℃，反应逆向进行，放出二氧化碳。与其他脱碳工艺相比，醇胺法具有成本低、吸收量大、吸收效果好、溶剂可循环使用等特点。

变压吸附法是利用吸附剂选择性吸附沼气中的二氧化碳，从而达到脱碳提纯的目的，常采用的吸附剂有活性炭、硅胶、氧化铝、沸石等。组分的吸附量受温度和压力影响，在吸附过程中，沼气在加压条件下，二氧化碳被吸附在吸附塔内，甲烷等其他弱吸附性气体作为净化气排出，当吸附饱和后将吸附柱减压甚至抽成真空使被吸附的二氧化碳释放出来。为了保证对气体的连续处理要求，变压吸附法至少需要两个吸附塔，也可是三塔、四塔或更多。硫化氢会导致吸附剂中毒，且变压吸附要求气体干燥，因此在变压吸附前要进行脱硫和脱水。变压吸附法工艺成熟，脱碳率高，但甲烷损失较大，尾气中甲烷含量可达5%。

膜分离法是利用各气体组分在高分子聚合物中的溶解扩散速率不同，因而在膜两侧分压差的作用下导致其渗透通过纤维膜壁的速率不同而分离。通常情况下，二氧化碳的渗透速度快，作为快气以透过气排出；甲烷的渗透速度慢，作为慢气以透余气形式获得提纯产品气。在工程中，为了提高甲烷气的浓度，常采用多级膜分离工艺。膜分离法工艺简单，操作简单，对环境友好，能耗低，但由于膜价格高，一次性投资大，甲烷损失大，沼气中存在的少量杂质会导致膜受损，因此目前工业应用较少，通常要与其他工艺联合使用。

低温分离法是利用制冷系统将沼气降温，由于二氧化碳的凝固点比甲烷高，先冷凝下来，达到脱碳的目的。低温分离法提纯效率高，甲烷含量可达90%～98%，进一步冷却可得到液化生物甲烷，但用到的设备较多，操作条件苛刻，投资和能耗较高。

(3) 沼气脱水

沼气脱水主要包括重力法脱水、低温冷干法、液体溶剂吸收法和吸附干燥法。冷干法是去除沼气中水蒸气最简单的物理方法，应用广泛，但只能将露点降低至0.5℃，若需要进一步降低露点则需要增压。液体溶剂吸收法则是沼气经过吸水性极强的溶液，水分得以分离的过程。属于这类方法的脱水剂有氯化钙、氯化锂及甘醇类（三甘醇、二甘醇等）。吸附干燥法是指气体通过固体吸附剂时，其水分被吸收，达到干燥的目的。能用于沼气脱水的有分子筛、活性氧化铝、硅胶以及复合式干燥剂等。在沼气脱水的工程中一般会将冷凝法与吸附干燥法结合来用，先用冷凝法将水部分脱除，再用吸附法进行精脱水。

沼气脱水设计时应注意以下要求：①冷干法或固体吸附法脱水装置前宜设置汽水分离器或凝水器；②脱水前的沼气管道的最低处宜设置凝水器；③脱水装置的沼气出口管道上应设置水露点检测口。

3.4.2　沼气利用方式

为提高环境和经济效益，依据渗滤液项目自身特点，沼气的资源化利用常采用如下三种方式：配置沼气发电机组，发电自用或并网；引入生活垃圾焚烧炉，助燃发电；经净化提纯后作天然气使用。具体项目需根据沼气量及当地城市情况选择。

(1) 沼气发电

沼气发电是指配置内燃机和发电机进行发电，这种方式热利用效率较高，运行稳定可靠，适用于沼气产量较大的项目，在发达国家已受到广泛重视和积极推广。用于发电的沼气质量不仅要满足表3.4的要求，还应满足发电机组的要求，不同品牌的沼气发电机组对沼气质量的要求不同，其中对沼气中甲烷含量要求比较宽松，德国Ge Jembacher沼气发电机组要求甲烷含量大于35%即可，故进入沼气发电机组的沼气一般不需进行脱碳处理，只需进行脱硫脱水净化处理。

用于发电的沼气工程，沼气产量不宜小于1200m³/d。目前国内100～1000kW的沼气发电机组已较为成熟，发电效率约为32%～36%，每立方米渗滤液沼气（甲烷含量按70%计）

可发电 1.8~2kW·h 左右。进口沼气发电机组单机功率可达 3500kW 以上，发电效率可达 40% 以上，每立方米由渗滤液产生的沼气可发电 2kW·h 以上。

（2）沼气入炉焚烧

沼气入炉焚烧主要有如下两种方式：第一种是将渗滤液处理工程中产生的沼气经燃烧器送入焚烧炉燃烧，增加焚烧系统产生的热量，实现了对沼气的资源化利用。第二种是将沼气排放至垃圾坑，垃圾坑内保持负压，经一次风机抽取后与空气一起通入生活垃圾焚烧炉排下部，实现入炉焚烧，该方式增加了工程现场发生爆炸的可能性，存在一定的安全隐患。

一般情况下，生活垃圾焚烧发电项目的全厂热效率为 21%~25%，渗滤液沼气甲烷含量按 70% 计，每立方米沼气仅可发电 1.3~1.6kW·h。沼气入炉焚烧发电的热转化效率相对较低，但只需增设管道和风机，不需对沼气进行净化处理（生活垃圾焚烧发电厂配套有烟气净化系统），建设成本较低，技术要求低，操作和控制简单方便。对于沼气量较小的项目，可选择入炉焚烧的利用方式。

（3）CNG 和 LNG

CNG 是指压缩天然气，正常压力为 20~25MPa，在常温下可以保存，保存设备不需要作保温隔热处理。LNG 是指液化天然气，通过在常压下气态的天然气冷却至 -162℃，使之凝结成液体。如果是长途运输，运输 LNG 比较经济，而 CNG 占用的空间比较大。相比于沼气发电，将沼气提纯为 CNG 或 LNG 是沼气利用经济价值较高的技术，且技术比较成熟。瑞典是使用沼气作为汽车燃料最先进的国家，沼气车用燃料技术已相当成熟。

用于提纯压缩的沼气工程，沼气产量不宜小于 $10000Nm^3/d$。CNG 生产工艺相对简单，渗滤液沼气经过脱硫、脱碳、脱氧、干燥后，经压缩机压缩即可，LNG 生产工艺比较复杂，对气体的纯度要求更高，生产成本也更高。在我国，鞍山羊耳峪垃圾填埋场、深圳下坪垃圾填埋场和北京安定垃圾填埋场都成功建成了以垃圾填埋气为原料经提纯净化后制取车用天然气的示范工程。相比于填埋场，生活垃圾焚烧厂渗滤液处理站的沼气量较小，目前还没有 CNG 应用，但在环保静脉产业园内，可将餐厨、污泥和渗滤液等城市有机垃圾厌氧产生的沼气综合处理提纯为 CNG，实现沼气的高值利用。车用压缩天然气的气质要求国家也有相关的标准，具体如表 3.6 所示。

表3.6 《车用压缩天然气》（GB 18047—2000）气质要求

项　　　目	技术指标
高位发热量/（MJ/m³）	>31.4
总硫质量浓度（以硫计，mg/m³）	≤200
硫化氢/（mg/m³）	≤15
氧气/%	≤0.5
二氧化碳/%	≤3.0
水露点	在汽车驾驶的特定地理区域内，在最高操作压力下，水露点不应高于 -13℃；当最低气温低于 -8℃，水露点应比最低气温低 5℃

除以上利用方式外，在需要供热的地区，还可选择蒸汽锅炉，燃烧后产生蒸汽或热水使用。

第4章 渗滤液好氧生物处理技术

好氧生物处理是在有氧条件下，利用好氧微生物（包括好氧和兼氧性微生物）的作用来去除废水中污染物。好氧处理包括活性污泥法、MBR 膜生物反应器、好氧稳定塘、生物转盘和滴滤池等。虽然渗滤液与市政污水、化工污水等均统称为污水，但渗滤液具有成分复杂、污染物浓度高等特点，决定了其处理特性与市政生活污水和工业污水处理不同。目前应用在渗滤液的好氧生物处理主要为活性污泥法和 MBR 膜生物反应器等。

渗滤液好氧生物处理技术的主要技术特点如下：受季节和气候变化影响，渗滤液的水质、水量波动较大，生化系统需要较好的耐冲击负荷能力；由于渗滤液污染物浓度高，为保证好氧生化系统的处理效果，需要较高的污泥浓度且停留时间较长；渗滤液的好氧处理系统生化放热量较大，夏季需增加专门的冷却系统；好氧系统易产生生物泡沫，需考虑专门消泡措施；好氧污泥的沉降性能不好，注意防止污泥流失；在渗滤液处理的设计及运行过程中要根据渗滤液的水质特点，采取一定的措施来保证系统稳定运行，并提高好氧生物处理效率。

4.1 好氧生物处理技术

4.1.1 好氧生物处理技术原理

好氧生物处理是在有氧条件下，利用好氧微生物（包括兼氧微生物）的作用，去除废水中的有机物。好氧生物处理技术是一种应用最广泛的污水好氧生化处理工艺，能去除废水中溶解性和呈胶体状的可生物降解有机物，以及活性污泥吸附的悬浮固体和其他物质，包括部分无机盐类。

好氧生物处理过程的生化反应方程式如式（4-1）～式（4-3）所示。

①分解反应（又称氧化反应、异化代谢、分解代谢）

$$C_xH_yO_z + \left(x + \frac{y}{4} - \frac{z}{2}\right)O_2 \rightarrow xCO_2 + \frac{y}{2}H_2O + 能量 \tag{4-1}$$

②合成反应（也称合成代谢、同化作用）

$$nC_xH_yO_z + nNH_3 + n\left(x + \frac{y}{4} - \frac{z}{2} - 5\right)O_2 \rightarrow$$

$$(C_5H_7NO_2)_n + n(x-5)CO_2 + \frac{n}{2}(y-4)H_2O + 能量 \tag{4-2}$$

③内源呼吸（也称细胞物质的自身氧化）

$$(C_5H_7NO_2)_n + 5nO_2 \rightarrow 5nCO_2 + 2nH_2O + nNH_3 + 能量 \tag{4-3}$$

分解与合成二者密不可分相互依赖。分解过程为合成提供能量和前物，而合成则给分解提供物质基础；分解过程是一个产能过程，合成过程则是一个耗能过程；对有机物的去除，二者都有重要贡献；合成量的大小，对后续污泥的处理有直接影响。

此外，不同形式的有机物被生物降解的历程也不同：一方面，结构简单、小分子可溶性物质，直接进入细胞壁；结构复杂、大分子胶体或颗粒状的有机物则首先被微生物吸附，随后在胞外酶的作用下被水解成小分子有机物，再进入细胞内。另一方面，有机物的化学结构不同，其降解过程也会不同，如糖类、脂类和蛋白质等。

4.1.2 好氧生物处理的影响因素

为了提高好氧生物的处理效果，须充分考虑各个影响因素，以保证微生物处理系统的稳定运行，以下为好氧生物处理的主要影响因素。

（1）容积负荷率

容积负荷率表示曝气池单位质量的活性污泥在单位时间内承受有机物的量，单位 kg COD/（kg·MLSS·d）。提高容积负荷率，可加快活性污泥增长速率及有机基质的降解速率，减小反应池体积，有利于减少建设投资。但容积负荷过高，往往难以达到排放标准。通常渗滤液好氧生物处理工艺设计中，容积负荷率一般选取 0.1~0.2kg COD/（kg MLSS·d）。需要注意的是，针对不同的处理体系所要求的最优容积负荷是不同的，需要根据实际水质进行小试确定。

（2）温度

活性污泥中的微生物的活性与其所处的环境温度息息相关，微生物在 25~35℃ 的温度范围内活性较高。在我国北方地区，渗滤液处理系统的好氧系统应考虑采用保温措施，温度较低的地区还应考虑增加加热系统，以保证好氧微生物处理的正常、高效运行。

（3）pH 值

活性污泥中微生物的活性受 pH 值的影响。微生物生长的最优 pH 值介于 6.5~8.5 之间。当 pH 值过低时，真菌将完全占优势，活性污泥絮状物遭到破坏，污泥膨胀；当 pH 值过高时，多数微生物也会不适应，可能出现菌胶团解体的现象。

（4）溶解氧

活性污泥法中的微生物是好氧微生物，所以混合液中的溶解氧浓度非常重要。对游离菌而言，溶解氧需要保持在 0.2~0.3mg/L 之间，而对于活性污泥絮凝体，因存在扩散现象，为保证良好的净化功能，曝气池出口处溶解氧的浓度不小于 1~2mg/L。

（5）营养元素

活性污泥中的微生物为了维持正常的生命活动，须从环境中摄取各种营养物质，一般采用 BOD_5:N:P 的比值来表示废水中的营养水平。活性污泥中的微生物对 N、P 的需求量可按 BOD_5:N:P = 100:5:1 来计算。当废水中营养元素 N、P 的含量不足时，可以向里面补充氨水、硫酸铵、硝酸铵、尿素等以补充氮，投加磷酸钙、磷酸等以补充磷。

（6）有毒物质

某些化学物质可能对微生物的生理功能有毒害作用，如重金属使蛋白质变性或使酶失活，醇、醛、酚等有机化合物能使蛋白质发生变形或使蛋白质脱水而造成微生物死亡。某些元素是微生物所必需的，但当其浓度超过一定程度时，反而会对微生物起到毒害作用。

（7）碳源

在采用好氧生物处理技术处理渗滤液时，通常采用 A/O、A/O/A 或者 A/O/A/O 等工艺，利用好氧池中的硝化细菌发生硝化反应，使氨氮转化为硝态氮；利用厌氧池中反硝化细菌进行反硝化作用，使得硝态氮以氮气方式释放到大气中。但是，反硝化细菌通常为异养型微生物，需要消耗碳源，即以碳源为电子受体，才可以将硝态氮转化为氮气。

在渗滤液处理好氧工艺实际的应用过程中常常由于碳源不足，造成反硝化过程受阻，进而造成系统总氮去除效果较差，出水超标，这种情况在填埋场渗滤液处理中较为普遍。研究表明，通常去除 1mg 的氮需要消耗 $6 \sim 8mg$ COD_{Cr}。根据实际需求，为了控制出水总氮达标，常常需要在反硝化系统单元中投加碳源。传统的碳源主要包括小分子的糖类、甲醇、葡萄糖等，价格昂贵，投加成本高、使用难度大。最近几年，不少研究者正在研究以纤维素、工业废水等作为新型碳源的可行性。

4.2 活性污泥法

活性污泥法是一种应用最广泛的污水好氧生物处理工艺。活性污泥一般为茶褐色的絮凝体，污泥粒径一般为 $200 \sim 1000\mu m$，表面积通常在 $20 \sim 100cm^2/mL$ 之间。活性污泥由有机和无机两部分组成，其中有机成分占 $75\% \sim 85\%$，主要由生长在里面的微生物组成。微生物包括假单胞菌、无色杆菌、黄杆菌、硝化细菌、球衣细菌、贝日阿托氏菌、发硫菌、地霉等，此外，还有钟虫、盏纤虫、等枝虫、草履虫等原生生物，轮虫等后生生物。原生动物以细菌为食，后生动物以细菌和原生动物为食，这些微生物构成一个相对稳定的生态系统。千万个细菌结合在一起形成的絮凝状细菌称为菌胶团，菌胶团在废水处理过程中起着非常重要的作用，直接决定活性污泥的絮凝、吸附及沉降性能。

活性污泥的评价方法主要有三个，分别是：

（1）活性污泥浓度

混合液悬浮固体浓度（MLSS）指曝气池中单位混合液中活性污泥悬浮固体的质量，也称为活性污泥浓度，单位为 mg/L 或 kg/m^3。混合液挥发性悬浮固体浓度（MLVSS），表示有机悬浮固体浓度，单位为 mg/L 或 kg/m^3。

（2）污泥沉降比

污泥沉降比（SV）是指从曝气池中取出的混合液在量筒中静置 30min 后，立即测得的污泥沉淀体积与原混合液体积的比值，一般以% 表示。污泥沉降比能相对的反映出污泥浓度、污泥的凝聚和沉淀性能，与污水性质、污泥浓度、污泥絮体颗粒大小及形状有关，正常曝气池的污泥沉降比在 30% 左右。

（3）污泥体积指数

污泥体积指数（SVI）是指曝气池混合液沉淀 30min 后，每单位质量干泥形成的湿污泥的体积，单位为 mL/g。如式（4-4）所示。

$$SVI = \frac{S_v}{MLSS}$$ (4-4)

式中 S_v——1L 曝气池污泥在 1000mL 量筒中静置 30min 后的湿污泥体积，mL/L；

MLSS——混合液悬浮固体浓度，g/L。

SVI 比 SV 更能准确地反映污泥的沉降性能，若 SVI 过低，则说明污泥絮体细小紧密，含无机物较多，污泥的活性差；若 SVI 过大，则说明污泥沉降性能不好，将要发生膨胀。

废水中的有机物在好氧微生物的作用下进行分解，逐级释放能量，最终以低能位的无机物稳定下来。

好氧分解可以分为吸附、氧化、沉淀三个阶段。

（1）吸附阶段

因污泥较大的比表面积和污泥表面含有许多蛋白质和碳水化合物物质，污泥絮凝体具有生理、物理、化学吸附作用和凝聚沉淀作用，与污水中的悬浮状有机物接触后，有机物会从水相转移到活性污泥中，吸附阶段时间很短。

（2）氧化阶段

被吸附在微生物细胞表面的小分子有机物直接透过细胞壁被摄入细菌体内，大分子有机物则在水解酶的作用下先水解成小分子然后再进入体内。有机物被微生物摄取后，约有 1/3 被分解并提供其生理活动所需的能量，其分解最终产物为二氧化碳、水、硝酸盐、硫酸盐、磷酸盐等，其余 2/3 则被转化合成新的细胞质，通常称为剩余活性污泥或生物污泥。同时微生物细胞物质也进行自身的氧化分解，即内源代谢（内源呼吸）。当污水中有机物充足时合成代谢占优势，内源代谢不明显，但当有机物浓度大为降低或已经耗尽时，微生物的内源代谢变为为微生物提供能量，维持生命活动的主要方式，其内源代谢模式图如图 4.1 所示。

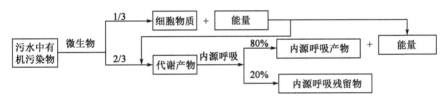

图 4.1　微生物代谢产物模式图

（3）沉淀阶段（泥水分离阶段）

二沉池内的泥水分离是活性污泥处理的关键步骤。活性污泥在二沉池经过絮凝沉淀、成层沉淀与压缩等过程，最后在二沉池的底部形成高浓度的污泥层，正常的活性污泥在静置状态下 30min 内即可完成絮凝沉淀和成层沉淀过程，浓缩过程需要的时间较长。沉淀性能主要受污水水质、水温、pH 值、溶解氧浓度以及活性污泥的容积负荷等因素的影响。

4.2.1　活性污泥法典型处理工艺

活性污泥法处理工艺主要由曝气池、沉淀池、曝气系统以及污泥回流系统组成，见图 4.2。其中曝气池是一个生物反应器，是整个工艺的核心，在池中污水所含的有机物与活性污泥充分接触和反应。曝气系统给曝气池除提供生化反应所需氧气外，也起到搅拌和混合的作用。沉淀池的目的是分离曝气池出水中的活性污泥，所得污泥部分回流至上一级的曝气池，以保持曝气池中的污泥浓度。曝气池中增殖的污泥作为剩余污泥排出，进行下一步处理。在该工艺中，活性污泥除了具有处理有机物的能力外，还要有良好的絮凝和沉淀效果，以使活性污泥和水能较容易的分离。

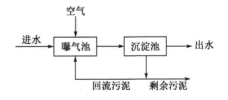

图 4.2　活性污泥法典型处理工艺

4.2.2　活性污泥法曝气池类型

好氧曝气池是活性污泥法的核心装置。曝气生物反应池按照池子的形状可分为：长廊式、圆形、方形和环状跑道式；按曝气方式可分为鼓风曝气和机械曝气；按反应池内混合液的流态可以分为推流式和完全混合式。早期渗滤液处理系统生物反应池采用环状跑道式和长廊式的池体，随着处理工艺的发展，目前多采用方形、矩形和圆形池体。

（1）推流式曝气生物反应池

该型反应器的平面形状呈长廊形，所谓推流是指混合液在池子中沿水流方向无纵向返混，即混合液从池子的异端进入池子，然后沿着池长方向一直向前流动，最终从池子的另一端流出，通过设置在池子底部的空气扩散装置，可造成横向混合，因此反应池内水流是呈螺旋形流过反应池的。推流式曝气生物反应池的廊道主要取决于污水处理流量，为保证在水流方向不产生短流，长度应该长一点好，通常保持在 50m 以上，长度与宽度应该保持在 $L \geqslant (4 \sim 10) B$，廊道宽度与深度应保持在 $B = (1 \sim 2) H$。

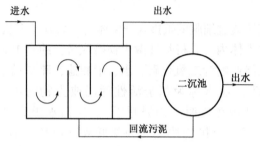

图 4.3　推流式曝气生物反应池

推流式曝气生物反应池的特点是：废水浓度从池子进口到出口是逐渐下降的，存在浓度梯度，废水降解反应的推动力较大，效率较高；可以采用多种运行方式；对废水的处理方式比较灵活。缺点是由于沿池长均匀供氧，会出现池首曝气不足，池子尾部供气过量的现象，增加能耗，因此，该形式的生物反应池在渗滤液处理系统中应用较少。其示意图如图 4.3 所示。

（2）完全混合式曝气生物反应池

渗滤液处理的曝气生物池多采用完全混合式曝气生物反应池，池型一般选取矩形、圆形或方形，这主要是基于曝气和搅拌方式的选择。为保证曝气效果和最佳能效比，根据曝气方式的不同，完全混合式曝气生物反应池深度一般在 5~8m，污泥浓度一般控制在 10~15g/L。圆形池体一般采用中心进水的方式，四周出水；矩形和方形池体一般采用一边进水，另一边出水；完全混合式曝气池溶解氧一般控制在 2~5mg/L，曝气方式多采用鼓风射流曝气或膜管式曝气，鼓风射流的氧利用率一般为 30%~35%，膜管式曝气的氧利用率为 20%~25% 左右，纯氧曝气的氧利用率为 80%~90%。鼓风射流曝气应用较灵活且效率高，对池体形状无特殊要求。

4.2.3　活性污泥法的设计计算

活性污泥法在渗滤液处理中的应用主要是 A/O 及其改进工艺。其中反应池容积计算方法主要有两种，分别为污泥负荷率法和动力学计算法。由于渗滤液中的 BOD_5 的测定难度大，在实际应用中，生活垃圾焚烧厂的渗滤液常采用污泥负荷率率法计算 A/O 工艺相关参数时，采用 COD 代替 BOD_5 进行计算，以保证 A/O 系统的设计更加贴合实际。其主要的计算如下所示。

（1）反应池容积计算

BOD_5 污泥负荷率法：

①生化反应池总容积，其计算如式（4-5）所示。

$$V_{A/O} = \frac{QS_o}{N_s X}\qquad(4\text{-}5)$$

式中　$V_{A/O}$——生化反应池总容积，m^3；

　　　Q——污水进水流量，m^3/d；

　　　S_o——进水 BOD_5 含量，mg/L；

　　　N_s——BOD 污泥负荷（$BOD_5/MLSS$），$kg/(kg \cdot d)$；

　　　X——混合液污泥含量（以 MLSS 计），mg/L。

按照缺氧段与好氧段的停留时间之比，一般为 $1:(3\sim4)$，分别计算好氧池与缺氧池容积。

动力学计算方法：

②好氧区有效容积 $V_{好}$，其计算如式（4-6）所示。

$$V_{好} = \frac{YQ(S_o - S_e)\theta_c}{X_V(1 + K_d\theta_c)}\qquad(4\text{-}6)$$

式中　$V_{好}$——好氧区有效容积，m^3；

　　　Y——产率系数（VSS/BOD_5），kg/kg；

　　　Q——污水进水流量，m^3/d；

　　　S_o——进水 BOD_5 含量，mg/L；

　　　S_e——出水 BOD_5 含量，mg/L；

　　　θ_c——污泥龄，d；

　　　K_d——内源呼吸系数，0.05，d^{-1}；

　　　X_V——混合液挥发性悬浮固体含量（以 MLVSS 计），mg/L；

③缺氧区有效容积（脱氮）$V_{缺}$，其计算如式（4-7）所示。

$$V_{缺} = \frac{N_T \times 1000}{q_D X_V} = \frac{Q(NO_o - NO_e) \times 1000}{q_D X_V}$$
$$= \frac{Q(NK_o - NK_e - NK_w - NO_e) \times 1000}{q_D X_V}\qquad(4\text{-}7)$$

式中　$V_{缺}$——好氧区有效容积，m^3；

　　　N_T——需还原的硝酸盐氮量，kg/d；

　　　Q——污水进水流量，m^3/d；

　　　NO_o——生物消化产生的硝酸盐氮含量，kg/m^3；

　　　NO_e——出水中硝酸盐氮含量，kg/m^3；

　　　NK_o——进水凯氏氮含量，kg/m^3；

　　　NK_e——出水凯氏氮含量，kg/m^3；

　　　NK_w——同化作用去除的凯氏氮含量，kg/m^3；

　　　q_D——反硝化速率，（NO_3—$N/MLVSS$），$kg/(kg \cdot d)$，可通过

$$q_{D,T} = q_{D,20} \times 1.09^{(T-20)}$$

　　　X_V——混合液挥发性悬浮固体含量（以 MLVSS 计），mg/L。

（2）需氧量计算

好氧区需氧量应该包括碳化需氧量、硝化需氧量两大部分，并考虑扣除排放的剩余污泥所减少的 BOD_5 及氨氮的氧当量，因为这部分的 BOD_5 及氨氮未消耗量，仅用于微生物细胞合成。除此之外，还应该扣除反硝化脱氮的产氧量。

①碳化需氧量 D_1，其计算如式（4-8）所示。

$$D_1 = \frac{Q(S_o - S_e)}{0.68} - 1.42W_v \tag{4-8}$$

式中　D_1——碳化需氧量，kg/d；

　　1.42——污泥的氧当量系数，完全氧化 1 个单位的细胞（以 $C_5H_7NO_2$ 表示细胞分子式），需要 1.42 单位的氧；

　　W_v——剩余活性污泥量（以 MLVSS 计），kg/d。

②硝化需氧量 D_2，其计算如式（4-9）所示。

$$D_2 = 4.6QNO_o = 4.6[Q(NK_o - NK_e) - N_w]$$
$$= 4.6[Q(NK_o - NK_e) - 0.124N_v] \tag{4-9}$$

式中　NK_o——进水 TKN 含量，kg/d；

　　NK_e——出水 TKN 含量，kg/d；

　　N_w——随剩余污泥排放去除的氨氮，kg/d；

　　4.6——氨氮的氧当量系数；

　0.124——活性污泥微生物（VSS）氮含量的比例系数，kg/kg。

③反硝化脱氮产氧量 D_3，其计算如式（4-10）所示。

$$D_3 = 2.86N_T \tag{4-10}$$

式中　N_T——需还原的硝酸盐氮（$NO_3 - N$/计），kg/m³；

　　2.86——单位硝酸盐还原提供的氧当量；

④总需氧量 D，其计算如式（4-11）所示。

$$D = D_1 + D_2 - D_3 = \frac{Q(S_o - S_e)}{1 - e^{-kt}}1.42W_v + 4.6[Q(NK_o - NK_e) - 0.124N_v] - 2.86N_T$$
$$\tag{4-11}$$

（3）碱度校核

由于 pH 值对硝化作用的影响很大，通常需要校核曝气池中混合液的碱度，确定反应体系是否需要补充碱度，以保证 A/O 系统正常运行。一般去除 1mg BOD_5 产生的碱度为 0.1mg/mg，还原硝酸盐氮所产生的碱度为 3.57mg/mg，氧化氨氮所消耗的碱度为 7.14mg/mg。

（4）剩余污泥产生量

其计算如式（4-12）、式（4-13）所示。

$$W = W_v + X_1Q - X_eQ \tag{4-12}$$

$$W_v = \frac{YQ(S_o - S_e)}{1 + K_d\theta_c} \tag{4-13}$$

式中　W——剩余污泥量，kg/d；

　　W_v——活性污泥产量（以 VSS 计），kg/d，

　　X_1——进水悬浮性固体中惰性部分（进水 TSS - 进水 VSS），kg/m³；

　　X_e——出水 TSS，kg/m³。

4.2.4 曝气理论与曝气系统

活性污泥中的微生物主要为好氧微生物，其需要足够的溶解氧才能生存并发挥作用，在供氧的同时，还必须使微生物、有机物和氧气充分接触，强化传质，充氧和混合是通过曝气系统来实现的。

4.2.4.1 氧转移理论

在曝气过程中，空气中的氧气从气相传递到液相，液相中的氧气被微生物所利用。目前气液传质理论主要包括双膜理论、表面更新理论和浅层理论，其中双膜理论在工程实践中应用最为普遍。

（1）菲克定律

物质扩散过程的基本规律可以用菲克定律来描述，如式（4-14）所示。

$$v_{d} = -D_{L}\frac{dC}{dX} \tag{4-14}$$

式中　v_{d}——物质的扩散速率，m/s；

　　　D_{L}——扩散系数；

　　　C——物质的体积浓度，kg/m^3；

　　　X——垂直于扩散面积方向的扩散长度，m；

　　　$\dfrac{dC}{dX}$——垂直于扩散面积方向上的浓度梯度。

（2）双膜理论

气相和液相接触的界面附近存在做层流流动的气膜和液膜，膜的外侧为湍流状态的气相主体和液相主体，气液相主体中不存在浓度差，没有传质阻力，传质阻力仅存在于气膜和液膜中。氧气难溶于水，故氧气向水中传质的阻力主要集中在液膜上，传质推动力则是水中氧气的浓度和实际浓度的差值。

氧传质的基本方程为式（4-15）。

$$\frac{dC}{dt} = K_{L\alpha}(C_{S} - C) \tag{4-15}$$

式中　$\dfrac{dC}{dt}$——氧传质速率，mg/（L·h）；

　　　$K_{L\alpha}$——传质系数，h^{-1}；

　　　C_{S}——氧的饱和浓度，mg/L；

　　　C——氧的实际浓度，mg/L。

其中传质系数 $K_{L\alpha}$ 中包含有三个物理量：D_{L}、X_{t}、α。D_{L} 是氧在单位浓度梯度条件下单位时间内垂直通过单位面积所扩散的质量或摩尔数，X_{t} 是膜厚度，α 是单位传质体积中的传氧面积，如式（4-16）所示。

$$\frac{1}{K_{L\alpha}} = \frac{C_{s} - C}{\dfrac{dC}{dt}} \tag{4-16}$$

4.2.4.2 氧转移影响因素

（1）废水水质

废水中含有各种杂质，对氧的传递产生影响，如某些表面活性物质，活性污泥以及各种溶解盐类，均会影响氧气的溶解度。为此，通常采用一个小于1的系数α进行修正。对于鼓风曝气设备，α值在0.4～0.8之间，对于机械曝气设备，α值在0.6～1.0之间。

（2）水温

温度对氧气的传递影响很大，温度上升，水的黏度会下降，扩散系数增大，有利于传质的进行。

其间的相关关系满足阿累尼乌斯方程，如式（4-17）。

$$K_{La}(T) = K_{La}(20) \times 1.024^{(T-20)} \tag{4-17}$$

式中　$K_{La}(T)$——水温为T℃时的氧总转移数；

　　　$K_{La}(20)$——水温为20℃时的氧总转移数；

　　　　　　T——设计温度；

　　　　1.024——温度变化系数。

由式（4-17）可见，当水温上升时，水体氧总转移数增加，但是，随着水温上升，水温也会影响氧气在水中的溶解度，造成溶解度的下降。因此，整体上，当水温降低时，氧气的传质效率也相对较高。

（3）其他因素

氧气的传质速率还受气泡的大小、液相的湍动以及气泡和液体的接触时间等因素的影响。气泡的大小受扩散器的影响最大，气泡越小，气液接触面积越大，有利于氧传质的进行，但需要注意的是，曝气除了向废水中提供氧气外还起到增强湍动的作用，气泡变小反而不利于湍动的发生。氧气从气泡向液相中转移，逐渐使气泡周围液膜中的氧饱和，这样氧的转移速率又受液膜更新速率的影响。

综上所述，污水的性质、水温、气液两相的接触面积、接触时间、气相中的氧分压、液相的湍动程度都影响着氧传质的进行。

4.2.4.3　曝气系统及空气扩散装置

生化曝气系统可选用方案为射流曝气、鼓风曝气膜管曝气及纯氧曝气。各方案优缺点如表4.1所示。

表4.1　好氧生物系统的曝气设备设计选用方案优缺点比较表

方案	鼓风射流曝气	鼓风曝气膜管曝气	纯氧曝气
优点	①不堵塞，适应性强 ②氧利用率高，维护简单 ③曝气量控制容易	①能耗低，设备造价较低 ②设备简单 ③曝气后污泥沉降性能好 ④充氧效率高	①装机容量小，能耗低 ②设备简单，无噪声污染 ③充氧效率高，曝气后污泥沉降性能好 ④生物泡沫产生量小 ⑤曝气量控制简单
缺点	①能耗较大，设备造价高 ②污泥易破碎沉降性能较差 ③曝气噪声大	①维护费用高 ②曝气膜片容易堵塞 ③曝气噪声大	需外购液态氧气

（1）射流曝气器

①射流曝气器工作原理。射流曝气器具有安装维护简单，溶解氧利用率高等方面优点，广泛应用到渗滤液好氧系统中。其运行示意图如图4.4所示。射流曝气器与鼓风机和射流循环泵组合后，形成射流曝气系统。循环水泵不断抽取曝气池的混合液，经射流循环泵加压后自射流曝气器一级喷嘴喷出，形成一股高速低压的柱状水流，这股水流在混合室内产生负

压，压缩空气得以从气体管道吸入。由于喷射水流的高剪切作用，空气在混合室内与曝气混合液激烈混合形成微气泡，混杂在混合液中从二级喷嘴射出。微气泡与混合液充分接触，使大量分子氧溶解在曝气池混合液内。喷射水产生的搅动，则在水池内产生搅拌作用；同时，气泡上浮产生的升力，起到了完全混合的效果。射流曝气的现场运行图片，如图4.5所示。

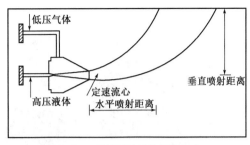

图4.4 射流曝气器运行方式

图4.5 射流曝气器现场图片

②该设备的特点：设备简单，故障率很低。曝气器仅在水池中间放置一台无动力的射流器即可。与之连接的只有一根进气管和一根进水管；设备安装、维护、检修方便，完全避免为检修曝气设备而抽空水池的问题；充氧效率高达30%～35%，大幅减少了鼓风的风量充氧曝气的同时，能够起到搅拌的作用，无死角。

（2）鼓风曝气膜管

微孔曝气管（盘）系在橡胶膜片上均匀开孔，大小约为3mm；使用圆盘为支撑骨架时，称为微孔曝气盘；使用圆管为支撑骨架时，称为微孔曝气管。微孔曝气管（盘）均匀安装在水池底部，并通过空气管路连接。曝气时，膜片会鼓起，小孔张开，气体喷出，产生曝气效果。

为了检修方便，在渗滤液处理应用中设置了可提升曝气系统。由曝气管道、曝气膜管、提升装置、配重固定装置组成。

其外观如图4.6所示。

微孔曝气管（盘）需要的空气量大，运行阻力大，氧利用率仅有15%～20%左右，因此，微孔曝气管（盘）的能耗较高。同时，该系统需在曝气池底部安装大量的曝气管（盘），对安装也有较高的要求。渗滤液易结垢且具有腐蚀性的特点，使得曝气管（盘）一般在运行2～3年后，需进行清池维修。曝气管（盘）的运行寿命一般为5年左右，以上特点限制了微孔曝气管（盘）在渗滤液处理系统中的应用。另外，为减轻膜片更换和检查的难度，一般在渗滤液处理应用中，配套可提升装置，主要有自耦轨道式和直接提升式，其中

图4.6 常见的曝气膜盘和曝气膜管

直接提升式池内竖直主管应采用软管连接。

（3）单体式射流曝气器

单体式射流曝气器同样也采用射流器的原理，其特点在于，射流器和水泵为一体式，进气方式为自然吸气。该设备便于安装，配套设备简单。但在垃圾渗滤液处理工艺中，该设备的应用较少，主要由于该设备供气量不大，因此，需要很多台单体射流曝气器，故障点大幅增加。水池底部需要安装动力设备，检修维护相对复杂；该设备的氧利用率只有20%~25%；该曝气器适应水位深度有限，因此，需要更大的占地面积。

（4）水力旋流曝气器

水力旋流曝气器主要包括进气管道、螺旋器、含有内部通道的曝气筒体、筒体上交错分布的蘑菇头状的第一切割器和第二切割器。工作时，空气由旋流曝气器底部进入，并以很高的速度上升，带动周围泥水混合物上升，上升过程中被蘑菇头状的第一切割器切割分散，促进气水混合，之后由第二切割器进行进一步的切割，大大地提高了氧气的传质速率，同时，该水力旋流曝气器压力损失较小，不易堵塞，分散后的气水混合物旋转速度大，可返回池底，使得曝气池底部得到曝气，整体曝气效果好，曝气池容积利用率高。

（5）纯氧曝气器

纯氧曝气活性污泥法，最早由Okum提出将纯氧曝气代替空气曝气用于污水处理的方法。但当时由于受制氧技术的限制和存在纯氧费用昂贵等问题，此项技术并没有得到推广应用。直到1967年，随着制氧技术的改进，美国联合碳化公司推出UNOX系统，纯氧曝气才走向商业化。

从20世纪80年代，国内开始采用纯氧曝气技术。起初，从德国引进UNOX系统，主要运用在大型的石油化工行业（如天津、金山、扬子、齐鲁、大庆等石化公司）的废水处理，并且积累了丰富的经验。同时随着现场制氧技术的进步（如国内自主研发的制氧PU-8吸附剂，使制氧电耗降低至$0.33kW \cdot h \cdot m^3$，达到国际先进水平），纯氧曝气技术已经被广泛应用于诸如黑臭河湖、甲醇废水、焦化废水、印染废水等各类污染严重、难降解的废水治理。利用纯氧曝气，可以提高氧的利用率、缩短曝气时间、增强处理效率，减少污泥量。如采用上向流式纯氧曝气活性污泥法，常温下用廉价的天然沸石分子筛制备氧，可使氧气浓度从21%提高到80%，增大了混合液中溶解氧量，使微生物活性提高。

目前，纯氧曝气工艺主要处理高浓度、难降解废水。如国内石化行业的石油污水、冶金废水、染料废水等，具有浓度高、成分复杂、排放量大等特点，一般有机浓度高达7500mg/L，利用纯氧曝气系统，可使COD_{Cr}去除率达90%以上。如杭州某生活垃圾焚烧发电厂渗滤液处理项目，生化系统进水COD_{Cr}浓度为6000mg/L，氨氮浓度为2000~2200mg/L，经纯氧曝气处理后COD_{Cr}浓度为600~800mg/L，氨氮浓度为10~20mg/L，且曝气池避免了其他鼓风曝气方式带来的泡沫问题。

纯氧曝气和空气曝气活性污泥法，都是利用好氧微生物进行生化反应，使废水得以净化，但二者的区别在于所使用的氧源不同。根据氧分压高、氧浓度高的特点可知，空气曝气中氧分压占21%，20℃时饱和溶解氧仅为9.31mg/L，而纯氧曝气中20℃时饱和溶解氧达44.16mg/L，是空气曝气的4.7倍。通常纯氧曝气条件下，污水中的溶解氧能达到6~10mg/L，而空气曝气条件下，污水中的溶解氧一般只能维持在2~5mg/L。对于微生物降解有机物来说，溶解氧起着关键性因素。虽然空气曝气活性污泥法被广泛应用于污水处理厂，并取得一些较好的水质处理效果，但是，采用空气曝气往往由于供氧不足，而导致好氧污泥活性不高，污水净化效果达不到最佳理想效果。相比较空气曝气，纯氧曝气具有如下优点：

①改善出水水质。纯氧曝气使氧转移率和利用率相应提高。一般纯氧曝气氧转移率是空气曝气的4.7倍，其利用率达80%~90%，而空气曝气氧利用率仅为15%~35%。另一方面，溶解氧浓度提高。通常情况下，纯氧曝气比空气曝气污水中溶解氧浓度高，为好氧微生物降解有机物提供充足的氧，使得微生物的活性增强，从而有利于处理高浓度难降解的有机废水，耐冲击负荷能力增强，保证污水处理的出水水质的稳定，提高污水处理效果。据相关研究表明，利用纯氧曝气对污水中COD_{Cr}、氨氮的去除，与传统的空气曝气相比，其相对去除率分别提高3%、14%。

②改善污泥沉降性能，减少剩余污泥量。在高纯氧曝气条件下，生物处于高度的内源代谢，即自身氧化状态，污泥产量大为减少，比空气曝气活性污泥法可减约25%的剩余污泥。高的溶解氧能抑制丝状菌的生长，不仅有利于控制污泥膨胀，而且有利于污泥发生沉降，易固液分离，进一步有利于提高出水水质效果。此外，通过纯氧曝气提高向污水中的充氧能力，输入污水中的功耗降低，同时与空气曝气相比，减小了对活性污泥絮体的剪切力，使得刚形成的污泥絮体不易被打碎，有利于密实的絮体颗粒形成。一般纯氧曝气中污泥沉降指数（SVI）约30~80mL/g，而空气曝气中的污泥沉降指数（SVI）约50~150mL/g。可见，纯氧曝气污泥沉降指数明显低于空气曝气中污泥沉降指数，说明纯氧曝气条件下的污泥易发生沉降。

③形成结构密实的污泥，微生物种类多样化。曝气污泥中分解有机物起主要功能作用的为好氧微生物，大部分需要氧分子作为最终受体。纯氧曝气条件下，污泥形态结构比较密实：一般在光学显微镜下，菌胶团细小、致密，菌胶团数目多，比表面积增大。污泥中含微氧菌的丝状微生物较少，菌胶团中主要以好氧菌和兼性菌为主。微生物中酶的活性增强，污泥的新陈代谢能力增强，从而增强对污水的去除能力。通过对纯氧曝气和空气曝气污泥进行SEM扫描电镜检测，也可以得到验证。纯氧曝气污泥和空气曝气污泥分别如图4.7、图4.8所示。

④节省能耗。纯氧曝气时间比空气曝气时间短，一般为空气曝气时间的1/3~1/4，其容积比空气曝气容积小3~4倍，从而节省占地面积。纯氧曝气所消耗的动力相比空气曝气，可节省动力消耗36.5%~45.2%。与空气曝气相比，无异味散发，挥发性有机物分解快，产臭气量相对较少。在台湾，将纯氧曝气应用于印染污水的处理，溶解氧在5~6mg/L，挥

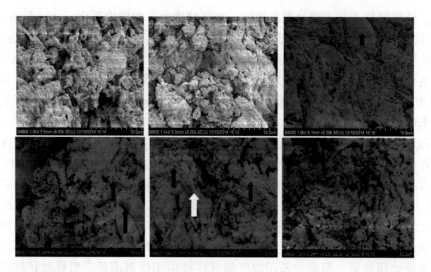

图4.7　纯氧曝气活性污泥扫描电镜图

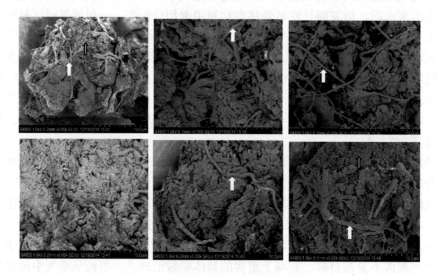

图4.8　空气曝气活性污泥扫描电镜图

发性有机物（VOCs）明显得到降低，这在空气曝气中却很难实现。

从上述特点中可知，纯氧曝气被应用在活性污泥法中，不仅仅是简单的替代空气曝气，更重要的是纯氧曝气的应用使得活性污泥法工艺中的一些重要技术参数发生改变，并显著提升处理效果，从而形成一种活性污泥工艺的变型，即纯氧曝气活性污泥工艺。

纯氧曝气活性污泥工艺的性能改善具体表现如下：曝气池可保持较高的溶解氧量，在高负荷基质浓度运行条件下，仍然具有高效率去除能力；污泥的沉降速率和脱水性能明显改善，从而有利于固液分离，减少剩余污泥的产生；曝气池中可保持高度的稳定运行，污泥不易发生膨胀，对挥发性的有机物（VOCs）的去除率高，从而能抑制一部分难闻气体的产生。

4.2.4.4　纯氧曝气应用实例

某项目采用渗滤液处理站做纯氧曝气的中试研究，在中试过程中采用双系统运行，分别为纯氧曝气和传统的空气曝气。中试实验主要研究了系统运行 pH 值、温度、C/N 比等对生化反应影响比较大的因素对系统的运行状态影响；对比分析了纯氧曝气和空气曝气在出水指标及经济指标；评估了纯氧曝气在传统渗滤液处理工艺中的技术可行性。在该中试实验中研制了其最佳的配套工艺，并对纯氧曝气中 pH 值偏低，运行温度过高等因素提出相应的解决方案，并且实际使用效果较好。

杭州某渗滤液处理工程的工艺流程图如图 4.9 所示。

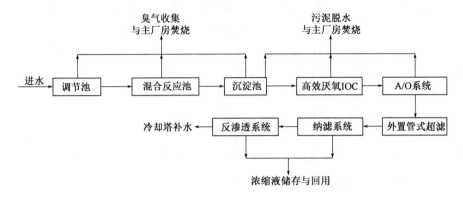

图 4.9　渗滤液处理工艺流程图

进水指标如表 4.2 所示。

表4.2 原水进水水质

序号	主要指标	设计值
1	COD_{Cr}/（mg/L）	≤50000
2	BOD_5/（mg/L）	≤35000
3	氨氮/（mg/L）	≤2000
4	总氮/（mg/L）	≤2200
5	SS/（mg/L）	≤15000
6	pH 值	6~9

反渗透产水水质达到《城市污水再生利用工业用水水质》（GB/T 19923—2005）中表 1 敞开式循环冷却水水质标准，具体如表 4.3 所示。

表4.3 设计的反渗透出水水质

序号	控制项目	水质标准
1	pH 值	6.5~8.5
2	BOD_5/（mg/L）	≤10
3	COD_{Cr}/（mg/L）	≤60
4	浊度/NTU	≤5
5	色度/倍	≤30
6	氯离子/（mg/L）	≤250
7	总硬度（以 $CaCO_3$ 计）/（mg/L）	≤450
8	总碱度（以 $CaCO_3$ 计）/（mg/L）	≤350
9	氨氮/（mg/L）	≤1.0

其纯氧曝气装置试验主要针对 A/O 系统进行一定的改造，最终实验表明，采用纯氧曝气的投资成本相对较低；由于纯氧曝气在运行中可以动态调节曝气量、曝气强度的大小，所以，在枯水期纯氧曝气在运行成本方面明显优于传统空气曝气。在丰水期，传统空气曝气更具优势。结合当地全年枯水期和丰水期时间进行估算，纯氧曝气和传统空气曝气在运行成本上基本相同。

纯氧曝气较传统曝气工艺优点如下：纯氧曝气高效的处理能力可增加容积负荷，较好地改善了污泥沉降性能，系统运行较为稳定，并且减少了曝气池容，没有鼓风机房，大量节省投资成本；纯氧曝气在泡沫、臭味及噪声控制上有明显的优势，改善了运行环境；纯氧曝气没有传统曝气的大风量和高功率机械做工，对好氧池温度影响较小，夏季可减少好氧池换热能耗；中试实验表明，纯氧曝气的最佳配套工艺为 A/O + 曝气膜池工艺，通过膜池曝气将生化反应过程中产生的二氧化碳吹脱，再通过回流的方式改善 A/O 生化系统 pH 值偏低的问题。在运行过程中纯氧曝气池内 pH 值取值范围为 7.1 ~ 7.3，C/N 宜控制在 3.5 ~ 5.5 之间；在最佳配套工艺的前提下，纯氧曝气的出水水质与运行费用与空曝法相当。

4.2.4.5　纯氧曝气系统国内外常见工艺介绍

目前，国内外常有的纯氧曝气工艺主要有以下几种。

(1) NUOX 工艺

美国某公司开发的 NUOX 纯氧曝气活性污泥工艺，用加盖密闭式曝气池和叶轮式氧气表曝机曝气，池体分 3 ~ 4 段，每段设 1 台表曝机。此技术使用表面曝气，曝气能耗较高，且曝气池加盖造价较高。

(2) Biox-N 工艺

德国某公司开发的 Biox-N 工艺，称为敞开式微气泡纯氧曝气活性污泥工艺，该工艺使用敞开式曝气池，工艺核心是一种应用纯氧的微气泡软管曝气垫，软管壁上均匀分布微细的小孔。这种曝气垫由多根微气泡曝气软管平行铺于长方形钢质框架中。当进气压力大于要求的开启压力 0.05MPa 时，小孔开启而产生微气泡；当进气压力低于 0.05MPa 或停止供气时，小孔自动关闭。软管中氧气的供气压力通常为 0.2 ~ 0.4MPa。采用较高供气压力的优点：保证软管内沿整个长度存在稳定均匀的气流；在池底铺设软管时对水平度不存在苛刻的要求，使施工安装大为简便；可在一定范围内调节氧气流量，从而获得不同的曝气强度。

(3) I-SOTM 系统

美国某公司的 I-SOTM。I-SOTM 是一个机械增氧系统，由电动机、变速箱、浮筒、导流筒和双螺旋推进器组成。氧气在浮筒顶部注入，随叶轮转动吸入导流桶，从而使氧气在低电耗的状态下溶解。浮筒像一个罩板，使未溶解的氧气再次随叶轮转动引入导流桶，从而提高氧气的使用效率。I-SOTM 系统能够溶解 90% 的氧气，并且具有很高的氧气转移速率。

(4) GWQ 射流曝气器

国内某公司推出的 CWQ 射流曝气器主要由水泵、文丘里射流器、增效喷嘴及二次射流导流筒组成。混合液（污水 + 污泥）通过水泵吸入后与空气/氧气在文丘里射流器经射流混合后，超饱和氧混合液再通过一套增效喷嘴在二次射流导流筒中进行射流，增效喷嘴的二次射流回收了水泵能量，在导流筒中形成了相当于水泵流量 5 倍的引流作用，从而形成水池中水力循环加氧的过程。

4.2.5 活性污泥法应用实例

常州市某垃圾焚烧发电厂渗滤液处理规模为400m³/d，采用"预处理+厌氧+好氧生化+超滤+纳滤+反渗透"工艺，好氧生化系统采用活性污泥法进行处理，产水水质达到《城市污水再生利用工业水质》（GB/T 19923—2005）中表1敞开式循环冷却水水质标准，最终反渗透产水回用冷却塔循环水补水。

4.2.5.1 进出水水质

在根据最大污染物负荷和充分考虑水质调节均匀的条件下，项目A/O系统的设计进水水质见表4.4。

表4.4 进水水质

序号	主要指标	A/O进水水质	A/O出水水质
1	COD_{Cr}/（mg/L）	≥4000	≤500
2	BOD_5/（mg/L）	≥2000	—
3	氨氮/（mg/L）	≥1200	≤5
4	总氮/（mg/L）	≥1500	≤30
5	MLSS/（mg/L）	≥10000	5000
6	pH值	6~9	6~9

4.2.5.2 A/O系统设计的计算要点

渗滤液原液经过预处理后进入厌氧系统，厌氧系统COD_{Cr}去除率约90%，厌氧出水直接进入好氧生化系统，好氧系统采用"A/O"工艺进行处理，"A/O"系统主要是在有氧和缺氧条件下对有机物和氨氮等污染物进行去除，"A/O"产水进入后续的超滤进行泥水分离，分离后的清液进入纳滤和反渗透系统。但是，要想保证渗滤液处理系统的出水水质，单单依靠后续的膜系统是远远不够的。生化系统的良好运行是后续处理系统正常运行的前提，否则会造成严重的膜污染、膜寿命衰减、系统出水水质差等方面问题。

渗滤液处理系统A/O系统的设计，依托于前述的A/O系统设计计算方法，但是，由于渗滤液与传统的生活污水在水质特点方面具有较大的差异，在实际的渗滤液A/O池设计中，常常结合经验对其中的重要参数进行调整，如保证污水的停留时间、增加污泥龄等方式来简化计算。其最核心的计算要点是A/O池池容设计、回流比选择、曝气量设计等，具体可总结如下。

（1）设计说明

A/O池的池容计算在实际应用中可以进行简化计算，其核心要点是根据渗滤液处理站总平面布置图等，合理安排各池体的长宽高，设置池体的超高为1m，由有效池容计算出渗滤液的理论停留时间。根据实际经验，针对垃圾焚烧厂渗滤液处理站的A/O系统，一般情况下，需要控制A池的理论水力停留时间在3~4d，O池的理论水力停留时间在6~7d，以确保A/O系统的处理效果。需氧量和空气量计算可以参照4.2.4小节中的相关公式进行计算，以确定曝气量。

当采用理论计算法设计A/O池时，需要调整各项参数，常用动力学法进行计算，详见第5.1.3小节。

（2）重要设计参数，以 400m³/d 为例（经验法）

处理规模：$Q_进 = 400m^3/d$；

设计温度：$T = 25℃$；

污泥浓度：$M = 10000mg/L$；

A 池停留时间：3~4d

单座 A 池尺寸：$11m \times 8m \times 8m$（超高 1m），数量，2 座；

反硝化池总容积：$V_{有效A} = 1232m^3$；

A 池理论污水停留时间：$V_{有效A}/Q = 3.08d$

单座 O 池尺寸：$15m \times 12m \times 8m$（超高 1m），数量，2 座；

O 池有效容积：$V_{有效O} = 2520m^3$；

O 池理论污水停留时间：$V_{有效O}/Q = 6.3d$

（检验 A/O 池的理论污水停留时间是否均处于合理区间）

本案例采用的曝气方式为鼓风射流曝气，好氧生化系统最终产水符合设计出水水质。本工程实例中好氧生化系统对 COD_{Cr} 去除率高达 85%~90%，氨氮去除率达到 99.5%。达到较好的处理效果。

4.3 MBR 膜生物反应器处理工艺

4.3.1 MBR 膜生物反应器处理工艺概述

MBR 膜处理工艺是一种将生物处理技术与膜分离技术相结合的新型污水处理技术，主要使用的设备为膜生物反应器（Membrane Bio-Reactor，MBR），其固液分离效率相比传统沉淀池有较大的提升，出水水质良好，出水悬浮物较少，浊度较低。同时，MBR 反应器中的膜组件对反应器中的微生物具有截留作用，可以使反应器保持较高的污泥浓度和污泥停留时间，使其具有良好的耐冲击负荷性能。此外，MBR 反应器以其占地面积较小、处理效果好的特点，在污水处理市场，特别是渗滤液处理过程中具有良好的应用前景。

4.3.2 MBR 膜生物反应器工艺类型

MBR 反应器常见的结构类型分为外置式、一体式和复合式三大类。其中外置式的主要结构形式为管式膜膜组件和生物反应器分开放置，污水在生物反应器中进行生物处理，之后采用水泵加压至膜组件，在压力的作用下，混合液在膜组件中进行分离出水和回流。该反应器便于清洗、检修和更换膜组件，但是，其运行费用高，循环泵能耗高，占地面积大。外置式膜生物反应器的结构图如图 4.10 所示。

一体式 MBR 反应器的主要结构为膜组件置于生物反应器内，常常采用浸没式帘式膜或平板膜组件，当污水进入到 MBR 反应器内时，大部分污染物均被膜组件外的活性污泥去除，之后，通过在膜组件中创造出负压环境，使得处理后的混合液通过膜组件进行分离。由膜组件直接出水。其耗能较少，占地面积小，但容易结垢、容易堵塞，结构图如图 4.11 所示。

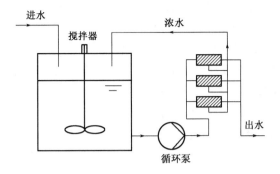

图 4.10　外置式 MBR 膜生物反应器

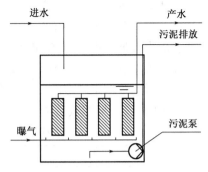

图 4.11　浸没式 MBR 反应器

复合式 MBR 反应器主要通过对浸没式MBR 反应器进行适当的改造，在形式上仍属于浸没式。其与浸没式 MBR 反应器的主要区别为，该类型反应器通过在生物反应区域加装填料，使得生物反应区域的微生物可以附着在填料上形成复合生物膜等，从而改变反应器的一些特性，从而取得更好的处理效果。其结构图如图 4.12 所示。

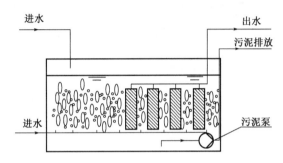

图 4.12　复合式 MBR 反应器

MBR 反应器具有诸多优点，大量研究者致力于改进反应器设计、优化工艺参数。在各行业推广 MBR 反应器，特别在渗滤液处理行业，MBR 已有较多的应用。上述介绍的三种 MBR 反应器，其中含有填料的 MBR 膜生物反应器在渗滤液处理行业的实际应用较少，主要是由于渗滤液高硬度、高碱度的特性使得膜生物反应器容易结垢，给系统造成了诸多的不稳定性。此外，目前限制 MBR 反应器使用的另一主要因素是成本因素，而在成本占比中，膜组件的投资、维护、运行费用又占很大一部分。

在应用于渗滤液处理过程中的 MBR 膜主要有两种形式，一种是外置式管式膜，另一种是浸没式膜。外置式管式膜多采用特里高、诺瑞特、滨特尔等管式膜，而内置式膜主要采用日、美帘式膜。将浸没膜帘式膜和外置式管式膜进行技术经济对比，膜的优缺点如表 4.5 所示。

表 4.5　膜优缺点比较表

方案	浸 没 式 膜	外置管式膜
优点	①通量小，设计通量 8~10L/m^2·h ②有效运行时间长，基本为 21.6h ③膜池面积小，数量少，配套的设备少，设备投资低，能耗低 ④质保期 3~5 年 ⑤膜池泡沫难控，操作环境差	①通量大，设计通量 50~70L/m^2·h ②有效运行时间长，基本为 22h ③清洗周期长，一般为 2~4 周清洗一次 ④质保期 3 年 ⑤占地面积小，吨水占地面积约为 0.03m^2/m^3 ⑥操作环境好
缺点	①膜孔径偏大，一般为 0.1μm，COD_{Cr} 及氨氮的去除率低 ②膜面积单位造价高。清洗周期短，一般为 2~3 周	①能耗高 ②单位膜膜面积造价高 ③膜通量衰减较快

通过上述分析可以看出，浸没式MBR反应器在我国垃圾渗滤液处理上的应用已经有十多年的历史，聚偏氟乙烯（PVDF）膜应用的较为广泛，其具有良好的物理化学特性，制作工艺成熟、成本较低，但是，PVDF膜存在膜疏水性较强，抗污染性能较低、清洗频率高、运行费用较高等特点。另外一种可以用于浸没式MBR反应器的膜是聚四氟乙烯（PTFE）中空纤维膜，最近几年越来越多的研究者在研究PTFE膜在垃圾渗滤液处理技术中应用。聚偏氟乙烯（PVDF）膜与聚四氟乙烯（PTFE）中空纤维膜的技术指标如表4.6所示。

表4.6 PVDF和PTFE膜组件性能比较

项　　目	PVDF	PTFE
膜材料	聚偏氟乙烯	聚四氟乙烯
膜孔径最小公称直径/μm	0.01~0.03	0.2
最大跨膜压差/kPa	−20~−30	−60
上限温度/℃	40	40
pH值范围	2~12	0~14
保存方式	湿法保存	干法保存
设计通量（m³/m²·d）	0.2~0.7	0.3~0.8

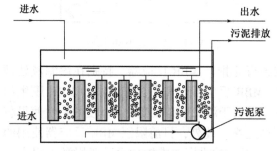

图4.13　帘式超滤系统工艺流程

以江阴某生活垃圾焚烧发电厂渗滤液处理项目为例，渗滤液先经过调节池、厌氧反应池，再进入好氧池处理，好氧产水由自吸泵提升进入膜池，采用罗茨风机对膜池进行曝气冲刷，防止污染物在膜表面富集，提高错流速度，膜池自吸产水泵对膜组件进行抽吸，产水进入后续深度处理系统，膜池污泥进行回流或排入污泥浓缩池，工艺流程如图4.13所示。运行方式为间歇式运行，运行9min，间歇1min。

研究发现，PVDF帘式膜的膜通量只有6.5LMH，PTFE膜的膜通量虽有一定程度的下降，符合帘式膜长周期运行通量衰减的趋势，但平均膜通量维持在10LMH，比PVDF膜的膜通量高出53.85%。此外PTFE膜的化学清洗周期为PVDF膜的2倍，达到60~70d，PTFE膜的性能明显优于PVDF膜。

由于浸没式膜常位于好氧池中，其工作条件较差，污水中的悬浮固体、胶体物质、溶解性物质等常常会引发膜污染，造成系统的膜通量出现下降。在不同的污泥浓度下，研究发现，在稳定运行后，膜的种类和膜通量的数据如表4.7所示。

表4.7 不同形式超滤膜的运行条件

不同形式超滤膜	膜通量/LMH	污泥浓度范围/（g/L）
外置管式膜	50~70	15~25
PTFE帘式膜	8~9	15~25
PVDF帘式膜	6.5	3~10

PTFE膜较PVDF膜具有更长的使用寿命。PTFE膜使用寿命在5年以上，约为PVDF膜使用寿命（2~3年）的两倍以上；同时，PTFE材质帘式膜通量（10LMH）为PVDF材质帘式膜通量的1.54倍，清洗周期更长。但是PTFE成本较高，价格约为PVDF的1~2倍，且

品牌较少，可选性较差。

在浸没式 MBR 系统中，与 PVDF 膜相比，在保证产水水质的前提下，PTFE 膜更适用于高浓度污泥的浸没式 MBR 系统。在处理生活垃圾渗滤液的 MBR 系统中，当污泥浓度小于15g/L 时，膜通量可设计为 10LMH；当污泥浓度在 15~25g/L 时，膜池曝气量适当增大，膜通量可设计为 8~9LMH。通过经济性分析，虽然 PTEF 膜的吨水投资略大于 PVDF 膜，但综合考虑远期运行成本及膜的更换成本，PTEF 膜更具经济性。因此，PTFE 膜更适用于垃圾渗滤液处理项目的 MBR 系统中。

4.3.3 应用实例

浙江某垃圾焚烧发电厂渗滤液处理工程

（1）进水水质

在考虑最大污染物负荷及水质调节均匀度等因素，项目进水水质见表4.8。

表4.8 进水水质

序号	主要指标	设计值
1	COD_{Cr}/（mg/L）	≤50000
2	BOD_5/（mg/L）	≤35000
3	氨氮/（mg/L）	≤2000
4	总氮/（mg/L）	≤2200
5	SS/（mg/L）	≤15000
6	pH 值	6~9

（2）项目工艺

针对渗滤液有机物浓度高的特点，首先采用厌氧工艺除去大部分有机物。厌氧工艺采用厌氧折流板反应器（AnaerobicBaffledReactor，ABR），属于高效厌氧反应器。在废水中有机污染物浓度得到一定降低的条件下，采用 MBR 工艺进一步降低废水中的氨氮和有机污染物浓度。本工程采用复合 MBR 工艺（有后加碳源的两级 A/O – MBR 工艺），能够达到更高的脱氮效率，其工艺流程图如图 4.14 所示。

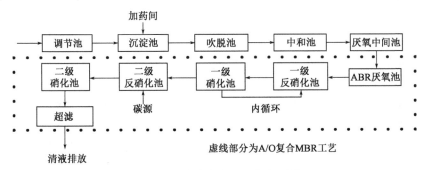

图 4.14 渗滤液处理工艺流程图

生化反应部分的一级反硝化池、一级硝化池、二级反硝化池和二级硝化池分别为有效容积120m³、450m³、80m³ 和 300m³ 的钢结构罐体，设计污泥浓度为 15kg/m³，容积负荷为0.21kg COD/（kgMLSS·d），反硝化罐内的液下搅拌装置维持完全混合状态，硝化罐内曝气采用专用设备射流鼓风曝气。超滤膜为孔径 0.02μm 的有机管式超滤膜，超滤膜设计通量为 61.2L/（h·m²），膜总面积 78.3m²，操作压力 0.6MPa。

（3）系统出水

经过复合 MBR 系统处理后，出水 COD_{Cr} 在 84 ~ 148mg/L 之间，COD_{Cr} 平均去除率为 98.6%，出水氨氮在 1.28 ~ 2.97mg/L 之间，复合 MBR 系统处理单元氨氮平均去除率为 99.4%。

该项目采用的后加碳源两级 A/O 复合 MBR 组合工艺，与一般 MBR 工艺对比，在对有机污染物和氨氮的去除效果方面，复合 MBR 组合工艺去除效果更高。

很多研究者将 MBR 工艺，或者经过改进的复合工艺，应用到垃圾渗滤液的处理过程中，并取得了不错的效果。其对 COD_{Cr} 的去除效率大部分在 93% 以上，氨氮去除率 98% 以上，本工程实例中 MBR 组合工艺系统对 COD_{Cr} 去除率高达 98%，氨氮去除率达到 99.4%。处理效果较好。垃圾焚烧厂渗滤液主要来源于垃圾自身携带的水分、垃圾发酵过程产生的水分，以及垃圾焚烧厂进场通道冲洗水等方面。垃圾渗滤液的水质特点非常鲜明。其 COD_{Cr} 值很高一般在 5000 ~ 8000mg/L 左右，BOD_5/COD 一般为 0.5 左右，C/N 比一般为 20 左右，整体具有较好的可生化性。同时，由于渗滤液通常发酵天数为 3 ~ 7d 左右，经历的生化过程较短，其氨氮含量较高，通常为 2000mg/L 左右。综合垃圾焚烧厂渗滤液的这些特性，可以选用复合 MBR 工艺。

4.4　好氧生物流化床处理技术

4.4.1　好氧生物流化床概述

好氧生物流化床是将传统的活性污泥法和生物膜法有机结合的一种用于污水处理的新型生化处理装置，该装置以砂、焦炭或活性炭等颗粒材料作为载体，载体表面附着有一层生物膜，废水以一定的流速自下而上流动，载体在废水中处于流化状态，载体表面的生物膜吸附和氧化水中的有机物，净化水体。早在 20 世纪 70 年代初，美国国家环境保护局就开始了好氧流化床处理有机废水的研究，70 年代后期生物流化床处理废水在工程上已经得到推广。我国在生物流化床方面的研究起步较晚，1978 年兰州化工研究院环境保护科研所开始了纯氧曝气生物流化床处理石油化工废水的研究工作，进入 80、90 年代，国内已经建立了一批小型的生物流化床装置。

因为生物流化床是一类既有固定生长法特征，又有悬浮生长法特征的反应器，故其具有以下优点：生物流化床内的载体粒径小，且流体呈流化状态，因此较一般的生物膜法，生物流化床具有极大的比表面积，使反应器内能够维持较高的微生物浓度，极大地提高了反应器的容积负荷，是普通活性污泥法的 13 倍；流态化的操作方式明显地提高了床层内的传质效率；良好的传质效果和较高的微生物浓度能有效地减小反应器容积，节约投资，且占地面积小；生物流化床具有较强的抵抗冲击负荷的能力，不存在传统活性污泥法存在的污泥膨胀问题。

生物流化床的缺点是设备的磨损较固定床严重，载体颗粒在湍动过程中会被磨损变小。此外还存在堵塞、生物颗粒流失等方面的问题。近年来，国内对三相好氧生物流化床的研究发展较快，但成功应用于垃圾渗滤液处理的案例相对较少，针对生物流化床好氧处理技术的研究还应进一步加强。

4.4.2 好氧生物流化床的类型

4.4.2.1 两相好氧生物流化床

两相流化床主要由床体、载体、布水装置、充氧装置和脱模装置等组成，床体多呈圆形，为钢板焊制，有时也可以由钢筋混凝土浇灌砌制。载体是生物流化床的核心，常采用石英砂、无烟煤、焦炭、颗粒活性炭、聚苯乙烯球等作为载体。布水装置位于床底，既起到布水作用，也起到承托载体颗粒的作用。流化床脱模装置起到载体脱模的作用，脱模后的载体再返回到流化床内，常见的脱模装置有叶轮搅拌脱模器和刷形脱模机。

两相生物流化床以液体流动为动力使载体流化，污水在充氧装置内充氧后从流化床底部进入流化床，当进水达到临界流化速度时，载体开始流化，颗粒在流化床内部无规则自由运动，经过载体上的生物膜处理后的废水从床顶部流出，一部分回流，其余部分进入二沉池进行泥水分离，其工艺流程图如图 4.15 所示。

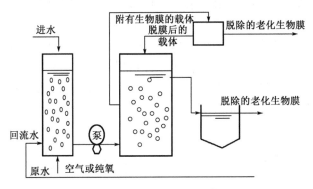

图 4.15　两相生物流化床

4.4.2.2 三相好氧生物流化床

两相流化床集充氧装置、脱模、载体回流于一体，结构简单，操作方便，占地面积小。三相流化床是以气体为动力使载体流化，在流化床内部液相、固相和气相三相相互接触，与两相流化床相比，由于空气直接通入流化床，故不需要前置的充氧设备，又由于流化床内部的扰动较两相更为剧烈，载体表面老化的生物膜在流化床内部即已经脱落，故不需要单独设置脱模装置。

根据形式的不同，三相生物流化床可以分为以下几种形式。

（1）外循环好氧生物流化床

外循环好氧生物流化床的底部为液体分布器和气体分布器，气液固三相在流化床内部流动，流化床顶部设有分离器，气体从塔顶排出，液体和固体经分离器分离后，液体回到储水池，固体进入颗粒储料管后经外循环从塔底再进入流化床，其工艺流程图如图 4.16 所示。

（2）内循环好氧生物流化床

内循环生物好氧流化床由下部的反应区和上

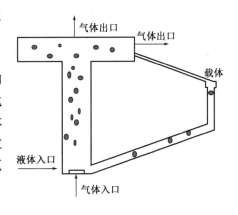

图 4.16　外循环好氧生物流化床

部的三相分离区组成，反应器底部设有空气分布器，压缩空气从底部的分布器进入内部升流筒，由于气体的推动和裹挟作用，水与载体向上流动，到达上部的分离区后大气泡逸出，含有小气泡的水与载体混合液则流入外筒降流筒，实现了载体在反应器内部的循环。载体不断处于循环状态，大大加强了污水和载体之间的相对运动，从而强化了传质，同时相对运动产生的剪切力也能有效控制生物膜的厚度，能使其保持较高的生物活性。

目前也有研究人员在单导流筒的基础上进行改进，把内导流筒更改成三段或四段，实现了反应体系在流化床内部的多重循环，极大地改善了反应器的流体力学与传质性能，提高了氧气的利用率，能满足高负荷废水处理的需要，同时也节约了能耗，其工艺流程图如图4.17所示。

（3）复合型好氧生物流化床

为了进一步提高对污水的处理效率，实现节能降耗，复合型生物流化床得到越来越多的关注。北京化工研究院开发出一种新型复合流化床，在一个床内实现了流化床和固定床的串联操作，如图4.19所示，反应器上部是固定浸没式接触氧化床，下部是内循环式流化床，污水和空气从反应器下部进入，将其用于处理淀粉废水，最大 COD_{Cr} 负荷为 $4.2kg/(m^3 \cdot d)$，最小气水比37:1。荷兰的Frijter等人开发了一种新型的CIRCOX气式流化床，该反应器在常规气升式流化床的基础上增加了一个缺氧区，实现了硝化和反硝化一体化，降低了能耗，其容积负荷可以达到 $4 \sim 10kg/(m^3 \cdot d)$，氨氮去除率大于90%，此两种反应器示意图如图4.18、图4.19所示。

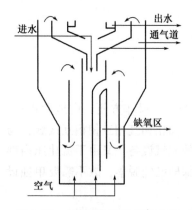
图4.17 内循环好氧生物流化床

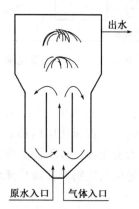
图4.18 复合生物流化床

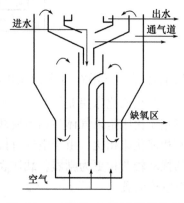
图4.19 CIRCOX三相生物流化床

4.4.3 好氧生物流化床设计计算

生物流化床的设计主要包括载体的选择和反应器设计，其计算公式比较复杂，具体的计算公式如下。

（1）载体种类

对于石英砂和活性炭载体，平均粒径 d_s 以 $0.3 \sim 1.0$ 为宜，最大最小粒径比不大于2，对于其他载体则应根据试验确定。

（2）生物膜厚度

取生物膜厚度 $\delta = 0.10 \sim 0.20mm$，生物颗粒粒径和密度计算，如式（4-18）、式（4-19）所示。

$$d_p = d_s + 2\delta \tag{4-18}$$

$$\rho_p = \frac{\rho_s d_s^3 + (d_p^3 - d_s^3)\rho_f}{d_p^3} \tag{4-19}$$

式中 ρ_s、ρ_f、ρ_p——分别为载体、湿生物膜、生物颗粒的密度，ρ_f 取 $1.02 \sim 1.04 g/m^3$；

d_p——生物颗粒的平均直径，mm。

（3）生物颗粒的沉降特性

生物颗粒的沉降速度为 μ_t（cm/s），如式（4-20）、式（4-21）所示。

$$\mu_t = \sqrt{\frac{40(\rho_p - \rho_t)g d_p}{3\rho_t C}} \tag{4-20}$$

$$C = \frac{24}{Re_t} + \frac{3}{\sqrt{Re_t}} + 0.34 \tag{4-21}$$

式中 ρ_t——污水的密度，g/m^3。

（4）床层的膨胀

Richardson-Zaki 常数 n，如式（4-22）所示。

$$n = 4.4 Re_t^{-0.1} \tag{4-22}$$

床层的临界流化速度 μ_{mf}，如式（4-23）所示。

$$\mu_{mf} = \mu_l \varepsilon_{mf}^n \tag{4-23}$$

式中 ε_{mf}^n——临界孔隙率，球形载体可取 0.4。

$\mu_l = 1.5 \sim 2.5\mu_{mf}$，则床层孔隙率 ε，如式（4-24）所示。

$$\varepsilon = \left(\frac{\mu_l}{\mu_t}\right)^{1/n} \tag{4-24}$$

（5）反应器的有效容积

载体的真体积 V_s，如式（4-25）所示。

$$V_s = \frac{M_s}{\rho_s} \times 10^{-3} \tag{4-25}$$

床层的有效容积 V，如式（4-26）所示。

$$V = \frac{(d_p/d_s)^3}{1 - \epsilon} \tag{4-26}$$

（6）核算污泥负荷

污泥负荷 L_s，如式（4-27）所示。

$$L_s = \frac{24Q(S_o - S_e)}{1000VX \times 0.75} \tag{4-27}$$

（7）反应器尺寸

反应器尺寸 A，如式（4-28）所示。

$$A = \frac{Q(1 + R)}{864\,\mu_1} \tag{4-28}$$

式中，$R = Q_r/Q$，Q_r 为回水量，$\mathrm{m^3/d}$。

床层高度 H，如式（4-29）所示。

$$H = \frac{V}{A} \tag{4-29}$$

第5章

渗滤液脱氮处理技术

渗滤液的水质特征之一是氨氮浓度高，根据焚烧厂运行方式和垃圾成分的不同，渗滤液氨氮浓度在1500～2500mg/L之间。根据实际观察，随着垃圾发酵时间的延长和厌氧反应的充分，渗滤液的氨氮浓度有升高的趋势。与城市污水相比，垃圾渗滤液的氨氮浓度高出数十至数百倍。对于高浓度氨氮废水，目前国内外普遍采用物化法、化学法和生物法，以上方法各有特点，但都存在一定的局限性。

5.1 渗滤液生物脱氮技术

渗滤液氨氮浓度含量高，采用生物脱氮方式，投资及运行成本低、操作简单、无二次污染，能较为彻底地脱除废水中的氨氮，同时对总氮的去除也有较好的效果，因此成为渗滤液脱氮的最主要处理方式，得到最广泛地应用。但是传统生物脱氮工艺也有如下缺点：工艺流程较长，占地面积大，基建投资高；由于硝化菌增殖速度慢，需要较大的曝气池，投资及运行费用较高；系统为维持较高的生物浓度及获得良好的脱氮效果，必须同时进行污泥和硝化液回流，增加了动力消耗和运行费用；高浓度氨氮对硝化细菌有抑制作用，为降低抑制作用，需大量回流硝化液进行稀释。

5.1.1 生物脱氮原理

渗滤液中的氮主要以氨氮和有机氮的形式存在，其中有机氮主要包含尿素和氨基酸，另有少量的氮以亚硝酸盐和硝酸盐的形式存在，渗滤液中的氮主要以氨氮为主。生物脱氮是指在微生物的联合作用下，污水中的有机氮及氨氮经过氨化作用、硝化反应、反硝化反应，最后转化为氮气的过程。

（1）氨化反应

氨化反应是指含氮有机物在氨化功能菌的代谢下，经分解转化为 NH_4^+ 的过程。含氮有机物在有分子氧和无氧的条件下都能被相应的微生物所分解，释放出氨。

在自然界中，它们的种类很多，主要有好氧性的荧光假单胞菌和灵杆菌、兼性的变形杆菌和厌氧的腐败梭菌等。在好氧条件下，主要有两种降解方式，一是氧化酶催化下的氧化脱氨。例如氨基酸生成酮酸和氨，其反应式如（5-1）所示。

$$CH_3CH(NH_3)COOH \longrightarrow CH_3C(NH_2)COOH + NH_3\uparrow \qquad (5-1)$$

二是某些好氧菌，在水解酶的催化作用下能水解脱氨反应。例如尿素能被许多细菌水解产生氨，分解尿素的细菌有尿八联球菌和尿素芽孢杆菌等，它们是好氧菌，其反应式如

式 (5-2)所示。

$$(NH_2)_2CO + 2H_2O \longrightarrow 2NH_3\uparrow + CO_2\uparrow + H_2O \tag{5-2}$$

在厌氧或缺氧的条件下，厌氧微生物和兼性厌氧微生物对有机氮化合物进行还原脱氨、水解脱氨和脱水脱氨三种途径的氨化反应。

$$RCH(NH_2)COOH \xrightarrow{+2H} RCH_2COOH + NH_3\uparrow \tag{5-3}$$

$$CH_3CH(NH_2)COOH \xrightarrow{+H_2O} CH_3CH(OH)COOH + NH_3\uparrow \tag{5-4}$$

$$CH_2(OH)CH(NH_2) \xrightarrow{-H_2O} CH_3COCOOH + NH_3\uparrow \tag{5-5}$$

（2）硝化反应

硝化反应由好氧自养型微生物完成，在有氧状态下，将 NH_4^+ 氧化成 NO_2^-，然后再氧化成 NO_3^- 的过程。硝化过程可以分成两个阶段。第一阶段是由亚硝化菌将氨氮转化为亚硝酸盐（NO_2^-），第二阶段由硝化菌将亚硝酸盐转化为硝酸盐（NO_3^-）。

亚硝化反应：
$$NH_3 + \frac{3}{2}O_2 \longrightarrow NO_2^- + H^+ + H_2O + 273.2kJ \tag{5-6}$$

硝化反应：
$$NO_2^- + \frac{1}{2}O_2 \rightarrow NO_3^- + 73.19kJ \tag{5-7}$$

总反应式：
$$NH_3 + 2O_2 \longrightarrow NO_3^- + H^+ + H_2O + 346.69kJ \tag{5-8}$$

（3）反硝化反应

反硝化反应是在厌氧或缺氧状态下（$DO < 0.3 \sim 0.5mg/L$），反硝化菌将亚硝酸盐氮、硝酸盐氮还原成气态氮（N_2）的过程。反硝化菌为异养型微生物，多属于兼性细菌，在缺氧状态时，利用硝酸盐中的氧作为电子受体，以有机物（渗滤液中的 BOD 成分）作为电子供体，提供能量并被氧化稳定。其反应历程为：

$$NO_3^- \rightarrow NO_2^- \rightarrow NO \longrightarrow N_2O \rightarrow N_2 \tag{5-9}$$

$$NO_3^- + 5[H](有机电子供体) \longrightarrow \frac{1}{2}N_2 + 2H_2O + OH^- \tag{5-10}$$

$$NO_2^- + 3[H](有机电子供体) \longrightarrow \frac{1}{2}N_2 + H_2O + OH^- \tag{5-11}$$

[H] 作为电子供体，能还原 NO_x-N 为氮气，其物质形态包括有机物、硫化物、H^+ 等。进行这类反应的细菌主要有变形杆菌属、微球菌属、假单胞菌属、芽孢杆菌属、产碱杆菌属、黄杆菌属等兼性细菌，它们在自然界中广泛存在。有分子氧存在时，利用 O_2 作为最终电子受体，氧化有机物，进行呼吸；无分子氧存在时，利用 NO_x-N 进行呼吸。研究表明，这种利用分子氧和 NO_x-N 之间的转换很容易进行，即使频繁交换也不会抑制反硝化的进行。

大多数反硝化菌能进行反硝化的同时将 NO_x-N 同化为 NH_3-N 而供给细胞合成之用，即所谓的同化反硝化。只有当 NO_x-N 作为反硝化菌唯一可利用的氨源时 NO_x-N 同化代谢才可能发生。如果渗滤液中同时存在 NH_3-N，反硝化菌有限地利用 NH_3-N 进行合成。

5.1.2　生物脱氮影响因素

（1）温度

硝化反应适宜的温度范围为 $5 \sim 35℃$，在 $5 \sim 35℃$ 范围内，反应速率随温度升高而加快，当温度小于 $5℃$ 时，硝化菌完全停止活动；在同时去除 COD 和硝化反应体系中，温度小于

15℃时，硝化反应速率会迅率降低，对硝酸菌的抑制会更加强烈。

反硝化反应适宜的温度是 15 ~ 30℃，当温度低于 10℃时，反硝化作用停止，当温度高于 30℃时，反硝化速率也开始下降。有研究表明，温度对反硝化速率的影响取与反应设备的类型、负荷率的高低都有直接的关系，不同碳源条件下，不同温度对反硝化速率的影响也不同。

由于渗滤液的 COD 浓度较高，处理过程中会释放大量的生物热，使反应池温度高于硝化和反硝化最适宜温度，需要设置降温措施。

（2）酸碱度

大量研究表明，氨氧化菌和亚硝酸盐氧化菌的适宜的 pH 值分别为 7.0 ~ 8.5 和 6.0 ~ 7.5，当 pH 值低于 6.0 或高于 9.6 时，硝化反应停止。硝化细菌经过一段时间驯化后，可在低 pH 值（5.5）的条件下进行，但 pH 值突然降低，则会使硝化反应速率骤降，待 pH 值升高恢复后，硝化反应也会随之恢复。

反硝化细菌最适宜的 pH 值为 7.0 ~ 8.5，在这个 pH 值下反硝化速率较高，当 pH 值低于 6.0 或高于 8.5 时，反硝化速率将明显降低。pH 值还影响反硝化最终产物，pH 值超过 7.3 时终产物为 N_2，低于 7.3 时终产物是 N_2O。

硝化过程消耗废水中的碱度会使废水的 pH 值下降（每氧化 1g 将消耗 7.14g 碱度，以 $CaCO_3$ 计）。反硝化过程则会产生一定量的碱度使 pH 值上升（每去除 1g 总氮将产生 3.57g 碱度，以 $CaCO_3$ 计），同时由于渗滤液在厌氧处理工艺中会产生 8000 ~ 10000mg/L 的碱度，足以弥补好氧硝化反应消耗的碱度。

（3）溶解氧（DO）

在好氧条件下硝化反应才能进行，溶解氧浓度不但影响硝化反应速率，而且影响其代谢产物。为满足正常的硝化反应，在活性污泥中，溶解氧的浓度至少要有 2mg/L，一般应在 2 ~ 3mg/L，生物膜法则应大于 3mg/L。当溶解氧的浓度低于 0.5 ~ 0.7mg/L 时，硝化反应过程将受到限制。

传统的反硝化过程需在较为严格的缺氧条件下进行，因为氧会同硝酸盐竞争电子供体，且会抑制微生物对硝酸盐还原酶的合成及其活性。但是，在一般情况下，活性污泥生物絮凝体内存在缺氧区，曝气池内即使存在一定的溶解氧，反硝化作用也能进行。研究表明，要获得较好的反硝化效果，对于活性污泥系统，反硝化过程中混合液的溶解氧浓度应控制在 0.5mg/L 以下；对于生物膜系统，溶解氧需保持在 1.5mg/L 以下。

（4）碳氮比（C/N）

在脱氮过程中，C/N 将影响活性污泥中硝化菌所占的比例。因为硝化菌为自养型微生物，代谢过程不需要有机质，所以污水中的 BOD_5/TKN 越小，即 BOD_5 的浓度越低，亚硝化菌所占的比例越大，反硝化反应越容易进行。反硝化反应的一般要求是 BOD_5/TKN > 5，COD_{Cr}/TKN > 8，表 5.1 所示是 Grady 推荐的不同的 C/N 对脱氮的效果的影响。

表5.1 不同的 C/N 的脱氮效果

脱氮效果	COD_{Cr}/TKN	BOD_5/氨氮	BOD_5/TKN
差	<5	<4	<2.5
一般	5 ~ 7	4 ~ 6	2.5 ~ 3.5
好	7 ~ 9	6 ~ 8	3.5 ~ 5
优	>9	>8	>5

反硝化过程需要有足够的有机碳源，但是碳源种类不同亦会影响反硝化速率。反硝化碳源可以分为三类：第一类是易于生物降解的溶解性的有机物；第二类是可慢速降解的有机物；第三类是细胞物质，细菌利用自身细胞成分进行内源反硝化。在三类物质中，第一类有机物作为碳源的反应速率最快，第三类最慢。有研究认为，废水中 $BOD_5/TKN \geq 4 \sim 6$ 时，可以认为碳源充足，不必外加碳源。渗滤液处理过程中如果碳源不足时，可以添加渗滤液原液作为补充碳源。

（5）污泥龄（SRT）

污泥龄（生物固体的停留时间）是废水硝化管理的控制目标。为了使硝化菌菌群能在连续流的系统中生存下来，系统的 SRT 必须大于自养型硝化菌的比生长速率，泥龄过短会导致硝化细菌的流失或硝化速率的降低。在实际的脱氮工程中，一般选用的污泥龄应大于实际的 SRT。有研究表明，对于活性污泥法脱氮，污泥龄一般不低于15d。污泥龄较长可以增加微生物的硝化能力，减轻有毒物质的抑制作用，但也会降低污泥活性。

（6）循环比（R）

内循环回流的作用是向反硝化反应器内提供硝态氮，使其作为反硝化作用的电子受体，从而达到脱氮的目的，循环比不但影响脱氮的效果，而且影响整个系统的动力消耗，是一项重要的参数。循环比的取值与要求达到的效果以及反应器类型有关。适宜的回流比应该通过试验或对数据分析确定。一般情况下，对低浓度的废水，回流比在200%～300%较为经济，但是根据进水水质情况，高浓度废水回流比可高达600%，甚至更高。渗滤液处理系统为了取得较好的脱氮效果，回流比为800%～1000%，但不建议采用更高的回流比，否则会带入大量的分子氧，从而抑制反硝化的进行。

（7）抑制性物质

某些有机物和一些重金属、氰化物、硫及衍生物、游离氨等有害物质在达到一定浓度时会抑制硝化反应的正常进行。有机物抑制硝化反应的主要原因：一是有机物浓度过高时，硝化过程中的异养微生物浓度会大大超过硝化菌的浓度，从而使硝化菌不能获得足够的氧而影响硝化速率；二是某些有机物对硝化菌具有直接的毒害或抑制作用。

（8）其他因素影响

生物脱氮系统涉及厌氧和缺氧过程，不需要供氧，但必须使污泥处于悬浮状态，搅拌是必需的，搅拌所需的功率对竖向搅拌器一般为 $12 \sim 16W/m^3$，对水平搅拌器一般为 $8W/m^3$。

5.1.3 渗滤液生物脱氮处理工艺

目前国内外垃圾渗滤液生物好氧处理工艺主要有以下几种方法：间歇式活性污泥法（SBR）、A/O 法等。

5.1.3.1 SBR 法

（1）原理

SBR 法是 Sequencing Batch Reactor 的英文缩写，为间歇式活性污泥法。在 SBR 法中，曝气池二沉池合二为一，在单一反应池内利用活性污泥完成城市污水的生物处理和固液分离。

SBR 法按时间顺序进行序批式的生物处理，同一构筑物在不同时间完成不同功能。SBR 法处理工艺在流态上属完全混合型，在有机物降解方面是时间上的推流，有机基质含量是随着时间的进展而降解的。间歇式活性污泥法主要的运行操作是进水、反应、沉淀、排放、待机、共五个工序所组成。这五个工序是在同一构筑物（SBR 池）内进行。

进水前，反应器处于五道工序中最后的闲置期，处理后的废水已经放空，反应器内还储存着高浓度的活性污泥混合液，此时反应器内的水位为最低。注入污水，注入完毕再进行反应，从这个意义上说，反应器又起到了调节池的作用，所以 SBR 法受负荷影响较小，对水质、水量变化的适应性较好；当污水达到预定高度时，便开始反应操作，可以根据不同的处理目的来选择相应的操作，例如控制曝气时间可以实现 BOD_5 的去除、消化、磷的吸收等不同要求，制曝气或搅拌器强度来使反应器内维持厌氧或缺氧状态，实现硝化、反硝化过程；在沉淀阶段，SBR 反应池相当于二沉池，停止曝气和搅拌，使混合液处于静止状态，活性污泥进行重力沉淀和上清液分离。SBR 反应器中的污泥沉淀是在完全静止的状态下完成的，受外界干扰小，此外静止沉淀还避免了连续出水容易带走密度轻、活性好的污泥的问题，沉淀时间依据污水类型以及处理要求具体设定，一般为 $1\sim2h$；排出沉淀后的上清液，恢复到周期开始时的最低水位，剩下的一部分处理水，可以起到循环水和稀释水的作用，沉淀的活性污泥大部分作为下个周期的回流污泥作用，剩余污泥则排放；在待机阶段，SBR 池内的微生物通过内源呼吸复活性，溶解氧浓度下降，起到一定的反硝化作用而进行脱氮，为下一运行周期创造良好的初始条件，由于经过闲置期后的微生物处于一种饥饿状态，活性污泥的表面积更大，因而在新的运行周期的进水阶段，活性污泥便可发挥其较强的吸附能力对有机物进行初始吸附去除，另外待机工序可使池内溶解氧进一步降低，为反硝化工序提供良好的工况。

（2）特征

SBR 工艺的最根本特点是单个反应器的排水形式均采用静止沉淀、集中排水的方式运行，由于集中滗水的时间较短，因此每次滗水的流量较大，这就需要在短时间大量排水的状态下，对反应器内的污泥不造成扰动，因此需要安装滗水器。滗水器是随着 SBR 发展起来的，可以分为五种类型，分别是电动机械摇臂式滗水器、套筒式滗水器、虹吸式滗水器、旋转式滗水器、浮筒式滗水器，其中第一、第四和第五种属于动力式滗水器，其他两种为无动力式滗水器。滗水器的组成一般分为收水装置、连接装置及传动装置，收水装置设有挡板、进水口及浮子等，主要作用是将处理好的上清液收集到滗水器中，再通过导管排放；连接装置是滗水器的关键部位，滗水器在排水中需要不断地转动，其连接装置既要保证运转自由，同时又要保证密封性；传动装置是保证滗水器正常运行的关键，两种典型的滗水器示意图如图 5.1 所示。

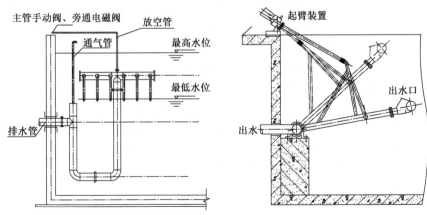

图 5.1　常见的滗水器示意图

SBR 法处理工艺中，生物反应过程是在非稳定条件下进行的，SBR 池内生物相复杂，微生物种类多。特别是在反应初期，反应池内溶解氧浓度低，一些兼氧性细菌通过厌氧和不完全氧化过程，把部分难降解物质转化为可降解物质，有机质经历缺氧、好氧阶段，微生物通过多渠道进行代谢，使有机物降解更完全。SBR 法处理工艺可根据具体的净化处理要求，通过不同的控制手段而比较灵活地运行。由于其在运行时间上的灵活控制，为其实现脱氮除磷提供了极为有利的条件。SBR 工艺不仅可以很容易地实现好氧、缺氧及厌氧状态交替的环境条件，而且很容易在好氧条件下增大曝气量、反应时间和污泥龄来强化硝化反应及除磷菌过量摄磷过程的顺利完成；也可以在缺氧条件下方便地投加原污水（或甲醇等）或提高污泥浓度等方式以提供有机碳源作为电子供体使反硝化过程更快地完成。另外，SBR 法处理工艺中溶解氧变化在 0 ~ 2mg/L 之间，可减少能耗。

SBR 法特点是：不设初沉池、二沉池、回流污泥泵房、消化池和沼气贮存利用设施，整个工序不及常规活性污泥法的一半；运行稳定，管理方便，流程简单，小型污水处理厂甚至可以实现无人管理；SBR 法比常规活性污泥法少占地 30% ~ 50%，是目前各种污水二级处理工艺中最少占地之一；去除有机物效率高，具有一定脱氮除磷功能，但脱氮效率有限；污水进入反应池后立即与大量池液混合，具有很强的承受冲击负荷能力，对水量水质变化剧烈的中小型污水处理厂特别有利；基建投资省，处理成本低；对自控系统要求高，必须保证自控系统运行可靠；对操作人员技术水平要求高；设备利用率不高：这是间歇周期运行的必然结果，因而，设备费用和装机容量都要增大。

传统的 SBR 工艺在工程应用中存在一定的局限性，主要体现在以下几个方面：反应器容积利用率低，由于 SBR 反应器水位不恒定，反应器有效容积需要按照最高水位来设计，大多数时间，反应器内水位均达不到此值，所以反应器容积利用率低；水头损失大，由于SBR 池内水位不恒定，如果通过重力流入后续构筑物，则造成后续构筑物与 SBR 池的位差较大，特殊情况下还需要用泵进行二次提升；峰值需氧量高，SBR 工艺处于时间上的推流，因此也具有推流工艺这一缺点，开始时污染物浓度较高，需氧量也较高，但随后污染物浓度随时间下降，需氧量也随之下降，因此整个系统氧的利用率低；设备利用率低，当几个 SBR 反应器并联运行时，每个反应器在不同的时间内分别充当进水调节池、曝气池或是沉淀池，但每个反应器内均需设有一套曝气系统、滗水系统等相应设备，而各池是交替运行的，因此设备的利用率低；不适合用于大型污水处理厂。

对出水水质有特殊要求的，则需要对 SBR 工艺进行适当的改进，在工程实践中，传统SBR 工艺逐渐发展成各种新的形式，此外，还有多级串联 SBR 系统、膜法 SBR 工艺、PAC－SBR 工艺等，以上各种工艺已经在工业上得到应用。

垃圾焚烧厂渗滤液执行较为严格的排放标准，好氧工艺后续会增加纳滤和反渗透工艺，因此需在好氧工艺后增加超滤工艺，作为深度处理系统的预处理手段。而 SBR 工艺设置了沉淀功能，但其沉淀功能又不满足深度处理的进水要求，因此还需设置超滤膜，继而造成SBR 工艺沉淀功能的重复设置；另外，由于渗滤液在好氧过程会产生大量难以消除的泡沫，SBR 工艺滗水器排水方式从水体表面滗水排出，会携带大量泡沫，进而影响出水水质和后续深度处理工艺的正常运行。基于以上两点，SBR 工艺在近几年的渗滤液处理工艺中鲜有采用。

（3）设计技术

SBR 动力学设计方法涉及进水时间、反应时间等运行方面的参数，但计算复杂，应用不便，为此，可按反应期污泥负荷进行简化设计，如式（5-12）所示。

$$N_v = \frac{nQ(C_o - C_e)t_C}{Vt_A} \tag{5-12}$$

式中　N_v——容积负荷；

　　　Q——每天的流量，m^3/h；

　　　n——反应器个数；

　　　C_o——进水有机物浓度，mg/L；

　　　C_e——出水有机物浓度，mg/L；

　　　V——反应器总体积；

　　　t_C——1个处理周期时间；

　　　t_A——反应时间。

对非限制曝气，如式（5-13）所示。

$$N_v = \frac{nQ(C_o - C_e)t_f}{XV(t_r + t_f)} \tag{5-13}$$

对半限制曝气，如式（5-14）所示。

$$N_v = \frac{nQ(C_o - C_e)t_f}{XV(t_r + t_f - t)} \tag{5-14}$$

式中　t——从进水开始到开始曝气的延迟时间，t一般不超过3h。

对于连续来水的SBR系统，如式（5-15）、式（5-16）所示。

$$\gamma V = nQt_f/24 \tag{5-15}$$
$$t_r + t_s + t_d + t_i = (n-1)t_f \tag{5-16}$$

式中　γ——充水比；

　　　t_s——沉淀时间，h；

　　　t_d——沉淀时间，h；

　　　t_i——闲置时间，h。

（4）应用案例

宿迁某生活垃圾发电厂渗滤液处理规模为250m³/d，采用"调节池+加温池+UASB厌氧反应器+MBR系统（SBR系统+内置式帘式膜）+深度处理系统（纳滤系统+反渗透系统）"组合工艺，进水水质及去除率如表5.2所示。出水达到《城市污水再生利用　工业水水质》（GB/T 19923—2005）中表1敞开式循环冷却水水质标准。

①SBR进出水水质

表 5.2　渗滤液 SBR 进出水水质及去除率

项目	COD_{Cr}/（mg/L）	氨氮/（mg/L）	TN/（mg/L）	SS/（mg/L）	pH 值
进水水质	10000	2000	2100	4000	7.2
出生水质	500	20	200	40	8.0
去除率	95%	99%	90.5%	90%	—

②SBR工艺流程　宿迁项目SBR工艺流程，如图5.2所示。

③设计说明　SBR池的池容计算在实际应用中可以进行简化计算，根据实际经验，垃圾

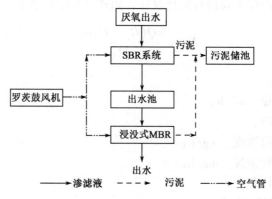

图 5.2　渗滤液 SBR 处理工艺流程图

焚烧厂渗滤液处理站的 SBR 反应器的容积负荷可取 1kg COD/（m³·d），污泥停留时间为 20d 以上，以确保 SBR 系统的处理效果。SBR 反应器的容积和曝气量可以参照相关式（5-12）、式（5-14）进行计算，以确定反应器的容积和曝气量。根据项目实际的用地情况设计 SBR 反应器的尺寸，控制好 SBR 反应器的污泥负荷处于合理区间，依实际经验设计 SBR 反应器污泥龄为 20d 左右，以确保 SBR 反应器的处理效果。

④设计参数

$Q = 250\text{m}^3/\text{d}$；

污泥负荷：$N_v = 1\text{kg COD}/（\text{m}^3·\text{d}）$；

污泥产率：$X = 0.3\text{kg 干泥}/\text{kg COD}$；

污泥总量：$X = 80\text{m}^3/\text{d}$（按 98.5% 的含水量考虑）；

设计污泥龄 20d 以上；

单格平面尺寸：15m×9m×7m（有效液位 6m）；

设计有效容积：$V = 810\text{m}^3$；

结构形式：半地下钢混凝土；

数量：2 座。

⑤应用特点　SBR 系统设置了两个系列，流程简单，不设初沉池、二沉池、污泥回流系统；采用鼓风射流曝气器，系统运行稳定，污泥沉降性好，没有发生污泥膨胀；依靠进水及污泥自身碳源进行反硝化，生物脱氮效率高；SBR 出水再经过浸没式超滤处理，出水 SS 低，可满足后续的深度处理的进水要求。

5.1.3.2　A/O 法

（1）流程

缺氧—好氧生物处理系统简称为 A/O 工艺，该工艺是随着废水脱氮要求的提高而出现的。A/O 法处理系统的工艺流程与常规活性污泥法基本相同，不同之处就是在曝气池前设置厌氧区和缺氧区，是为满足脱氮功能衍变而来。A/O 工艺所完成的生物脱氮在机制上要由硝化和反硝化两个生化过程构成，污水先在好氧反应器中进行硝化，使含氮有机物被细菌分解成氨，然后在亚硝化菌的作用下氨进一步转化为亚硝酸盐氮，再经硝化菌作用而转化为硝酸盐氮。硝酸盐氮进入缺氧或厌氧反应器后，经过反硝化作用，利用或部分利用污水中原有的有机物碳源为电子供体，以硝酸盐代替分子氧作电子受体，进行"无氧"呼吸，分解有机质，同时将硝酸盐氮还原成气态氮。A/O 工艺不但能取得比较满意的脱氮效果，而且通过上述的缺氧—好氧循环操作，同样可取得高的 COD_{Cr} 和 BOD_5 去除率。本工艺成熟可靠，可以满足一般工程的脱氮除磷要求，但需要有庞大的回流系统（包括污泥回流、混合液回流），A/O 工艺常见流程如图 5.3 所示。

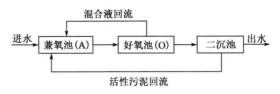

图 5.3　A/O 工艺流程简图

（2）特征

A/O 主要工艺特征是：将脱氮池设置在去碳硝化过程的前部，使脱氮过程一方面能直接利用进水中的有机碳源而可省去外碳源；另一方面则通过硝化池混合液的回流而使其中的 NO_3^- 在脱氮池中进行反硝化。将反硝化过程前置的另一个优点是可以借助于反硝化过程中产生的碱度来实现对硝化过程中对碱度消耗的内部补充作用。反硝化反应后的出水则可在好氧池中进行 COD 的进一步降解和硝化作用。A/O 工艺是一个单级污泥系统，系统中同时存在着降解有机物的异养型菌群、反硝化菌群及自养型硝化菌群。混合的微生物群体交替地处于好氧和缺氧的环境中，在不同的有机物浓度条件下，分别发挥其不同的作用，有利于改善污泥的沉降性能及控制污泥的膨胀。其硝化和反硝化反应可以用式（5-17）～式（5-19）所示。

$$2NH_4^+ + 3O_2 \longrightarrow 2NO_2^- + 2H_2O + 4H^+ （亚硝化细菌作用） \qquad (5-17)$$

$$2NO_2^- + O_2 \longrightarrow 2NO_3^- （硝化细菌作用） \qquad (5-18)$$

$$NO_3^- + 5H（碳源有机物提供） \longrightarrow 1/2N_2 + 2H_2O + OH^- （反硝化细菌作用） \quad (5-19)$$

A/O 法处理污水的特点：

①运行费用较传统活性污泥法高，生物反应器的容积比普通法大，但由于废水中部分有机物在缺氧池进行的脱氮反应中被去除，因此比强化硝化活性污泥法去除 COD 所需的氧量少，具有脱氮功能，COD 和 SS 去除率高，出水水质较好。

②运行较为稳定可靠，运行费用低；有较成熟的设计、施工及运行管理经验，产泥量较传统活性污泥法少。

③污泥脱水性能较好。

④对水质和水温变化有一定适应能力。

⑤以原废水中的含碳有机物和内源代谢产物为碳源，以获得较高 C/N 比，确保反硝化作用的充分进行。缺氧池在好氧池之前，由于反硝化消耗了原污水中的一部分有机物，这样既能减轻好氧池的容积负荷，又可改善活性污泥沉降性能以利于控制污泥膨胀，而且反硝化过程产生的碱度可补偿硝化过程对碱度的消耗。

根据原污水的水质、处理要求和混合液及污泥回流方式的不同，A/O 脱氮工艺可有不同的布置形式。如 A/O/O、A – A/O、多级 A/O 等。

近年来，A/O 脱氮工艺在国内外渗滤液处理中运用较多，为了进一步提高脱氮效率，目前在工程上也有人采用 A/O/O 工艺和 A/O/A/O 工艺。

（3）A/O 工艺计算

A/O 工艺中反硝化内回流比和缺氧池容的计算如下所示。

A/O 工艺通常是前置缺氧，然后好氧，反硝化所需的硝酸盐由二沉池的污泥回流和好氧区混合液内回流提供，反硝化率用回流比控制。

脱氮效率计算如式（5-20）所示。

$$\eta_N = \frac{R+r}{R+r+1} \tag{5-20}$$

式中　R——回流比；

　　　r——内回流比。

反硝化率 f_{de} 如式（5-21）所示。

$$f_{de} = 1.2\frac{N_{ot}}{N_{ht}} \tag{5-21}$$

式中　N_{ot}——需反硝化的硝态氮量，kg/d；

　　　N_{ht}——硝化产生的硝态氮量，kg/d；

　　　1.2——安全系数。

反硝化的硝态氮量 N_{ot} 如式（5-22）所示。

$$N_{ot} = 24QN_o/1000 \tag{5-22}$$

式中　N_{ot}——需反硝化的硝态氮浓度，mg/L

硝化产生的硝态氮量 N_{ht} 如式（5-23）所示。

$$N_{ht} = 24Q[N - 0.05(S_o - S_e) - 2] \times 10^{-3} \tag{5-23}$$

式中　Q——设计污水量，m³/h；

　　　S_o——进水 BOD₅ 浓度，mg/L；

　　　S_e——出水 BOD₅ 浓度，mg/L。

通过以上公式的计算，即可求出内回流比 r。

大量的工程实践表明，厌氧池的实际水力停留时间（包括回流污泥在内）在 0.75h 左右会比较合适。适当提高厌氧池停留时间，有利于生物除磷，但是停留时间过长，会对生化过程的进行造成不利影响，一般名义水力停留时间不宜超过 2.0h。其池容计算，如式（5-24）所示。

$$V_A = (0.75 \sim 1.0)Q(1+R) \tag{5-24}$$

式中　V_A——厌氧池容积，m³。

（4）应用案例

苏州某生活垃圾发电厂渗滤液处理规模为 750m³/d，采用"调节池＋加温池＋IOC 厌氧反应器＋MBR 系统（A/O 系统＋外置管式超滤）＋深度处理系统（纳滤系统＋反渗透系统）"组合工艺，其进水水质如表 5.3 所示。出水达到《城市污水再生利用　工业水水质》（GB/T 19923—2005）中表 1 敞开式循环冷却水水质标准。

①A/O 进出水水质

表5.3　渗滤液 A/O 进出水水质及去除率

项目	COD$_{Cr}$/（mg/L）	氨氮/（mg/L）	TN/（mg/L）	SS/（mg/L）	pH 值
进水水质	8000	2000	2100	4000	7.2
出生水质	500	10	300	10	8.0
去除率	93.75%	99.5%	95.7%	99%	—

②A/O 工艺流程　苏州项目的工艺流程如图 5.4 所示。

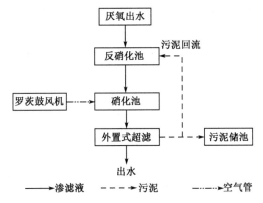

图 5.4　渗滤液 A/O 处理工艺流程图

③设计参数

a. 容积负荷≤0.08kgCOD/（kgMLSS·d）。

b. 污泥回流比（R）为900%。

c. MLSS > 12000mg/L。

d. 渗滤液处理规模为750m³/d。

④计算

a. 有效容积 V_T

$$V_T = \frac{QS_o}{N_s MLSS} = \frac{750 \times 8}{0.08 \times 12} = 6250m^3$$

式中　V_T——生化池的总有效容积，m³；

　　　Q——日污水进水流量，m³/d；

　　　S_o——进水基质 COD 浓度，mg/L；

　　　N_s——污泥负荷率，kgCOD/（kg MLSS·d），此处取 0.08kg COD/（kg MLSS·d）；

　MLSS——混合液悬浮浓度，mg/L，取 12000mg/L。

b. 缺氧区有效容积 V_{DN}

$$V_{DN} = \frac{QN_T}{q_{DN·T} MLVSS}$$

式中　V_{DN}——缺氧池有效容积，m³；

　　　Q——日污水进水流量，m³/d；

　$q_{DN·T}$——T℃时反硝化速率常数，kg NO_3 – N/（kg MLVSS·d）；

　MLVSS——混合液挥发性悬浮浓度，mg/L；

　　　N_T——需还原的硝态氮浓度，mg/L；

　　　N_o——进水氨氮浓度，mg/L；

　　　N_e——出水氨氮浓度，mg/L；

　　　N_W——同化作用去除的硝态氮浓度，mg/L。通常占进水 BOD_5 的4%，

$$N_T = N_o - N_e - N_W$$

$$N_W = 4000 \times 0.04 = 160(mg/L)$$

则，$N_T = 2100 - 300 - 160 = 1640$（mg/L）

$q_{DN \cdot 20} = 35℃$时反硝化速率常数取 $0.10 kgNO_3 - N /$（kgMLVSS·d）。

c. 缺氧池有效容积

$$V_{DT} = 750 \times 1640/0.10 \times 12000 \times 0.7 = 1464(m^3)$$

d. 好氧区总容积

$$V_o = V_T - V_{DN} = 6250 - 1464 = 4606(m^3)$$

总水力停留时间 $= 6250/750 \times 24 = 200$（h）

e. 碱度核算

每氧化 1mg 氨氮需要消耗 7.14mg 碱度；去除 1mg COD 产生 0.1mg 碱度；每还原 1mg $NO_3 - N$ 产生 3.57mg 碱度。

则需要的总碱度为 $3.57 \times 1640 + 0.1 \times$（$8000 - 500$）$- 7.14 \times$（$2000 - 10$）$= 7604$（mg/L）。

则当进水碱度小于 7604mg/L 时，需要补充碱度。

f. 污泥回流比

污泥回流比设为 $R = 9$。

回流比与脱氮效率 η_N 的关系为：

$$\eta_N = \frac{R}{R+1}$$

回流比取决于脱氮效率的设计值，设计 A/O 脱氮工艺的脱氮效率为 90%，则回流比 $R = 9$。

5.1.4　传统生物脱氮存在的问题

传统生物脱氮技术包括硝化与反硝化两个阶段，首先废水在有氧的条件下，通过好氧硝化菌作用将氨氮氧化为亚硝酸盐或硝酸盐，然后在缺氧条件下利用反硝化菌将亚硝酸盐或硝酸盐还原为氮气逸出，从而达到脱氮的目的。传统生物脱氮工艺采用好氧、缺氧结合处理工艺，最具代表性的是 A/O、SBR 工艺。传统硝化反硝化工艺在生物脱氮方面起到一定的作用，但仍然存在许多问题。

①硝化细菌增殖速度慢，难以维持较高生物浓度，因此造成水力停留时间长、容积负荷较低，增加投资和运行成本。

②传统的脱氮工艺中反硝化需要一定的有机碳源，而废水中 COD 在硝化过程中有很大一部分被去除，因此反硝化时往往要另外投加碳源，增加处理成本。

③氨氮完全硝化需要大量的氧，动力费用增加。

④为中和硝化过程产生的酸度，需要加碱中和，增加处理成本。

⑤系统为维持较高生物浓度及获得良好的脱氮效果，必须进行硝化液和污泥回流，增加动力消耗和运行费用。

⑥运行控制较为复杂等。

因此研究废水处理工艺中的脱氮新思路、新技术及合适的控制条件是有效去除废水中含氮污染物研究中的核心问题之一。

5.2　渗滤液生物脱氮新工艺

传统硝化和反硝化是指在好氧条件下，自养型硝化菌将氨氮氧化成亚硝酸盐氮，继而氧化成硝酸盐氮，然后在厌氧及兼性厌氧菌作用下将硝酸根还原成亚硝酸根，最后转变为氮气逸出。传统工艺存在两个缺点，其一，在反硝化阶段需要添加有机物作为碳源，此外，在环境中存在有机物时，自养型硝化细菌对氧和营养物质的竞争能力劣于异养型微生物，其生长速度很容易被异养型微生物超过，并因此难以在硝化中发挥应有的作用；其二，在硝化阶段产酸，反硝化阶段产碱，这两个过程都需要中和，增加了物耗。针对此种问题，有研究人员在此基础上进行了新工艺深度探究。

5.2.1　同步硝化反硝化

同步硝化反硝化现象主要是指在有氧条件下的硝化与反硝化作用同时发生的一种现象。不少研究者通过实验或者工程应用发现，尽管在好氧条件下，反硝化作用依然存在于各种不同的生物处理系统中，如氧化沟、SBR、生物转盘等常见的污水处理系统中。近些年，不少研究者对同步硝化反硝化现象进行了很多的研究，也取得了一定的进展，同时，该理论的提出，也为生物脱氮技术提供了新的思路。

5.2.1.1　同步硝化反硝化原理

传统的生物脱氮方法分为硝化和反硝化两个阶段，分别由硝化菌和反硝化菌起作用，两者对环境的要求不同，这两个过程一般不能同时发生，而只能序列式进行，即硝化反应在好氧条件下由自养菌完成，反硝化反应在厌/缺氧条件下由异养菌完成。一个过程分成两个系统存在条件控制复杂，两者难以在时间和空间上统一，设备庞大，投资高的问题。如果两个过程能够在同一个反应器中同时进行，则可节省更多的占地面积，还可避免 NO_2^- 氧化成 NO_3^- 及 NO_3^- 再还原成 NO_2^- 这两个多余的反应，从而可节省约 25% 的 O_2 和 40% 以上的有机碳，将大大简化生物法脱氮的工艺流程、提高生物脱氮的效率，并节省投资。近十余年来，在不少污水处理工艺的实际运行中发现了同步硝化反硝化（SND）的现象。由于反硝化作用发生在有氧的条件下，也有研究人员将这些现象中的反硝化称为好氧反硝化。

同时硝化反硝化的现象可以从物理学（微环境理论）、微生物学（异养硝化和好氧反硝化菌种理论）和生物化学（中间产物理论）三个方面予以阐述和解释。

（1）微环境理论

从物理学角度解释 SND（同步硝化反硝化）的微环境理论是目前已被普遍接受的观点。微环境理论研究活性污泥和生物膜在微环境中各种物质（如溶解氧、有机物等）传递的变化，各类微生物的代谢活动及其相互作用，从而导致微环境的物理、化学和生物条件或状态的改变。该理论认为：由于氧扩散的限制，在微生物絮体内产生 DO 梯度，使得微生物絮体的外表面 DO 较高，以好氧菌、硝化菌为主。微生物絮体的外表面 DO 较高，以好氧菌、硝化菌为主；深入絮体内部，氧传递受阻及外部氧的大量消耗，产生缺氧微区，反硝化菌占优势；正是由于微生物絮体内缺氧微环境的存在，导致了 SND 的发生。由于微生物种群结构、基质分布代谢活动和生物化学反应的不均匀性，以及物质传递的变化等因素的相互作用，在微生物絮体和生物膜内部会存在多种多样的微环境；一般而言，即使是在好氧环境占主导地位的微生物系统中，也会存在不同状态的微环境，系统中各种微环境的存在相应地导致了部分 SND 的发生。由于缺氧微环境的形成有赖于系统中 DO 的浓度以及微生物的絮体结构特征，因此，控制系统中的 DO 浓度及微生物的絮体结构对能否进行 SND 及其发生的程度至关重要。SND 的微生物絮体内反应区和基质浓度分布示意图如图 5.5 所示。

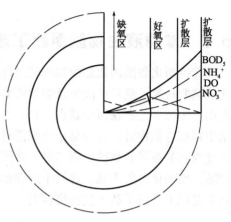

（2）异养硝化和好氧反硝化菌的作用理论

由于 80 年代好氧反硝化菌的重要发现，使得好氧反硝化的解释有了生物学的依据。已知的好氧反硝化菌有 *Pseudomonas Spp*，*Alcaligenes faecalis*，*Thiosphaera Pantotropho*，这些好氧反硝化菌同时也是异养硝化菌。正因为如此，能够直接把氨转化成最终气态产物。Robertson 等还提出了好氧反硝化和异养硝化的工作模型，即 *Thiosphaera Pantotropha* 和其它好氧反硝化菌使用硝酸盐/亚硝酸盐呼吸（好氧反硝化），氨氧化（这里指的是异养硝化，而不是传统意义上的自养硝化），以及在最后一步作为过量还原能量的累积过程形成聚 – β – 羟丁酸（PHB）。

图 5.5　微生物絮体内反应区和基质浓度分布示意图

（3）中间产物理论

好氧反硝化所呈现出的最大特征是好氧阶段总氮的损失。一方面这一现象可由存在的好氧反硝化菌的微生物学理论予以解释；另一方面从生物化学途径中产生的中间产物，也能解释一部分总氮损失的原因。硝化作用的生物化学机制如式（5-25）所示。

$$NH_3 - H_2N - NH_2 \rightarrow NH_2 - OH \rightarrow N_2 \rightarrow N_2O(HNO) \rightarrow NO \rightarrow NO_2 \rightarrow NO_3 \quad (5-25)$$

在这个过程中，至少有三个中间产物 N_2、N_2O 和 NO 能以气体形式产生。其中硝化、反硝化过程均可以产生中间产物 NO、N_2O，而且其比例高达氮去除率的 10% 以上，而 Marshall Spector 甚至发现过硝酸盐反硝化过程中 N_2O 最大积累量可达到总氮去除率 50% ~ 80%。较多的研究报道表明，在好氧硝化过程中，如果碳氮比较低，DO 较低或 SRT 较小，都能导致 N_2O 释放量增大；而且还有人发现，好氧反硝化会产生比缺氧反硝化时更多的 N_2O 中间产物。

5.2.1.2　同步硝化反硝化过程的影响因素

微生物絮体的结构特征即活性污泥絮体粒径的大小及密实度等直接影响了同步硝化反硝化过程。微生物絮体粒径及密实度的大小一方面直接影响了絮体内部好氧区与缺氧区比例的大小，另一方面还影响了絮体内部物质的传质效果，进而影响了絮体内部微生物对有机底物及营养物质获取的难易程度。絮体粒径的大小对特定的反应器系统而言，应当有一个最佳粒径范围，才能创造微生物絮体内好氧区与缺氧区的最佳比例。较大粒径的絮体可以导致内部较大缺氧区的存在，并有利于反硝化的进行；但粒径过大、絮体过密，也会导致絮体内物质的传质受阻，进而会影响絮体内的硝化和反硝化作用。

此外微生物的代谢活动中也容易受到各方面因素的影响，比如溶解氧、碳源、温度、pH 值、有毒物质、重金属等。特别是以下因素对同步硝化反硝化过程的影响更大，具体内容如下。

（1）总溶解氧（DO）

DO 浓度是影响系统中 SND 的重要参数之一。系统中的 DO 首先应足以满足有机物的氧化及硝化反应的需要，使硝化反应充分；其次 DO 浓度又不能太高，以便能在微生物絮体内产生 DO 浓度梯度，促进缺氧微环境的形成，同时使系统中有机底物不至于过度消耗而影响了反硝化碳源。对不同的水质和不同粒径、密实度的污泥絮体，DO 浓度的控制范围也会有所不同。对于不同的水质和不同的工艺，实现 SND 的具体 DO 浓度水平需要在实践中确定。

（2）碳源的影响

废水中碳源对 SND 的影响主要表现在两个方面：一方面是进水 C/N 比高低；另一方面为进水中易降解有机物（RBCOD）含量的影响。C/N 与 RBCOD/COD 比越高，缺氧反硝化与好氧反硝化的碳源越充足，SND 越明显，总氮的去除率也就越高。另外，碳源对 SND 的影响还表现在污泥容积负荷的高低，污泥容积负荷过高，异养菌活动旺盛，势必会一定程度的抑制硝化反应，硝化不充分必然会影响反硝化；污泥负荷过低，有机物大量消耗，会影响反硝化碳源需求。

（3）氧化还原电位（ORP）

ORP 是影响 SND 的重要因素之一。通过控制系统中的 ORP 在适当的范围内可以获得较好的效果。一般情况下，较高 ORP 有利于 SND 的发生。

除上述几个重要的参数之外，其它的因素如：温度、pH 值等也都会对 SND 有着一定的影响。这些因素的影响也都需要在实践中去探索并确定，以便更好地指导生产实践。

SND 生物脱氮的本质依然是利用了微生物动力学特性固有的差异而实现两类细菌动态竞争与选择的结果，因此，协调控制硝化与反硝化这两个过程的动力学平衡显得尤为重要。然而，由于过程的复杂性及控制因素的相互关联，使得实现 SND 并不是很容易的事。

5.2.2 厌氧氨氧化

厌氧氨氧化工艺是 1990 年荷兰 Delft 大学 Kluyver 生物技术实验室开发的一种新工艺，其原理是氨的氧化和 NO_2^- 的还原相结合的工艺。即在厌氧条件下，以微生物以 NH_4^+ 为电子供体，NO_3^-、NO_2^- 为电子受体，把 NH_4^+、NO_3^-、NO_2^- 等转化为 N_2 的过程。其主要发生的反应，如式（5-26）、式（5-27）所示。

$$5NH_4^+ + 3NO_3^- \longrightarrow 4N_2 + H_2O + 2H^+ \qquad \Delta G = -297kJ/mol \qquad (5-26)$$

$$NH_4^+ + NO_2^- \longrightarrow N_2 + 2H_2O \qquad \Delta G = -385kJ/mol \qquad (5-27)$$

由于 $\Delta G < 0$，说明反应可自发进行，也说明厌氧氨氧化过程是一个放热的过程。理论上讲，可以提供能量供微生物生长、繁殖。

厌氧氨氧化的反应机理方面研究成果同样丰硕。Van de Graaf 通过同位素 [15]N 示踪法研究厌氧氨氧化的反应机理，证实了厌氧氨氧化是一个以氨氮为电子供体，亚硝酸氮为电子受体的生物脱氮反应，羟氨和联氨是其中间产物，具体反应过程如图 5.6 所示。

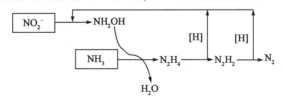

图 5.6　厌氧氨氧化的氧化反应过程

其反应过程，如式（5-28）所示。

$$NH_4^+ + 1.32NO_2^- + 0.066HCO_3^- + 0.13H^+ \longrightarrow$$

$$1.02N_2 + 0.26NO_3^- + 0.066CH_2O_{0.5}N_{0.15} + 2.03H_2O \qquad (5\text{-}28)$$

厌氧氨氧化细菌属于浮霉细菌，直径通常不到 $1\mu m$，其细胞壁上常常存在漏斗状结构，无肽聚糖。研究表明，厌氧氨氧化体是厌氧氨氧化菌种最重要的细胞器，厌氧氨氧化过程中需要的联氨氧化酶已经被证明存在于厌氧氨氧化体中。有研究者认为，厌氧氨氧化体是一个多功能细胞器，可能与厌氧氨氧化细菌的细胞分裂、增殖，以及其他生命活动紧密相关。在厌氧氨氧化菌中除了联氨氧化酶外，还有联氨水解酶、亚硝酸还原酶等。

厌氧氨氧化的优点：由于厌氧氨氧化细菌多为自养菌，在其生命活动过程中多需要碳酸盐或二氧化碳，厌氧氨氧化过程中也无需氧气参与，由于是 NH_4^+ 在厌氧氨氧化过程中提供质子，故亚硝态氮还原过程中也无需外加碳源，大大降低处理成本；厌氧氨氧化过程在污泥产生量方面具有明显的优势。其细菌的世代增长率为 11d，产率为 $0.11gVSS/gNH_4^+$，氮的转化率为 $0.25mgN/(mg\ VSS\cdot d)$，氮转化率方面厌氧氨氧化与传统工艺相当；厌氧氨氧化过程产酸量大大下降，产碱量几乎为零，而传统工艺中，硝化作用，每氧化 1mol NH_4^+，产生 2mol H^+，反硝化过程中，每还原 1mol NO_3^-，产生 1mol OH^-。所以，厌氧氨氧化在系统运行过程中，在加碱调节 pH 值方面，也会有一定的优势。

厌氧氨氧化过程利用亚硝化菌在厌氧条件下进行反硝化。由于亚硝化菌自身的特性，使得厌氧氨氧化过程对环境的条件较为苛刻，溶解氧（DO）、温度（T）和 pH 值成了该过程主要的控制条件。

荷兰 Delft 大学的相关研究人员认为最佳条件是在温度为 40℃、pH 值在 8 左右保持厌氧状态。浙江农业大学环保系利用流化床进行厌氧氨氧化过程研究时提出的最佳工艺条件是温度为 37℃、pH = 7.1 ~ 7.3，并采用 95% 的氩气和 5% 的 CO_2 的混合气充入流化床以保持其内的厌氧状态。另外，Delft 大学的研究表明厌氧氨氧化过程还受无机盐、有毒有害物质和有机物的影响，具体如表 5.4 所示。

表5.4 影响厌氧氨氧化过程因素及其影响效果

因　　素	作用方式	测 试 浓 度	效　　果
γ 射线	钝化	60min	失活
青霉素 V	抑制细胞壁的合成	0 ~ 100mg/L	一般效果
乙炔	抑制硝化和反硝化	6mM	抑制
$HgCl_2$	破坏细胞	0 ~ 300mg/L	抑制
磷酸盐	螯合作用	>2mM	抑制
氧气		0 ~ 0.2mM	抑制

厌氧氨氧化工艺凭借着自身能耗、物耗比传统硝化—反硝化工艺节省的优势，日趋成为该领域的研究及应用热点。但是，根据目前的研究结果，该工艺由于自身局限性的限制难以广泛的推广，主要体现在：厌氧条件要求高，处理温度较高。多数学者认为厌氧氨氧化工艺最佳温度在 35 ~ 40℃，比生活污水常温高出十多度，因此直接应用于生活污水需要大量的能耗。

5.2.3 短程硝化反硝化

传统的生化脱氮是采用全程硝化和反硝化技术，即先将 NH_3 氧化成 NO_2^-，再进一步将 NO_2^- 氧化成 NO_3^-，然后在反硝化阶段将 NO_3^- 还原成 N_2。1975 年，Voet 等发现 NO_2^- 在硝化过程中存在积累现象，首次提出了短程硝化反硝化（SCND）概念，随后的大量研究验证了该工艺的可行性和经济性。不同于传统的硝化过程，短程硝化反硝化是将硝化过程控制在 NO_2^- 阶段，使其不能进一步氧化成 NO_3^-，实现 NO_2^- 的积累，并用 NO_2^- 作为电子的最终受氢体，直接实现 NH_4^+ 和 NO_2^- 向 N_2 的过程。相对于传统的硝化反硝化，短程硝化反硝化具有以下优点：在硝化阶段可以节约 25% 左右的耗氧量，极大地节约了能耗；在反硝化阶段可以节约 40% 左右的有机碳源，降低了运行费用；反硝化速率快，反应时间缩短，反应器的体积可以减少 30% ~ 40%，节约了设备投资；硝化阶段可以减少 34% 左右的污泥产量，在反硝化阶段可以减少污泥 55% 左右；减少了反应过程对碱的需求量；在 C/N 比一定的情况下可以提高过程对 TN 的去除率；可以减少有害气体 N_2O 的产量约 50%。

NO_2^- 积累的影响因素主要包括温度、溶解氧浓度（DO）、pH 值、游离氨（FA）、泥龄（SRT）以及有毒物质等。

（1）温度

关于温度对短程硝化反硝化的影响，目前还没有一致的说法，短程硝化反硝化过程实际就是氨氧化菌（AOB）和亚硝酸盐氧化菌（NOB）竞争的过程，两种细菌的最适宜温度不同。理论计算表明，只有在 25℃ 以上时 AOB 在与 NOB 的竞争中才能胜出。而有实验研究表明，在低于 15℃ 的低温环境中，亚硝酸盐氧化菌受到严重抑制，活性降低，会发生亚硝酸盐的积累过程；在 15 ~ 25℃ 的环境中时，氨氧化菌的活性降低，比亚硝酸菌的活性低，此时不会发生亚硝酸盐的积累；而当温度超过 25℃ 时，氨氧化菌的活性又会升高，亚硝酸盐又开始积累。

（2）溶解氧浓度

通常情况下，AOB 对 DO 的亲和力和好氧速率均较 NOB 低，AOB 的饱和速率常数为 0.2 ~ 0.4mg/L，NOB 的饱和速率常数为 1.2 ~ 1.5mg/L。在低溶解氧浓度下，两种菌的增殖速率均有不同程度的下降，但下降的程度不同，因此可以通过利用两种细菌的动力学特性的差异实现亚硝酸根的积累。

（3）pH 值

AOB 和 NOB 两种菌对 pH 值特别敏感，两种菌的最佳 pH 值范围不同，分别是 7.5 ~ 8.5 和 6.5 ~ 7.5，通过调节反应体系的 pH 值可以控制两种菌的增殖。

（4）游离氨

在硝化过程中，游离氨对 AOB 和 NOB 的抑制浓度分别为 0.1 ~ 1mg/L 和 10 ~ 150mg/L。当游离氨的浓度介于两者之间时，NOB 会被抑制而 AOB 能够正常的增殖和氧化，此时会发生亚硝酸盐的积累，但是 NOB 对游离氨的抑制作用有一定的适应性，且不可逆，因此单纯靠控制游离氨不可靠。废水中游离氨的浓度主要受进水中氨氮浓度和 pH 值的影响。

（5）泥龄

因为 AOB 的世代周期比 NOB 的短，因此可以通过缩短泥龄淘汰系统中的 NOB，使泥龄可以介于 AOB 和 NOB 之间。

（6）有毒物质

与 AOB 相比，NOB 对环境的适应能力比较差，因而在接触有害物质的初期 NOB 受到抑制。对硝化过程有抑制作用的物质主要有重金属、有毒有害物质以及有机物，其中重金属包括 Ag、Hg、Ni、Cr 和 Zn 等，pH 值越低，其毒性越强。

根据上述影响因素控制亚硝酸根的积累主要有四种方法，如表 5.5 所示。

表5.5 亚硝酸根累积的不同方法

方　法	原　理	优　点	缺　点
纯氨氧化菌培养	纯种分离后富集培养	亚硝化程度高	成本高
温度控制分选途径	较高温度下亚硝化菌占优	硝化程度好	处理大量废水能耗过高
游离氨抑制	自由氨对亚硝酸氧化菌抑制	通过调节 pH 值即可实现	亚硝酸氧化菌可以逐步适应
低溶解氧抑制	低溶解氧条件下氨氧化菌占优	容易控制	亚硝化程度很难达到完全

短程硝化反硝化技术的关键是控制亚硝酸根的浓度，目前该技术主要包括 SHARON、OLAND、CANON 工艺，也有研究人员对 SBR、BAF 等工艺的短程硝化反硝化进行了研究。

①SHARON 工艺　SHARON 工艺是 1997 年由荷兰 Delft 大学提出的一种新型生物脱氮技术，该工艺在单个完全混合反应器内实现，在较短的停留时间和 30～35℃ 的条件下，利用硝酸菌的水力停留时间比亚硝酸菌长，高温下硝酸菌比亚硝酸菌活性低的特点，使水力停留时间介于两者之间，从而实现细菌的筛选。其与 ANAMMOX 相结合的新工艺中，SHARON 工艺作为硝化反应器，ANAMMOX 工艺作为反硝化反应器，含氨氮和亚硝酸盐的出水即为 SHARON 反应器的进水。该工艺的主要工艺条件是温度、碱度和水力停留时间，具有不需要外加碳源、耗氧量少及污泥产量少的特点。

②CANON 工艺　2002 年荷兰 Delft 大学开发出了 CANON 工艺，该工艺是在单个反应器或生物膜内，通过利用好氧和厌氧氨氧化菌的共生系统来实现一体化完全自养脱氮。该工艺的原理是在有限氧的条件下，NH_4^+ 被好氧亚硝化菌氧化成 NO_2^-，随后厌氧亚硝化菌将 NO_2^- 以及痕量的 NO_3^- 转化为 N_2。在生物膜反应器中，由于亚硝化细菌与硝化细菌对氧的亲和性不同以及传质限制，亚硝化菌在生物膜的表层聚集，氧向生物膜内扩散并被消耗，内部出现厌氧层，厌氧氨化菌在此生长。该工艺的关键是控制氧的曝气量，除此之外，工艺还受氨氮浓度、生物膜厚度和温度等因素的影响。

CANON 工艺投资少、能耗低、易操作，但该工艺目前基本上处于实验室研究阶段，存在运行时性能不稳定的问题，主要原因在于废水氨氮浓度波动时，DO 浓度难以动态匹配。

③OLAND 工艺　OLAND 工艺是 1998 年由荷兰 Ghent 大学微生物生态实验室首先提出的生物脱氮新工艺，具有耗氧量少、污泥产量少、不需要外加碳源等优点。该工艺将限氧亚硝化与厌氧氨氧化相结合，分为两个过程进行，首先是在限氧条件下将废水中的部分氨氮氧化成亚硝酸盐，接着是在厌氧条件将亚硝酸盐与剩余氨氮发生厌氧氧化反应，从而去除含氮污染物。该工艺的核心是在限氧亚硝化阶段通过严格控制溶解氧浓度，将 50% 左右的氨氮氧化成亚硝酸盐氮，实现出水中氨氮和亚硝酸盐氮的比例为 1:(1.2±0.2)，从而为厌氧氨氧化阶段提供理想的进水，达到高效脱氮的目的，该工艺因理论上只需要将一半的氨氮氧化，所以和传统的硝化反硝化工艺相比可节约 62.5% 的耗氧量。而该工艺与 CANON 工艺最大的区别是反应器数量的差别，该工艺在两个反应器中进行，而 CANON 工艺在一个反应器中进行。几种新型生物脱氮工艺操作参数的对比如表 5.6 所示。

表5.6 新型生物脱氮工艺操作参数的对比

参数	OLAND	传统硝化/反硝化	CANON	SHARON	ANAMMOX
好氧氨氧化	未知	很多	有	有	无
硝酸菌	未知	很多	无	无	无
工艺	生物膜法	生物膜悬浮污泥	生物膜法	悬浮污泥法	生物膜法
氨氮负荷 /$kgNm^{-3} \cdot d^{-1}$	0.1	2~8	2~3	0.5~1.5	10~20
氮去除率/%	85	95	90	90	90
过程复杂度	严格控制曝气	需碳源	严格控制曝气	严格控制曝气	需要前置的硝化工艺
投资成本	一般	一般	一般	一般	低
操作成本	未知	高	低	低	很低

厌氧氨氧化技术经过这么长时间的发展，主要着力于解决厌氧氨氧化过程中存在的一些问题，尽量缩短氮素的转化过程，提高脱氮效率。结合短程硝化、反硝化技术，目前比较常见的厌氧氨氧化的组合工艺中，最为有前景的是 SHARON – ANAMMOX 组合工艺。不少研究者都在致力于改进和优化该工艺。该工艺以 SHARON 为硝化工艺单元，ANAMMOX 为反硝化工艺单元进行组合，其对比如表5.7所示。

其发生的反应，如式（5-29）~式（5-31）所示。

$$0.5NH_4^+ + 0.75O_2 \longrightarrow 0.5NO_2^- + H^+ + 0.5H_2O \tag{5-29}$$

$$0.5NH_4^+ + 0.5NO_2^- \longrightarrow 0.5N_2 + H_2O \tag{5-30}$$

整理综合后，得

$$NH_4^+ + O_2 \longrightarrow 0.5N_2 + 2H_2O \tag{5-31}$$

表5.7 SHARON-ANAMMOX 组合工艺与传统生物脱氮工艺的比较

参 数	SHARON-ANAMMOX 组合工艺	传统生物脱氮工艺
耗氧量/（$kgO_2/kgNH_4^+ - N$）	1.9	5~6.4
反硝化 BOD_5 消耗量 /（$kgBOD_5/kgNH_4^+ - N$）	0	>1.7
污泥产量/（$kgVSS/kgNH_4^+ - N$）	0.08	1

由表5.7可知，SHARON-ANAMMOX 组合工艺相对于传统的生物脱氮工艺，不仅在耗氧量上大大减少，同时污泥产量只相当于传统工艺的十分之一。最终实现耗氧量低、污泥产量少、无需外加碳源等优点，大大缩短了脱氮的反应过程。由于其以上诸多的优点，SHARON-ANAMMOX 组合工艺也成为最具有潜力的厌氧氨氧化工艺之一，可用于处理高氨氮废水当中，如污泥消化上清液，以及垃圾渗滤液中，具有广泛的应用前景。

5.3 渗滤液物化脱氮处理技术

伴随着国家社会的进步，我国的环保标准也越来越高，越来越多的环保项目有提标改造的需求。近年来，环境与化工出现了结合的趋势，越来越多的化工装备应用到环境污染治理上。目前常见的渗滤液物理脱氮方法有吹脱法、脱氨膜法、蒸氨法、化学沉淀法等。

5.3.1 吹脱法

5.3.1.1 吹脱原理

吹脱法是利用废水中所含的氨氮等挥发性组分的实际浓度与确定条件下平衡浓度之间存在的差异，在碱性条件下使用空气进行吹脱。由于在吹脱过程中气相中氨气浓度始终小于该条件下的平衡浓度，因此废水中溶解的氨可穿过气液界面进入气相得以脱除。通常以空气作为载气，若用蒸汽作为载气则称为汽提法。氨的吹脱是一个传质过程，推动力来自空气中氨的分压与废水中氨浓度相当的平衡分压之差，气相中氨的平衡分压与液相中氨的平衡浓度符合亨利定律。常见的工艺流程如图5.7所示。

图5.7　吹脱法处理氨氮废水工艺流程图

5.3.1.2 影响吹脱的主要因素

吹脱法的本质原理是解吸过程。在氨吹脱过程中，氨氮脱除率的主要影响因素有水温、pH值、气液比、吹脱时间等，此外与塔的类型、高度及填料也有关系。

（1）pH值

在不同的pH值条件下，挥发性物质存在的形式常常不同，只有以游离形式存在的气体才能被吹脱。一般pH值越高，水中游离氨越多，越有利于氨氮脱除。当pH值增至10或10以上时，大部分氨氮以游离氨形式存在，向水中充气即可使氨吹脱。傅金祥等研究表明，当pH值小于10时，吹脱对渗滤液中氨氮的去除率均随pH值的上升而增加，此后尽管氨氮去除率仍随pH值增大而增加，但增速明显放缓，当pH值达到11.5~12时，氨氮去除率无明显变化。

但pH值的高低对吹脱塔中水垢的形成有明显的影响。研究表明，当废水中的pH值为10.28时，通水330d后，平均每根木填料上附着水垢干重不到50g；当pH值升高到10.81时，通水仅95d，平均每根木填料上附着水垢干重就达到了770g。因此为了减少吹脱塔的水垢生成，废水pH值不宜控制过高，通常10.5左右。

（2）水温

在一定的压力下，气体在水中的溶解度随温度升高而降低。因此，在吹脱过程中，适当升温可以提高吹脱效率。不同废水温度时的氨去除率见表5.8。

表5.8　水温和氨去除率的关系

废水进塔温度/℃	氨去除率/%	废水进塔温度/℃	氨去除率/%
13	68	24	93
17	78	冬季	50~60

（3）气液比

应选择合适的气液比。若空气量过小，会使气液两相接触不够；反之空气量过大，不仅增加成本，还会导致废水被空气流带走（即液泛），破坏操作。工程上常采用液泛时的极限气水比的80%作为设计气液比,此时,气液相在充分滞留条件下,传质效率较高。廖琳琳等的研究结果显示,当气液比在3500m³/m³以下时,随着气液比的升高,吹脱效率显著升高,但当气液比上升至3500m³/m³以上时,吹脱效率呈较平稳的趋势,即气液比在3500m³/m³以上时,气液比的升高对吹脱效率没有很大的影响。

（4）吹脱时间

长时间吹脱会导致废水pH值下降,缩短吹脱时间有利于保持废水pH值相对稳定。而稳定的废水pH值有利于提高处理量,减小设备的容积。

也有学者指出,去除率随曝气时间的不断增加而增加,但当曝气时间增加到一定程度时,吹脱效率增加不显著。吹脱效率在不同的时间段增加的速度是不一样的,在24h以内增加的速度较快,而在24h以后,增加的速度明显降低。这说明去除率随时间不是呈线性变化,曝气时间达到一定程度去除率的增加受到一定限制,这也和氨氮本身的浓度有关,在吹脱的初期去除率增加快,有利于吹脱的进行,而吹脱达到一定时间后,渗滤液中氨氮浓度降低,氨氮去除率增长缓慢。

5.3.1.3 吹脱设备

常见氨吹脱装置为吹脱池和吹脱塔两种形式。各种吹脱装置的特性比较如表5.9所示。

表5.9　几种吹脱方法的比较

吹脱装置	运 行 方 式	技 术 特 点	适 用 条 件	能耗	存 在 问 题
曝气吹脱池	供气方式多样,间歇运行	效率低,装置结构简单,运行管理方便,费用高	处理量小,氨氮浓度低	高	占地面积大,尾气无法回收处理
冷却通风塔	轴流风机供气吹脱,连续运行	效率低,装置结构简单,运行管理方便,费用低	氨氮浓度低	低	效率低,尾气不易回收
板式塔	离心风机供气吹脱,连续运行	效率高,装置结构简单,费用高	处理量大,氨氮浓度高	较高	不耐冲击负荷塔阻较高,能耗高
填料塔	供气方式多样,间歇运行	效率高,装置结构较复杂,运行管理较方便,费用低	处理量大,氨氮浓度高	较低	投资较大,填料易堵塞

（1）吹脱池

池面液体与空气自然接触或通入曝气而脱除氨氮的方法称为吹脱池吹脱法,主要设备是吹脱池。它适用于水温较高、风速较大、场地开阔且对空气质量要求不高的区域。这类吹脱池也兼作贮水池。由于脱出的氨氮直接排入大气和吹脱效率低等问题,吹脱池的应用很少。其示意图如图5.8所示。

（2）吹脱塔

为了提高吹脱效率,回收有用气体,防止二次污染,常采用填料塔、板式塔等高效气液

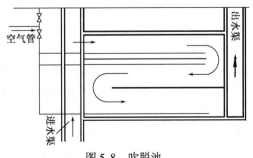

图5.8　吹脱池

分离设备，具有占地面积小、易于操作等特点。

填料塔是在塔内设置一定高度的填料层，常用的填料有纸质蜂窝、拉西环、聚丙烯鲍尔环、聚丙烯多面空心球等。废水从塔顶喷下，沿填料表面向下流动，空气由塔底鼓入，呈连续相由下而上同废水逆流接触。填料塔具有生产能力大、分离效率高、压降小、持液量少和操作弹性大等优点。其示意图如图5.9所示。

板式塔是在塔内安装一定数量的塔板，常用的塔板有泡罩塔板、筛板塔板等。水从上往下喷淋，空气则从下往上流动，气体穿过塔板上液层时，互相接触而进行传质。塔内气相和液相的氨氮组成沿塔高呈阶梯变化。板式塔的处理能力较大、塔板效率稳定、操作弹性大，且造价低，检修、清洗方便，工业上应用较为广泛。其示意图如图5.10所示。

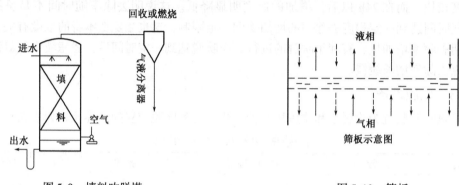

图5.9　填料吹脱塔　　　　　　　　　　图5.10　筛板

吹脱法去除氨氮的去除率可达60%～95%，工艺流程简单，处理效果稳定，吹脱出的氨气用盐酸吸收生成氯化铵可回用于纯碱生产作为母液，也可根据市场需求，用水吸收生产氨水或用硫酸吸收生产硫酸铵副产品，尾气返回吹脱塔中。但水温低时吹脱效率受温度影响明显，水温低时吹脱效率低，不适合在寒冷的冬季使用。目前许多吹脱装置考虑到经济性，没有回收氨，直接排放到大气中，造成了二次污染。

由于渗滤液的SS和硬度含量高，在氨吹脱过程中易结垢堵塞管道、填料等，影响氨吹脱的稳定运行；吹脱过程中有部分氨逸出，造成二次污染，同时尾水中还有一定浓度的氨氮需进一步处理。故氨吹脱法在渗滤液处理中越来越少。

5.3.2　脱氨膜法

5.3.2.1　脱氨膜法原理

脱氨膜脱氨技术是通过膜来分离水体中的氨氮。脱氨膜表面存在一定孔径的疏水性气孔，当含有氨氮的废水在膜的外侧时，膜内部通有一定浓度的硫酸或者其他酸类作为流动相，由于废水中的氨氮（液相）氨分压相对膜内流动的酸中的氨分压高，则气相的氨气从分压较高的废水侧（液相）跨过脱氨膜膜壁到达氨气分压较低的吸收液侧（流动相），从而与中空纤维膜内的酸结合形成氨盐，最终达到去除废水中的氨氮的目的，其副产品铵盐的质量浓度可达20%～30%，成为清洁的工业原料，而废水中的氨氮可以降至1mg/L以下，该法适用于煤化工、制药、冶金等行业的氨氮废水处理，具有一定的使用价值。

对于膜吸收而言，溶质分离过程主要由三步组成，溶质由原料相主体扩散到膜壁，再通过膜微孔扩散到膜另一侧，然后由另一侧膜壁扩散到接受相主体。膜吸收过程总的传质阻力包括料液相阻力、膜阻力和接受相阻力。

5.3.2.2 脱氨膜法技术的影响因素

（1）两相流速

两相流速对总传质系数的影响主要表现于分离体系传质过程中气相边界层阻力和液相边界层阻力在总传质阻力中所占的比重。对于易溶气体或有化学反应存在的吸收过程而言，液相传质边界层的传质阻力可以忽略，而气相边界层和膜阻占总传质阻力的绝大部分，此时改变液相的流速对总传质系数基本没有影响，如果这时气速较低，则增大气体的流速，就会减小气相传质边界层厚度，减低气相传质阻力，从而使得总传质系数增大。

（2）温度

传质系数随着温度的升高而增加，运用 Stokes-Einteins 方程计算出温度引起的传质系数的变化率，并对理论值和实验测定值进行比较可以发现对于易挥发性物质，温度升高主要是通过降低进水边界层中水溶液的黏度或提高扩散系数使传质系数大幅度升高，而对于挥发性较小的物质如苯酚，温度升高主要是通过提高蒸气压或进水边界层和膜微孔中气相间的分配系数使传质系数提高。

（3）流动方式

中空纤维膜组件可简单分为"平行流膜组件"和"错流膜组件"两种。"平行流膜组件"的特征是管程与壳程的流体以并流或逆流的形式平行流动，这种膜组件形式突出的优点是制造工艺简单，造价较低，因此它也是工业上最常用的。但由于在平行流膜组件中纤维通常是不均匀装填的，这容易导致壳程流体的不均匀分布，进而影响传质效率。

为了改进"平行流膜组件"存在的一些不足，发展了"错流膜组件"。这种膜组件主要的特点是引入了多孔中心分配管和折流板。分配管的存在一方面能使中空纤维膜以某种特定形式的编织结构分布在中心分配管周围，从而最大限度地保证了纤维的均匀分布；另一方面它的存在促进了流体在壳程的均匀分布。折流板的作用一方面是减少在壳程发生短路的可能性，二是它能产生一个垂直与纤维表面的分速度，从而提高了传质系数。但它的缺点是封装困难，而且造价较高，这也限制了它在工业上的应用。

其它更复杂的膜组件形式有螺旋式膜组件、多密封圈式膜组件和编制拉网式膜组件等，尽管这些膜组件对传质过程会有一定的促进作用，但它们的结构与制备都过于复杂，而且不易得到高的装填密度。

（4）操作模式

根据膜特性、吸收液的物化特性以及操作条件，膜组件膜反应器的操作模式有非润湿模式、润湿模式和渗透吸收模式。在非润湿操作模式下单位面积内的气体总传质系数远远大于传统的吸收设备的总传质系数，而气体在润湿模式下的传质阻力较非润湿模式下的传质阻力大。

（5）膜性能

脱氨过程的效率取决于膜材料的疏水性、孔隙率、最大孔径、曲率因子与膜壁厚度等一系列膜参数。膜的疏水性越强，膜越不容易被润湿，脱氨性能越好，膜器更能持久耐用；膜材料的孔隙率越高、氨氮的膜通量越大，膜的孔隙率一般取在 0.6～0.8 之间；膜的最大孔径决定了膜的渗入压力，孔径越小，渗入压力越大，膜越不容易漏；曲率因子与膜壁厚度决定了传质过程中膜壁的传质系数，曲率因子越小，膜壁越薄膜壁的传质系数越大。

5.3.2.3 膜及膜接触器

应用于脱氨工艺中的膜材料必须是微孔疏水膜，同时膜材料必须易于工业化应用，这就要求它具有一定的机械强度，具备良好的化学稳定性与热稳定性。目前高分子聚合物是工业中常用的疏水膜材料，主要有聚四氟乙烯（PTFE）、聚丙烯（PP）、聚偏氟乙烯（PVDF）等。在上述三种膜材料中PTFE与水的接触角最大，疏水性最好，是理想的脱氨膜材料，但是其原料与加工的成本过高。PVDF材料与PP材料疏水性差不多，PP膜材料因其价格低廉，加工性能好等优点被广泛应用于工业，但其疏水性不太强，易被污染，也不是理想的制膜材料。因此亟待开发出疏水性强、价格低廉、不易污染、持久耐用的膜材料，使支撑气膜技术得到进一步的发展。

膜接触器是膜分离过程的核心部件，常用的膜接触器分为平板式与中空纤维式。平板式具有简单更换、清洗等优点被很多工艺采用，中空纤维式膜接触器由于膜丝被固定在膜接触器中不易清洗，且不能被更换。但由于中空纤维式膜具备制备简单，膜丝填充率高，膜接触器比表面积大，传质效率高，不需要高压操作且能有效地避免液泛与雾沫夹带等优点，脱氨工业中一般都是采用中空纤维膜接触器。

脱氨膜法对进水中的SS、硬度、碱度、温度、pH值等有严格要求，渗滤液的进水水质很难满足脱氨膜的进水要求；脱氨过程产生的氨气需用浓酸吸收形成铵盐，需要进一步处理和处置，故脱氨膜法在渗滤液处理中较少运用。

5.3.3　蒸氨法

5.3.3.1　蒸氨法原理

"蒸氨法"是一种通过精馏技术来脱除废水中氨氮的有效方法，然而目前鲜有将其用于垃圾渗滤液处理的相关报道。

渗滤液中的氨包括挥发性铵盐与固定性铵盐。挥发氨的处理原理是利用氨和水的挥发性的不同，通过精馏塔塔底蒸汽汽提出废水中的氨，经由塔顶氨分凝器后部分冷凝液回流以保证最终氨水的浓度，塔顶未冷凝氨气经过冷凝器浓缩成氨水。固定铵盐的处理原理和挥发铵盐一样，但需要先将固定铵盐转化成挥发铵盐，此过程需进行加碱操作，常用的方法是石灰乳分解法和氧氧化钠分解法，石灰乳分解方法成本较低、操作简易，但是由于生成的钙盐易造成蒸氨塔塔板堵塞，所以目前多采用氧氧化钠分解固定铵盐。其原理流程图如图5.11所示。

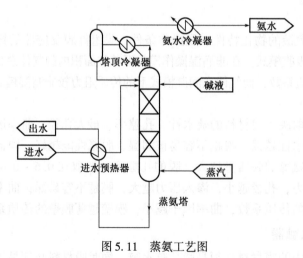

图 5.11　蒸氨工艺图

5.3.3.2 蒸氨工艺类别

蒸氨工艺按塔底蒸汽的加热方式可分为直接蒸氨工艺和间接蒸氨工艺。直接蒸氨工艺是塔底直接通入蒸汽作为热源；间接蒸氨工艺是利用再沸器加热塔底废水产生的蒸汽作为热源，间接蒸氨根据再沸器的不同又可分为煤气管式炉加热、水蒸气加热、电加热和导热油加热。目前最常用的是直接蒸氨工艺，但是存在蒸汽浪费的问题，所以间接蒸氨工艺逐渐受到关注。

直接蒸氨工艺的设备简单、无再沸器和蒸汽冷凝装置，前期的设备投资低。在相同的蒸氨效率下，两种蒸氨工艺的蒸汽消耗量基本相同，但直接蒸氨工艺需要在塔底持续通入蒸汽保证精馏效率，蒸汽冷凝水直接从塔底流出，使得塔底废水的采出量增大，蒸汽浪费严重，在水源匮乏的地区不建议使用直接蒸汽加热工艺。

5.3.3.3 蒸氨法技术进展

（1）塔内件

蒸氨塔应具有较高的效率，较大的操作弹性。传统的氨水蒸馏设备多数采用条形泡罩塔盘，目前采用的大多是泡罩塔盘。随着技术的不断更新，近年来市场上出现了很多新型的塔盘，例如垂直筛板、侧向喷射等高效传质塔盘，这些新型塔盘逐渐取代了传统的老式塔盘，分别如图 5.12、图 5.13 所示。

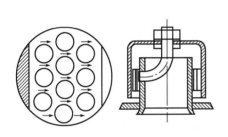

图 5.12　泡罩塔板

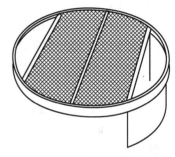

图 5.13　筛板塔板

（2）换热器

热量是精馏设备正常运行的关键条件，因此热量的合理利用是目前精馏技术的研究热点和难点，作为热量交换的主要设备，换热器必不可少。氨水精馏系统塔底废水具有较高的热量，若不进行降温就进入膜系统会影响膜的使用寿命等，另一方面氨水精馏过程需要大量热量，若适当提高进料的温度，可以在大幅提高蒸氨效率同时降低蒸汽消耗。基于以上原因，蒸氨技术多将进料与塔底废水进行换热，回收塔底废水的热量，这样既避免了热量的浪费，又节省了冷却水。

（3）节能减耗

对于以蒸汽为热源的蒸氨塔，蒸汽量消耗越大，废水含氨量就越低，但同时能耗也越大，因此当前蒸氨技术的研究热点在于保证废水含氨指标合格的前提下，如何将蒸汽用量降低到最小是目前研究的重点。

现今应用较广并且可以有效降低氨水蒸馏过程中蒸汽使用量的措施主要有：负压蒸馏技术；新型节能技术——进出料换热技术与流体引射技术。

①负压氨水蒸馏技术。根据汽液相传质的原理，操作压力越低，则各组分的沸点越低，所需要的热量也越少。负压蒸氨技术是指在负压条件下进行氨水精馏过程，在此条件下消耗

的蒸汽较低，但负压蒸氨技术对设备要求较高且塔顶冷源需要冷冻水。负压蒸氨技术最早在日本的川崎钢铁厂实现工业化应用。

②其他先进的节能工艺。引射技术是指设置单独的引射器和蒸发器。引射器的作用是将高压蒸汽进行高速喷射，以回收塔底废水中的低品位蒸汽，蒸发器的作用是将蒸氨废水闪蒸。引射技术将塔底出水部分汽化，回收二次蒸汽，因此可以获得更加突出的经济效益。蒸氨引射技术节能效果显著，可提高氨气回收率，使用方便、操作成本低。

生活垃圾焚烧厂渗滤液成分复杂，经厌氧处理后，除了高浓度的氨氮外，还有 3000 ~ 7000mg/L 的 COD_{Cr}、8000 ~ 10000mg/L 的碱度、1000 ~ 3000mg/L 的总硬度，还有大量的 SS。因此在蒸氨过程中，常常由于碱度、硬度高，造成塔板和换热器堵塞，进而影响设备的正常运行。同时，由于蒸氨的出水温度较高，必须使用换热器进行换热降温，也增加了投资和运行成本，但是蒸氨塔具备停留时间短、占地面积小，自动化程度高的特点，蒸氨系统回收的氨水也可以用作垃圾焚烧厂的烟气脱硝，实现了资源的回收利用，优势较大。未来研发具有抗结垢、抗堵塞、低能耗的蒸氨技术，这些技术在垃圾渗滤液处理方面将具有广阔的前景。

5.3.4 其他方法

5.3.4.1 折点氯化法

折点氯化法是投加过量的氯或次氯酸钠，使废水中氨完全氧化的方法。可以作为一个单独的脱氮工艺，也可以对生物脱氮工艺出水进行补充处理，以进一步提高脱氮率。此法反应速度快，需要设备少，但液氯的安全使用和贮存要求高，处理成本也较高。若用次氯酸钠或二氧化氯发生装置代替液氯，尽管较为安全，运行费用可以有所下降，但产氯量太小且发生装置价格昂贵。

折点氯化脱氨总反应式为如式（5-32）所示。

$$NH_4^+ + 1.5HClO \longrightarrow 0.5N_2 + 1.5 H_2O + 2.5H^+ + 1.5Cl^- \tag{5-32}$$

将氨氮氧化成氮气的理论氯投加量（以 Cl_2 计）与氨氮的质量比应为 7.6:1。当质量比在 5.07 以下主要生成 NH_2Cl，当氯氮质量比大于 5.07 时，一氯胺继续反应生成二氯胺和氮气，当氯氮比为 7.6 时，化合余氯值最小，此点也即折点，在此点几乎全部氧化性氯都被还原，全部氨氮都被氧化。继续增加投氯量使氯氮质量比大于 7.6，即越过折点后，所投加的氯将成为自由余氯。

折点氯化法处理后的出水在排放前一般需用活性炭或 O_2 进行反氯化，以去除水中残余的氯。另外，副产物氯胺和氯代有机物会造成二次污染。该法只适用于处理低浓度氨氮废水，渗滤液是一种含有高浓度氨氮的废水，因此不建议采用。

5.3.4.2 离子交换法

离子交换是指在固体颗粒和液体界面上发生的离子交换过程。离子交换法选用对离子有很强选择性的沸石等作为交换树脂，从而达到去除氨氮的目的，而常规的离子交换树脂不具备对氨离子的选择性，故不能用于废水中去除氨氮。沸石具有对非离子氨的吸附作用和与离子氨的离子交换作用，储量丰富、价格低廉。在各种沸石中，天然沸石对铵离子具有较高的选择性，为其他离子交换材料的 48 ~ 50 倍。

该法占地小，温度和毒物对脱氮率影响小。然而当氨氮浓度高时，沸石再生频繁，操作困难，且再生液仍为高氨氮废水，因此渗滤液处理中不建议使用此方法。

5.3.4.3 化学沉淀法

化学沉淀法是通过向废水中投加 Mg^{2+} 和 PO_4^{3-} 等，使之与废水中的氨氮生成难溶的复盐 $MgNH_4PO_4 \cdot 6H_2O$ 沉淀物，从而达到降低水中氨氮的目的。$MgNH_4PO_4 \cdot 6H_2O$ 沉淀俗称鸟粪石，营养成分比其他可溶性肥料的释放速率慢，可将其作缓释肥使用。

此法可以处理各种浓度的氨氮废水，尤其适合于高浓度氨氮废水的处理。当某些高浓度的氨氮废水，由于含有大量对微生物有害的物质而不宜采用生化处理时，不妨用化学沉淀处理。化学沉淀法通常有 90% 以上的脱氮效率，工艺也较简单。该方法常与其它处理技术组合，既适用于反渗透、活性炭吸附等深度处理的预处理，也可用于生化处理的前处理或深度处理。常用的药剂有 $MgCl_2$ 和 Na_2HPO_4 等。

渗滤液中氨氮浓度较高，需要投加大量的药剂，处理费用高。虽然产生的磷酸铵镁可作为缓释肥使用，但由于排泥过程中混杂大量的重金属和厌氧污泥，不易提取，容易对环境造成二次污染，因此渗滤液处理中不建议使用此方法。

第6章
渗滤液深度处理技术

垃圾渗滤液是在垃圾填埋和发酵过程中产生的含有高浓度有机和无机污染物的废水，且水量、水质随着地区和季节不同变化较大，渗滤液的处理成为一个难题。采用预处理和生物法处理垃圾渗滤液可去除其中大部分的 COD、氨氮和部分无机盐，但仍无法满足日益严格的排放、回用甚至零排放要求。因此，渗滤液深度处理工艺就应运而生。渗滤液深度处理工艺是指好氧生化处理之后的精处理工艺，主要针对性去除生化之后难降解的有机物、总氮、溶解盐、硬度、碱度等物质。目前，深度处理技术一般包括膜处理技术、化学软化技术、高级氧化技术、电渗析技术、蒸发技术等。

6.1 膜分离技术

6.1.1 膜分离原理与应用

膜分离的推动力主要是浓度梯度、电势梯度和压力梯度。膜分离通过膜对混合物中各组分的选择透过性差异，以外界能量或者化学位差为推动力对双组分或多组分混合的气体、液体进行分级、分离、提纯和富集的方法。在膜运行过程中，常采用错流过滤，以减轻膜污染。错流过滤是用泵将滤液送入膜系统中，使滤液沿膜表面的切线方向流动，在压差的推动下，使渗透液错流通过膜。错流过滤可以有效地控制浓差极化和滤饼层的形成，可以使膜表面在较长的周期内保持相对高的通量，一旦滤饼厚度稳定，通量也达到稳定或拟稳定的状态，之后按照要求对膜进行清洗、反洗等操作，使膜组件可以正常运行。

膜分离技术应用非常广泛。1925 年世界上第一家过滤膜公司（Sartorius）在德国 Gottingen 成立；20 世纪 50 年代电渗析膜开始在工业上推广使用；60 年代以后，反渗透、超滤、气体分离等多种膜分离组件相继应用于各个工业领域。膜分离技术因为其设备紧凑、自动化程度高、分离效果好，被广泛应用于各个领域。目前膜分离技术在各个方面应用的研究比较活跃，但膜分离技术存在着膜污染易造成膜通量衰减，影响使用效率，同时，膜自身的制造成本也在一定程度上限制了膜分离技术更大范围的应用。未来，对膜污染机理和低成本制膜技术的研究将成为膜分离技术研发的重点和方向。不同膜可以透过的分子粒径以及应用的领域各不相同，具体总结如表 6.1、表 6.2 所示。

表 6.1　膜分离作用透过分子的比较

离子和分子		大分子		微粒
微米	10^{-3}	10^{-2}	10^{-1}	1
纳米	1	10	10^2	10^3

离子：硝酸根、硫酸根、氰化物、硬度、砷、磷酸根、重金属

合成有机化合物：杀虫剂、表面活性剂、挥发性有机物、染料、二噁英、生物耗氧量、化学耗氧量

富里酸　腐殖酸　藻类

非挥发性有机物/色度/消毒副产物/致癌前驱物　酶制品

蛋白质　小假单胞菌　细菌　大肠杆菌

氨基酸　小红细胞　流感病毒　似隐孢菌素

病毒　卵母细胞

脊髓灰质炎病毒　黏土　淤泥

胶体　乳化油　胶体硅

反渗透　微滤

纳滤

超滤　颗粒过滤

表 6.2　膜分离技术的应用

工业领域	应 用 举 例
金属工业	金属回收、污染控制、富氧燃烧
纺织及制革工业	余热回收、药剂回收、污染控制
造纸工业	替代蒸馏、污染控制、纤维及药剂回收
食品及生化工业	净化、浓缩、消毒、代替蒸馏、副产品回收
化学工业	有机物去除和回收、污染控制、气体分离、药剂回收和再利用
医药及保健	人造器官、控制释放、血液分离、消毒、水净化
水处理	海水、苦咸水淡化、超纯水制备、电厂锅炉用水净化、废水处理
国防工业	舰艇淡水供应、战地医院污水净化、战地受污染水源净化、低放射性水处理、野战供水

6.1.2　膜分类与应用

6.1.2.1　膜的分类

目前具有分离功能的膜种类繁多，较常用的分类方法如下。

（1）按膜的材料分类

分离膜按膜的材料可以分为天然膜（生命膜）和合成膜两类。天然膜是指天然物质改性或再生而制成的膜，合成膜是指人工合成的无机膜和高聚物膜。

（2）按膜的形态结构分类

①按形态分为：均质膜和非对称膜。

②按孔径分为：多孔膜（微孔介质、大孔膜）和非多孔膜（无机膜、高聚物膜），多孔膜和非多孔膜也可按照晶型区分为结晶型膜和无定形膜。

③按液膜分为：无固相支撑型（又称乳化液膜）和有固相支撑型（又称支撑液膜）。

（3）按膜的用途分类

①气相系统用膜。伴有表面流动的形式，如分子流动、气体扩散、高聚物膜中溶解扩散流动、在溶剂化的高聚物膜中的扩散流动。

②气－液系统用膜。

大孔结构。移去气流中的雾沫夹带或将气体引入液体。

微孔结构。制成超细孔的过滤器。

高聚物结构。气体扩散进入液体或从液体中移去气体或气体从一种液相进入另一种液相或溶质或溶剂从一种液相渗透进入另一种液相。

③气－固系统用膜。过滤器中用膜除去气体中的微粒。

④液－固系统用膜。用大孔介质过滤污浆、生物废料的处理、破乳。

⑤固－固系统用膜。基于颗粒大小的固体筛分。

（4）按照膜的作用机理分类

①吸附性膜。

多孔膜：包括多孔石英玻璃、活性炭、硅胶和压缩粉末等。

反应膜：膜内含有能与渗透过来的组分起反应的物质。

②扩散性膜。

高聚物膜：扩散性的溶解流动。

金属膜：原子状态的扩散。

玻璃膜：分子状态的扩散。

③离子交换膜。分为阳离子交换树脂膜和阴离子交换树脂膜。

④选择渗透膜。分为渗透膜、反渗透膜和电渗析膜。

⑤非选择性膜。分为加热处理的微孔玻璃和过滤型的微孔膜。

在本书渗滤液处理中所提到的膜，一般都是采用第一种和第二种的分类方式。

6.1.2.2 微滤

微滤又称微孔过滤，属于精密过滤。微滤能够过滤掉溶液中的微米级或纳米级的微粒和细菌。微滤膜又称微孔过滤膜，主要是由特种纤维素酯或者高分子聚合物及无机材料制成的一种孔径范围在 $0.1 \sim 10 \mu m$ 之间的膜。

（1）微滤膜的形态结构

微滤膜的形态结构通常可以分为以下 3 种类型，如图 6.1 所示。

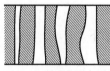

(a)通孔型　　(b)网络型　　(c)非对称型

图 6.1　三种有代表性的膜断面结构

①通孔型。例如核孔膜，它是以聚碳酸酯为基材，膜孔呈圆筒状垂直贯通于膜面，孔径均匀。

②网络型。这种膜的微观结构基本上是对称的。

③非对称型。其中有海绵型与指孔型两种，二者均可以认为是上列两种结构膜不同形式的复合。其中，非对称型微孔滤膜是日常应用比较多的膜品种之一。

（2）微滤膜的主要特征

①孔径均一。微滤膜的孔径十分均匀，例如平均为 0.45μm 的滤膜，其孔径变化范围仅在（0.45±0.02）μm。

②高孔隙率。微孔滤膜的表面上有无数微孔，为 107～1011 个/cm²，孔隙率一般高达80% 左右，通常其通量比具有同等截留能力的滤纸至少高 40 倍。

③滤材薄。大部分微孔滤膜的厚度都在 150μm 左右，比一般过滤介质薄。当过滤一些高价值液体时，被膜所占有的液体的损失量少。运输时单位面积的质量小（5mg/cm²）。另外，贮存时少占空间也是它的优点。

④驱动压力低。由于孔隙率高、滤膜薄，因而流动阻力小，一般只需较低的压力（约207kPa）即可。

（3）微滤膜的分离机理

①机械截留作用。指膜具有截留比它孔径大或与孔径相当的微粒等杂质的作用，此即过筛作用。

②物理作用或吸附截留作用。包括吸附和电性能的影响。

③架桥作用。在孔的入口处，微粒因架桥作用也同样被截留。

④网络型膜的网络内部截留作用。将微粒截留在膜的内部面而不是在膜的表面。

如上所述，对滤膜的截留作用来说，机械作用固然相当重要，但微粒等杂质与孔壁之间的相互作用有时比孔径大小引起的截留作用更为明显。微孔滤膜的截留作用示意图如图 6.2 所示。

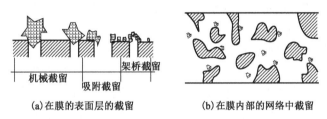

图 6.2　微孔滤膜的各种截留作用

（4）微滤膜在渗滤液处理中的应用

目前用于垃圾渗滤液处理的微滤膜主要有纤维式微滤膜和管式微滤膜两种。纤维式微滤膜以 PTFE（聚四氟乙烯）材质为主，多采用错流过滤，主要有日本住友膜、美国戈尔膜。管式微滤膜主要为 PVDF（聚偏氟乙烯）材质，以美国宝力事和美国 DF 的热熔浇结膜为主。

目前，垃圾渗滤液微滤膜较多采用美国宝利事管式微滤膜。进口的宝利事 TUF 膜原件，其 PVDF 膜层镶嵌在 PE 支撑层上。含固体杂质的水流透过膜后，再透过多孔支撑材料，进入产水侧（水被净化）。被膜截留的固体颗粒随着水流推动在膜表面不断冲刷，避免污染物在膜表面停留，起到了一定的自净作用。其作用机理示意图如图 6.3 所示。

膜支撑骨架为复合材料，具有非常高的强度，可在更高的压力下运行及反洗，带来更高的过滤通量的同时，大大减小占地面积；错流式过滤大大减少膜污染，防止污染物在膜表面过度沉积；TUF 膜抗污染性能好，耐酸，耐碱，可以在 2%～5% 的污泥浓度和 pH 值为 2～14 的条件下正常、稳定的工作。

基于微滤的过滤机理和运行特点，在渗滤液处理中，微滤膜很少单独使用，主要与化学软化系统联合使用。化学软化加入软化药剂后，系统 pH 值较高，通常在 11～11.5 之间，悬浮物含量通常在5%左右，采用微滤膜，可在高 pH 值和高悬浮物的情况下，有效地分离污泥和水，且出水水质优良，可满足反渗透进水需求。微滤膜用在软化之后，运行通量远高于同类型膜，可达到 300 ~ 700LMH，且运行稳定、不易污堵、不易破损，使用寿命长达 5 年以上。

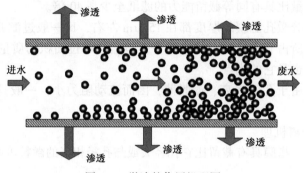

图 6.3　微滤的作用机理图

6.1.2.3　纳滤

纳滤是介于超滤和反渗透之间的一种分子级分离技术。纳滤膜是允许溶剂分子或某些低分子量溶质或低价离子透过的一种功能性的半透膜，由于该膜在渗透过程中截留率大于95%时，所截留的最小分子粒径约为1nm，故被命名为"纳滤膜"。纳滤膜可截留相对分子量为 200 ~ 2000 之间的物质，膜孔径为 0.001 ~ 0.01μm。纳滤恰好填补了超滤和反渗透之间的空白，纳滤膜能截留透过超滤膜的小分子量有机物，可使被反渗透膜截留的无机盐通过。

（1）纳滤膜的分离机理

纳滤膜的分离机理和模型比超滤（UF）和反渗透（RO）更为复杂。纳滤膜在制备的过程中常常需要进行特殊化处理，如复合化、荷电化等，使其具有较特殊的分离性能。

纳滤膜表面通常存在较多的带电基团，因此纳滤膜分离过程一般会受到筛分作用和电荷效应的双重影响。所谓筛分作用，是指分子量处于膜所能截留的分子量范围内的污染物质将被膜截留，反之则透过。膜的荷电效应又称 Donnan 效应，主要是指离子与膜表面所带电荷的静电相互作用。对于不带电荷的分子，在过滤时主要依靠筛分效应将物质分离。

在脱盐率方面，由于纳滤膜表面常常带负电，通过静电的相互作用可以阻碍多价离子的渗透，这也是纳滤膜在较低压力下仍然有较高脱盐性能的重要原因。

纳滤膜也属于压力驱动型膜形式，一般可近似的认为纳滤膜遵循式（6-1）、式（6-2）所示的膜传递方式。

$$F_A = A(\Delta p - \Delta \pi) \tag{6-1}$$

$$F_S = B\Delta c \tag{6-2}$$

式中　F_A、F_S——分别为溶剂和溶质的膜通量；

　　　A、B——与膜材质有关的常数；

Δp、$\Delta \pi$ 和 Δc——分别为膜两侧外加压力、渗透压差和溶质的浓度差。

（2）纳滤在渗滤液处理中的应用

基于纳滤膜的特殊分离性质，在渗滤液处理中可高效地去除其中的胶体、有机物、钙离子、镁离子、硫酸根离子以及微生物等污染物，因此在渗滤液处理中，纳滤的应用非常广泛。

一般工艺中，纳滤可作为生化处理后的深度处理工艺和 RO 的预处理工艺。纳滤对渗滤液中的 COD_{Cr} 有较高的去除率，除此之外，纳滤膜对 Cr^{3+}、Ni^{2+}、Zn^{2+}、Cu^{2+} 和 Cd^{2+} 等各种金属离子的去除率高达 90% 以上，对水中钙离子、镁离子的去除率可达到 40% ~ 60%，对硫酸根的去除率可达到 80% 以上。经纳滤处理后，会去除水中大部分的有机物、重金属和二价离子，可减少后续反渗透系统污染和结垢的风险，降低反渗透运行压力，保证整个系统稳定运行。

纳滤作为反渗透预处理系统时，纳滤膜的设计通量通常为 10 ~ 12LMH。设计时一般采用低通量、段内大循环量的运行方式，以减缓膜污染速度和延长清洗周期。为了防止膜表面有机物污染和浓差极化产生结垢，每段均需设置循环泵，每只膜循环流量为 10 ~ 12m^3/h。该运行方式可将纳滤膜系统化学清洗周期控制在 1 个月以上。纳滤除了可以作为反渗透膜的预处理外，通过调整纳滤膜的结构形式，将普通纳滤膜片做成碟管式纳滤膜（DTNF），可以充分发挥 DTNF 对有机物的截留作用，利用 DTNF 技术处理纳滤、反渗透或者 DTRO 膜浓缩液，对膜浓缩液中的有机物进一步提取，以利于膜浓缩液的后续处理与利用。

目前比较常用的纳滤膜有陶氏的 NF270 – 400、GE 的 DK – 8040F。这种类型的膜具有膜面积大、运行压力低、抗污染性能好和出水稳定等特点。但纳滤膜的采用会产生 15% ~ 20% 的膜浓缩液，降低深度处理系统的回收率。

需要指出的是，DTNF 膜组件与 DTRO 膜组件具有相同结构，均具有开放式的流道结构，流道宽、流程短，导流盘表面有一定方式排列的凸点，使得废水在膜表面湍流运行，以有效地避免膜堵塞和浓度极化现象，延长膜组件寿命，并易于清洗。DTNF 对进水水质要求较低，可适用于高硬度、高有机物、高盐分的膜浓缩液的预处理，实现膜浓缩液中重金属、腐殖酸、结垢离子等与单价盐的分离，可解决目前渗滤液膜浓缩液蒸发处理工艺中易结垢、起泡多及出水不达标等问题，实现渗滤液处理的"零排放"。

渗滤液膜浓缩液经过 DTNF 处理后，得到的含大量重金属、有机物的膜浓缩液，可以通过混凝沉淀后去除重金属，混凝沉淀出水通过高级氧化工艺，改变有机物的分子结构，再返回调节池。可有效解决重金属富集和难降解有机物对生化工艺的影响问题。通常情况下，DTNF 对单价盐的截留为 10% ~ 30%，对二价盐的截留率为 95% ~ 98%，设计膜通量 9 ~ 13LMH，设计回收率 80% ~ 90%，运行压力 50 ~ 60bar（1bar = 10^5Pa，下同），膜浓缩液电导率 130000 ~ 180000μS/cm。DTNF 系统工艺流程图可参照 DTRO 系统工艺流程简图。

6.1.2.4 反渗透

当两种含有不同盐类的水，如用一张半渗透性的薄膜隔开就会发现，含盐量少的一边的水分会透过膜渗到含盐量高的水中，而所含的盐分并不渗透，这样，逐渐把两边的含盐水浓度融合到均等为止，这一过程称为渗透。反渗透指与溶液自然渗透反方向的渗透，即溶剂从高浓度向低浓度溶液渗透的过程。然而，要完成这一过程需要很长时间。但如果在含盐量高的水侧，施加一个压力，其结果也可以使上述渗透停止，这时的压力称为渗透压力。如果对渗透压高的一侧加压，则渗透压高的一侧的水会透过膜，而盐分剩下，此过程称为反渗透（RO）。

反渗透膜孔径一般小于 1nm，能截留几乎全部离子和小分子物质，只允许溶剂（一般是水）通过，其截留物质的相对分子质量一般小于 200。RO 膜属于无孔的致密膜，其传质过程为溶解—扩散过程（静电效应引起）。其原理示意图如图 6.4 所示。

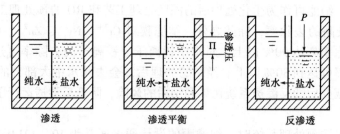

图 6.4 渗透过程原理图

反渗透驱动压力的大小取决于溶液的种类、浓度和温度等因素。

各种溶液的渗透压力通常可根据范霍夫（Van't Hoff）公式（6-3）计算。

$$\Pi = ic_sRT = 8.3141ic_sT \tag{6-3}$$

式中　Π——渗透压力，kPa；

　　　i——范霍夫系数，当电解质完全解离时，其值等于解离的阴阳离子的总数；

　　　c_s——溶液中溶质的物质的量浓度，mol/L；

　　　R——气体常数，$8.3141 L \cdot kPa/(K \cdot mol)$；

　　　T——热力学温度，K。

例如，求苦咸水在25℃时的渗透压，可做如下近似计算，设：

$$c_s = 0.1 mol/L$$

$$T = 273 + 25 = 298K$$

$$i = 2（全部按照 NaCl 计算）$$

由式（6-3）可得

$$\Pi = 8.3141 \times 2 \times 0.1 \times 298 = 495.52 Pa$$

（1）反渗透的性能参数

反渗透膜组件的基本性能一般包括通量、脱盐率和抗压密性等，这是衡量反渗透膜组件性能的三个主要参数。

①膜通量。膜通量是每单位时间内通过单位膜面积的水体积流量。对于一个特定的膜来说，通量的大小取决于膜的物理特性（如厚度、化学成分、空隙率）和系统的运行条件（如温度、酸碱度、膜两侧的压力差、液体的盐浓度和液体通过膜表面的线速度）等因素。

②脱盐率。脱盐率是评价膜分离性能的常用指标，主要是指截留溶质的百分率。

③压密系数。促使膜材质发生物理变化的主要原因是由于操作压力与温度所引起的压密作用，从而造成通量下降。

（2）反渗透膜的分类

①根据膜材料化学组成分类

a. 醋酸纤维素膜（CA膜）。以二醋酸纤维素和三醋酸纤维素及二者混合物为原料，调制铸膜液，之后将铸膜液刮平、溶剂（如乙醇或乙醚等）挥发，凝胶固化，热处理等多道工序制成。制成的成品膜厚约100μm，包括致密层（0.2μm）及多空支撑层。CA膜的化学稳定性较差，易水解，膜性能衰减较快，操作压力较高。但是CA膜有一定的抗氧化性，膜表面光洁，不容易发生结垢和污染。

b. 芳香族聚酰胺膜（TFC）膜。薄膜复合膜是将完全不同的材料浇筑在多空聚砜支持层上，由于这两层材料不同，所以复合膜不易被压密。TFC膜具有化学稳定性较好、耐生物降解、操作压力低、高脱盐率、高通量等优点。但是不耐氯气及其他氧化剂，抗污染和结垢的性能较差。

②根据膜材料的物理结构分类

a. 均态膜。厚度均一，致密层厚，透水量小。

b. 非对称膜。厚度不均一，致密层薄，透水量大，强度好。

③根据膜用途不同分类　反渗透膜可分为苦咸水膜和海水淡化膜。垃圾渗滤液含盐量高，多采用海水淡化反渗透膜，常用的海水淡化膜有 DOW 的 SW 系列、GE 的海水淡化膜系列。

④根据膜材料结构不同分类　反渗透膜组件是由膜、支撑物或连接物、水流通道和容器按一定的技术要求制成的组合构件。根据膜的几何形状，反渗透组件主要有四种基本形式：中空纤维式、卷式、板框式、管式和叠管式。

a. 板框式膜组件。板框式膜组件是由承压板、微孔支撑板和反渗透膜组成。在每一块微孔支撑板的两侧是反渗透膜，通过承压板把膜组装成重叠的形式，并由一根长螺栓固定以"O"形密封圈进行密封。

b. 中空纤维式膜组件。中空纤维膜组件通常是先将细如发丝的成千根中空纤维（膜）沿着分配管外侧，以纵向平行或呈螺旋状缠绕两种方式，排列在中心分配管的周围而形成纤维芯；再将其两端固定在环氧树脂浇铸的管板上，使纤维芯的一端密封，另一端切割成开口而形成中空纤维元件；然后将其装入耐压壳体，加上端板等其他配件最终形成组件。通常的中空纤维膜组件内只装一个元件。

c. 卷式膜组件。卷式膜元件：膜袋和网状分隔层一起围着轴心与透过液收集管卷绕。膜袋由两张膜以及两张膜之间的多空网状支持层构成，膜袋的三条边经黏合剂密封，第四条边粘到组件中央的透过液收集管的狭缝通道上。原水从一端流入，在压力的推动下，沿轴向流过膜袋之间的网状分隔层，从另一端流出。而透过液在膜袋内多孔网状支撑层沿径向垂直方向，螺旋式流进中央透过液收集管。

卷式膜组件由膜元件及装载膜元件的承压壳体（压力容器）构成。卷式膜组件中，原水由组件顶端进入，在膜元件的格网中沿中心管平行方向流动。淡水从两侧的膜透过，沿卷膜的方向旋转流进中心集水管，然后引出；浓缩水流入下一个膜元件作为进水，并依次流过组件内的每个膜元件进行脱盐，直至排出。卷式反渗透作用机理如图 6.5 所示。

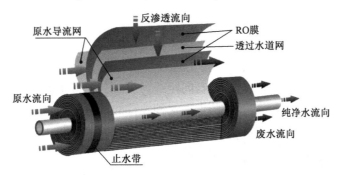

图 6.5　卷式反渗透作用机理图

d. 管式膜组件。管式组件分为内压管式和外压管式，主要由管状膜及多孔耐压支撑管组成。外压管式组件是直接将膜涂布在多孔支撑管的外壁，再将数根膜组件置于承压容器内。内压管式膜组件是将反渗透膜置于多孔耐压支撑管的内壁，原水在管内承压流动，淡水透过半透膜由多孔支撑管壁流出后收集。

e. 叠管式膜组件（DTRO）。DTRO 膜组件由膜片、导流盘、密封圈、中心拉杆和耐压套管组成。膜片和导流盘间隔叠放，放在导流盘两面的凹槽内，用中心拉杆穿在一起，置入耐压套管中，两端用金属端板密封。膜柱中各个部件如图 6.6 所示。

膜片：由两张同心八角状反渗透膜和膜中间夹丝状支架组成，这三层材料通过高精度仪器焊接而成，使之具有耐压、耐蚀等效果；流道宽度为 3mm，而卷式封装的膜仅有 0.2mm。

导流盘：导流盘采用特殊的凹点设计，使碟管式膜组件具有特殊的流道结构，有效降低膜污染。料液入口进入压力容器中，从导流盘与外壳之间的通道流到组件的另一端，在另一端法兰处流出。

密封圈："O"形橡胶垫圈在中心拉杆上置于导流盘两侧的凹槽内起到支撑膜片、隔离膜浓缩液的作用。

中心拉杆：净水在膜片中间沿丝状支架流到中心拉杆外围由出口排出。

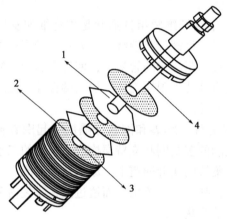

图 6.6　DTRO 结构示意图

1—膜片；2—碟片；3—布水器；4—连接杆

DTRO 膜组件中原水通过膜柱底部下法兰和套筒之间的通道达到膜柱上法兰，从上法兰进入导流盘，进水以较高的速度从安装在导流盘之间膜片的下表面流入到上表面，膜浓缩液从导流盘中心的槽口流出，进入下一膜片，从剖面看膜浓缩液流向形成双"S"形行进路线，膜柱末端最后的出水就是浓缩液；产水由膜片两侧进入内夹层，并通过膜片中间的导流网，进入产水通道。其示意图如图 6.7 所示。

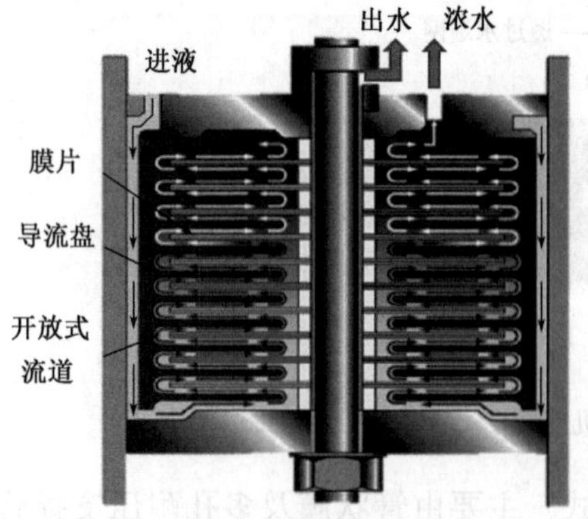

DTRO 膜组件具有耐高压、抗污染的特性。其导流盘间距约为 3mm，且导流盘的上下表面有不规则的凸点，这种独特的构造易形成湍流，降低膜堵塞和膜表面浓差极化现象，改善膜运行环境，延长膜片的使用寿命。

f. 网管式反渗透膜（STRO）。网管式膜组件即 Spacer Tube 膜组件（ST 膜组件）是平板膜组件技术领域的一大进步，其技术由德国 GKSS 研究所始创，并由 R. T. S. ROCHEM 公司不断深化改进，形成系列产

图 6.7　DTRO 膜组件流道示意图

品 & 系统集成技术。ST膜组件是专门为渗滤液处理而开发的一种新型结构膜组件，其采用卷式膜结构，膜片采用工业抗污染RO膜或NF膜（组成STRO或STNF膜组件），格网通道采用了区别于一般卷式膜的平行格网结构，从而使得一般卷式膜无法应用的地方它能长期稳定运行。

传统的卷式膜组件由膜片卷绕在中心透析管上，并通过格网形成间隔。传统的格网为菱形结构，阻力较大。STRO膜组件的格网采用梯形结构，废水在格网形成的通道内流动，如同在管式膜内流动，阻力较菱形格网要小很多，同时，内部横向的加强筋可以增加料液流动时候的紊流，降低膜的浓差极化作用，从而使得STRO膜组件的耐污染能力得到极大的提高。STRO膜格网与常规卷式膜格网的区别如图6.8所示，STRO膜组件结构如图6.9所示。

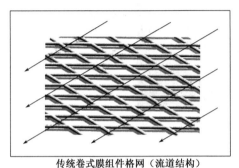

传统卷式膜组件格网（流道结构）

图6.8　常规卷式膜格网示意图

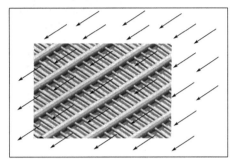

ST膜组件格网（流道结构）

图6.9　STRO膜组件结构示意图

一个完整的STRO膜组件主要包括如下部分：
· STRO膜芯（滤膜元件）。
· 进出水导流盘及管道。
· 中心拉杆。
· 压力容器（外壳）。

STRO膜组件的核心是滤膜元件，它由膜垫和间隔物组成，包裹成管状元件。组装完成的滤膜元件会被推入杆状的透析液出口和收集装置上。滤膜元件在两侧末端设有凸缘，凸缘包含待分离浓缩的进料的输入口和膜浓缩液输出口。边界元件密封在管元件上，STRO元件被覆盖在压力容器中。STRO膜组件模块化单元如图6.10所示。

废水从STRO膜组件端头直接进水，经过一个导流分配盘将废水均匀地分配到膜组件进料端面。在压力作用下，透析液通过格网流入中间透析液收集管，其余截留废水通过平行格网流出膜浓缩液管。膜组件通过串联以实现水回收率的提高和能耗的降低。STRO膜组件流道示意如图6.11所示，STRO膜组件串联设计如图6.12所示。

STRO是在卷式RO的基础上改进而成，具有结构简单、抗污染、耐高压的特性。通过进水流道和卷制方式的改进，减少了淡水流道的压力损失，克服普通反渗透膜组件常见的膜污染和结垢问题。其开放的流道设计使膜清洗效果更好，性能恢复更容易，相对于DTRO水的行程短，运行压降小，降低系统能耗。

因此，STRO与DTRO相比，其堆填面积更大，同等处理规模下，占地面积和造价较低。但其在抗污堵和膜更换方面缺乏优势。

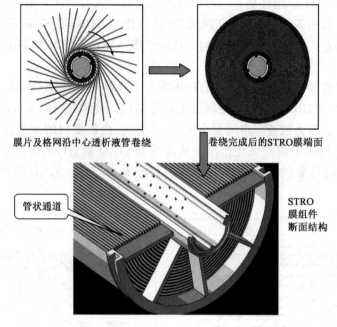

膜片及格网沿中心透析液管卷绕　　卷绕完成后的STRO膜端面

图 6.10　STRO 膜组件模块化单元示意图

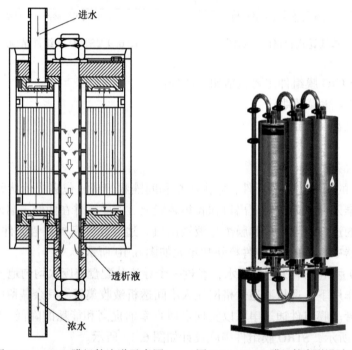

图 6.11　STRO 膜组件流道示意图　　图 6.12　STRO 膜组件串联设计示意图

（3）反渗透膜的分离原理

反渗透脱盐的机理到目前还没有一个公认的解释。目前存在两种理论：毛细孔流模型和溶解扩散模型。毛细孔流模型认为水分子在膜表面形成纯水层，而膜上存在非常细小的孔，纯水可以通过这些孔透过膜；而溶解扩散模型认为水分子可以通过膜中的分子节点扩散到另一侧。这两个理论都认为水分子在固液界面上被优先吸附并通过，盐类和其他的物质被截留。水与膜表面之间有弱的化学结合力，使得水能够在膜的结构中扩散。膜的物理和化学性质决定了在传递过程中水比盐具有更快的扩散速率。水在膜中的透过量（即产水）可以由式（6-4）确定。

$$Q_w = (\Delta P - \Delta \Pi) K_w S / d \tag{6-4}$$

式中　Q_w——水的通过量；

$\quad\quad\Delta P$——膜两侧的压力差；

$\quad\quad\Delta \Pi$——膜两侧的渗透压差；

$\quad\quad K_w$——膜的纯水渗透系数；

$\quad\quad S$——膜面积；

$\quad\quad d$——膜分离层厚度。

式（6-4）通常可以被简化为式（6-5）。

$$Q_w = A(\text{NDP}) \tag{6-5}$$

式中　A——膜的水透过常数；

$\quad\quad$NDP——净驱动力（Net Drive Pressure，NDP）。

盐在反渗透中也会有部分透过膜，而盐在膜中的透过量可以使用式（6-6）来描述。

$$Q_s = \frac{\Delta C \, K_s S}{d} \tag{6-6}$$

式中　Q_s——膜的透盐量；

$\quad\quad K_s$——膜的盐渗透系数；

$\quad\quad\Delta C$——膜两侧盐浓度差；

$\quad\quad S$——膜面积；

$\quad\quad d$——膜厚度。

式（6-6）可简化为式（6-7）。

$$Q_s = B\Delta C \tag{6-7}$$

式中　B——膜的盐透过常数；

$\quad\quad\Delta C$——盐浓度差（盐的扩散驱动力）。

从式（6-6）和式（6-7）可以看出，对于一个已知的膜来说，膜的水通量与总驱动压力差成正比；膜的透盐量与膜两侧的浓度差成正比，与操作压力无关。

透过液的盐浓度（C_p）取决于透过反渗透膜的盐量和水量的比，见式（6-8）。

$$C_p = \frac{Q_s}{Q_w} \tag{6-8}$$

由于水分子和盐类物质在膜中的传质系数不同，从而达到了水与盐分离的目的。任何一种膜都不大可能对盐具有完全的脱除性能，实际上是传质速率的差别造就了脱盐率的不同。式（6-6）~式（6-8）给出了设计反渗透系统必须考虑的一些主要的因素。通常反渗透不会百分之百的截留水中的溶解性物质，因此各种盐分均具有一定的透过率。原水中溶解性杂质采用式（6-9）计算。

$$S_p = \frac{C_p}{C_{fm}} \times 100\% \tag{6-9}$$

式中　S_p——透盐率（Salt Passage），%；

$\quad\quad C_p$——透过液盐浓度；

C_{mf}——料液的平均盐浓度。

整理可得式（6-10）、式（6-11）。由式（6-11）可以看出，净驱动力 NDP 的增加可以降低透盐率，这也就是为什么随着压力的升高，系统的脱盐率也升高的原因。

$$S_{p} = \frac{Q_{s}}{Q_{w}C_{fm}} \times 100\% \tag{6-10}$$

$$S_{p} = \frac{B\Delta C}{A(\mathrm{NDP})C_{fm}} \times 100\% \tag{6-11}$$

脱盐率（Rej.）是由式（6-12）计算得出的。

$$Rej. = 100\% - S_{p} \tag{6-12}$$

式中　$Rej.$——脱盐率（Rejection），%。

除了上述几个对反渗透具有影响的参数以及公式外，还有一些必须了解的概念。比如，产品水（透过液）、浓缩液、回收率和浓差极化。下面对回收率和浓差极化做简单说明。

通常，将回收率定义为进水转化为产水的百分率。回收率是反渗透系统设计和运行的重要参数，其计算公式为（6-13）。回收率的大小直接影响透盐率和产水量。回收率增加时，膜浓缩液侧的盐浓度增加更快，致使透盐率增加、渗透压上升以及静驱动压力（NDP）降低，产水量降低。

$$Rec. = \frac{Q_{p}}{Q_{f}} \times 100\% \tag{6-13}$$

式中　$Rec.$——回收率，%；

　　　Q_{p}——产水流量；

　　　Q_{f}——进水流量。

浓差极化是指当水透过膜并截留盐时，在膜表面会形成一个流速非常低的边界层，边界层中的盐浓度比进水本体溶液盐浓度高，这种盐浓度在膜表面增加的现象叫做浓差极化。浓差极化会使实际的产水通量和脱盐率低于理论估算值。浓差极化效应如下：膜表面的渗透压比本体溶液中高，从而降低 NDP；降低水通量（Q_{w}）；增加透盐量（Q_{s}）；增加难溶盐的浓度，超过其溶度积并结垢。

浓差极化因子（β）被定义为膜表面盐浓度（C_{s}）与本体溶液盐浓度（C_{b}）的比值，如式（6-14）。通常产水通量的增加会增加边界层的盐浓度，从而增加 C_{s}；而给水流量的增加会增大膜表面流速，削减边界层的厚度。因此 β 值与 Q_{p} 成正比，与平均进水流量（Q_{favg}）成反比，如式（6-15），式中：K_{p} 为比例常数，其值取决于反渗透系数的构成方式。平均进水流量采用进水量和浓缩液流量的算术平均值，β 值可以进一步表达为膜元件透过液回收率的函数，如式（6-16）。美国海德公司推荐的一级反渗透系统浓差极化因子极限值为 1.20，对于一支 40 英寸长的膜元件来说，大约相当于 18% 的回收率。对于双级反渗透的第二级，由于其进水含盐量已经显著降低，因此其 β 值可以适当放宽到 1.40，在某些情况下可以容忍到 1.70。

$$\beta = \frac{C_{s}}{C_{b}} \tag{6-14}$$

$$\beta = K_{p}e^{\frac{Q_{p}}{Q_{favg}}} \tag{6-15}$$

$$\beta = K_{p}e^{\frac{2Rec}{2-Rec}} \tag{6-16}$$

（4）反渗透在渗滤液处理中的应用

反渗透膜对高价离子及复杂单价离子的脱盐率可以超过99%；对单价离子如：钠离子、钾离子、氯离子的脱盐率稍低，但也可超过了98%；对分子量大于100的有机物脱除率也可超过98%，但对分子量小于100的有机物脱除率较低。根据渗滤液的水质特征，反渗透分离技术能有效截留其中溶解态的有机和无机污染物。Hurd等的研究表明，在一定的操作压力下RO膜对TOC和Cl^-的去除率达到96%以上，对氨氮的去除率高于88%。另有研究人员采用陶氏公司的SW30—2521型卷式膜对渗滤液进行中试研究，结果表明渗滤液经过RO膜处理后，其中的有机物和无机污染物被有效地去除，出水回收率约为80%，出水可达到GB 16889—2008《生活垃圾填埋场污染控制标准》中相关的出水水质要求。

依据反渗透对有机物和各种离子的去除能力，渗滤液处理中，反渗透膜主要用于去除水中的溶解性无机物，降低产水的TDS，满足产水回用要求。

不同结构形式的反渗透膜原件可用于不同的处理阶段。例如，普通的卷式反渗透膜原件一般用于处理纳滤产水或者微滤产水。需要指出的是，在反渗透膜用于处理纳滤或微滤产水时，回收率只能做到75%左右，且由于水质条件限制，反渗透膜采用低通量、段内大循环运行，一般设计通量在10~15LMH之间，段内循环流量为每只膜原件10~12m³/h。

卷式反渗透膜也可以用于二级反渗透系统，在渗滤液系统中，部分地区对产水总氮有要求，可采用二级反渗透将产水总氮控制在30mg/L以内。二级反渗透运行环境良好，一般设计回收率可达到90%左右，运行通量可达到15~20LMH。

除卷式反渗透膜，STRO和DTRO膜系统也可用于渗滤液处理。STRO和DTRO具有良好的抗污染性和化学清洗恢复能力，常用于处理纳滤或者反渗透膜浓缩液，进一步减少膜浓缩液量。

STRO/DTRO系统设计由进水泵、保安过滤器、高压泵、循环泵、膜原件及清洗系统组成。进水泵为膜系统提供足够的处理水量；保安过滤器可过滤水中的颗粒物质和大于5μm的杂质，防止进入膜系统，损坏膜元件；高压泵为膜提供足够的过滤压力，高压泵的选择需考虑系统的进水水质、回收率、膜浓缩液水质等因素，还应考虑膜原件的承压范围。STRO/DTRO工艺流程图如图6.13所示。

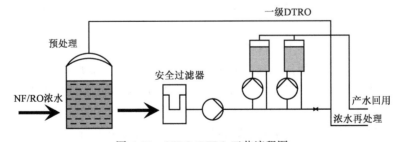

图6.13　STRO/DTRO工艺流程图

为了延长工作时间，避免频繁清洗，一般采用低通量、错流过滤的方式。通常情况下，在膜浓缩液处理中，设计通量为12.5~15LMH，设计回收率为50%~60%，运行压力为60~80bar。STRO/DTRO膜浓缩液侧电导率最大可以做到100000~120000μS/cm。采用STRO/DTRO处理渗滤液膜浓缩液，具有出水稳定、抗污染性能好、使用寿命长、膜组件易于维护、自动化程度高等优点。

6.1.3 膜系统维护与故障处理

6.1.3.1 膜系统影响因素

（1）微滤膜的影响因素

在膜运行过程中，进水中的一些污染物会附着在膜表面、进入膜结构内部，堵塞膜孔等，造成膜污染，进而膜通量下降。

造成膜污染或损害膜的物质主要分为以下几类：

①脂类、大分子类。所有的油脂类、大多数有机大分子、含硅酸盐的所有物质、含有硬脂酸的所有物质。

②聚合物类。长链的阴离子聚合物对微滤膜性能的危害最为严重，长链的阳离子聚合物是次之，短链的阴离子聚合物和阳离子聚合物有时对产水流量起到积极影响。

③其他有害物质。在高浓度下（大于1000ppm）损害PVDF膜的物质：乙醛、丙酮、双丙酮醇、二甲基甲酰胺、乙酸乙酯、乙烷基酮、苯甲酸乙酯、异丙酸乙酯、异丙醚、涂料、甲基丙酮、甲丁酮、甲基二氯化物、5%浓度以上的氢氧化钠等。

（2）纳滤与反渗透膜的影响因素

产水通量和脱盐率是纳滤和反渗透运行过程中的关键参数。膜产水通量和脱盐率主要受压力、进水含盐量、温度、流量、pH值以及回收率等因素影响。主要因素的介绍如下。

①操作压力的影响。产水通量的增加与压力成正比。理论上说，如果为了得到足够的产水量，在不增加膜面积的情况下，只需要增加进水的压力即可。但是在实际的运行中，这必然带来能源的大量消耗，因此工程中会将压力设计在一定的范围内，通过膜组件的串联、并联实现产水率和回收率的调控。脱盐率同样和压力成正比，但是不同用途膜组件的脱盐率随压力的变化趋势是不同的。

②给水流量的影响。给水流量对产水率和脱盐率同样存在影响，只是这种影响比较缓和，并不剧烈。随着给水量的增加，膜表面的流速也增大了，这使得压力随之上升，同时由于流速的升高减少了膜表面的浓差极化，从而提高了脱盐率。

③给水含盐量的影响。在一定压力下，当给水中的含盐量增高时，产水量就会减少。这是因为给水的渗透压变高，有效压力随之降低的缘故。脱盐率受含盐量影响也非常大，对除海水淡化膜以外的反渗透膜来说，通常含盐量增高时，脱盐率会下降。当进水含盐量在一定范围时，随着含盐量的增加，脱盐率会稍许增加。海水淡化反渗透元件通常更加致密，即使在给水含盐量高时，脱盐率会下降得依然非常缓慢。

④温度的影响。温度对脱盐率和产水率的影响较大。对全部类型的反渗透膜元件来说，当温度升高时，由于水的黏度降低，产水量也随之增加。通常在相同压力下，温度每上升或下降1℃，产水量可增大或降低3%~4%。另一方面，温度对于膜脱盐率的影响因膜材质的不同而不同，通常情况下，温度增高，脱盐率会降低。这是由于当温度上升时，盐的扩散速度就会增大的缘故。

⑤回收率。回收率是指产水量和进水流量的比值。在压力一定时，伴随着回收率提高，膜表面的浓差极化现象也更加严重，有效压力则相对减少，从而导致产水量下降，脱盐率降低。反渗透系统在设计和调试时，回收率的确定与原水水质密切相关。回收率增高，会导致膜浓缩液中的盐含量较高，导致膜浓缩液侧的离子很容易在膜表面结垢，会对膜带来较大的危害。

⑥pH 值的影响。pH 值对纳滤和反渗透膜元件的影响有两个方面，在正常运行时，不同 pH 对脱盐率的影响；在清洗时，不同 pH 值清洗液的清洗效果以及清洗时 pH 值的范围。对第一点来说，正常运行时的 pH 值应该接近中性，即 pH 值为 7 左右。这是有两个因素决定的：一是反渗透膜在 pH 值 7.5 ~ 7.8 时脱盐率最高；二是碳酸盐体系的平衡关系。碳酸根（CO_3^{2-}）、碳酸氢根（HCO_3^-）和二氧化碳（CO_2）存在如式（6-17）所示的平衡。

$$H_2CO_3 \leftrightarrow H^+ + HCO_3^- \leftrightarrow 2H^+ + CO_3^{2-} \tag{6-17}$$

这个平衡随 pH 值的变化而移动，当 pH 值小于 8 时，水中的 CO_3^{2-} 和 HCO_3^- 开始部分转化为 CO_2；当 pH 值小于 4 时，水中全部 CO_3^{2-} 和 HCO_3^- 都转化为 CO_2。反渗透膜元件对溶解在水中的 CO_2 是不能脱除的，这些 CO_2 透过膜元件到达产水侧后，会重新在水中转化为 HCO_3^-，使得产水电导率升高，pH 值出现一定程度下降。也不能为了排除 CO_2 的干扰而不加限制的提高 pH 值，这是因为 pH 值升高会降低碳酸盐的溶解度，导致结垢。因此，控制适当的 pH 值范围才能确保反渗透和纳滤膜元件可以正常运行。

在膜清洗方面，反渗透膜元件正常的耐受 pH 值范围在 2.0 ~ 12.0。通常采用酸性溶液来清洗无机盐垢，采用碱性溶液清洗有机污染。反渗透膜组件的进水隔网、产水隔网、无纺织布、粘接剂等，在清洗过程中，除了要考虑清洗剂对反渗透膜分离层的影响，还要考虑其对这些辅助材料的影响。在清洗中，反渗透膜元件所能耐受的 pH 值范围还和温度有关，总之，过高或过低的 pH 值会加速膜元件分离层的老化，降低膜元件的寿命。

除此之外，影响膜系统正常运行的因素还有膜结垢问题。垃圾渗滤液深度处理过程中，膜结垢现象主要是由于垃圾渗滤液具有较高的硬度、碱度、硫酸根，使之很容易在膜表面或膜孔内累积形成污垢，极大地影响了膜通量，使膜系统运行压力大大提升，可能会引发一系列问题。

6.1.3.2 膜系统清洗维护

微滤膜的清洗维护主要可分为清水冲洗/反冲洗和化学清洗。

（1）清水冲洗/反冲洗

日常运行时，所有膜组件的膜壳应全部被水充满，为达到此目的，膜组件的排气管路上应安装一阀门，运行时该阀关闭（绝大多数情况下这个位置安装的是一个止回阀，因此无需关注）。自来水经过减压阀调整到合适压力，当泵运行时，连续流经循环泵或化学清洗水泵（如是离心泵）的双密封用于冲洗。轴封水管路上需要安装压力表用于显示水压，另需压力开关，用于保护循环泵和化学清洗水泵（如是离心泵），只有轴封水压力高于 35psi（2.4bar）时才可以运行。为了确保空气能从充满滤过水的膜组件内逸出，排气管路上应安装一个球形止回阀，作为主管路上球形止回阀的旁通，浮球可避免透过水流出膜组件，但容许空气逸出。反冲用的压缩空气压力不得设置高于 12psi（0.8bar），否则会损害膜系统。

该方法中，使用冲洗水槽内的水做冲洗，由化学清洗水泵输送清水做冲洗操作（可在冲洗水槽内准备自来水或膜透过水皆可）。当自来水压力不足以推动冲洗时，需要采用这种清洗方法，此外膜透过水取代自来水做冲洗液也能保持浓缩槽内的水量平衡和物料平衡。

（2）化学清洗

在微滤膜的日常运行过程中，废水中的一些污染物会粘附在微滤膜表面上，这些物质会阻止滤过水（清水）透过膜层，造成膜污染。化学清洗就是提供一个将膜污染去除的方法，主要目标是为了恢复膜通量。在化学清洗过程中，需要注意以下几点。

①化学清洗原则。膜管内湍流状态下的进水可以有效缓解悬浮固体在膜表面的累积，因而，容许产水透过膜层。但事实上，膜面上还是会有少量的污染物累积，形成薄薄的饼层，从而影响产水流量。如果导致膜污堵的介质是有机物的话，例如浮油、润滑油、胶乳或光阻剂等，则膜通量下降会比较迅速。透过水流量（系统设计值）是系统运行中的最小产水流量，通常新系统或清洗后系统的产水流量一般比设计值高 50% ~ 100%。系统产水量将在几个小时、几天或几周内逐渐降低到设计值左右，此时，就需要实施一次化学清洗。

管式微滤膜组件可耐受很大浓度范围的酸性药液、碱性药液的膜清洗剂，使用这些药剂清洗由硬度离子、有机物等在运行中缓慢形成的饼层。化学清洗频率通常在实际运行中确定。但作为一个总的原则，应该在膜产水流量降低到设计流量的 50% 左右时，实施化学清洗。实际清洗周期随着进水特性的不同而异。

②化学适应性。膜组件在进水温度不超过 38℃、pH 值从 1 ~ 14 环境下都是化学惰性的，不过需要避免膜组件在温度超过 38℃ 或接触 5% 氢氧化钠溶液情况下运行。PVDF 膜本身是耐化学性能很好的，但是，各种膜组件内部其他部件是一般都是用 PVC 或 PE 材质制成的，因此系统整体不应接触过高浓度的有机溶剂，例如丙酮、甲苯、二甲苯、四氢呋喃等，否则这些部件会被溶解而损坏。

③常见的清洗程序包括：将悬浮固体从膜组件内冲出来或原位清洗；药液循环；冲洗整个系统使得 pH 值呈中性，或将残留次氯酸钠全部冲出系统等。如果使用超过一种药液清洗，则重复后两步操作。

针对不同污染物的典型化学清洗流程总结如表 6.3 所示。

表6.3 针对不同污染物的典型化学清洗流程表

污染物种类	预处理化学加药	典型化学清洗流程
有机物	50 ~ 100mg/L NaClO 5 ~ 10mg/L H_2O_2 活性炭	5% 质量浓度 NaOH 和 5% 质量浓度 NaClO 或者 0.3% ~ 3% 质量浓度 H_2O_2 循环 30 ~ 60min
碳酸盐 金属氧化物	PAC 聚合氯化铝 生石灰、熟石灰 使 pH 值保持在目标区间 （一般高于 9.5）	5% 质量浓度盐酸或硫酸循环 30 ~ 60min
粉末状 金属颗粒 微生物物质 （微生物）	使 pH 值保持在目标区间 （一般高于 9.5） 50 ~ 100mg/L NaClO 5 ~ 10mg/L H_2O_2	15% 质量浓度盐酸或硫酸循环 30 ~ 60min 5% 质量浓度 NaOH 和 5% 质量浓度 NaClO 或者 0.3% ~ 3% 质量浓度 H_2O_2 循环 30 ~ 60min
硬脂酸之类物质	50 ~ 100mg/L NaClO 5 ~ 10mg/L H_2O_2	5% 质量浓度 H_2SO_4 循环 10 ~ 15min，再与新鲜的酸混合，直到污染物去除；或用 H_2SO_4 和浓缩槽里石灰生成的硫酸钙污泥，并使产水循环。上述两种方法，不要把用过的化学清洗药剂回流到浓缩槽

污染物种类	预处理化学加药	典型化学清洗流程
无机胶体 （如 SiO₂） 游离油	维持 pH 值在目标范围内 （通常 pH 值为 9.5） 撇油器，分离器	5% 质量浓度 NaOH 浸泡 8 小时可能需要重复 碱性洗涤剂清洗方案 （例如 International Products Corp. 的 Micro 90）
微生物和生物膜	50～100mg/L NaClO 5～10mg/L H_2O_2 5～10mg/L 过氧乙酸 （CH_3CO_3H） （例如 Solvay 公司的 专有抗微生物 Oxistrong 15）	50～100mg/L NaOH 5～10mg/L H_2O_2 专门的强力抗菌剂 （例如 Advanced BioCatalyst Corporation 的 Accell 3） 专门的酶清洁剂

在反渗透运行中，膜污染是经常发生的故障之一。如果膜污染轻，对膜性能和操作没有很大影响，但是，如果膜污染严重，不仅使膜性能降低，而且，对膜的使用寿命产生较大的影响。引起膜污染的原因大致可分为三类：①原水中的亲水性悬浮物，在水透过膜时，被膜吸附；②原水中本来处于非饱和状态的溶质，在水透过膜后浓度提高变成过饱和状态，在膜上析出；③浓差极化使溶质在膜面上析出。

在①类的污染物中，包括浮游性悬浮物质和有机胶体（如蛋白质、糖质、脂肪类等）。对这类污染物最好在预处理时处理掉。属于②类的污染物主要是一些无机盐类，如碳酸盐、磷酸盐、硅酸盐、硫酸盐等。

污染膜的清洗方法包括物理法和化学法。

（1）物理清洗法

这是用淡水冲洗膜面的方法，也可以用预处理后的原水代替淡水。在 3kg/cm² 下冲洗膜面 30min，可以清除膜面上的污垢。纳滤和反渗透膜原件用于垃圾渗滤液中，由于渗滤液有机物、盐分较高，容易在膜表面产生浓差极化现象，在运行中，系统需设置自动重新装置，采用自身的产水定期冲洗膜表面，破坏浓差极化，防止膜污染。在膜系统停机时，膜系统也会自动用产水冲洗膜表面，将高浓度废水置换出膜系统。

（2）化学清洗

在正常操作过程中，膜组件内的膜片会受到无机盐垢、微生物、胶体颗粒和不溶性有机物质的污染。操作过程中这些污染物沉积在膜表面，导致标准化的产水流量和系统脱盐率分别下降或同时恶化。当下列情况出现时，需要清洗膜组件：

①标准化产水量降低 10% 以上。

②进水和膜浓缩液之间的标准化压差在 15% 以上。

③标准化透盐率增加 5% 以上。

④以上的标准比较条件取自系统经过最初 48h 运行的操作性能。

清洗安全注意事项：

①当准备清洗液时，应确保在进入元件循环之前，所有的清洗化学品充分溶解和混合。

②清洗化学药品在膜组件内循环之后，应该采用高品质的不含氯等氧化剂的水对膜组件进行冲洗（最低温度 >20℃）。推荐用膜系统的产水，如果不考虑管道腐蚀问题时，可用经脱氯的饮用水和经预处理的给水。在恢复到正常操作压力和流量前，必须注意，在启动清洗的时候，开始要在低流量、低压力下进行冲洗。此外，在清洗过程中清洗液也会进入产水侧，因此，产水必须排放 10min 以上或直至系统正常启动运行后产水恢复正常为止。

③对于直径大于6in（1in＝0.0254m，下同）的元件，清洗液流动方向与正常运行方向必须相同，以防止元件产生"望远镜"现象，因为压力容器内的止推环仅安装在压力容器的膜浓缩液端。在小型元件的系统清洗时也建议注意这一点，清洗流程如图6.14所示。

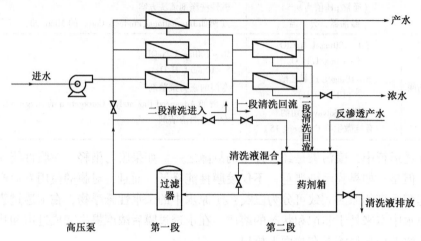

图 6.14　纳滤与反渗透的清洗流程

（3）清洗步骤

①配制清洗液。酸性清洗剂用于清除无机污染物，而碱性清洗剂主要用于清洗包括微生物在内的有机污染物。清洗液最好采用膜系统的产水配制，当然在很多情况下也可以使用经过预处理的合格产水来配制。表6.4为膜污染类型及可选的化学清洗试剂。

表6.4　膜污染类型及可选的化学清洗试剂

膜污染类型	优　　选	可　　选
生物污染①	0.1%（wt）NaOH 0.1%（wt）NaOH＋ 0.025%（wt）Na‐SDS	0.1%（wt）NaOH＋1.0%（wt）Na$_4$‐EDTA
硫酸盐垢①	0.1%（wt）NaOH＋ 1.0%（wt）Na$_4$‐EDTA	—
碳酸盐垢	0.2%（wt）HCl②	2.0%（wt）柠檬酸 1.0%（wt）Na$_2$S$_2$O$_4$ 0.5%（wt）H$_3$PO$_4$
铁污染	1.0%（wt）Na$_2$S$_2$O$_4$③ 0.5%（wt）H$_3$PO$_4$	2.0%（wt）柠檬酸 1.0%（wt）NH$_2$SO$_3$H
有机物污染	先用0.1%（wt）NaOH①清洗，再用0.2%（wt）HCl②清洗 先用0.1%（wt）NaOH＋0.025%（wt）Na‐SDS①清洗，再用0.2%（wt）HCl②洗	先用0.1%（wt）NaOH＋1.0%（wt）Na$_4$‐EDTA①清洗，再用0.2%（wt）HCl②清洗

①表示条件为pH值为12，最高温度30℃；

②表示条件为pH值为2，最高温度45℃；

③表示条件为pH值为5，最高温度30℃。

注：1.（wt）表示有效成分的重量百分含量。

　　2. NaOH表示氢氧化钠，Na‐SDS表示十二烷基苯磺酸钠，Na$_4$‐EDTA表示乙二胺四乙酸四钠，HCl表示盐酸，Na$_2$S$_2$O$_4$表示连二亚硫酸钠（亚硫酸氢钠），H$_3$PO$_4$表示磷酸，NH$_2$SO$_3$H表示氨基磺酸。

②输入清洗液。清洗液混合后，应以较低流量（表6.5所列值的一半）和压力置换元

件的原水清洗，其压力仅需达到足以补充进水至膜浓缩液的压力损失即可，即压力必须低到不会产生明显的渗透产水。低压置换操作能够最大限度地减低污垢再次沉淀到膜表面，提高清洗效果。

表6.5 高流量循环期间每支压力容器建议流量和压力

清洗压力①		元件直径	每支压力容器的流量值	
20~60psig	1.5~4.0bar	2.5in	3~5gpm	0.7~1.2m³/h
20~60psig	1.5~4.0bar	4②in	8~10gpm	1.8~2.3m³/h
20~60psig	1.5~4.0bar	6in	16~20gpm	3.6~4.5m³/h
20~60psig	1.5~4.0bar	8in	30~40gpm	6.0~9.1m³/h
20~60psig	1.5~4.0bar	8③in	35~45gpm	8.0~10.2m³/h

①表示取决于压力容器内元件数量；
②表示4英寸full-fit元件清洗流量为2.7~3.2m³/h；
③表示适用于full-fit、400和440平方英尺（$1ft^2 = 0.092903m^2$，下同）膜面积元件。

③循环。当原水被置换掉后，膜浓缩液管路中就应该出现清洗液，让清洗液循环回清洗水箱并保证清洗液温度恒定。

④浸泡。停止清洗泵的运行，让膜元件完全浸泡在清洗液中，有时元件浸泡大约1小时就足够了，但对于顽固的污染物，需要延长浸泡时间，如浸泡10~15h或浸泡过夜。为了维持浸泡过程的温度，可采用很低的循环流量（约为表6.5所示流量的10%）

⑤高流量水泵循环。按表6.5所列的流量循环30~60min。高流量条件下，将会出现过高压降的问题，单元件最大允许的压降为1bar（15psi），对于多元件压力容器最大允许压降为3.5bar（50psi），以先超出为限。

⑥冲洗。预处理后，合格的产水可以用于冲洗系统内的清洗液，除非存在腐蚀问题（例如，静止的海水将腐蚀不锈钢管道）。为了防止沉淀，最低冲洗温度为20℃。在酸洗过程中，应随时检查清洗液pH值变化，当在溶解无机盐类沉淀消耗酸时，如果pH值的增加超过0.5，就应该向清洗箱内补充酸，酸性清洗液的总循环时间不应超过20min，超过这一时间后，清洗液可能会被清洗下来的无机盐所饱和，而污染物就会再次沉积在膜表面，此时应该用预处理合格的产水将膜系统中的清洗液排放掉，并重新配置清洗液，进行第二遍酸性清洗操作。如果系统必须停机24h以上，则应该将元件保存在1%（重量比）的亚硫酸氢钠溶液中。对于大型系统的清洗之前，建议从待清洗的系统内取出一支膜元件，进行单元件清洗效果评估。

⑦重新启动系统。必须等待元件和系统达到稳定后，记录系统重新启动后的运行参数，清洗后系统性能恢复稳定的时间取决于最初膜污染的程度，为了获得最佳性能，有时需要多次的清洗和浸泡处理。此外，利用渗透作用也可清洗膜面。用渗透压高的高浓度溶液浸泡受污染的膜面，使其另一侧表面与除盐水相接触。由于水向高浓度溶液一侧渗透而使侵入膜内细孔或吸附在膜表面的污染物变成容易去除的状态，从而达到一定的清洗效果。

6.1.3.3 膜系统故障处理

本小结将主要介绍膜系统故障方面的相关内容，分为微滤膜常见故障以及纳滤反渗透等膜组件的常见故障。

（1）微滤膜故障处理

①微滤膜常见的故障

a. 钙镁结垢以及 PAM 导致膜污染，长期使用致使膜通量无法恢复；

b. 污泥浓度高，微滤膜堵塞或者产水量下降；

c. 微滤膜出水带泥。

②微滤膜故障解决办法

a. 微滤膜完整性检测。在膜系统运行中，如果出现产水浑浊或者带泥，应对膜的完整性进行检测，保证分离膜的完好是非常重要的。现场可采用压降检测（pdt）、声波检测（sat）对微滤膜的完好性进行检测和评估。如果出现微滤膜元件的破损，应及时修补或更换膜组件。

b. 膜污染导致膜通量下降。在其他情况都正常的情况下，如果膜通量下降，通常情况是由于膜污染引起的，检查膜污染情况和引起污染的原因，采用适当的化学清洗方式，可恢复膜通量。

c. 膜循环流量下降或没有循环流量。在排除循环泵故障后，引起微滤膜循环流量下降的主要原因是污泥浓度过高。污泥浓度过高是由于循环槽没有及时排泥或者排泥量太少引起，应加大排泥量，将污泥浓度降低到合理范围内。

另外，在微滤膜停机后，循环槽污泥沉降，重新启动系统后，高污泥浓度会引起微滤膜通道堵塞。这种情况，应在循环槽增加搅拌器，保证循环槽污泥浓度恒定，且在微滤膜启动前，应先将进水管路中的污泥循环均匀。

当遇到微滤膜通道堵塞后，应先将通道内的污泥清理干净，将微滤膜通道疏通，才可以再次运行。

（2）纳滤与反渗透膜故障处理

在纳滤和反渗透的运行过程中，脱盐率和产水量的下降是最常见的故障，膜元件进水流道的堵塞并伴随着组件压差的增加是另一类典型的故障，如果脱盐率和产水量较平缓地下降，这就表明系统存在正常的污堵，它可以通过恰当和定期地清洗来处理。而快速或突然的性能下降表明系统有缺陷或误操作，尽早采取相应的纠正措施十分必要，因为任何的拖延处理将会丧失恢复系统性能的机会，同时也会出现极低的产水量和极高的产水含盐量 TDS。以下为纳滤和反渗透出现故障的处理方法。

低产水量现象。如果系统出现产水率偏低的现象，确定问题的一般规律是：若第一段有问题，则存在颗粒类污染物的沉积；若最后一段有问题，则存在结垢；若所有段都有问题，则存在污堵。低产水量故障同时还会伴随有透盐率正常，偏高或偏低，根据不同的组合，可以总结出不同的故障原因。

a. 低产水率、除盐率正常现象。其主要是由微生物和天然有机物（NOM）等造成的，具体的主要有以下几个方面原因：

·当以相同的进水压力及回收率操作时，产水流量降低；

·当以相同进水压力运行时，如果生物污堵，滋生大量的生物物质时，系统的回收率降低；

·如果在相同的回收率下，需要保证产水量不变，就必须提高进水压力，当长期这样操作时，提高进水压力会产生恶性循环，因其加快膜污染速率，使得今后的清洗更加困难；

·当产生大片细菌污染或同时伴有淤泥污堵时，系统压差就会显著增加，压力容器两端的压差可作为出现污堵的敏感性指标，因此在系统内的每一段间安装压力监控装置十分必要；

·刚开始时，透盐率正常甚至较低，当大量污垢出现时，透盐率就会迅速增加；

·当进水、膜浓缩液或产水水样中含有大量微生物时，表示已产生或存在生物污染，当怀疑有微生物污染时，应该对项目进行系统地检查；

·触摸微生物膜就会感觉到十分滑腻并常有难闻的气味；

·燃烧时，生物膜样品的气味就如同烧焦羽毛的气味。

此外，还可能是保护液使用太久、太热或已被氧化，即使保存于亚硫酸氢钠溶液的膜元件或系统也可能产生生物污染，此时采用碱性溶液清洗或稀酸浸泡，通常可以恢复膜元件的产水流量，若需要继续保护膜元件，则应更新保护液，并将膜放置在阴冷干燥黑暗的环境下。也有可能是膜元件经干燥后，其中间支撑层聚砜的微孔尚未被润湿，而会使膜元件的产水量很低。

造成生物污染的原因是因为进水的微生物活性高，同时又未采取合适的预处理。故障纠正措施主要包括下列几方面：清洗并消毒整个系统，包括预处理和膜本体部分，同时应注意，如果清洗和消毒不彻底，会出现迅速地重新污染；

安装或优化预处理以应对原水的微生物污染；碱性清洗液（pH 值为 11）浸泡和冲洗；使用抗污染膜元件（FR）。

b. 低产水量、高透盐率现象。低产水量、高透盐率是最常见地系统故障，其可能原因是胶体污堵，此时应该及时查看原水污染指数（SDI）值记录，故障源于测定 SDI 不够或预处理出现故障；分析 SDI 测试膜上面的截留物；分析保安过滤器滤芯上的截留物；检查和分析第一段第一支元件端面上的沉积物，并根据污堵类型清洗元件，调整、纠正或改造预处理。

除了胶体污堵的原因，膜结垢也是出现低产水量、高透盐率的一大原因。膜结垢一般出现在未设置恰当的预处理而且运行回收率很高的膜处理系统中，结垢常发生在最后一段，然后逐渐向前一段扩散，含钙、重碳酸根或硫酸根的原水可能会在数小时之内即因结垢堵塞膜系统，含钡和氟的结垢形成很缓慢，这是因为他们的浓度通常较低。可采用如下纠正措施：采用酸或碱性 EDTA 溶液清洗，再分析清洗后的溶液离子成分，将有助于鉴别结垢成分和提高今后的清洗效果；根据结垢物的成分优化清洗方法；针对碳酸盐垢，应降低进水 pH 值，调整阻垢剂的加入量；针对硫酸盐垢，应降低回收率，调整阻垢剂的加入量和品种；针对氟化物垢，应降低回收率，调整阻垢剂的加入量或品种。

c. 低产水量、低透盐率现象。低产水量、低透盐率现象主要原因是膜压密化。当膜被压密化之后，通常会表现为产水量下降而脱盐率提高，正常操作时，膜片很少可能会有压密化现象，但在进水压力过高、高温、水锤等情况下有可能会发生明显的压密化倾向。此外，当系统中存在空气时，如果启动高压泵，就会出现水锤现象。膜元件发生压密之后，必须更换被损坏的膜元件，或在系统的后面新增膜元件。

此外，有机物污染也可能导致此种现象。进水中的有机物吸附在膜元件表面，会造成通量的损失，尤其是在第一段。在很多情况下，该吸附层对水中的溶解盐就像另一层分离阻挡层，堵塞膜面的孔道，导致脱盐率提高，严重时导致膜堵塞。高分子量且带有疏水基团或阳离子基团的有机物常常会造成这种效应，例如极微量的油滴或用于预处理部分的阳离子聚电介质等。常用的纠正措施有：清洗有机物，某些有机物易于清洗，而某些却根本无法清洗（如导热油）；纠正前处理，在保证絮凝效果情况下，应尽量减少絮凝剂的投加量；改造预处理，如增加油水分离器等；油性污堵可尝试用碱性清洗液清洗，例如 pH 值为 12 的氢氧化钠；阳离子聚电介质可用酸性清洗液清洗。

（3）膜系统高透盐率故障处理

①高透盐率、正常产水量现象。高透盐率、正常产水量，常常是由于"O"形圈泄漏。"O"形圈的泄漏可以用产水管内产水电导率探测仪检查，如果出现问题，应该及时更换老旧和损坏的"O"形圈。当与某些化学品接触或受到机械应力时，如由于水锤作用引起元件的运动，"O"形圈就会出现泄漏现象。在压力容器内的膜元件上正确设置，是避免"O"形圈泄露的重要措施，有时还会出现安装元件时，未安装"O"形圈、"O"形圈装得不正确等问题。

此外，产生此种现象的原因还有：

a. 望远镜现象，即膜元件可能会遭遇望远镜现象，进而发生机械损坏，膜元件的外包皮与膜元件错开并移向下游，甚至套到下一支膜元件上，轻微的望远镜现象不一定会损伤膜元件，但严重时，可能会造成粘接线和膜片的破裂。产生"望远镜现象"的原因是进水与膜浓缩液间的压差过大，8in 的膜元件由于膜截面面积更大，所以更容易出现这种现象。要确保在膜压力容器内安装抗应力环以支撑住 8in 膜元件的外包皮。较小直径膜元件由其产水管及其抗应力器来支撑，防止外包皮的滑动。出现"望远镜现象"后，应该用新元件更换被损坏的膜元件，并消除产生的原因。

b. 膜表面磨损。膜系统的前端元件常常最容易受到原水中结晶或具有尖锐外缘的悬浮物磨损。应检查水中是否有上述物质，经常更换保安过滤器滤芯等措施，防止膜组件受损。一旦发生这类事故就没有任何的补救方法，唯一的方法是改进预处理，并保证膜前高压管线内没有类似的颗粒物溢出，优化保安过滤器等方法，然后更换所有受损的膜元件。

c. 产水背压。任何时刻，产水压力高于进水或膜浓缩液 0.3bar，复合膜就可能发生复合膜层间的剥离，可通过产水探测法来确定这类损坏。

当打开受到产水背压严重损坏的膜叶时，通常还会看到平行于产水管的膜最外边出现折痕，折痕常常靠近最外侧的膜袋粘接线处。膜破裂现象最有可能出现在进水侧、最外侧和膜浓缩液侧这三处粘接密封线附近，其他位置受到进水网络的支撑，很多网格的小格内就会出现很多气泡状剥离，使得膜脱盐层受到强烈拉伸，进而膜组件的脱盐率降低。

②高透盐率、高产水量现象。高透盐率高产水量现象的原因主要是：

a. 膜氧化。当脱盐率降低并同时伴有较高的产水量时，其主要原因常常是膜元件被氧化后发生损坏，在膜接触的来水中含有余氯、溴、臭氧或其他氧化物时，通常前端的膜元件较其他位置更容易受到影响，中性或碱性条件下氧化作用对膜的伤害更大。如果不遵守 pH 值和温度条件的限制，采用含氧化性的试剂进行杀菌就会发生氧化性破坏，一旦膜元件受到氧化作用破坏，只能更换全部受损元件。

b. 泄漏。膜元件或产水中心管严重的机械损坏将导致进水或膜浓缩液渗入产水中，特别是当运行压力越高时，问题就越严重。

c. 高压降。进水与膜浓缩液间的高压差，有时又称为压降或 ΔP，将会沿膜元件水流方向产生很高的阻力，小直径膜元件的产水中心管将不得不承受这种压力，会由同一压力容器内，相邻原件的玻璃钢外包皮承受并传递这种压力，这样压力容器内的最后一只膜元件受到的推力最大，因为它必须承受由上游膜元件压降引起的推力总和，容易产生高压降的问题，造成膜组件损坏。

6.1.4　膜系统设计案例

6.1.4.1　纳滤膜和反渗透膜应用设计案例

纳滤膜和反渗透膜主要应用在垃圾渗滤液处理的深度处理阶段，纳滤的作用主要是为了降低水中的有机物和二价盐，防止后续的反渗透系统出现有机物污染或者结垢。而反渗透系统通常作为最后一步处理工艺，主要作用是脱除水中溶解性固体。下面以济南某项目渗滤液处理站为例，对纳滤和反渗透工艺的设计及计算进行说明。

其处理规模为300m³/d。结合现场调研情况，设计工艺流程如图6.15所示。渗滤液处理中的深度处理采用纳滤+反渗透的处理工艺，反渗透产水水质达到《城市污水再生利用工业用水水质》（GB/T 19923—2005）中敞开式循环冷却水水质标准。渗滤液处理站的设计进水水质如表6.6所示。

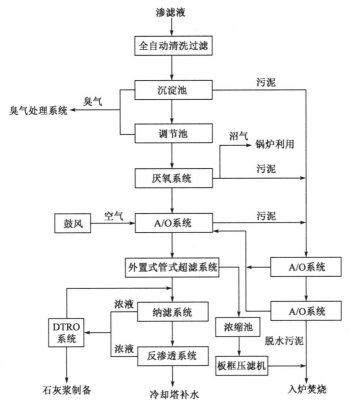

图6.15　济南某项目渗滤液处理项目工艺流程图

表6.6　渗滤液处理站设计的进水水质

序　号	主要指标	设　计　值
1	COD_{Cr}/（mg/L）	≤60000
2	BOD_5/（mg/L）	≤35000
3	氨氮/（mg/L）	≤2000
4	总氮/（mg/L）	≤2200
5	SS/（mg/L）	≤15000
6	pH 值	6～9

垃圾焚烧厂渗滤液处理站纳滤系统主要是去除水中二价盐和有机物，作为反渗透的预处理，设计遵循以下原则：首先需要确定垃圾焚烧厂渗滤液处理规模和纳滤的回收率，通过处理水量和回收率可以计算纳滤的产水量；在日常运行过程中，通过经验总结适合垃圾渗滤液处理的设计通量。通过产水量、通量、膜面积可以计算纳滤膜的使用数量，根据膜面流速计算需要的循环流量。其具体的设计如下，以渗滤液产生量 $Q = 400 m^3/d$ 为例。

（1）纳滤系统的相关计算

①设计处理量

$Q = 300 \times 1.2 = 360 m^3/d$（1.2 为设计富裕系数）

②膜元件数量　采用纳滤膜型号为 NF270-400，设计膜通量为 $12 L/m^2 \cdot h$，回收率为 85%，膜元件面积为 $37.2 m^2$，则理论计算膜数量：

$N_e = 360 \times 0.85 \times 1000/(24 \times 12 \times 37.2) = 28.56$ 支

考虑到膜壳选型，实际膜数量取 30 支。

③膜壳数量　按照标准 5 芯装膜壳计算，压力容器数量为：

$N_V = 30/5 = 6$

按照 2 段排列，一段 4 个，二段 2 个。

④高压泵选型

流量：$Q_f = 360/24 = 15 m^3/h$

压力：$H = 80m$（工程经验）

⑤循环泵选型

一段循环泵流量：$Q_{c1} = 4 \times 12 = 48 m^3/h$

一段循环泵压力：$H_{c1} = 40m$（工程经验）

二段循环泵流量 $Q_{c2} = 2 \times 12 = 24 m^3/h$

二段循环泵压力：$H_{c2} = 40m$（工程经验）

（2）反渗透系统的相关计算

①设计处理量

$Q = 300 \times 0.85 \times 1.2 = 306 m^3/d$

②膜元件数量　采用卷式反渗透，设计膜通量为 $10 L/m^2 \cdot h$，回收率为 75%，膜元件面积为 $37.2 m^2$，则理论计算膜数量：

$N_e = 306 \times 0.75 \times 1000/(24 \times 10 \times 37.2) = 25.7$ 支

考虑膜壳选型，实际膜数量取 25 支。

③膜壳数量　按照标准 5 芯装膜壳计算，压力容器数量为：

$N_V = 25/5 = 5$

压力容器数量为 5 个，按照 2 段排列，一段 3 个，二段 2 个。

④高压泵选型

流量：$Q_f = 306/24 = 12.75 m^3/h$

压力：$H = 300m$（工程经验）

⑤循环泵选型

一段循环泵流量：$Q_{c1} = 3 \times 12 = 36 m^3/h$

一段循环泵压力：$H_{c1} = 40m$（工程经验）

二段循环增压泵流量：$Q_{c2} = 2 \times 12 = 24 \mathrm{m^3/h}$

二段循环增压泵压力：$H_{c1} = 120 \mathrm{m}$（工程经验）

6.1.4.2　DTRO 膜应用设计案例

在 6.1.4.1 中所提项目由于要求近零排放，故需对其纳滤和反渗透浓缩液进行减量化处理。该项目纳滤膜浓缩液产生量为 $45 \mathrm{m^3/d}$，反渗透膜浓缩液产生量为 $63.75 \mathrm{m^3/d}$，总膜浓缩液量为 $108.75 \mathrm{m^3/d}$。DTRO 系统处理纳滤和反渗透膜浓缩液的混合液，设计进水水质如表 6.7 所示，DTRO 处理后，产水须保证系统出水满足回用标准，即达到《城市污水再生利用工业用水水质》（敞开式循环冷却水系统补充水）（GB/T 19923—2005）冷却用水标准。DTRO 的相关的设计如表 6.8 所示。

表 6.7　DTRO 进水水质表

类　型	总硬度 （以 CaCO$_3$ 计）/ （mg/L）	总碱度 （以 CaCO$_3$ 计）/ （mg/L）	COD$_{Cr}$/ （mg/L）	电导率/ （μS/cm）	Cl$^-$/ （mg/L）
混合浓液	3000	5000	2000	60000	10000

表 6.8　DTRO 相关设计指标表

编　号	项　目	参　数　值	单　位
1	小时处理量	5.5	m^3/h
2	设计回收率（产水率）	50	%
3	设计产水流量	2.75	m^3/h
4	设计膜浓缩液流量	2.75	m^3/h
5	浓缩倍数	2	倍
6	设计膜通量	12.5	LMH
7	设计膜组件	30219，PFG	—
8	单根膜面积	9.405	m^2
9	系统需求膜总面积	220	m^2
10	计算系统需用膜芯总数	23.4	支
11	设计系统采用膜芯总数	24	支
12	设计总膜面积	225.72	m^2
13	设计套数	1	套
14	设计运行方式	连续式	—
15	单套系统设计段数	1	段
16	设计操作压力	60~70	bar
17	设计最大操作压力	80	bar
18	高压泵数量	1	台
19	循环泵数量	1	台

6.2 化学软化技术

6.2.1 化学软化

化学软化法是指通过加入化学药剂，将水中的钙、镁离子、碳酸氢根离子和硫酸根离子等转化为难溶性的盐，形成沉淀去除。

石灰、烧碱和纯碱是常用的软化药剂。考虑对水质的要求，同时结合水中的硬度和碱度，可选用一种药剂或同时选用几种药剂。如果对水的软化程度没有过高要求，可以使用石灰或烧碱，即可消除水中的硬度。但由于烧碱投加量大、费用高，以及投加后导致溶解性总固体浓度上升，因此不宜单独使用。化学反应式如式（6-18）~式（6-22）所示。

$$CaO + H_2O \longrightarrow Ca(OH)_2 \tag{6-18}$$
$$Ca(HCO_3)_2 + Ca(OH)_2 \longrightarrow 2CaCO_3 \downarrow + 2H_2O \tag{6-19}$$
$$2Ca(OH)_2 + Mg(HCO_3)_2 \longrightarrow 2CaCO_3 \downarrow + Mg(OH)_2 \downarrow + 2H_2O \tag{6-20}$$
$$Ca(HCO_3)_2 + 2NaOH \longrightarrow CaCO_3 \downarrow + Na_2CO_3 + 2H_2O \tag{6-21}$$
$$Mg(HCO_3)_2 + 4NaOH \longrightarrow Mg(OH)_2 \downarrow + 2Na_2CO_3 + 2H_2O \tag{6-22}$$

如果对水的软化程度有更高的要求，可以同时使用石灰和纯碱，化学反应式如式(6-23) ~式(6-26) 所示。

$$CaCl_2 + Na_2CO_3 \longrightarrow CaCO_3 \downarrow + 2NaCl \tag{6-23}$$
$$MgSO_4 + Na_2CO_3 \longrightarrow MgCO_3 \downarrow + Na_2SO_4 \tag{6-24}$$
$$MgSO_4 + Ca(OH)_2 \longrightarrow Mg(OH)_2 \downarrow + CaSO_4 \tag{6-25}$$
$$CaSO_4 + Na_2CO_3 \longrightarrow CaCO_3 \downarrow + Na_2SO_4 \tag{6-26}$$

综上，通过投加石灰或烧碱或者是两种药剂混合投加的化学软化的方法，理论上可以实现水中硬度的完全去除。

6.2.2 化软微滤处理技术

由于渗滤液在预处理、厌氧和好氧生化的处理过程中，仅有有机质、氮、磷和悬浮物等物质得到了有效地去除，而如钙、镁、钠、钾等阳离子以及氯离子、硫酸根、重碳酸盐等阴离子物质并没有得到有效地去除。如果高硬度和碱度的水进入后续处理系统会增加设备的结垢风险。

图 6.16 所示为化软微滤系统流程图。利用化软和微滤组合工艺，通过向水中投加软化药剂，分步调节 pH 值，在降低水中的硬度、重金属的同时，也可以去除二氧化硅、镁离子等物质，软化出水直接进入微滤系统，使用微滤膜将生成的沉淀物与水分离，微滤系统出水进入后续处理系统。此工艺可大大降低水中硬度和碱度，减少后续膜处理系统的污染，保证设备的稳定运行。

化软微滤工艺在渗滤液处理中具有不可忽视的作用，其优点主要有以下几个方面：

①不需沉淀和预过滤，可直接进行过滤，实现固体颗粒和液体的分离；

②可在高 pH 值（pH 值大于 10）条件下持续运行，保证有效去除钙、镁、硅等离子的沉淀；

③可通过压滤机实现彻底的固液分离，实现液体全处理，无膜浓缩液排放；

④化学清洗药品仅需要常规的石灰、碱和氧化剂等；

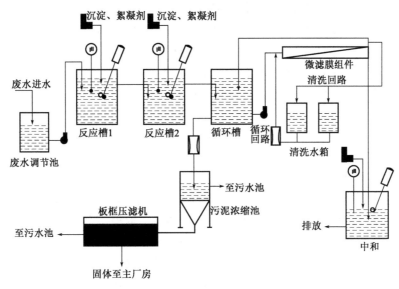

图 6.16　化软微滤系统流程图

⑤采用大流量错流过滤，在过滤的同时还有冲刷清洁膜表面的作用，膜面不易污染；

⑥耐受污泥浓度高，抗污染能力强；

⑦采用坚固的管式结构和烧结法成膜，从原理上杜绝了断丝泄漏现象的发生；

⑧软化 + 微滤可去除 30% ～ 40% 的有机物，去除 90% 以上的硬度、碱度和二氧化硅，可有效提高反渗透进水水质，优化反渗透运行环境，减少反渗透污堵和结垢，提高反渗透通量和回收率；

⑨0.1μm 的过滤孔径可以使产水浊度小于 1NTU，可以有效地保护反渗透膜，防止反渗透膜堵塞；

⑩降低膜浓缩液的硬度和碱度，降低了膜浓缩液处理的难度，也有利于膜浓缩液回用。

软化 + 微滤的缺点是会产生化学污泥，在垃圾焚烧发电厂，化学污泥通常送入垃圾仓同垃圾一起焚烧。

化软微滤技术的缺点主要是会产生无机污泥，需要进行进一步处理。除此之外，化学软化系统需要添加石灰水等，相应地会设有石灰储存仓、石灰水配制槽等附属设施、设备。

与化学软化技术协同使用的是膜分离技术，目前，在化软微滤系统中常用的有两种膜分离系统。

（1）TUF 管式微滤系统

TUF 管式微滤膜是一种复合材质的多孔材料，用于医疗、工业、吸附、过滤等行业。TUF 膜不同于普通的管式超滤或者管式微滤膜。普通的管式膜是采用在支撑材料层上浇筑膜材料的形式。这种膜支撑层和膜材料多为不同材料，黏附力不强，在运行中容易产生"脱皮"现象。部分 TUF 膜组件采用特殊的烧结工艺，将过滤膜材料与支撑层烧结在一起，有很好的黏结力。大大改善了 TUF 膜组件的使用寿命和效果。

TUF 膜分为两部分，膜壳和膜管；膜壳多采用 PVC、不锈钢或者 PVDF 材质；膜管也分两部分，支撑层和膜，塑料烧结支撑骨架材料为 HDPE 或者 PVDF，过滤膜材质为 PVDF，膜管直径是 1 英尺和 0.5 英尺，膜过滤孔径为 0.05μm、0.1μm、0.5μm，最新的 TUF 超滤过滤器是 20nm，截留分子量是 200kDa。其将膜材料穿透至整个支撑层的底部，膜能够结实地镶嵌入支撑管而"锚接"起来，使得这种类型的膜可以在 0～14 的 Ph 范围内长期稳定运行，可耐被压反洗，可耐高浓度悬浮物，耐摩擦，适合表面粗糙的颗粒，不容易破损。在相同的过滤精度下，比其他过滤膜通量大 2～3 倍。TUF 管式微滤膜的示意图如图 6.17 所示。

TUF 管式膜表面存在独特的"高峰和低谷"结垢，使得膜表面易出现湍流，以降低膜污染，但是，一部分粒径较小的颗粒和胶体容易在膜表面的"低谷"部分沉积，形成沉淀物，严重影响膜通量。因此，TUF 运行过程中，既要在一定的悬浮物浓度下运行，使颗粒物可以随着循环不断摩擦膜表面，达到自净的效果，也要尽量避免胶体类物质等进入膜组件，造成膜通量下降等情况。

（2）MSF 中空纤维膜微滤系统

MSF 中空纤维膜微滤膜主要用于盐水精制中去除饱和盐水中的硬度。近年来，这种膜被引入垃圾渗滤液行业中，作为化学软化之后的分离膜，取得一定范围内的应用。

膜结垢为内径为 3mm 的中孔纤维式膜，是一种外压型膜。膜外表膜采用双向拉伸膨体聚四氟乙烯，内部由聚四氟乙烯做支撑。由于，四氟乙烯材质具有极佳的不粘性和非常小的摩擦系数，因而，膜不易产生堵塞的现象，同时，该型膜的化学稳定性也表现优异。这些特点使得 MSF 膜组件的过滤压力通常仅需 0.05～0.1MPa，系统运行可靠、稳定。

MSF 中空纤维超滤膜在清洗时，只需轻微压力，即可通过反冲洗的方式，将膜表面污泥推离，使膜完成一个过滤周期。另外，反冲液中可加入少量次氯酸钠，以清洗膜表面。此外，由于聚四氟乙烯又是一种在强度、化学稳定性等方面表现优异，具备耐强酸、强碱、强氧化剂，抗紫外等方面的特点，使用寿命远超过纤维素及其衍生物、聚碳酸酯、聚氯乙烯、聚偏氟乙烯、聚砜、聚丙烯腈、聚酰胺、聚砜酰胺、磺化聚砜、交链的聚乙烯醇、改性丙烯酸聚合物等材质超滤膜。

MSF 膜为双向拉伸四氟纤维膜，膜开孔率较单向拉伸膜更大，强度更高，经测试单丝断裂强度超过 50lb（1lb = 0.45359237kg，下同）。制造时，膜孔径可根据要求在 0.001～0.5μm 范围内调节。开孔率达到 80%。膜表面不同孔径保证出水指标达到用户要求。MSF 型超滤膜水通量可达 100L/m² 以上，纯水通量可达 1000L/m² 以上，是同类产品的十倍至几十倍。其膜丝电镜图如图 6.18 所示。

图 6.17　TUF 管式微滤膜组件

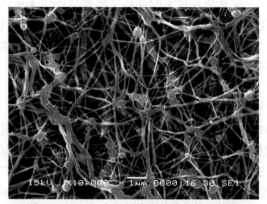

图 6.18　MSF 中空纤维微滤膜扫描电镜图

MSF 膜孔径在 0.001～0.5μm，可根据不同的过滤要求，做到完全表面过滤，使料液通过 MSF 膜表面，料液中的固体颗粒被阻隔在膜表面形成滤饼，反冲时滤饼被反向推动完全脱离膜表面。使污染物很容易地脱离，膜通量得以恢复，其过滤过程示意图如图 6.19 所示。

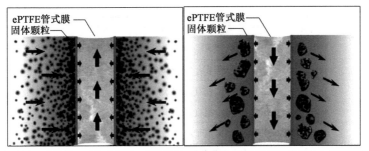

(a) 过滤：滤饼被阻隔在膜表面，滤液透过　(b) 反冲：滤液返流，滤饼完全推离膜表面

图 6.19　中空纤维管式膜组件过滤与反冲示意图

强度测试中 MSF 膜断裂隙强度每根膜丝大于 50lb，远超超滤、微滤膜等材质的抗拉强度，使得其使用寿命大大提高。除此之外，MSF 膜表面嫁接有抗污染基团，有效地阻隔杂质对膜的污染，使 MSF 膜具有较好的抗污能力。但是，MSF 中空纤维微滤膜相对于传统的超滤、微滤膜组件，其投资成本较高，限制了该型膜组件的使用。

6.2.3　化学软化技术应用设计案例

针对高硬度、高 SS 的垃圾渗滤液，传统的纳滤 + 反渗透工艺产水水质不合格、膜浓缩液品质差、整体回收率低，已经无法满足日益严格的回用和零排放要求。针对以上问题，通过对渗滤液水质的研究，一些渗滤液处理项目采用"化软 + 微滤 + 反渗透"作为深度处理工艺。该工艺利用了渗滤液中过量的碱度，通过调节 pH 值，将碳酸氢根转化为碳酸根，碳酸根和水中的钙、镁结合生成沉淀，达到去除硬度的目的。通过控制不同的 pH 值，同时还可以去除二氧化硅和大部分的重金属离子。

下面以潍坊某渗滤液处理项目为例，其处理规模为 350m³/d，设计进水水质如表 6.9 所示。

表 6.9　渗滤液处理站设计的进水水质

序　号	主要指标	设　计　值
1	COD_{Cr}/（mg/L）	≤60000
2	BOD_5/（mg/L）	≤35000
3	氨氮/（mg/L）	≤2300
4	SS/（mg/L）	≤15000
5	pH 值	6~9

反渗透产水水质达到《城市污水再生利用工业用水水质》（GB/T 19923—2005）中敞开式循环冷却水水质标准，具体如表 6.10 所示。根据进水水质和产水水质要求，该渗滤液处理系统采用工艺如图 6.20 所示。

表 6.10　设计的反渗透出水水质

序　号	控　制　项　目	水　质　标　准
1	pH 值	6.5~8.5
2	浊度/NTU	≤5
3	色度/倍	≤30

序　号	控 制 项 目	水 质 标 准
4	BOD_5/（mg/L）	≤10
5	COD_{Cr}/（mg/L）	≤60
6	铁/（mg/L）	≤0.3
7	锰/（mg/L）	≤0.1
8	氯离子/（mg/L）	≤250
9	二氧化硅/（mg/L）	≤50
10	总硬度（以 $CaCO_3$ 计）/（mg/L）	≤450
11	总碱度（以 $CaCO_3$ 计）/（mg/L）	≤350
12	硫酸盐/（mg/L）	≤250
13	氨氮/（mg/L）	≤10
14	总磷	≤1.0
15	溶解性总固体/（mg/L）	≤1000
16	石油类/（mg/L）	≤1.0
17	阴离子表面活性剂/（mg/L）	≤0.5
18	余氯/（mg/L）	≤0.05
19	粪大肠菌群/（个/L）	≤2000

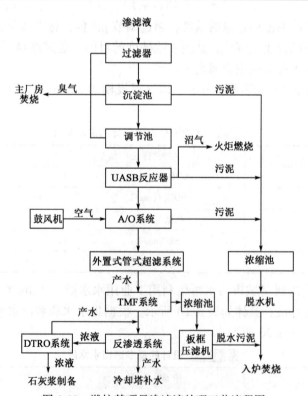

图6.20　潍坊某项目渗滤液处理工艺流程图

化软微滤系统的主体设计参数如下：

（1）设计富余系数取1.2。

（2）常用膜元件

膜元件常采用宝利事 TUF-37，膜元件面积为 2.58m²，设计膜通量为 350L/m²·h，则理论计算所需膜面积。

（3）膜元件的排列与分组

10 支以上膜时，应进行分组，平均分配膜数量。

（4）化软系统设备计算要点

①反应槽的反应停留时间取 1h，数量一般为 2 个，配套的搅拌器的搅拌速率为 60r/min。

②污泥浓缩池中的绝干污泥量为 8g/L，污泥浓度为 5%，以污泥浓缩池的容积为基础进行计算。

（5）微滤系统配套设施计算要点

微滤循环泵、反洗泵、清洗泵选型应注意管路损失，综合考虑扬程、材质等因素，依实际情况需求设置引水罐进行引流。需特别注意的是化学清洗流速一般取 0.5m/s，管式 TUF 清洗泵材质选用氟塑料，使用 1 用 1 备。

（6）加药系统单体计算

酸、次氯酸钠、石灰的加药量需要根据实际情况，选择合适的流量和储罐。一般情况下，石灰的填充密度 0.6t/m³，储存时间为 7d 左右。

（7）污泥处理系统设备计算要点

压滤机压滤污泥后，其含水率为 65%，压滤后污泥密度为 1.5kg/L，泥饼厚度为 3mm，以此，来配合板框压滤机厂家进行相关计算和设备选型。

6.3　高级氧化技术

6.3.1　混凝与臭氧氧化复合技术

自 1783 年 M. 范马伦发现臭氧到 1886 年法国的 M. 梅里唐发现臭氧有杀菌性能，至 20 世纪 50 年代臭氧氧化法开始用于城市污水和工业废水处理。20 世纪 70 年代臭氧氧化法和其他处理技术相结合，成为污水高级处理和饮用水除去化学污染物的主要手段之一。混凝和臭氧结合工艺在垃圾渗滤液处理领域也得到研究。混凝部分在本书第 2 章已详细介绍，此处主要介绍臭氧氧化技术原理及二者复合技术的应用。

6.3.1.1　臭氧氧化机理

化学氧化法是利用化学氧化剂本身具有的强氧化能力和反应过程中产生的具有氧化能力的物质（·OH）使得污染物发生降解。以臭氧氧化为代表，臭氧在水中氧化降解有机污染物的机理包括直接氧化和间接氧化两部分。直接氧化是指臭氧本身具有强氧化性，可以直接氧化水中含有不饱和键的还原性物质，具有一定的选择性；间接氧化是指臭氧分子溶于水中，可以在水中发生自分解反应，并同时产生大量的具有强氧化性的羟基自由基，产生的羟基自由基可以氧化水体中的有机物质。由于羟基自由基具有的强氧化性能够氧化绝大部分的有机污染物，因此间接氧化过程被认为是臭氧氧化的主要过程。

臭氧的间接氧化通常被认为是一个自由基氧化的过程，臭氧分子可以直接或通过自由基的触发反应、增殖反应生成羟基自由基，运用羟基自由基来破坏水中有机物的分子结构，甚至将其彻底矿化为二氧化碳和水。其反应过程如式（6-27）~式(6-33) 所示。

$$O_3 + HO^- \longrightarrow HO_2 \cdot + \cdot O_2^- \tag{6-27}$$

$$O_3 + \cdot HO \longrightarrow HO_2 + O_2 \cdot \tag{6-28}$$

$$O_3 + HO_2 \cdot \longrightarrow 2O_2 + HO \cdot \tag{6-29}$$

$$O_3 + HO \cdot \longrightarrow HO_4 \tag{6-30}$$

$$2HO_4 \cdot \longrightarrow 3O_2 + H_2O_2 \tag{6-31}$$

总反应为

$$O_3 + H_2O \longrightarrow 2 \cdot OH + O_2 \tag{6-32}$$

中间产物·OH 具有强氧化性，可以和有机物 R－H 反应脱去有机物分子上的氢原子，形成·R。但是，·R 非常不稳定极易被进一步氧化，最终矿化为二氧化碳和水。

$$RH + \cdot HO \longrightarrow R \cdot + H_2O \longrightarrow 进一步氧化 \tag{6-33}$$

6.3.1.2 臭氧氧化的影响因素

臭氧氧化法在氧化降解水中污染物的同时会受到一些因素的影响，主要有：臭氧的浓度、体系的 pH 值、体系温度以及体系中的催化剂等因素。

（1）臭氧的浓度

由于臭氧在水中的溶解度比较小，提高臭氧的浓度能够改变臭氧在水中的溶解平衡，使水中臭氧的浓度上升，进而提高臭氧氧化的效果。同时，水中的臭氧浓度的提升能够使水中发生直接氧化的速率上升，也可以大大增加水中形成的羟基自由基浓度，有利于氧化降解反应的进行。而在臭氧浓度较低的情况下，提高臭氧浓度能够明显地提高降解效果。但是，当臭氧浓度超过一定的临界值时，继续提高臭氧浓度对提高氧化降解效果并不明显。这主要是因为当臭氧浓度达到一定值时，臭氧浓度相对于水中污染物的浓度是过剩的，与此同时，羟基自由基产生的同时也会不断地湮灭，致使水中产生自由基的浓度达到极限值。

（2）体系的 pH 值

反应体系的 pH 值对臭氧氧化降解的影响非常大。降解体系的 pH 值会直接影响以羟基自由基为主的各类自由基的产生。根据臭氧氧化机理中自由基产生方程式可知，OH⁻ 可以诱导臭氧分子在水体中自分解产生·OH，所以，在体系 pH 值降低的情况下，体系中 OH⁻浓度则可能会太低以至于不足以诱导臭氧分子产生足够的·OH，所以在低 pH 值体系中，臭氧主要以分子态溶解于水中。因此，在较低 pH 值条件下，体系内主要是以臭氧分子的直接氧化为主。而相对于间接氧化，直接氧化的针对性比较强，并不能够氧化大部分有机污染物，只能氧化部分有机物的不饱和键的基团，氧化效率低下。而当体系 pH 值较高时，体系内有足够的 OH⁻以诱导臭氧分解产生大量的自由基，此时体系内的氧化则主要是以间接氧化为主，由于·OH 的强氧化性与高效性，所以当体系 pH 值较高时，氧化降解速率较快。当然体系的 pH 值还会影响到体系中各类电解质的存在形态，从而对氧化降解效果也会产生影响。

（3）体系的温度

体系温度对反应速率有明显的影响。温度升高有助于提高臭氧分子所能产生的自由基浓度，同时温度提高有助于水溶液的污染物分子与臭氧分子或是羟基自由基的平均分子动能，有利于污染物分子与臭氧分子或是自由基的碰撞，从而提高氧化降解的速率。但是，温度提高会导致臭氧分子在水溶液中的溶解度下降，降低臭氧的利用率，不利于氧化降解的进行。

（4）体系的催化剂

废水中通常含有 Fe、Cu、Mn、Ni 等金属离子，这些离子对臭氧氧化有催化或是抑制的作用。国内外的研究指出，过渡金属离子对臭氧氧化具有催化的效果。

6.3.1.3 混凝与臭氧氧化技术的应用

混凝工艺可以通过加入混凝剂预先去除水中部分无机及有机污染物，以减少臭氧氧化中臭氧的用量。

有研究表明，通过加大臭氧投加量、混凝剂投加量和优化混凝反应最佳 pH 值范围等有效措施，出水水质能连续稳定达标，COD 甚至可以达到 50mg/L 以下，运行效果良好。此外，傅平青的研究发现在 pH 值为 8.0 左右，混凝剂投加量为 0.3~0.4mL/200mL，最佳臭氧氧化时间为 10min 时，垃圾渗滤液的 COD_{Cr} 去除率达 70.6%，BOD_5 去除率达 75.4%，色度去除率为 94%。其水质已经基本接近我国生活垃圾填埋场污染控制二级标准。有学者采用单纯的臭氧氧化法处理经反渗透膜处理的垃圾渗滤液浓缩液，结果表明，在 pH 值为 8.0，温度 30℃，臭氧投加量 5g/h，反应时间 90min 的条件下，浓缩液的 COD_{Cr}、色度以及浓缩液中腐殖酸的去除率分别达到 67.6%、98.0% 和 86.1%，BOD_5/COD 从 0.008 提升到 0.26，生化性有很大提高。

臭氧氧化法可以去除有机污染物外，对色度和异味的去除效果同样比较明显。但是，臭氧在实际使用过程中存在较多的问题。首先是经济性方面，臭氧的制备较为困难，制备费用高，而且，在使用过程中，通常需要较高的臭氧浓度，才会有较好的处理效果，导致综合使用成本很高。同时，臭氧如何在污染水体中分散，也是一个重要的问题。此外，臭氧溢出问题也比较严重，会造成环境污染严重，高浓度的臭氧对工作人员也有较大的危害。单独使用臭氧氧化处理渗滤液并不能使出水达标，通常是不可行的，但可以作为其他方式方法的补充，来提升渗滤液处理效果。

6.3.2 Fenton 技术

法国科学家 Henry John Horseman Fenton 在 1894 年发现 Fe^{2+} 和过氧化氢共存时能强烈的促进苹果酸的氧化。为了纪念 Fenton 的这一发现，后人把过氧化氢与亚铁盐试剂的反应体系称为 Fenton 反应。早期的研究仅将 Fenton 反应用于有机合成领域，1964 年 Eisenhouser 将 Fenton 试剂用于处理苯酚及烷基苯废水处理过程中，自此 Fenton 试剂开始应用于废水处理领域。

6.3.2.1 Fenton 氧化机理

经过研究发现 Fenton 的作用机理是在 Fe^{2+} 的催化作用下过氧化氢分解产生·OH，从而引发链式反应。链式反应由链的开始、传递、结束三部分组成。其中·OH 的产生标志着反应开始，·OH 引发一系列反应产生其它的自由基和反应中间产物，随着反应进行，目标物与自由基发生反应或不同自由基之间的相互作用不断消耗自由基，最终反应链被终止。主要反应如式（6-34）~式（6-47）所示。

链开始：

$$Fe^{2+} + H_2O_2 \longrightarrow Fe^{3+} + OH^- + \cdot OH \tag{6-34}$$

链传递：

$$\cdot OH + Fe^{2+} \longrightarrow Fe^{3+} + OH^- \tag{6-35}$$

$$\cdot OH + H_2O_2 \longrightarrow HO_2 \cdot + H_2O \tag{6-36}$$

$$Fe^{3+} + H_2O_2 \xrightarrow{-H^+} Fe^{2+} + HO_2 \cdot + H^+ \tag{6-37}$$

$$Fe^{3+} + HO_2 \cdot \xrightarrow{-H^+} Fe^{2+} + O_2 \tag{6-38}$$

$$\cdot H + R - H \longrightarrow R \cdot + H_2O \tag{6-39}$$

$$\cdot OH + R - H \longrightarrow [R - H]^+ \cdot + OH^- \tag{6-40}$$

链终止：

$$2OH^- \longrightarrow H_2O_2 \tag{6-41}$$

$$HO_2 \cdot + \cdot O_2H \longrightarrow H_2O_2 + O_2 \tag{6-42}$$

$$Fe^{3+} + O_2^- \cdot \xrightarrow{-H^+} Fe^{2+} + O_2 \tag{6-43}$$

$$Fe^{3+} + HO_2 \cdot \longrightarrow Fe^{3+} + H_2O_2 \tag{6-44}$$

$$O_2^- \cdot + HO_2 \cdot \xrightarrow{-H^+} H_2O_2 + O_2 \tag{6-45}$$

$$Fe^{2+} + O_2 \cdot^- \xrightarrow{-H^+} Fe^{3+} + H_2O_2 \tag{6-46}$$

$$HO_2 \cdot + R_2 - CH = CH - R_2 \xrightarrow{-H^+} R_2 - C(OH)H = CH - R_2 \tag{6-47}$$

6.3.2.2 Fenton 氧化的影响因素

Fenton 氧化的影响因素主要有以下几个方面：

（1）催化剂

研究发现，当引入紫外光、可见光、O_2、O_3 等进入 Fenton 反应体系，能加速 $\cdot OH$ 的产生，使 Fenton 试剂对有机物的降解能力显著增强。

（2）pH 值

pH 值对 Fenton 氧化有重要的影响，当 pH 值在 3 左右的时候，Fenton 氧化对有机物的去除效果最好。这是因为 Fe^{2+} 只有在酸性条件下才能与过氧化氢反应生成具有强氧化能力的 $\cdot OH$ 来降解水中的污染物。当 pH 值过低时，过氧化氢会和水中大量的 H^+ 结合生成 $H_3O_2^+$，降低了 Fe^{2+} 催化过氧化氢的效率；pH 值过高时，过氧化氢不稳定容易分解，使之不能有效的与 Fe^{2+} 反应，导致处理效果变差。

（3）Fe^{2+} 和过氧化氢的投加量

有研究表明，利用 Fenton 试剂处理膜滤浓缩液时，Fe^{2+} 和过氧化氢的投加量有一个合适的比值范围。在合适的比值范围下，过氧化氢和 Fe^{2+} 的投加量越多，反应生成的 $\cdot OH$ 越多，对有机物的降解作用越好。但当二者的比值不在合适的范围时，过多的 Fe^{2+} 和过氧化氢都会作为自由基捕捉剂和 Fe^{2+} 和 $\cdot OH$ 发生如式（6-48）~式(6-50）反应，降低了 Fenton 的处理效果。

$$\cdot OH + H_2O_2 \longrightarrow HO_2 \cdot + H_2O \tag{6-48}$$

$$HO_2 \cdot + HO \cdot \longrightarrow HO_2 + O_2 \tag{6-49}$$

$$HO \cdot + Fe^{2+} \longrightarrow Fe^{3+} + OH^- \tag{6-50}$$

6.3.2.3 Fenton 氧化技术的应用

有学者利用 Fenton 氧化法处理经混凝预处理后的垃圾渗滤液纳滤浓缩液，并得出 $FeSO_4 \cdot 7H_2O$ 投加量为 62.5mmol/L、H_2O_2 投加量为 121.8mmol/L、初始 pH 值 3.0 条件下 Fenton 氧化法可使混凝预处理出水的 COD_{Cr} 降低 39.0%，且氧化后纳滤浓缩液中芳香环类污染物减少、腐殖化程度降低，经过 3h 的 Fenton 氧化法处理后，BOD_5/COD 从纳滤浓缩液原液的 0.02 上升到 0.29，可生化性提高。说明 Fenton 氧化法在处理高浓度膜浓缩液时还是具有一定的使用价值，特别是其可提高生化性的作用，有利于后续 A/O 脱氮工艺的正常、高效运行。

6.3.3 电催化技术

6.3.3.1 电催化氧化机理

目前，研究人员普遍认为电催化氧化法处理有机废水时，主要是通过电极阳极高电位和电极本身具有的催化性直接降解废水中的有机物，或是利用在电解过程中阳极上产生的具有强氧化性的基团（如羟基自由基）间接降解有机物。因此，根据电解过程中氧化的机理不同，可将电催化氧化机理分为直接氧化过程和间接氧化过程。

（1）直接氧化过程

直接氧化过程是指有机污染物吸附在高氧化电位的阳极表面，在反应过程中，在阳极表面，极板直接与有机污染物进行电子传递，从而降解有机污染物的过程。根据污染物被氧化的程度不同，又可以将直接氧化过程分为两种：电化学转化过程和电化学燃烧过程。

电化学转化过程主要依靠水在阳极失去电子，发生氧化反应时，生成的羟基自由基等将有机污染直接氧化成无毒的小分子物质，或是将难以生物降解的有机物直接氧化转化成易生物降解的有机物的过程。电化学燃烧过程是指将有机污染物彻底氧化为二氧化碳和水的过程。相对于普通的燃烧反应，电化学燃烧所需能耗低，而且对环境不会产生二次污染。

（2）间接氧化过程

间接氧化过程是指在电解过程中产生强氧化性物质（如：O_3、·OH）等，利用这些强氧化性物质降解有机物的过程。间接氧化的方式不仅具有直接氧化方式的特点，同时又产生了大量的强氧化剂物质，因此降解有机物的效率更高。

6.3.3.2 电催化氧化的影响因素

影响电催化效果的因素主要有以下几方面：电极材料、电流密度、电极间距、电解液成分等。

（1）电极材料

电极材料对电催化效果的影响主要有两方面：电极的析氧电位和电极的催化作用。

一般来说，氧化电位越低，物质在阳极上越易被氧化。使用活泼金属（Al、Zn 等）时，由于氧化电位低，阳极本身失去电子，金属变成金属离子进入电解液，造成阳极的损失，此时有机污染物不能再在阳极进行氧化，实际应用效果不好。使用如石墨、Au 等材料作为电极，其自身氧化电位高，失去电子比较困难，此时电解液中的有机污染物和水电离出的 OH^- 均可能失去电子被氧化，被氧化时生成氧气，从而造成能量的浪费。若使用 Pt 或氧化物涂层电极为阳极时，由于此类电极的析氧过电位高，氧气难以产生，此时有机污染物易在阳极表面氧化。由此可见，影响电催化氧化效果的关键因素之一是阳极材料能否有比较合适的析氧过电位等特性，以满足要求。

电催化氧化法中的电极不仅需要较高的析氧过电位，而且，还需要电极具有良好的催化作用。一般来说，电极的催化作用属于异相催化，与均相催化相比，异相催化所需要的催化量较少，而催化效率却更高。因此，催化电极往往只需在电极表面涂上一层薄的催化材料，就能有很强的催化作用。对于这层薄的催化材料选择，也是学者们研究的重要因素。

（2）电流密度

电流密度的大小，直接影响着能量的输入量。一般而言，电流密度越大，耗能就越多，处理效果也越好，但电流密度过大时，会导致溶液本身的温度升高，因为输入的能量有很大一部分产生了热效应，电流效率反而很低，同时当电解液温度过高时，会在一定程度上损害电极材料本身，减少电极的可使用期限；电流密度过小时，电极的催化活性很难被完全激活，电解效果较差，虽然热效应不明显，但是，要达到一定的电解效果时，电解时间必然很长，没有太多的实际应用的价值。因此，应尽可能在保证一定的电解效果的基础上，寻找适合的电流密度，使能耗与电解时间达到平衡点。

（3）电极距离

电极间距直接影响了能耗以及处理效果的好坏。一般而言，电极间距主要是通过改变电极间的电阻来影响电路中电流，从而影响能耗以及电解的效果。电极间距变小，两电极间的电阻变小。在相同的电流密度条件下，电路中电流增大，能耗也随之升高。电解前期的处理效果更好，但随着电解时间的增加，电极的热效应也随之增强，则有相当一部分电能转化为热能，电流效率逐渐降低，处理效果反而不好。

（4）电解液成分

电解液成分对电催化效果的影响主要有两方面：电解质溶液的浓度和电解质的类型。当电解质浓度较低时，通过的电流较低，有机物的降解速率小，电解效果不好。一般来说，电解质浓度越高，溶液的导电能力越强，电路中的槽电压会减少，电解效率就会提高。但当电解质溶液浓度太高时，会增加实际运行的成本，也为后续处理工艺增加难度。电解质类型：电解质的加入不仅仅是通过改变电解液的电导率，电解质本身对电解过程中的影响也很明显。

6.3.3.3 电催化氧化技术应用

关于电催化氧化的应用方面，有研究人员利用电化学氧化法处理垃圾渗滤液纳滤浓缩液。其中，以钛基氧化钌－氧化铱涂层电极为阳极，以 316L 不锈钢板为阴极，板间距为 1cm，以直流稳压脉冲电源为供电电源条件下，当电流强度为 420A，水力停留时间为 3h，进水流量为 $1m^3/h$，循环流量为 $15m^3/h$ 时，BOD_5/COD 的去除率达到 57.7%，BOD_5/COD 值由原来的 0.03 提升至 0.31。

其它高级氧化工艺如超声氧化、催化湿式氧化、超临界氧化等也被许多学者研究，在此不做一一赘述。

6.4 蒸发

6.4.1 蒸发技术介绍

垃圾渗滤液处理过程中产生的浓缩液必须安全处置。目前常用的浓缩液处理方案主要有直接进入主厂房进行焚烧；使浓缩液混凝沉淀后，对污泥脱水干化后再进一步处理；回灌到填埋场等，这三种技术在应用中均存在一定的问题。但膜浓缩液直接送入主厂房进行焚烧处理，不仅会影响垃圾热值，而且容易腐蚀焚烧设施，可能还会有环评文件限制；混凝沉淀会消耗大量的药剂且需要脱水机等配合，脱水后的污泥也面临着处理与处置的问题；若直接回灌填埋场会导致浓缩液中无机盐和难降解污染物积累、电导率升高等问题。目前正在大量关注的是蒸发技术，对于垃圾渗滤液的膜浓缩液很多企业采用蒸发的方式进行处理。

蒸发是把挥发性组分与非挥发性组分分离的物理过程，通常是通过加热溶液使水沸腾气化并不断除去气化的水蒸气的过程。在垃圾渗滤液蒸发处理时，可挥发成分和水从渗滤液中挥发，大部分污染物残留在浓缩液中。基本上，所有重金属、无机物以及大部分挥发性比水弱的有机物会保留在浓缩液中，只有少部分挥发性烃、有机酸和氨等污染物会进入蒸气，最终存在于冷凝液中。蒸发处理工艺可把渗滤液浓缩到不足原液体积2%~10%，然后蒸发浓缩液通过焚烧、固化/稳定化等方法加以处置。

污水中的 COD_{Cr}、SS、硬度等都会影响蒸发传热效率、产水水质，pH 值也是影响蒸发效果的重要影响因素，pH 值的改变会影响渗滤液中挥发性有机酸和氨的存在形式，从而改变它们的挥发程度。

蒸发技术用于处理渗滤液膜浓缩液时，蒸汽冷凝水可以达到回用标准，不要再做处理。

6.4.2　蒸发技术及其特点

目前，根据蒸发器的类型，常用的蒸发工艺主要包括浸没式燃烧蒸发（SCE）、闪蒸蒸发、薄膜式蒸发、热泵蒸发和强制循环蒸发等。

（1）浸没式燃烧蒸发（SCE）

浸没式燃烧蒸发器是一种直接接触传热、传质的蒸发设备，传热效率一般高达95%以上。其燃烧室的温度可达到750~850℃，排出的尾气一般都可达标。先是燃气燃烧产生的热烟气进入到蒸发器，之后热烟气由浸没于水池中的管道孔口冲出，进入水体，大气泡被多孔板撕裂为微气泡，SCE 法无需传热间壁，极大程度地增加了传热比表面积，渗滤液在快速加热条件下，迅速汽化蒸发，挥发性污染物在高温燃烧过程中得到销毁，上升过程中的蒸汽又加热更多的水使其转化为蒸汽，最后的尾气通过管道排出，浓缩液从蒸发器底部排出。浸没式蒸发的工艺流程图如图6.21所示。第一级蒸发器产生的一级蒸汽含有较多挥发性有机物，送至第二级蒸发器的燃烧室焚烧净化；第二级蒸发器产生的蒸汽以水蒸气为主，挥发性有机物含量极少，送至换热器冷凝，同时对渗滤液进料进行预热。

该工艺需要廉价的可燃气体作为热源才能得以实现，而垃圾焚烧厂渗滤液厌氧发酵处理中会生成大量的沼气，沼气经处理后，可以作为浸没式蒸发的一大热源，来降低使用成本。垃圾焚烧厂渗滤液处理过程中一般均会采用生化处理，挥发性有机物一般都得到有效降解，仅有一部分溶解性、难降解有机物会进入后续处理单元，在采用浸没蒸发处理膜浓缩液时，其产生蒸馏水含有的挥发性有机物较少，经检测后均达到国家相关排放标准，这主要是由于渗滤液膜浓缩液经其他渗滤液处理设施处理后，膜浓缩液中挥发性有机物含量已经大大降低。但是，浸没蒸发技术需要较多的冷却水是该技术的一项缺点。除此之外，浸没蒸发技术具有诸多的优点，具体如下所示。

SCE 技术与传统蒸发工艺相比具有如下优点：

①工艺可靠、可达标排放；

②无传热间壁，不怕结垢，传质传热高效；

③浓缩程度高，可实现盐分结晶析出；

④占地小，抗冲击负荷能力强；

⑤挥发性污染物焚烧去除，热量用于蒸发；

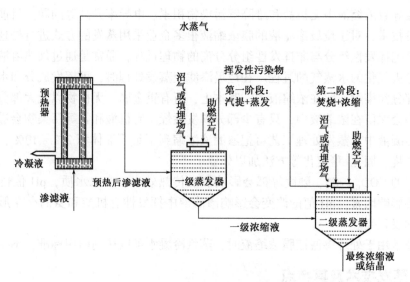

图 6.21　浸没式蒸发工艺流程图

⑥操作简单，运行维护方便，可自动长期连续稳定运行；

⑦可以廉价的沼气为热源。

（2）闪蒸蒸发

闪蒸蒸发是高压饱和液体进入较低压的容器后，由于压力的突然降低使这些饱和液体变成一部分饱和蒸汽的过程。闪蒸一般做成多级式，使压力逐级下降，从而使闪蒸一步步地进行。闪蒸蒸发器一般由闪蒸室和一系列热交换器组成。

渗滤液和回流浓缩液在初级热交换器区经过加热后，通过喷嘴从切向方向进入闪蒸室，喷入的速度应能够足以造成气旋区发生剧烈的沸腾，蒸汽和液体进行气旋分离，分离后产生的蒸汽进入初级热交换器，此时温度降低到略低于沸点，释放潜热给渗滤液，蒸汽冷凝为水。冷凝后的水进入二级热交换器对渗滤液进料进行预热。由于此系统的启动及运行过程均需从外界补充热量，需要配备一台产生低压（100kPa）蒸汽的锅炉用于系统加热，锅炉可以采用天然气、丙烷或填埋气体作燃料。一般情况下，渗滤液通过此工艺可被蒸发 90% ~98%。

（3）薄膜式蒸发

机械搅拌式薄膜蒸发器，又称旋转薄膜蒸发器，简称薄膜蒸发器，是一种在真空条件下采用机械搅拌进行降膜蒸发的新型高效蒸发器，分长管式、旋片式、旋流式三种类型。

旋转薄膜蒸发器由七部分组成：加热夹套、分离筒、蒸汽室、集液室和排料口、动力和传动系统、轴承和密封系统、转子和刮板。驱动部分由电机-皮带轮减速器或电机-齿轮减速器组成。为保证设备密闭性，轴封处采用机械密封。蒸发浓缩部分由转子和装有加热夹套的筒体两部分组成。其中转子由主轴、分布器、沟槽刮板、捕沫器及其支架组成。浓缩液出口设在设备底部，二次蒸汽出口设在上部侧面。在实际生产应用中，薄膜蒸发器和其辅助设备构成蒸发操作系统。辅助设备有预热器、脱气装备、真空设备、输送液泵以及相应的加热和冷却系统。

物料预热到一定温度从进口进入到蒸发器内，被旋转分布器均匀地分成多股物流流入圆筒内壁，随后被刮板涂布成均匀的液膜，同时强制其形成湍流。液膜吸收夹套中加热介质传给蒸发表面的热量，在其表面迅速蒸发，膜层减薄，又被刮板刮扫，再蒸发，料液逐渐被蒸发浓缩。浓缩液自出料口直接或通过冷却器后再进入接收器。产生的二次蒸汽向上，经过捕沫器去除其中夹带的雾滴和泡沫后，从二次蒸汽管口排出。与常规蒸发器相比，薄膜式蒸发具有蒸发强度大、设备传热系数高、物料停留时间短、操作弹性大、能适应几乎各种料液的所有特性，如黏滞性、热敏性等特点。

（4）热泵蒸发

热泵蒸发是将蒸发过程中产生的蒸汽（称二次蒸汽），经压缩机压缩提高温度，再送入原蒸发器加热用，是蒸汽再压缩式的蒸发装置。按热泵的驱动方式，可分为机械压缩式、蒸汽喷射式、吸收式、温差电热式。在渗滤液处理过程中，机械压缩式最为常用，主要包括MVC（Mechanical Vapor Compression）、MVR（Mechanical Vapor Recompression）以及 TVC（Thermal Vapor Compression）。

（5）新型热泵蒸发

新型热泵蒸发器主要构成包括：真空室、热交换部件和蒸气压缩风机。它应用减压、降膜蒸发原理，工艺的核心是热交换组件（聚合物、钛板或铝合金材质）所构成的蒸发表面，在此表面上，水可以在 50~60℃时沸腾，起到高效蒸发的作用。典型的 MVR 工艺流程图如图 6.22 所示。

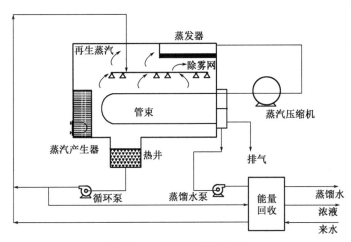

图 6.22　MVR 工艺流程图

渗滤液经预热后进入蒸发器与已浓缩的渗滤液混合，循环泵再把渗滤液回流至蒸发器顶部，通过喷嘴将渗滤液均匀喷洒到热交换组件上，经由热交换组件向下流动的过程中，渗滤液在组件外表面沸腾起来，残余的渗滤液被收集到蒸发器的底部，即形成浓缩液。气化产生的蒸汽被蒸汽压缩机压缩，提高压力和温度至比沸点略高后，将其压入热交换组件表面，将潜热传递给热交换组件外表面的渗滤液，传热后，冷凝液收集于热交换组件底部。一旦整个过程启动，除了泵和风机的动力消耗外，不再需要外部提供热量，冷凝液所含热量用于预热原渗滤液加温，冷凝水可以作为出水排放。依据设计回收率，连续将浓缩液用泵排出系统，在其排放前先经热交换器进行换热。该蒸发工艺产生的浓缩液与反渗透工艺的类似，体积大约为原渗滤液的 5%~10%。热泵蒸发在处理总溶解性固体含量较低（<5%）的废水最有效。对于氨氮浓度高的渗滤液，降低进料的 pH 值可减少冷凝液的氨氮浓度。

新型热泵蒸发是常规热泵蒸发的改进型，两者的主要区别：常规热泵蒸发是常压蒸发，采用金属制造材料，传热温差大、界面积小，配用高压机械压缩机等；而新型热泵蒸发常是减压蒸发，采用较薄、耐腐蚀和防垢的聚合物或合金制造材料，传热温差小和界面积大，配用低压风机等，因此，新型热泵蒸发可有效利用低价位热量，且能耗低，一般只需消耗普通蒸发工艺2%~3%的能量，每吨水的能耗一般小于18kW·h；此外，冷凝器制备的蒸馏水的水质优良，系统不需要冷却水系统和真空系统，结构较为简单。

MVC/MVR蒸发处理垃圾渗滤液技术的主要的优点如下：不依赖于生蒸汽作为热源，即使在没有蒸汽供给的地方，只要有电源供给，蒸发装置也可正常工作；热源主要采用自身所产生的二次蒸汽，它把二次蒸汽收集在一起后，再经过蒸汽压缩机进行升压提温后把它输送到蒸发体的热交换管内作为自身的加热源，在冷凝的同时把自身的焓热传递给另一侧的冷物料，冷物料被加热蒸发再产生二次蒸汽；无须设置专门大型的冷却装置。经过升压提温后，作为热源的二次蒸汽冷凝后，会通过泵输送到一个专门的热交换器与来液进行热交换，在把自身绝大部分的热量传递给来液后才离开系统，既回收了能量，也起到了冷却降温的作用。

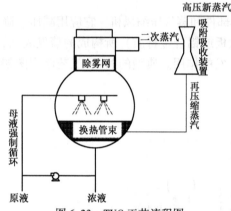

图 6.23　TVC 工艺流程图

浓缩液也可以经过专门的热交换器进行能量回收后才离开系统，能耗最低。在能源日益紧迫及环保要求越来越高的状况下，低能耗 MVC/MVR 具有较好的使用前景。

（6）热力蒸汽再压缩

热力蒸汽再压缩（TVC）是以具有一定压力的蒸汽为动力，将低压蒸汽压缩，使其压力有一定的升高，实现低压蒸汽再利用的设备。典型的 TVC 工艺流程图如图 6.23 所示。

从蒸发室出来的二次蒸汽，一部分在高压工作蒸汽的带动下，进入喷射器混合升温升压后，进入加热室，作为加热蒸汽用于加热原液。另一部分二次蒸汽进入冷凝器，冷凝后排出。加热蒸汽在加热室中凝结成水排出。

热力蒸汽再压缩时，采用蒸汽喷射压缩器是根据喷射泵原理来操作，没有活动件，设计简单而有效，并能确定设备的可靠性。在系统中使用热力蒸汽压缩器通常具有显著的节能效果。但是，热力蒸汽压缩器的操作需要一定数量的新蒸汽，即所谓的动力蒸汽。

TVC 技术与 MVC/MVR 技术一样，也是回收二次蒸汽实现节能。但不同的是 MVC/MVR 技术采用电能作为能源，进行机械压缩蒸汽实现能量回收。而 TVC 采用高压新蒸汽作为能源，进行喷射吸收二次蒸汽实现能量回收。

（7）强制循环蒸发

强制循环蒸发器由热交换器、循环水及水合蒸汽的分离室三部分组成。渗滤液在热交换器中受压进行加热，以避免其在加热表面汽化。热交换过程中循环水流速要快、湍流程度要高，以此来提高换热效率，同时避免运行故障。经过热交换器加热后的受压过热液体，经压力阀释放，水在分离室中部分汽化，之后，将蒸汽引出之后冷凝。

6.4.3　蒸发技术应用

蒸发技术已经在海水淡化领域应用的非常广泛，并应用于化工、石油、炼化、食品、制药等行业。其主要用于高浓度的有机废水处理、化工分离、高浓度的无机盐废水处理等方面。具有蒸发效率高、残留液比例低、处理较彻底等优点。

上世纪90年代起，一些欧洲国家开始把蒸发法应用到垃圾渗滤液处理的工程实践中，并取得了很好的处理效果。瑞士 Uttigen 市垃圾渗滤液处理厂采用四级闪蒸法处理垃圾渗滤液，在优化操作条件后，COD_{Cr} 和氨氮的去除率分别达到 99.5% 和 98.5%；芬兰拉赫蒂市垃圾渗滤液处理厂采用负压蒸发处理垃圾渗滤液，经严格工况控制，蒸发出水冷凝液的 COD_{Cr} 浓度低于 30mg/L，氨氮浓度仅为 0.6mg/L；蒸发技术在我国垃圾渗滤液及其膜浓缩液处理工程上已经得到成功运用，许玉东、聂永丰等人较早地研究垃圾渗滤液的蒸发浓缩工艺，蒸发浓缩处理可把渗滤液浓缩减量到原液的 90%~98%，且该工艺对渗滤液水质特性的变化并不敏感，适应性强。

（1）浸没式燃烧蒸发（SCE）在垃圾浓缩液中的应用

清华大学岳东北等采用两级浸没燃烧蒸发工艺处理某卫生填埋场反渗透产生的浓缩液，一级蒸发器产生地蒸汽含有大量的挥发性有机物，送至二级蒸发器的燃烧室焚烧净化，二级产生的蒸汽主要以水蒸气为主，挥发性物质较少，送至换热器冷凝，同时对渗滤液进料进行预热，在系统优化稳定运行后，冷凝液的 COD_{Cr} 和氨氮浓度分别小于 230mg/L 和 25mg/L。该工艺具有以废治废、传热效率高、节能效果好、设备简单、便于控制、无需加药等优点，但 SCE 对氨氮去除效果较差，故 SCE 适用于生化后氨氮含量较低的渗滤液浓缩液。

镇江某垃圾焚烧发电厂采用浸没燃烧蒸发处理垃圾渗滤液膜浓缩液，进水水质如表 6.11 所示。

表6.11　镇江某项目垃圾渗滤液进水水质

序　号	项　目	检测数据
1	pH 值	8.49
2	COD/(mg/L)	3884
3	氨氮/(mg/L)	14.3
4	硬度/(mg/L)	100
5	氯离子/(mg/L)	13655
6	电导率/(S/m)	55400
7	含盐量/%	2.9

浸没燃烧蒸发蒸汽冷凝水冷却后检测水质如表 6.12 所示。

表6.12　浸没燃烧蒸发冷凝水水质

检测项目	结　果	GB/T 19923—2005	单　位
pH 值	6.82	6.5~8.5	—
浊度	ND	≤5	NTU
化学需氧量	30	≤60	mg/L
五日生化需氧量	6	≤10	mg/L
氨氮	4.7	≤10	mg/L
氯离子	9.47	≤250	mg/L
总硬度	8.1	≤450	mg/L
总碱度	17.8	≤350	mg/L

检 测 项 目	结　　果	GB/T 19923—2005	单　　位
硫酸盐	10.6	≤250	mg/L
溶解性固体	142	≤1000	mg/L

　　浸没燃烧蒸发用于渗滤液膜浓缩液处理，系统运行稳定，对来水水质要求不高，对COD、盐分的水质参数不敏感，抗冲击负荷能力较强；可将膜浓缩液浓缩10倍以上，使整个渗滤液系统回收率做到98%以上，如果配合离心分离系统对固体盐分进行分离，渗滤液回收率接近100%。

　　镇江浸没燃烧蒸发采用渗滤液厌氧沼气作为能源，处理1t膜浓缩液平均需要消耗70%甲烷含量的沼气92（标准）m³，需要消耗电能15.2kW·h，整体运行费用较低。通过对浸没燃烧蒸发的不凝气体进行检测，检测数据如表6.13所示。

表6.13　浸没燃烧蒸发不凝气成分检测

监测项目	颗粒物	二氧化硫	氮氧化物	一氧化碳	氯化氢	汞	镉	铊
排放浓度	23.6	0.03	61	36	1.05	0.0046	3.37×10^{-4}	5.8×10^{-5}
GB 18485—2014 排放浓度	30	100	300	100	60	0.05	0.1 （Cd+Tl）	
监测项目	锑	砷	铅	铬	钴	铜	锰	镍
排放浓度	6.59×10^{-3}	1.84×10^{-2}	1.97×10^{-2}	4.38×10^{-2}	6.32×10^{-4}	2.05×10^{-2}	6.88×10^{-3}	1.9×10^{-2}
GB 18485—2014 排放浓度	1.0 （Sb+As+Pb+Cr+Co+Cu+Mn+Ni）							

　　烟气检测指标均符合国家排放标准。

　　（2）负压蒸发在垃圾浓缩液中的应用

　　常压高温蒸发工艺在实际运行过程中都会面临设备腐蚀的问题。这是由于生活垃圾渗滤液中通常都含有浓度很高的氯离子，而氯离子在70℃以上的温度下，会对金属材料产生非常强的腐蚀作用，设备腐蚀已成为常压高温蒸发处理渗滤液的最主要的限制因素；此外，其水分主要以蒸汽形式排出，能量散失率也较高。

　　为了解决常压高温蒸发所引起的设备腐蚀问题，李夔宁、尹亚领等人采集重庆某垃圾填埋场的渗滤液，对负压蒸发处理垃圾渗滤液进行了深入研究，实验发现：蒸发压力对COD_{Cr}影响较明显，且负压条件下，冷凝液的COD_{Cr}浓度比常压蒸发的低，当压力降低到50kPa时，冷凝液的COD_{Cr}浓度可低于15mg/L；而氨氮的变化几乎不受压力的影响，氨氮的去除率主要受pH值影响。降低渗滤液的pH值，能显著地抑制氨氮的挥发，降低冷凝液的氨氮浓度。国内研究人员在负压蒸发的基础上，研发出低温、低压的高效节能的蒸发设备——MVR蒸发系统，并应用在渗滤膜滤液浓缩液处理上。

　　负压蒸发是利用水在负压条件下沸点降低，既能避免氯离子对金属的腐蚀（＜70℃），又能保证蒸发速率（沸腾蒸发）。负压蒸发工艺与常压高温蒸发相比，主要的特点是：几乎没有设备腐蚀现象，设备使用寿命长；需要的热源温度低，比较节能；不产生大气污染负荷。但是，在实际应用中，还需要加强针对我国生活垃圾渗滤液的特性，尤其是渗滤液中的低分子有机酸、醇等在蒸发过程中的迁移行为进行研究，评价其对蒸发处理效果的影响。

（3）热泵蒸发技术在垃圾渗滤液处理中的应用

针对目前大多数垃圾焚烧发电厂渗滤液处理工程中所面临的膜浓缩液问题，有研究者正在尝试使用 MVC 蒸发处理技术替代现有生化法。MVC 蒸发工艺是目前现有蒸发工艺中能耗低、效率高的蒸发技术。袁玉梅等人采用 MVC 蒸发工艺对马山垃圾填埋场的渗滤液进行处理，并结合 DI 离子交换技术对比分析，得出仅 MVC 工艺，其出水水质完全达到生活垃圾填埋场的污染物控制标准。MVC + DI 离子交换工艺处理垃圾渗滤液效果好、自动化程度高、占地少、操作管理方便，较适合小规模的垃圾渗滤液处理工程。

林峪如等提出了采用 MVR + 旋膜蒸发法处理垃圾渗滤液的新工艺，出水水质 COD_{Cr} 浓度在 14mg/L 左右，为原液的 1%，BOD_5 浓度在 6.7mg/L 左右，约为原液的 0.8%，其余各指标均达到生化垃圾填埋场污染物控制标准，可以有效地处理垃圾渗滤液。

褚贵祥、邹琳以北京阿苏卫城市生活垃圾综合处理厂的垃圾渗滤液的 NF 浓缩液为研究对象，进行了 MVC 蒸发处理试验。实验结果表明，垃圾渗滤液采用 MVC 蒸发处理技术，可实现 10 倍以上的浓缩，产生的蒸馏水 COD_{Cr} 小于 20mg/L，缩短了处理流程，节能效果显著，出水水质可以稳定达标排放。但由于 NF 浓缩液中的碱度和硬度都非常高，其中重碳酸盐碱度在总碱度中占有绝对的比例。在蒸发过程中，碳酸氢根会受热分解，产生碳酸根离子，与 NF 浓缩液的硬度物质发生反应，生成了大量的垢类物质，造成蒸发器出现严重的结垢现象，需要频繁清洗。孙辉跃等采用预处理 + MVR + 酸洗塔 + 碱洗塔工艺对厦门某垃圾填埋场渗滤液处理站的浓缩液进行中试试验，结果表明，正常运行情况下，MVR 技术对 COD_{Cr} 与 TN 有很好的去除效果。但实际工程中设备清洗频繁，很难稳定运行。

使用蒸发技术处理浓缩液已经成为一个趋势，蒸发处理浓缩液不受水质、水量变化的影响，出水水质更好、更稳定，仅产生很少的固体残渣；通过蒸发得到的冷凝水还可以进行回收利用，有利于资源的回收利用。但是，在浓缩液里常常含有较多的氨氮、有机物、硬度离子以及氯离子等，容易对设备产生高温腐蚀、结垢等不利影响。此外，负压真空蒸发通常需要更高的设备投资和较高能耗，在渗滤液中应用较少。

6.5 其他深度处理技术

（1）电渗析技术

电渗析技术是指在电场作用下，通过半透膜的选择透过性来分离不同的溶质粒子（如离子）的方法，溶液中的带电的溶质粒子（如离子）通过膜而迁移的现象。电渗析的原理是，在阴极与阳极之间，放置着若干交替排列的阳膜与阴膜，让水通过两膜及两膜与两极之间所形成的隔室，在两端电极接通直通电源后，水中阴、阳离子分别向阳极、阴极方向迁移，由于阳膜、阴膜的选择透过性，就形成了交替排列的离子浓度减少的淡室和离子浓度增加的浓室。因此，在电渗析过程中，电能的消耗主要用来克服电流通过溶液、膜时所受到的阻力及电极反应。电渗析原理如图 6.24 所示。

在电渗析体系中，离子减少的隔室为淡水室，出水为淡水；离子增多的隔室为浓水室，相应的出水为浓水；与电极板接触的隔室分别为阴阳极室，出水为极水。电渗析体系中，浓水可以经过蒸发等方法进行资源化回用，淡水可无害化排放或者重复利用。电渗析中的隔膜种类很多，按膜体结构可分为异相膜、半均相膜、均相膜；按活性基团分类，可以分为阳离子交换膜、阴离子交换膜，简称阳膜、阴膜；除此之外，电渗析隔膜还有双极膜、表面涂层膜等特种膜。电渗析隔膜是电渗析体系中的核心部件，必须具有良好的选择透过性、化学稳定性、机械强度、较高的交换容量、较小的电阻等特性。

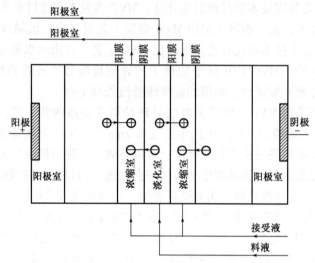

图 6.24　电渗析原理图

常用的电渗析处理工艺主要分为直流式、循环式和部分循环式三种形式，具体如下所示。

①直流式。直流式电渗析即原液只通过一次电渗析器即可出水，但是，通常会根据处理量的大小和水质要求，采用串联式、并联式、串并联混合式等形式，来满足处理需求。直流式电渗析的运行参数常常固定不变，电渗析器和泵均可在高效率下运行，适用于原液流量和性质变化不大的情况。

②间歇循环式。间歇循环式电渗析器运行方式为间歇运行，该型电渗析器需要将原液槽充满，通过内部循环系统，使原液不断循环，在循环过程中系统不断排出浓缩液，直至淡水室的出水达到处理要求，即停止循环，完成处理过程，之后，再进原液，并进入下一次电渗析循环。这种类型的电渗析器对原液的适应性强，出水易控制，但是，其必须间歇运行，且工作状态、工作时间不固定，造成操作复杂。此种电渗析器较为适合原液水质不稳定、流量小，但对出水要求较高的情况。

③部分循环式。部分循环式电渗析器是直流式和循环式电渗析器的一种组合技术，其集成了直流式和循环式电渗析器的优点，采用连续操作工艺，并连续出水，同时，部分浓水在循环器中进行内循环。这种循环器结构自身相对复杂，动力消耗也有所增加，但是，其可以连续进水、连续出水、耐冲击负荷，运行管理也较为方便。

电渗析的运行主要受电流密度、系统内的流速、浓缩倍数、进出水水质要求等因素的影响，具体总结如下。

①电流密度。电渗析器技术主要通过极板形成电场，使得废水中的带电粒子实现定向迁移而发生分离。通过控制电压、电极板大小、材质、间距等可以调控极板的电流密度。所谓电流密度为单位面积电极板通过的电流强度，一般用 A/cm^2 表示。而电流密度的大小主要影响系统能耗，以及电极板的寿命。一般情况下，电流密度越大，处理效果越好，但系统能耗也会增大，同时长时间、大电流密度情况下，电极板寿命也会下降，从而增加整体使用成

本。所以，在实际生产中选择合适的运行电流密度非常重要。

②流速。流速主要影响电渗析器的分离效率，较高的流速可以使电渗析器内的液体保持紊流状态，减少离子在电渗析隔膜上的沉积以防止过分结垢，影响系统正常运行。

③浓缩倍数。浓缩倍数是指浓缩液中的污染物浓度与进液浓度之比，其为电渗析工艺中的一项重要的参数，一般情况下，电渗析浓缩倍数为 4~5 倍。浓缩倍数越高，浓缩液体积越小，越有利于后续处理。但是，浓缩倍数越高，则电渗析隔膜两侧的浓度差越大，会使得隔膜的选择透过性下降。浓缩倍数的选择受多项因素的影响，通常需要经过试验确定。

④进出水水质特点。电渗析过程严格意义上讲，是一种带电离子的定向迁移的过程。其对非离子态物质或大部分有机物的去除效果差，进水一般需要先经过预处理，以去除水中的悬浮物、胶体杂质等。电渗析的出水中溶解性固体含量一般为 1mg/L 以上。

电渗析主要应用于苦咸水淡化，可将含盐量 6000mg/L 的苦咸水淡化为含盐量 500mg/L 的工业用水或者饮用水。也可用于海水淡化，但并不常用，主要是因为海水含盐量太高，需要消耗大量的电能。有时候，电渗析也可用于工业污水处理，但是一些工业污水水质复杂、含盐量高，采用电渗析耗电量高，且污染物容易聚集在浓缩室，引起浓缩室膜片结垢。

电渗析与另一种膜脱盐技术——反渗透相比，它的脱盐率低，回收率基本相似。在用于处理高浓度废水时，抗污染性较反渗透差，耗电量较反渗透大。表 6.14 是几种典型水质，采用电渗析处理的耗电量。

表 6.14 电渗析技术处理不同浓度含盐量水体的耗电量

用途	进水含盐量 / （mg/L）	产水含盐量 / （mg/L）	产水耗电量 / （kW·h/m³）
苦咸水	5000	500	1~5
海水	35000	500	15~17
废水	5000	500	1~5

由于电渗析的以上特点，电渗析应用于垃圾渗滤液处理中的实例较少。但是，也有研究者以铁为阳极、石墨为阴极与阳膜、阴膜一起构成双隔膜三室电解槽，组成电渗析装置，并在阴极投加 H_2O_2，将电渗析技术与 Fenton 技术结合以处理垃圾渗滤液。该型技术具有操作简单、处理效果好的特点。

（2）铁碳微电解技术

铁碳微电解技术是高级氧化技术中的一种，其主要利用电化学原理处理污染物，其中铁、碳分别作为正负极，污染物作为电解液，构成电化学反应体系，通过阴阳极的氧化还原反应生成 Fe^{2+}、原子态 H 等电极产物将污染物氧化。铁碳微电解技术在处理污水时，通常出于成本的考虑，一般采用铸铁屑、活性炭或焦炭等材料。当材料浸没在废水中时会同时发生内、外部电解反应。铸铁中微量的碳化铁与纯铁之间存在较为明显的电位差，此时，在铸铁屑内部即形成许多细微的原电池，纯铁作为原电池阴极、碳化铁作为阳极；外部反应为铸铁屑为阴极、污水中的碳为阳极、污水为电解液，构成铁碳微电解的外部反应。

铁碳微电解技术的使用环境通常偏酸性，铁在转化为 Fe^{2+} 后具有脱色、絮凝沉淀等多方面的作用，与此同时，电极反应产物可以使部分难降解的环状和长链状有机物分解为小分子、易降解的有机物。铁碳微电解技术的电极反应方程式如下。

阳极反应：$Fe - 2e^- \longrightarrow Fe^{2+}$ $\qquad\qquad\qquad$ $E_0 \ (Fe^{2+}/Fe) = -0.44V$

阴极反应：$2H^+ + 2e^- \longrightarrow 2[H] \longrightarrow H_2$（酸性溶液时）　　　$E_0(Fe^{2+}/Fe) = 0.00V$

当有 O_2 时：$O_2 + 4H^+ + 4e^- \longrightarrow H_2O$（酸性溶液时）　　　$E_0(O_2/H_2O) = 1.22V$

$O_2 + 2H_2O + 4e^- \longrightarrow 4OH^-$（中性或碱性溶液时）　　　$E_0(O_2/OH^-) = 0.4V$

铁碳微电解技术处理效果较好、原料易得、操作简单，反应速度快。实际应用中，其对工业废水中的偶氮、碳双键、硝基、卤代基团等难降解有机物质具有良好的降解效果，可以去除传统生化处理技术无法处理的一些物质。但是，铁碳微电解技术在应用中会产生铁离子等副产物，同时也会生成 $Fe(OH)_2$、$Fe(OH)_3$ 等物质，加剧"返色"现象，且会产生铁泥以及未完全沉降的铁离子等，需要经过后续处理进行分离。

目前，铁碳微电解技术出现了采用高温铁碳微电解填料处理废水的方式。其是一种由填料、碳粉、催化剂等组分在高温下（通常超过 1300℃）进行处理，最终烧结程一体化的合金结构。这种填料具有物理强度大、比表面积大、孔隙率高、水气通道均匀、后续处理简单等优点，这种技术在化工、制药、染料、印染、煤化工、垃圾渗滤液等方面已经有一定的应用。有研究者利用铁碳微电解与 Fenton 法相结合的技术处理渗滤液，在 pH 值为 4、铁碳比 1∶1、固液比 1∶4、H_2O_2 投加量 0.9g/L 的情况下、反应时间 80min 下，渗滤液中的 COD、TP、氨氮的去除率分别达 78%、97%、55%，取得了较好的效果；也有研究者采用铁碳微电解与微曝气相结合的方法作为渗滤液预处理的一部分工艺，研究结果表明其具有较好的脱色和混凝效果，COD 综合去除率约 50% 左右。

第**7**章

渗滤液污泥处理与处置技术

7.1 渗滤液污泥种类及性质

污泥是污水处理后的产物，是一种由有机残片、细菌菌体、无机颗粒、胶体污泥等组成的极其复杂的非均质体。污泥的主要特性是含水率高（可高达99%以上），有机物含量高，容易腐化发臭，颗粒较细，比重较小，呈胶状液态。它是介于液体和固体之间的浓稠物，可以用泵运输，但它很难通过沉降进行固液分离。

渗滤液污泥作为渗滤液处理的副产物通常含有大量的有毒、有害或对环境产生负面影响的物质，必须妥善处理，否则将出现二次污染。污泥中的固体物质可能是污水中早已存在的，如各种自然沉淀池中截留的悬浮物质；也可能是渗滤液处理过程中转变形成的，如生物处理和化学处理过程中，由原来的溶解性物质和胶体物质转化而来的生物絮体和悬浮物质；还可能是渗滤液处理过程中投加的化学药剂带来的。

7.1.1 渗滤液污泥分类

污泥的性质特征主要取决于污泥的来源，同时还与渗滤液处理工艺有着密切的关系。按常规渗滤液处理工艺来分，污泥可以分为以下几类：

①初沉污泥：来自渗滤液处理的初沉淀；

②厌氧污泥：来自渗滤液处理厌氧处理系统排泥；

③好氧污泥：经好氧池排出的好氧活性污泥；

④化学污泥：用混凝、化学沉淀等化学方法处理渗滤液时产生的污泥，如深度处理中化学软化工艺污泥。

7.1.2 渗滤液污泥性质

污泥中的总固体包括溶解性固体和不溶解性固体（悬浮性固体）两部分。又可依据其中有机物的含量，分为挥发性固体和稳定性固体。挥发性固体是指在600℃下能被氧化，并以气体产物逸出的那部分固体，它通常用来表示污泥中的有机物含量（VSS），而稳定性固体则为挥发后的残余物。

（1）污泥的物理性质

污泥的物理性质对污泥的处理过程有明显的影响。表征污泥物理性质的主要指标包括含水率（或含固率）、密度、比阻、可压缩性、水力特性和粒度等。不同类别的污泥由于组成不同，物理性质有较大差异。

①污泥含水率与含固率。污泥中水分的质量与湿污泥总质量之比称为污泥含水率，含水

率是污泥最重要的物理性质，它决定了污泥体积。污泥含水率与其相态有一定的关系，随着含水率的降低，污泥由液态逐渐转变成固态，如表 7.1 所示。

表7.1 污泥含水率及其相态

含水率/%	污 泥 状 态	含水率/%	污 泥 状 态
90 以上	接近液态	60~70	接近固体
80~90	粥状物	50	黏土状
70~80	柔软状	—	—

污泥的含水率可用公式（7-1）计算。

$$P_w = \frac{W}{W + S} \times 100\% \tag{7-1}$$

式中　P_w——污泥含水率,%；

　　　　W——污泥中所含水分的质量，g；

　　　　S——污泥中所含固体质量，g。

污泥的含固率可用公式（7-2）计算。

$$P_s = \frac{S}{W + S} \times 100\% = 1 - P_w \tag{7-2}$$

式中　P_s——污泥含固率,%；

　　　　W——污泥中所含水分的质量，g；

　　　　S——污泥中所含固体质量，g。

由此可得出式（7-3）。

$$W = S \frac{1 - P_s}{P_s} \tag{7-3}$$

同一污泥的体积、含水量、含水率和含固率存在，如式（7-4）所示关系。

$$\frac{V_1}{V_2} = \frac{W_1}{W_2} = \frac{1 - P_2}{1 - P_1} = \frac{c_2}{c_1} \tag{7-4}$$

式中　V_1，W_1，c_1——含水率为 P_1 时的污泥体积、含水质量与含固体浓度；

　　　　V_2，W_2，c_2——含水率为 P_2 时的污泥体积、含水质量与含固体浓度。

公式（7-4）适用于含水率大于 65% 的污泥，当污泥含水率低于 65% 时，污泥内出现很多气泡，体积与质量不再符合公式关系。由公式（7-4）可知，污泥的含水率与污泥的体积之间关系密切，当污泥含水率由 99% 降至 98%，由 98% 降至 96%，由 96% 降至 92% 时，污泥体积均能减小一半，即污泥含水率越高，降低污泥含水率对容积的降低效果越好。

②干污泥与湿污泥相对密度。湿污泥相对密度可用公式（7-5）计算。

$$\gamma = \frac{\gamma_s}{\gamma_s P + (1 - P)} \tag{7-5}$$

式中　γ——湿污泥相对密度；

　　　　P——污泥含水率；

　　　　γ_s——干污泥相对密度。

干固体物质中，有机物（即挥发性固体）所占百分比及其相对密度分别用 p_v，γ_v 表示，无机物（即灰分）的相对密度用 γ_i 表示，则干污泥平均相对密度 γ_s 可用公式（7-6）计算。

$$\gamma_s = \frac{\gamma_i \gamma_v}{\gamma_v + p_v(\gamma_i - \gamma_v)} \tag{7-6}$$

由于有机物相对密度一般等于 1，无机物相对密度约为 2.5 ~ 2.6，以 2.5 计，则公式（7-7）可简化为

$$\gamma_s = \frac{2.5}{1 + 1.5 p_v} \tag{7-7}$$

因此，湿污泥的相对密度如式（7-8）所示。

$$\gamma = \frac{2.50}{(1 + 1.5 p_v)(1 - p) + 2.50p} \tag{7-8}$$

③污泥比阻和压缩系数。污泥比阻为单位过滤面积上，过滤单位干固体质量所受到的阻力，其单位为 m^2/kg，可用来衡量污泥脱水的难易程度，污泥比阻一般通过实验确定。不同种类的污泥，其比阻差别较大，一般来说，比阻小于 10^{11} m^2/kg 的污泥易于脱水，大于 10^{13} m^2/kg 的污泥难于脱水。机械脱水前应先进行污泥的调理以降低比阻。

污泥具有一定的可压缩性，通常采用压缩系数来评价污泥压滤脱水的性能。压缩系数大的污泥，其比阻随过滤压力的升高而上升较快，这种污泥宜采用真空过滤或离心脱水；压缩系数小的污泥宜采用板框或带式压滤机进行脱水。

（2）污泥的化学性质

①理化成分（见表 7.2）。渗滤液处理系统产生的污泥有机物含量较高，不稳定，易腐化发臭。有机物含量决定了污泥的热值与可消化性，通常有机物含量越高，污泥热值也越高，因此渗滤液污泥比较适用于焚烧处理，尤其是附近有垃圾焚烧发电厂或其他火力电厂。污泥中有机物含量通常用挥发性固体（VSS）表示。另两个比较重要的相关指标是挥发性有机酸（VFA）和矿物油。

表7.2　渗滤液污泥的基本理化成分

项　目	初沉池污泥	厌氧污泥	好氧活性污泥
pH 值	5.0 ~ 6.5	6.5 ~ 7.5	6.5 ~ 7.5
干固体总量/%	3.0 ~ 8.0	5.0 ~ 10.0	0.5 ~ 1.0
挥发性固体总量／（%，以干重计）	60 ~ 90	30 ~ 60	60 ~ 80
干污泥固体密度/（g/cm³）	1.3 ~ 1.5	—	—
污泥密度/（g/cm³）	1.02 ~ 1.03	—	—
BOD₅₅/VSS	3.0 ~ 11.0		

②燃烧值。渗滤液处理产生的污泥含有大量的可燃烧的成分，具有一定的发热值。若污泥中有机成分比较单一，可通过相关资料查到该组分的发热值。渗滤液污泥中的可燃组分主要是碳、氢、硫，如果已知有机组分各元素的含量，可根据公式（7-9）来计算渗滤液污泥的发热值 Q_{dw}（kJ/kg），

$$Q_{dw} = 337.4C + 603.3(H - O/8) + 95.13S - 25.08P \tag{7-9}$$

式中，C、H、O、S、P 分别表示污泥中碳、氢、氧、硫、磷的质量百分比和污泥的含水率。

渗滤液污泥组分比较复杂，较难确定其中各组分的含量。常用的分析方法是测定其 COD_{Cr} 值，以间接表征有机物的含量，它与污泥的发热值存在着必然联系。对大多数有机物

而言，燃烧时每去除1gCOD_{Cr}所放出的热量平均约为14kJ。利用这一平均值计算污泥的高位发热值所产生的最大相对误差约为10%，在工程计算中是允许的。因此，污泥的发热量 Q_{dw}（kJ/kg）可利用公式（7-10）计算。

$$Q_{dw} = 14\mathrm{COD}_{Cr} - 25.08P \tag{7-10}$$

7.2 渗滤液污泥储存与输送

7.2.1 渗滤液污泥储存

渗滤液处理系统产生的污泥主要来自预处理系统初沉池排泥、厌氧系统排泥、好氧系统排泥，渗滤液处理工艺中使用化学软化工艺时，还包含化学软化系统排泥。为保证污泥脱水系统在一定的时间内连续稳定运行，所有污泥在进入污泥脱水系统之前需要暂时储存，然后通过污泥螺杆泵稳定输送至污泥脱水系统。

污泥储池的设计计算主要考虑因素为污泥的停留时间。为防止沉淀时间过长，底部污泥浓度浓缩过度而堵塞污泥输送管道，污泥储池的停留时间建议小于10h。为防止底部污泥浓度过大，污泥储池还需设搅拌机，其运行过程中转速控制在30r/min左右。为便于搅拌机搅拌均匀，污泥储池的长度和宽度宜设计相等。泥斗坡度设计在30°左右。顶部设溢流口，上清液溢流至污水池。为防止臭气外溢，污泥储池需设计成全封闭式，顶部设除臭管，通过除臭风机的抽吸作用，使污泥储池内处于负压状态。同时考虑污泥螺杆泵的吸程及投资成本等问题，污泥储池宜建在地上。

污泥在污泥储池内短暂停留后，通过污泥螺杆泵输送至污泥脱水间。污泥螺杆泵进泥管不能小于DN150，出泥管不能小于DN100。污泥螺杆泵出口管道上设冲洗水管，当管道发生堵塞时用于反冲。污泥螺杆泵的流量依据污泥脱水机的处理量来确定，一般为脱水机处理量的1.5~2倍，变频控制，且需要设置备用泵。

7.2.2 渗滤液污泥输送

渗滤液污泥通常采用管道输送，这种方法经济、卫生、安全，输送系统主要分为压力管道和自流管道两种形式。

（1）污泥输送管道的水力特性

不同的处理工艺以及同一处理工艺的不同系统产生的污泥，其性质差别很大，水力特性也有很大差别。影响污泥水力特性的因素很多，但影响污泥输送的最主要因素是黏度。沉淀污泥的黏度很难测定，而含水率则相对容易测定，因此一般可用污泥的含水率来确定污泥管道的水力特性。在已知含水率的情况下，悬浮固体的密度越低，污泥的黏度越大。当污泥浓度增高，挥发物含量的增高，温度的下降，流速过高或过低时，污泥的黏度均会增高，由此导致污泥管道的水头损失增大。

污泥在管道内流速较低时呈层流状态，污泥黏度大，流动阻力比水大；流速加大，则为紊流状态，流动的阻力比水小。紊流状态是污泥在管道内的最佳水力状态，其水头损失最小。污泥含水率越低，这种状况越明显。当污泥含水率为99%~99.5%时，污泥在管道内的水力特性就与污水的水力特性相似。

初沉池污泥通过重力浓缩，其含水率可降至90%~92%。由于污泥浓度增高，当其通过 100mm 和 150mm 的管道时，其水头损失一般是污水的 6~8 倍。生化系统的污泥与初沉池污泥相比，具有较大的流动性，颗粒较细且更均匀，黏度较小。在较低流速时，其水头损失比初沉池污泥小，当流速增大时，其水头损失相应增大。一般都取最大水头损失，在设计中，这种差异一般都忽略不计。

(2) 污泥管道的水力计算

污泥管道的直径，应按不同性质的污泥，根据其泥量、含水率、临界流速及水头损失等条件，通过试算与比较，选定合理的管径。选定管径后，还应根据运行过程中可能发生的污泥量和含水率变化，对管道的流速和水头损失等进行核算。

目前对渗滤液污泥水力特性的研究相对较少，污泥管道的水力计算主要是采用经验公式或实验资料。这些经验公式及计算图表不够完善，使用时还有条件限制，因此对于重要的污泥输送管道的计算，除使用经验公式计算外，还应参照现有的运行数据，综合确定管径及水力坡降。

巴甫洛夫斯基公式如式 (7-11)、式 (7-12) 所示。

$$v = \frac{1}{n} R^{1.5\sqrt{n}+0.5} i^{0.5} \tag{7-11}$$

式中 v——流速，m/s；

     R——水力半径，m；

     i——水力坡降；

     n——粗糙系数。

$$i = n^2 \frac{v^2}{R^{2y+1}} \tag{7-12}$$

式中，$y = 1.5\sqrt{n}$

粗糙系数采用：

$$d = 150\text{mm}, n = 0.013$$
$$d = 200\text{mm}, n = 0.011$$
$$d = 250\text{mm}, n = 0.011$$
$$d = 300\text{mm}, n = 0.011$$

按照公式 (7-11) 计算，需考虑污泥的不同含水率及允许的最小设计流速，在最小流速下，污泥颗粒仍处于悬浮状态。

污泥管道最小流速，见表 7.3。

表7.3   污泥管最小设计流速   m/s

污泥含水率/%		90	91	92	93	94	95	96	97	98
管径 /mm	150~250	1.5	1.4	1.3	1.2	1.1	1.0	0.9	0.8	0.7
	300~400	1.6	1.5	1.4	1.3	1.2	1.1	1.0	0.9	0.8

根据斯特里克斯 (Strickler) 公式进行计算，如式 (7-13)、式 (7-14) 所示。

当污泥管道为圆管时，

$$v = 0.397 K_{st} D^{\frac{2}{3}} J^{\frac{1}{2}} \; (\text{m/s}) \tag{7-13}$$

$$Q = 0.312 K_{st} D^{\frac{8}{3}} J^{\frac{1}{2}} \; (\text{m}^3/\text{s}) \tag{7-14}$$

式中 v——平均流速，m/s；

K_{st}——由管道内壁材质决定的常数，其值见表7.4；

Q——流量，m^3/s；

D——管径，m；

J——水力坡降，即单位长度上的水头损失，mm/m。

表7.4 K_{st}的平均值

管道种类	K_{st}值		管道种类	K_{st}值	
	新管	旧管		新管	旧管
石棉水泥管	95	—	铸铁管	95	—
混凝土管	85	—	钢管（焊接）	95	85
铸铁管	85	78	陶土管	85	—

污泥输送泵的作用就是将污泥池的污泥持续输送到脱水机。一般根据脱水机绝干污泥的最大处理量、污泥的实际浓度计算出单位时间的污泥输送量。对于渗滤液处理产生的污泥，建议采用螺杆泵进行输送。选用螺杆泵的时候，要选择流量可调的螺杆泵，建议选用变频控制，从而保证进入脱水机的污泥量可控。螺杆泵进出口设置反冲洗水以防止堵塞。

经脱水机脱水后的污泥含水率一般在80%以下。如果污泥送入填埋场，需要将污泥含水率降至60%以下，增大处理成本，同时运输过程中容易造成二次污染。对于垃圾焚烧发电厂，脱水后的渗滤液污泥入炉焚烧是最佳选择，但这种方式会损失部分热能而降低每吨垃圾的发电量。因脱水后的污泥含水率低，输送过程中沿程阻力较大，污泥输送设备建议选用高压螺杆泵或柱塞泵。干污泥输送泵的选型主要为输送量和输送压力。输送压力与输送距离以及污泥的性质有关，可由相关公式，并结合实际运行经验得到。根据实际运行经验数据，含水率为80%的干污泥，污泥管直径为250mm时，每输送1m长度的干污泥，压力损失为0.6~0.9m。输送距离在100m以上时，建议干污泥输送泵选择3.6MPa以上，管道选择3.6MPa以上。同时为减小局部阻力损失，管道的转弯半径要大于5倍直径。为防止输送过程中污泥堵塞管道，需要在管道上每隔20m设置法兰连接。

7.3 渗滤液污泥脱水

渗滤液污泥经污泥储池短时间的浓缩后，含水率一般在94%以上，呈流动状态，所占体积仍然较大。浓缩主要是分离污泥中的间隙水，而脱水是为了将污泥中的毛细水和吸附水从污泥中分离出来。

污泥的体积、重量及污泥所含固体物浓度之间的关系可用公式（7-15）表示。

$$\frac{V_1}{V_2} = \frac{W_1}{W_2} = \frac{100 - p_2}{V_2 - p_1} = \frac{C_2}{C_1} \qquad (7-15)$$

式中 V_1、W_1、C_1——含水率为p_1时污泥体积、重量与固体浓度（以污泥中干固体占重量%计）；

V_2、W_2、C_2——含水率为p_2时污泥体积、重量与固体浓度（以污泥中干固体占重量%计）。

污泥脱水设备种类较多，目前常用的主要有：带式压滤机、离心脱水机、板框压滤机、旋转挤压脱水机。因渗滤液污泥黏性较大，目前渗滤液污泥最常用的为旋转挤压脱水机、板框压滤机，少量使用离心脱水机。对脱水机脱水效果的评价指标主要有泥饼的含固率、固体的回收率以及泥饼的生产率。泥饼的含水率即泥饼中所含固体的质量与泥饼总质量的百分比，泥饼的体积越小，运输和处置越方便；固体回收率是指泥饼中的固体量占脱水污泥中总干固体量的百分比，用 η 表示，η 越高，说明污泥脱水后转移到泥饼中的干固体越多，随滤液流失的干固体越少，脱水率越高。

7.3.1 旋转挤压脱水

旋转挤压脱水机主要由外壳、密封罩、有孔圆盘、筛网、连接圆盘、外间隔板、刮刀导向板、气动（或液动）挡门、电机、减速机等组成。絮凝后污泥从旋转挤压式过滤机的污泥口进入污泥通道，通道两侧各装置一组滤网，以 $1 \sim 2 r/min$ 的速度 $360°$ 不停地旋转。在滤网的旋转摩擦力作用下，带动污泥通过 C 形的过滤通道，经过过滤区的浓缩和挤压区的挤压后，污泥中的大量水分通过滤网挤出，污泥由湿态变为固态。最后通过可调节挤压力、出泥量大小的控制区，从泥饼出口排除。其工作原理示意图如图 7.1 所示。

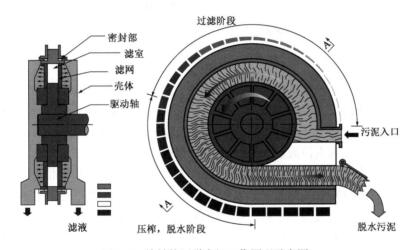

图 7.1　旋转挤压脱水机工作原理示意图

具体工作过程如下：

①两个不锈钢制的有孔圆盘和滤网（直径为 $300 \sim 1200mm$），以每分钟 $1 \sim 2$ 转的速度缓慢地旋转；

②经过絮凝剂调质后的污泥，由泵向过滤通道内压入，污泥在过滤网上进行加压过滤；

③过滤开始，在金属过滤面上形成污泥滤饼。随着污泥滤饼增多，滤液进一步变得澄清；

④在压榨脱水层被脱水的污泥，由滤网带动以缓慢地速度向排出口推送，在过滤室中央部分的含水分比较多的污泥，由于摩擦力和推送速度的不同而产生剪断力，促进了脱水；

⑤脱水污泥在滤网面的摩擦作用下被向前推送，在排出口处受到挡门控制，由此形成背压对污泥进行压榨脱水；

⑥后续的污泥对前面产生推送力，将前面的污泥推出机外；

⑦滤液被设置在过滤室外圈的圆形密封罩收集，排出机外。

⑧在运转过程中，过滤面由于刮刀导向板的作用得到再生，滤孔堵塞的现象不断被解除。

旋转挤压脱水机内部结构如图7.2所示。

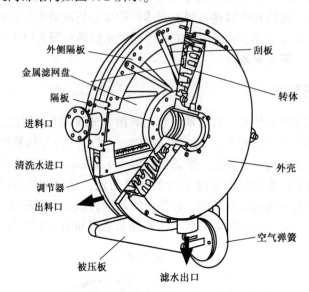

外侧隔板
金属滤网盘
隔板
进料口
清洗水进口
调节器
出料口
被压板
刮板
转体
外壳
空气弹簧
滤水出口

图7.2　旋转挤压脱水机内部结构图

旋转挤压脱水机是一种较有特色的新型污泥过滤设备，在应用于渗滤液污泥及含有纤维状、黏度较大的污泥处理上有许多优势。经旋转挤压脱水机脱水后的污泥含水率在80%以下，由干污泥泵（螺杆泵）或柱塞泵输送至主厂房垃圾坑进行焚烧处理。

以旋转挤压脱水机为主污泥脱水系统，其常用工艺流程图如图7.3所示。

由污泥储池出泥螺杆输送至脱水机房的污泥首选与絮凝剂在1号混合器中进行快速混合，使污泥与药剂充分接触，然后进入絮凝混合器，在该混合器内，搅拌机在较低转速下转动以使絮体与污泥形成较大的颗粒物。经絮凝混合器后的污泥进入旋转挤压脱水机，脱水后的干污泥直接落入下方的污泥斗内，或通过螺旋输送机输送至污泥斗，污泥斗内的污泥通过干污泥螺杆泵输送至主厂房焚烧炉给料斗内焚烧处理。脱水机产生的滤液通过自流进入污水池。

絮凝剂可以使用固体或者高浓度的液体。若直接将固体或高浓度的液体絮凝剂加入污泥中，由于其黏度大，扩散速度较低，不能充分的分散在污泥中，导致大部分絮凝剂失去絮凝作用，加大絮凝剂的投加量，因此需要对絮凝剂进行一定程度的稀释。为降低水质对絮凝剂的影响，一般使用自来水进行稀释。稀释后絮凝剂的浓度不大于5g/L。高分子絮凝剂配置以后，有效期一般为2~3d，当溶液呈现乳白色时，说明溶质变质，应立即停止使用并重新配置。絮凝剂的投加量需要通过实验根据污泥的脱水效果得到。根据渗滤液污泥脱水的实际运行经验表明，絮凝剂的投加量一般在1~3ppm，即每升污泥中投加1~3mg絮凝剂。

脱水系统冲洗水主要为污泥管道冲洗和脱水机冲洗。为节约水资源，冲洗水可取用渗滤液处理系统超滤产水，通过高压泵输送至脱水机房。

旋转挤压脱水机参考选型如表7.5所示。旋转挤压脱水机的污泥处理量（污泥浓度、黏度等特性一定的情况下），取决于通道数量。

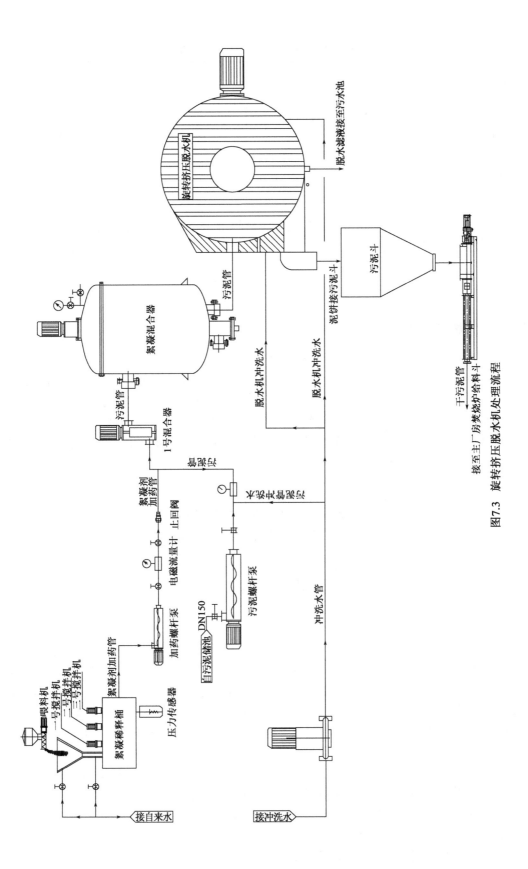

图7.3 旋转挤压脱水机处理流程

表7.5　旋转挤压脱水机参考选型表

处理量/(m³/h) 型号 \ 污泥浓度/%	0.2	0.5	1	2	2.5	5	DS 处理量/（kg/h）	电机功率/kW	重量/kg	外形尺寸/mm
RP9001	36	15	12	6	5	2.5	70～120	3.7	2070	1030×1850×1790
RP9002	72	30	24	12	10	5	140～240	5.5	3620	1650×1850×1970
RP9003	108	45	36	18	15	7.5	200～330	7.5	4590	2180×1850×2010
RP9004	144	60	48	24	20	10	260～450	11	5610	2580×1920×2320
RP9005	180	75	60	30	25	12.5	340～560	15	6620	3130×1920×2360
RP9006	216	90	72	36	30	15	400～720	15	7560	3670×1920×2360

注：DS——绝干污泥；

　　RP——Rotary Press（旋转挤压脱水机英文缩写），900 为过滤原件直径，1～6 代表通道数量污泥浓度、特性不同，处理量和脱水率等会有所差异，表中数据仅供参考。

7.3.2　板框压滤机

板框压滤机是间歇操作的过滤设备，被广泛应用于化工、冶金、制药、环保等行业各类悬浮物的固液分离及各类污泥的脱水处理，可有效过滤固相粒径 5μm 以上，固相浓度 0.1%～60% 的悬浮液。其优点是结构简单，工作可靠，操作简单，滤饼含水率低；对物料的适应性强，应用广泛。缺点是该设备需要间歇操作，劳动强度大，产率较低。在密闭的状态下，经过高压泵打入的污泥经过板框的挤压，使污泥内的水通过滤布排出，达到脱水目的。板框压滤机示意图如图 7.4 所示。

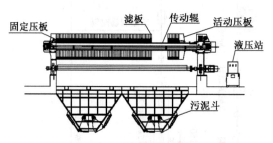

图 7.4　板框压滤机示意图

板框压滤机工作过程为：板框压紧→进料→压干滤渣→放空（排料卸荷）→正风吹→反风吹→板框拉开→卸料→洗涤滤布。①板框压紧采用电动装置，电机减速机经一对齿轮传动，带动螺母旋转，丝杠作往复运动，带动活动压板压紧滤板与板框。在电动压紧时要注意电流表的读数，同时应防止过电流继电器失控造成事故。②进料时，一般进料压力不大于 0.45MPa，进料所形成滤饼的厚度或容积不得超过规定值，进料采用先自流后加压的方法。在进料之前或之后，有时增加冲洗进料口工序。③压干滤渣的压力一般不超过 0.5MPa。④吹风的压力不超过 0.5MPa，先正吹，后反吹，正吹风除吹去进料管中的残余悬浮液及滤板中的滤渣部分外，还促使滤渣与橡胶膜分离。⑤反吹风使滤渣和滤布处于脱开状态，反吹风的目的是为了便于自动卸料，正反吹风各自反复吹 2～3 次，每次大约半分钟。⑥洗涤滤布的水压力不低于 0.2MPa，可用自来水。

有关板框压滤机生产能力的计算如下：

板框压滤机为间歇操作的过滤设备，它的单位过滤面积生产能力可用公式（7-16）计算。

$$q = \frac{v}{t + t_1 + t_2} \qquad (7\text{-}16)$$

式中　q——过滤机单位面积的生产能力，$m^3/(m^2 \cdot s)$；

　　　t——过滤操作时间，s；

　　　t_1——滤饼洗涤时间，s，（对于污泥脱水，滤饼一般不洗涤，故 $t_1 = 0$）；

　　　t_2——包括卸渣、滤布清洗、吹干、压紧等辅助操作时间，s；

　　　v——每操作周期，单位过滤面积所获得的滤液量，m^3/m^2。

假设板框压滤机操作在恒定压力条件下进行，则按公式（7-17）为

$$v^2 = Kt \qquad (7\text{-}17)$$

式中　K——恒压过滤常数，m^2/s。

由物料平衡可得单位过滤面积上泥饼重量（kg/m^2），按式（7-18）为

$$w = v\rho c/(1 - mc) \qquad (7\text{-}18)$$

式中　v——单位过滤面积上所得滤液量，m^3/m^2；

　　　ρ——滤液的密度，kg/m^3；

　　　c——料浆中固体物质的质量分数；

　　　m——滤饼的湿干重比。

滤饼的厚度和单位过滤面积与滤饼重量关系公式（7-19）为

$$b = w/r_c \qquad (7\text{-}19)$$

式中　b——滤饼厚度，m；

　　　r_c——滤饼的堆密度，kg/m^3。

由公式（7-18）、式（7-19）可得滤饼厚度和过滤时间的关系如公式（7-20）所示。

$$t = \frac{v^2}{K} = \left[\frac{b^2 r_c (1 - mc)}{\rho c}\right]^2 / K \qquad (7\text{-}20)$$

当板框的规格确定后，它的滤框厚度已确定，通常由于一个滤框两面在进行过滤，以滤框厚度的一半作为滤饼厚度代入公式（7-21），可计算板框的过滤时间。再根据自选过滤机的型号与规格和辅助操作时间 t_2，由公式（7-21）可以得到该设备的生产能力。

$$Q = Aq = \frac{Av}{t + t_2} \qquad (7\text{-}21)$$

式中　A——过滤机的过滤面积，m^2；

　　　Q——过滤机的生产能力，m^3/s。

一般板框式压滤机与其他类型脱水机相比，泥饼含固率最高，可达45%，如果从减少污泥堆置占地因素考虑，板框式压滤机应该是首选方案。滤板的移动方式要求可以通过液压—气动装置全自动或半自动完成，设置滤布振荡装置，以使滤饼易于脱落。与其他型式脱水机相比，板框式压滤机一方面为开放式处理，存在压滤水溅撒和臭气外溢等环境问题；另一方面该类设备体积大，占地面积大。在垃圾焚烧厂渗滤液处理中，由于厌氧工艺产生的污泥黏度大和臭气释放等原因，不建议采用板框压滤机。而采用化学软化工艺产生的无机污泥，其主要成分以碳酸钙、碳酸镁等无机物为主，污泥黏度较低，脱水后污泥较容易在滤布上脱落下来，较容易清洗和维护，更适合采用板框压滤机。板框压滤机是一种适应性较强的脱水

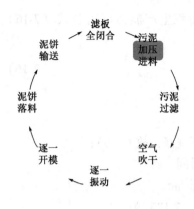

图 7.5　板框脱水机工艺流程示意图

机，其脱水后泥饼含固率高，同时具有可以预留滤板数量的特征。当渗滤液站为分期建设时，可以前期考虑土建一次完成，预留加装滤板的空间，从而降低投资成本。

以板框脱水机为主体设备的污泥脱水系统，其主要操作工艺流程示意图如图 7.5 所示。

在污泥进入板框脱水机之前为提升脱水效果，并且能有效提高后续处理能力，一般污泥都需要先加入絮凝剂进行调理，目的是为了改变污泥结构，使污泥互相凝结而具有足够的刚性，能够快速高效地分离污泥和其中的水。板框脱水机主要应用于渗滤液处理中化学软化处理系统中产生的化学污泥。

化学软化系统氢氧化钙的投加量常常需要通过实验得到。化学软化系统已经投产的项目数据也非常重要，可以给其他项目提供重要的参数和实际的运行经验。某 200t/d 的渗滤液处理站运用化软系统，渗滤液中 Ca^{2+}、Mg^{2+} 离子浓度分别为 600mg/L 和 150mg/L 左右。实际运行表明焚烧厂产生的渗滤液 $Ca(OH)_2$ 投加量约为 3g/L，理论上该部分 $Ca(OH)_2$ 全部转化为 $CaCO_3$ 沉淀。同时渗滤液中所含的 Ca^{2+}、Mg^{2+} 离子在加入 $Ca(OH)_2$ 后分别转化为 $CaCO_3$ 和 $Mg(OH)_2$ 沉淀。根据第 6 章公式（6-19）、式（6-20）计算得到对应产生的碳酸钙的量为 5.55g/L，氢氧化镁的量为 0.363g/L；干污泥量为 49.27kg/h，污泥含水率以 95% 计，则污泥量为 985.4kg/h，每天产生的污泥量为 23650kg。脱水后，泥饼含固率约 35% 左右，密度为 1.2g/cm³ 左右。板框系统每天开启 1 个班次，压滤机单个工作周期为 1.5～2h，取 2h。假设每个班次运行四个周期，则每天运行 4 个周期。

则单个周期的滤饼体积（即室腔容积）：

$$V = Q/P_s/\rho/T = 1182.5 \div 35\% \div 1.2 \div 4 = 704L$$

式中　V——室腔容积，L；

Q——绝干污泥量，kg/d；

ρ——脱水后泥饼密度；

T——每天脱水机运行周期数。

单个室腔的容积为一固定值，根据单个室腔的容积即可得到板框压滤机滤室数量。

7.3.3　离心脱水机

污泥静置一段时间后，由于重力作用，泥水中的固相和液相就会分层，此即自然沉降。如果泥水以一定的角速度旋转，当角速度（ω）达到一定值时，因离心加速度比重力加速度大得多，固相和液相很快分层，这就是离心沉降。应用离心沉降原理进行泥水分离的机械即为离心脱水机。离心脱水机有立式和卧式两种。离心脱水机是利用转鼓高速旋转产生的离心力进行固液分离的一种传统污泥处理设备。离心脱水机由转鼓和带空心转轴的螺旋输送器组成。污泥由空心转轴送入转筒，在高速旋转产生的离心力作用下，立即被甩入转鼓腔内。由于泥水密度不一样，形成固液分离。污泥在螺旋输送器的推动下，被输送到转鼓的锥端由出口连续排出。液体则由堰口连续"溢流"排至转鼓外靠重力排出。离心脱水机工作原理如图 7.6 所示。

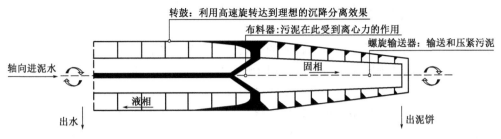

图 7.6　离心脱水机工作原理图

离心脱水机利用转鼓高转速和转鼓与螺旋轴之间的转速差来实现固液相分离。离心机的分离因数与转鼓转速的二次方成正比，为了提高固液相分离效果，便需要转鼓有很大的转速，同时转鼓和螺旋轴要有一定的转速差，这点决定了离心脱水机具有耗能高、噪声大、运行成本高等特点。

离心脱水机的分离因数是离心机分离能力的主要指标，污泥在离心力场中所受的离心力和它所受的重力的比值 F_r 称分离因数，其表达如公式（7-22）所示。分离因数越大，污泥所受的离心力越大，分离效果越好。

$$F_r = \frac{mR\omega^2}{mg} = \frac{R\omega^2}{g} = \frac{Dn^2}{1800} \tag{7-22}$$

式中　m——污泥质量，kg；

R——离心机转鼓的半径，m；

ω——转鼓的旋转角速度，°/s；

g——重力加速度，m/s²；

n——离心机转鼓的转速，r/min；

D——离心机转鼓的直径，m。

卧式离心脱水机主要由转鼓、带空心转轴的螺旋输送器、差速器等组成。污泥由空心转轴输入转鼓内。在高速旋转产生的离心力作用下，污泥中相对密度大的固体颗粒，离心力也大，迅速沉降在转鼓的内壁上，形成固相层（因呈环状，称为固环层）。而相对密度较小的水分，所受离心力也较小，只能在固环层内内圈形成液体层，称为液环层。固环层的污泥在螺旋输送器的推移下，被输送到转鼓的锥端，经出口连续排除；液环层的分离液由圆柱端的堰口溢流，排至转鼓外，达到分离的目的。有关离心脱水机的主要技术参数，叙述如下。

①转鼓直径和有效长度。转鼓是离心机的关键部件，转鼓的直径越大，离心机的处理能力也越大，转鼓的长度越长，污泥在机内的停留时间也越长，分离效果越好，常用的转鼓直径为 200~1000mm，长径比在 $L/D=3\sim4$ 之间。

②转鼓的半锥角。半锥角是锥体母线和轴线的夹角，锥角大污泥受离心挤压力大，利于脱水，通常离心机的半锥角在 $\alpha=5°\sim15°$，对于浓缩，分级 $\alpha=6°\sim10°$，锥角大，螺旋推料的扭矩也需增大，叶片的磨损也会增大，若磨损严重会降低脱水效果。

③转差和扭矩。转差是转鼓与螺旋输送器的转速差。转速大，输渣量大，但也带来转鼓内流体搅动量大，污泥停留时间短，分离液中含固量增加，出泥含水量大。污泥浓缩与脱水的转速差以 2~5r/min 为宜。

④差速器。差速器是卧式离心机的转鼓与螺旋输送器相互转速差的关键部件，是离心机

中最复杂、最重要、性能和质量要求最高的装置。转速应无级可调，差速范围在 1～30r/min 之间，扭矩要大。

⑤沉降区和干燥区的长度调节。转鼓的有效长度为沉降区和干燥区之和，沉降区长，污泥停留时间长，分离液中固相带湿量少，但干燥区停留时间短，排出污泥的含湿量高。应调节溢流挡板的高度以调节转鼓沉降区和干燥区的长度。

污泥经污泥浓度计测得相应信号，启动螺杆泵，将污泥送至离心脱水机。在螺杆泵的吸入管路上，安装了污泥切割机，以便切碎污泥中携带的固体杂质。螺杆泵的压送管路上设有流量计，从而在污泥输入离心机前按浓度计和流量计信号输入计算机运算后指令投加高分子絮凝剂——聚丙烯酰胺溶液的投加量，使污泥能结成粗大的絮凝团，促进泥水的分离。分离后的污泥堆集外送。

离心脱水机的选型必须在实验的基础上进行，通过实验来验证离心脱水机对污泥脱水的适应性以及能否满足设计的脱水效果。其次要测试离心脱水机的转速、差转速等参数，以此作为选型依据。在实际应用过程中可以对离心机的转速及差转速进行调整来取得最佳的脱水效果。

离心脱水机的选型必须要考虑该设备的固体负荷以及水力负荷。如果进料污泥的含固率大于 1.5%，重点要考虑固体负荷因素；而如果进料污泥含固率低于 1.5%，则主要考虑水力负荷。渗滤液污泥一般含固率大于 1.5%，因此需要重点考虑固体负荷这一因素。

离心脱水机自身处理能力一般和下面三个因素有直接关系：直径、长径以及转速。直径与长径决定了设备体积的大小，而转速主要是决定分离因数的大小。通常条件下，离心机分离因数控制在 2000～2000G 最佳。

离心脱水机必须要具备转筒和螺旋推料器转速差能够自动无级调节的功能，当进料污泥的具体参数存在变化的情况下，离心脱水机必须要确保可以自动对转速差进行调节，保证分离效果与技术标准要求相符合。

通常，离心脱水机的转鼓直径、长径比、转速、分离因素等技术参数均能反应理性脱水机的性能。但是当考虑到离心脱水机的处理能力时，还需要考虑以下因素：待脱水污泥体积、污泥液相部分在离心机内的停留时间、污泥固体部分在离心机的锥部停留时间。

（1）脱水体积

离心机转鼓内圆柱部分的脱水体积是指进入圆柱部分的液体的总体积，即为离心机的实际工作体积，其大小决定了污泥在离心机内的停留时间，进而决定离心脱水机的处理能力。脱水体积是转鼓直径、长径比等诸多参数的最终反映，是离心脱水机处理能力的核心参数。

（2）污泥液相部分在离心机内的停留时间

停留时间即液体从进入转鼓至排出前所保持的时间。停留时间越长，固液分离效果越好，絮凝剂的使用量越小。

物料的液相部分在离心脱水机内的停留时间 R_t 的计算方法如式（7-23）所示。

$$R_t = \frac{3600V}{Q} \tag{7-23}$$

式中　Q——进料流量，L/h；
　　　V——转鼓的脱水体积，L。

离心脱水机的工艺流程示意图如图 7.7 所示。

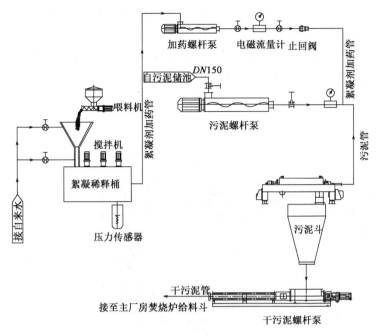

图 7.7 离心脱水机工艺流程示意图

7.3.4 叠螺脱水机

叠螺式脱水机是一种新兴的污泥脱水设备。由于其具有泥水易分离，不堵塞的特点，目前已在多个领域得到成功应用。叠螺式脱水机是运用螺杆挤压原理，通过螺杆直径和螺距变化产生的强大挤压力，以及固定环与游动环之间的微小缝隙，实现对污泥进行挤压脱水的一种新型固液分离设备。

其工作原理和内部结构如图 7.8、图 7.9 所示。

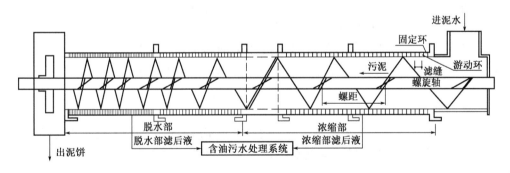

图 7.8　叠螺脱水机工作原理图一

（1）叠螺机的工作流程

①污泥池内的污泥通过污泥输送泵，被输送至计量槽，通过调节计量槽内液位调整管调节进泥量，多余的污泥通过回流管回流到污泥池。

②污泥和和絮凝剂在絮凝混合槽内，通过搅拌机进行充分混合形成矾花，理想的矾花的直径在 5mm 左右。

③矾花在浓缩部经过重力浓缩，大量的滤液从浓缩部的滤缝中排出。

④浓缩后的污泥沿着螺旋轴旋转的方向继续向前推进，在背压板形成的内压作用下充分脱水。

⑤脱水后的泥饼从背压板与螺旋主体形成的空隙排出。可以通过调节螺旋轴的转动速度和背压板的空隙来调节污泥处理量和泥饼的含水率。絮凝混合槽排污管只在清洗混合槽的时候才使用。

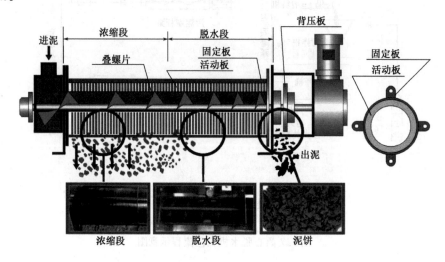

图 7.9 叠螺脱水机工作原理图二

当螺旋推动轴转动时，设在推动轴外围的多重固、活叠片相对移动，在重力作用下，水从相对移动的叠片间隙中滤出，实现快速浓缩。经过浓缩的污泥随着螺旋轴的转动不断往前移动；沿泥饼出口方向，螺旋轴的螺距逐渐变小，环与环之间的间隙也逐渐变小，螺旋腔的体积不断收缩；在出口处背压板的作用下，内压逐渐增强，在螺旋推动轴依次连续运转推动下，污泥中的水分受挤压排出，滤饼含固量不断升高，最终实现污泥的连续脱水。螺旋轴的旋转，推动游动环不断转动，设备依靠固定环和游动环之间的移动实现连续的自清洗过程，从而巧妙地避免了传统脱水机普遍存在的堵塞问题。

因为絮凝剂的添加量在运行的时候是按照某种固定比例添加的，因此，污泥浓度过低，就会造成絮凝剂的浪费，而污泥浓度过高，却不能很好地絮凝，最终影响脱水的效果。

（2）叠螺脱水机主要部件

①加药泵。加药泵的作用就是将溶解好的高分子絮凝剂输送到脱水机的絮凝混合槽。根据脱水机的绝干污泥的处理量、絮凝剂添加率、稀释倍率可以计算出高分子絮凝剂的添加量。

②一体化溶解加药装置。一体化溶解加药装置的作用就是将高分子絮凝剂泡制稀释成絮凝剂溶液，其所需的容量应稍大于加药泵的标准输送能力。其优点表现为：只要将足量的絮凝剂干粉准备好，就能够自动加水加药，比较容易实现脱水机的长时间无人运行，而且配置的絮凝剂的浓度排除了人为因素的干扰，相对稳定。现场有自动泡药装置，可以继续使用。

③进泥螺杆泵。进泥螺杆泵的作用就是将污泥池的污泥持续输送到脱水机。螺杆泵应该选择流量可调的泵，保证定量的污泥流入脱水机，不用考虑溢流。根据脱水机绝干污泥的最

大处理量、污泥的实际浓度计算出单位时间的污泥输送量。

④叠螺污泥脱水机。主要包括絮凝混合槽、叠螺本体和电控柜三个部分。其中絮凝混合槽内有搅拌电机，主要是对从计量槽流入的污泥与通过加药泵输入的絮凝剂进行混合搅拌，搅拌电机通过变频器控制可以改变搅拌的速度。如果速度过慢，污泥与絮凝剂不能充分混合形成矾花，如果速度过快，容易把已经形成的矾花打碎。絮凝混合槽的下方有排污管，通过球形阀进行控制，污泥脱水机在运行的时候，阀门处于关闭状态，只有在清洗絮凝混合槽的时候，才将球形阀门打开。叠螺污泥脱水机的主体是由相互层叠的固定环和游动环以及贯穿其中的螺旋轴组成的一种过滤装置。主体的前半部分为浓缩部，通过重力的作用对污泥进行浓缩；后半部分为脱水部，在螺旋轴轴距的变化以及背压板的作用下产生内压，达到脱水的效果。螺旋轴的转动速度可以通过变频器进行调节。当螺旋轴的速度调慢时，污泥在叠螺主体内滞留时间加长，出来的泥饼含水率降低，泥饼的产生量减少；当螺旋轴的速度调快时，污泥在叠螺主体内滞留时间变短，出来的泥饼含水率升高，泥饼的产生量增加。同时，也可以通过调节背压板对泥饼的处理量和含水率进行调节。当背压板的间隙调小时，对螺旋轴中前进的污泥施加的阻力增大，出来的泥饼含水率降低，处理量也会减少；当背压板的间隙调大时，给螺旋轴中前进的污泥施加的阻力减小，出来的泥饼含水率提高，处理量也会相应提高。并且，螺旋轴带动了游动环，及时把夹在滤缝里面的污泥排出，具有自我清洗的能力，防止滤缝堵塞。叠螺主体上方设有喷淋装置，在自动运行的状态下，可以根据设定的时间开启或关闭电磁阀，进行不定期喷淋，保持脱水机的美观，叠螺主体的两边有边盖，防止泥水溅出。通过叠螺主体进行固液分离，滤液从固定环和游动环形成的滤缝中排出，汇集到滤液回收槽，回流到原水池。电控柜：叠螺污泥脱水机上自带着电控柜，除了控制脱水机的内部运行外，还能够按照客户要求与污泥池的液位计、两台进泥泵、两台加药泵、一台泥饼输送装置及泡药装置进行联动，实现脱水机的自动运行。

⑤无轴螺旋输送机。叠螺污泥脱水机在正常运行的状态下，处理后的污泥以泥饼的形式排出，采用无轴螺旋输送机及时的输送泥饼，以便运输或后处理。在设置脱水机的时候，必须考虑到正常规格下脱水机的泥饼排出口与地面的高度，也要考虑到电控柜操作面板的高度与位置，以便操作。因为脱水机在运行的时候不会产生振动，所以没有必要预埋螺丝。

7.3.5 脱水机的选择

几种污泥脱水机的适用范围及优缺点对比如表7.6所示。

表7.6 几种污泥脱水机对比

类　型	适用范围	优　点	缺　点
旋转挤压脱水机	适用于有机好氧污泥	①体积小、密封性好、操作简单 ②低能耗、低噪声	需要污泥充分絮凝，药剂投加量较大
板框脱水机	①适用于无机污泥 ②满足污泥含水率低的要求	①泥饼含固率高 ②药品消耗少 ③能耗低 ④易扩展	①间歇操作，处理能力较低 ②占地面积大，基建投资较大 ③开发式处理，操作环境差

类　型	适　用　范　围	优　　点	缺　　点
离心脱水机	①不适用于密度差较小或固相密度小于液相密度的污泥 ②污泥颗粒粒径需大于0.01mm	①处理能力大且效果好 ②化学药剂投加量少，处理费用低 ③设备结构紧凑，占地面积小 ④自动化程度高 ⑤操作简单、卫生	①能耗高 ②砂砾等无机颗粒对设备有磨损，检修难度大 ③设备噪声大
叠螺脱水机	不适用于无机颗粒含量较高的污泥，较适用于含油污泥	①不易堵塞，可连续运行 ②密封性好，噪音和振动较小	泥饼含水率相对较高

离心机的特征主要是机器体积较小，操作起来相对简便，占地面积较少，因为污泥在脱水过程中一直处于全封闭的状态，在很大程度上减少了对操作环境造成的污染，也改善了操作环境。但是由于离心脱水机在工作过程中会产生较大的噪声，且如果污泥内包含沙砾，则会对机器造成很大的磨损。此外，因为离心机处于高速旋转状态，所以维修起来具有较大的难度，尤其是承受磨损的卸料螺旋，如果发生故障只能够返厂修理，对处理站的正常工作产生影响。

板框脱水机能够很好地过滤固相粒径超过5μm，固相浓度在0.1%~60%之间的悬浮液和黏度较大的无法有效过滤的胶体状物料，以及对滤渣质量要求相对较高的物质。板框压滤机的优点是构造简单、推动力大，适用于各种性质的污泥，滤饼的固体含量较高，滤液清澈，化学药剂消耗量较少，但是操作较麻烦，不能连续工作，产率也较低。污泥注入、压滤、去除滤饼、冲洗滤布和压滤机闭合这些步骤所需的时间为一个板框机脱水操作周期，通常为2~5h。

叠螺式污泥脱水机是一种设计紧凑、占地空间小、低耗能、低运行费用、高节能、高技术含量、便于维修及更换、重量小、便于搬运的设备，尤其适合中小型污水处理厂、污水处理站。该脱水机以独特微妙的滤体模式取代了传统的滤布和离心的过滤方式，降低投资成本。可直接处理曝气池和沉淀池污泥，无需建污泥浓缩池和污泥储存池，降低基建总体投资成本，节省搅拌机等构筑物配套设备费用，节省空压机、冲洗泵等污泥脱水配套设备费用。占地面积小，降低脱水机房土建投资；污水污泥一体化，减轻后续生化反应器处理负荷，降低污水处理系统运行成本。但该类型污泥脱水机不适用于处理部分无机污泥，处理能力较低，单台设备造价偏高。脱水机核心部件污泥环片和螺旋轴磨损严重。泥饼含水率相对偏高，一般在80%~85%。

7.4　渗滤液污泥处置

渗滤液污泥处理处置的目标是实现污泥的减量化、稳定化、无害化、资源化。污泥处理处置从技术和操作层面上分为两个阶段，第一阶段是在渗滤液处理站内或采用集中方式对污泥进行减量化、稳定化处理，其目的是为了降低处理后的污泥外运而造成二次污染的风险，这一阶段主要是污泥处理的范畴；第二阶段是对处理后的污泥进行合理的安全处置，使污泥能达到无害化、资源化的目的，这阶段主要是污泥处置的范畴。污泥处理处置与其他固体废物的处理处置一样，都应遵循减量化、稳定化、无害化的原则。为达到此目的，通过各种装置的组合，构成各种污泥处理处置的工艺。

（1）减量化

污泥的含水率高（一般大于90%），体积很大，不利于贮存、运输和消纳，减量化十分重要。污泥的体积随含水率的降低而大幅度减少，且污泥呈现的状态和性质也有很大的变化，如含水率在85%以上的污泥可以用泵输送；含水率70%～75%的污泥呈柔软状；60%～65%的污泥基本上呈固体状态；34%～40%时已成为可离散状态；10%～15%的污泥则呈粉末状态。因此可以根据不同的污泥处理工艺和装置要求，确定合适的减量化程度。

（2）稳定化

污泥中有机物含量60%～70%，会发生厌氧降解，极易腐败并产生恶臭。因此需要采用生物好氧或厌氧消化工艺，使污泥中的有机组分转化成稳定的最终产物；也可添加化学药剂，终止污泥中微生物的活性来稳定污泥，如投加石灰，调节pH值，即可实现对微生物的抑制。但化学稳定法不能使污泥长期稳定，因为若将处理过的污泥长期存放，污泥的pH值会逐渐下降，微生物逐渐恢复活性，使污泥失去稳定性。

（3）无害化

污泥中含有大量病原菌、寄生虫卵及病毒，易造成疾病的传播。肠道病原菌可随粪便排出体外并进入废水处理系统，感染个体排泄出的粪便中病毒达10^6个/g。实验研究表明，加到污泥悬浮液中病毒能与活性污泥絮体结合，因而在水相中残留的相当少。病毒与活性污泥絮体的结合符合Freundlich吸附等温式，表明污泥絮体去除病毒是一种吸附现象。病毒与污泥絮体的吸附很快。但污泥中还含有多种重金属和有毒有害有机物，这些物质可从污泥中渗滤出来或挥发，污染水体和空气，造成二次污染。因此污泥处理处置过程必须充分考虑无害化原则。

污泥处理处置的方法很多，主要工艺路径如下。决定污泥处理工艺时，不仅要从环境效益、社会效益和经济效益全面权衡，还要对各种处理工艺进行探讨和评价，根据实际情况进行选定。

①浓缩→前处理→脱水→好氧消化→土地还原；

②浓缩→前处理→脱水→干燥→土地还原；

③浓缩→前处理→脱水→焚烧（或热分解）→灰分填埋；

④浓缩→前处理→脱水→干燥→熔融烧结→做建材；

⑤浓缩→前处理→脱水→干燥→做燃料；

⑥浓缩→厌氧消化→前处理→脱水→土地还原；

⑦浓缩→蒸发干燥→做燃料；

⑧浓缩→湿法氧化→脱水→填埋。

垃圾焚烧发电厂渗滤液处理产生的污泥最佳的处理处置方式为焚烧处理。为防止渗滤液重新进入渗滤液处理站，增加渗滤液处理量，通过干污泥泵输送至主厂房的污泥直接通至垃圾料斗，进入焚烧炉焚烧。

第8章

渗滤液臭气处理技术

8.1 臭气的来源与性质

渗滤液处理过程中，有机物经微生物降解会产生易挥发、嗅阈值低的恶臭污染物，经空气传播形成臭气。

渗滤液处理产生的恶臭污染物，其成分和浓度随着垃圾成分和季节的变化而变化，不同处理设施及处理过程散发的恶臭物质也有所不同。其中进水部分（初沉池、调节池）、厌氧部分（反硝化池）、污泥处理部分（污泥储池、污泥斗、污泥脱水间、污泥脱水设备、污泥输送设备）散发的恶臭物质浓度较高，需密闭收集处理；好氧段（硝化池）产生的臭气较少，一般无需收集处理。

渗滤液处理产生的恶臭污染物主要分为五类：含硫化合物（硫化氢、二氧化硫、二硫化碳、硫醇、硫醚等）、含氮化合物（氨气、胺类、酰胺、吲哚等）、卤素及其衍生物（氯气、卤代烃等）、烃类及芳香烃、含氧有机物（醇、酚、醛、酮、有机酸等）。对人体影响较大的八大恶臭物质是：硫化氢、氨、三甲胺、甲硫醇、甲硫醚、二甲二硫醚、二硫化碳、苯乙烯。根据《城镇污水处理厂臭气处理技术规程》，城镇垃圾渗滤液站臭气中含有的污染物中以硫化氢和氨最为常见。恶臭气体化合物的嗅阈值和特征气味如表8.1所示。

表8.1 恶臭气体化合物的嗅阈值和特征气味

化合物	分子式	分子量	25°C 挥发性 /ppm（μL/L）	感觉阈值 /ppm（μL/L）	认知阈值 /ppm（μL/L）	臭味特点
乙醛	CH_3CHO	44	气态	0.067	0.21	刺激性，水果味
烯丙基硫醇	$CH_2:CHCH_2SH$	74	—	0.0001	0.0015	不愉快，蒜味
氨气	NH_3	17	气态	17	37	尖锐的刺激性
戊基硫醇	$CH_3(CH_2)_4SH$	104	—	0.0003		不愉快，腐烂味
苯甲基硫醇	$C_6H_5CH_2SH$	124	—	0.0002	0.0026	不愉快，浓烈
n-丁胺	$CH_3(CH_2)NH_2$	73	93000	0.080	1.8	酸腐的，氨味
氯气	Cl_2	71	气态	0.080	0.31	刺激性，令人窒息
二丁基胺	$(C_4H_9)_2NH$	129	8000	0.016		鱼腥
二异丙基胺	$(C_3H_7)_2NH$	101	—	0.13	0.38	鱼腥
二甲基胺	$(CH_3)_2NH$	45	气态	0.34	—	腐烂的，鱼腥
二甲基硫	$(CH_3)_2S$	62	830000	0.001	0.001	烂菜味

化合物	分子式	分子量	25°C挥发性/ppm（μL/L）	感觉阈值/ppm（μL/L）	认知阈值/ppm（μL/L）	臭味特点
联苯硫	$(C_6H_5)_2S$	186	100	0.0001	0.0021	不愉快的
乙基胺	$C_2H_5NH_2$	45	气态	0.27	1.7	类氨气味
乙基硫醇	C_2H_5SH	62	710000	0.0003	0.001	烂菜味
硫化氢	H_2S	34	气态	0.0005	0.0047	臭鸡蛋味
吲哚	$C_6H_4(CH)_2NH$	117	360	0.0001	—	排泄物的，令人恶心
甲基胺	CH_3NH_2	31	气态	4.7	—	腐烂的，鱼腥
甲基硫醇	CH_3SH	48	气态	0.0005	0.0010	腐烂的菜味
臭氧	O_3	48	气态	0.5	—	尖锐的刺激性
苯基硫醇	C_6H_5SH	110	2000	0.0003	0.0015	腐烂的蒜味
丙基硫醇	C_3H_7SH	76	220000	0.0005	0.020	不愉快的
嘧啶	C_5H_5N	79	27000	0.66	0.74	尖锐的刺激性
粪臭素	C_9H_9N	131	200	0.001	0.050	排泄物的，令人恶心
二氧化硫	SO_2	64	气态	2.7	4.4	尖锐的刺激性
硫甲酚	$CH_3C_6H_4SH$	124	—	0.0001	—	刺激性
三甲胺	$(CH_3)_3N$	59	气态	0.0004	—	刺激性鱼腥

8.2 臭气收集系统设计

8.2.1 臭气源控制

（1）设计的总体优化

在设计渗滤液处理站总平面布置图时，产生臭气的构筑物宜集中布置在常年风向的下风向，且要与办公区、生活区设置防护距离并采取绿化带等隔离措施，产生臭气的设备宜置于密闭空间内。

（2）臭气源的控制方式

臭气的收集和控制宜重视臭气源有效隔断和捕捉的措施，以减轻后端臭气收集的压力，且降低整个收集系统所需的捕捉气量。

初沉池、调节池、污泥储池等构筑物和设施宜设置全密闭盖板并设置吸气口。盖板的设置应便于处理设施、设备的运行、维护和管理。盖板应设置检修孔、人孔、观察口，应具有人员进入时的强制换风或自然通风措施。室外构筑物盖板应采取防止雨水积存和排水措施。

污泥脱水系统等散发臭气的设备宜布置在车间内，根据各臭气源工位情况，合理设置吸风罩的位置和尺寸，使得空间内的臭气能够被高效捕捉。吸风管道尺寸应满足对车间整体换气次数的要求。所有吸气口与臭气收集管道连接，通过风机抽送至臭气处理端进行处理。

（3）臭气源捕捉装置的设计要求

①臭气源加盖。臭气源加盖时应能满足渗滤液站正常的操作运行管理要求，除了满足构筑物内部和相关设备的观察采光要求外，还应设置必要的检修通道，加盖不应妨碍构筑物和设备的操作维护检修。对于运行过程中可能有人员进出的臭气源，应设置强制换风或自然通风的措施。

臭气收集是采用负压抽吸的原理，所以臭气源加盖时应采取防止抽吸负压引起加盖损坏的措施，对于厚度较小的加盖可焊接加强筋，而且应具有防止雨水在盖板上累积的措施。

对于有些除臭空间较大的情况，为了保证整个空间里的臭气都能被捕捉，应采取设置多个臭气收集口、优化臭气收集口位置等措施实现均匀抽风，也可采取有序补风的相关措施。

②构筑物加盖。构筑物加盖应根据构筑物尺寸、运行管理要求选择合适的结构。水处理构筑物的密封盖宜贴近水面，跨度较大的构筑物经技术经济比较后可采用紧贴水面的飘浮盖。

构筑物加盖采用轻型结构的强度，应考虑施工时临时附加荷载、风雪荷载、抽吸负压产生的附加荷载等因素。罩盖和支撑应采用耐腐蚀材料，室外罩盖还应满足抗紫外线要求，构筑物不能上人的加盖应设有栏杆或设置明显的标志。

根据需要，宜在罩盖上设置透明观察窗、观察孔、取样孔和人孔，孔口设置应方便开启且密封性良好。

③设备吸气罩。设备产生的臭气宜采用局部密闭吸气罩进行收集，吸气罩的设计结构、尺寸应满足完全捕捉设备逸出臭气的要求。应根据设备的结构、尺寸以及工作原理的不同，设计相应的吸气罩。对于臭气逸出点较多且分散、臭气量大的设备宜采用整体密闭吸气罩，其尺寸设计应考虑人员进出查看及检修的要求。采用半密闭吸气罩时，在满足设计臭气量要求的前提下宜尽量减少吸气罩的开口面积，且吸气罩的吸气方向宜与臭气流运动方向一致，吸气罩的吸气流不宜先经过有人区域再进入罩内。

8.2.2 臭气风量计算

8.2.2.1 设计原则

（1）构筑物和设施设备的除臭选取

根据渗滤液处理过程中各构筑物、设施设备和物料接触状态以及密封程度决定是否进行除臭设计。非完全密封的设施设备都要求连接臭气管道进行除臭设计，物料通过时有臭气逸出的构筑物空间也要采取必要的方式进行除臭设计。一般情况下，渗滤液处理站的进水泵房、初沉池、调节池、厌氧池、污泥泵房、污泥储池、脱水机房、污泥处理处置车间等构筑物宜考虑除臭；对臭气要求较高的场合，如曝气池可考虑除臭；螺旋输送机、脱水机、污泥斗、皮带输送机等与污水、污泥敞开接触的设备应考虑除臭；污水泵、污泥泵、臭气风机等封闭输送的设备一般无须设置除臭，但除臭风机宜放置在开放空间，若置于密闭空间，应考虑强制通风等措施。

（2）构筑物臭气风量的计算

构筑物的集气量应根据收集要求和集气方式确定，一般由构筑物空间体积的大小和要求的换气次数进行计算；换气次数的确定需要考虑此构筑物内臭气量的大小和逸出速率。若设计的集气量过少、低于恶臭扩散速率或达不到集气罩内部的合理流态时，会导致恶臭气体外逸；若设计的集气量过大，则会增加投资和运行费用，超出恶臭扩散速率过多时，有可能处理设备的负荷难以满足要求，导致处理效率下降。实际除臭风量应通过试验确定，条件不具备时可参考以往工程经验。

（3）设施设备臭气风量的计算

设施设备的结构和尺寸影响臭气产生量，在计算臭气风量时主要考虑设施设备的臭气产生速率和截面积。臭气产生速率的大小要综合考虑物料的状态和流动速度。对于经常运转的设施设备，要适当增大臭气计算量以提高除臭效果。对短时性操作或设备维修时散发的臭气，可根据实际情况适当减少臭气计算量，也可忽略不计。

（4）除臭系统与通风换气系统分开设计

在设计除臭系统时，应尽可能地对除臭对象进行单独封闭，避免臭气的稀释和扩散，使设计除臭风量降到最低。因此，换气系统宜与除臭系统分开设计，当难以分开时，除臭空间设计换气次数不宜低于最小换气次数。

8.2.2.2 臭气风量的确定

臭气风量由经常散发臭气的构筑物和设备处收集而来，可按公式（8-1）、式（8-2）计算：

$$Q = Q_1 + Q_2 + Q_3 \tag{8-1}$$
$$Q_3 = K(Q_1 + Q_2) \tag{8-2}$$

式中　Q——除臭设施收集的臭气风量，m^3/h；

　　　Q_1——需除臭构筑物收集的臭气风量，m^3/h；

　　　Q_2——需除臭设备收集的臭气风量，m^3/h；

　　　Q_3——收集系统漏失风量，m^3/h；

　　　K——漏失风量系数，可按10%计。

目前，对构筑物、设施设备臭气产生量的计算方法主要有三种：空间换气次数法、单位面积逸出臭气法和臭气产生速率法。空间换气次数法主要用于空间的臭气捕捉，以空间换气次数乘以除臭空间的容积便是需要的臭气风量。单位面积逸出臭气法采用臭气产生面积乘以单位面积产生臭气量的大小来计算臭气风量，主要用于水池等静止平面产生臭气量的计算，不适用于臭气产生量很大的情况。臭气产生速率法主要用于计算物料运动时产生的臭气，此情况下的臭气产生量一般较大，用臭气产生速率乘以臭气产生口面积来计算臭气量比较合适，臭气产生速率要根据物料的状态、设备的运转速度等因素综合考虑。

渗滤液站中常见的臭气产生点污水池、初沉池、调节池、生化反应池、污泥储池、脱水机房等的臭气风量的计算方法如下。

（1）污水池

污水池液面一般处于静止状态，池上会加盖密封，其臭气产生方式主要是从液面逸出，应按单位面积逸出臭气法进行计算。单位水面积逸出臭气量选取8～10$m^3/（m^2 \cdot h）$，也可根据具体情况适当增大或减小。

（2）初沉池

初沉池的臭气产生量和污水池类似，同样采用单位面积逸出臭气法进行计算，单位面积臭气逸出量按单位水面积6～9$m^3/（m^2 \cdot h）$计算。

（3）调节池

调节池的臭气产生量相对较小，同样采用单位面积逸出臭气法进行计算，单位面积臭气逸出量可按4～6$m^3/（m^2 \cdot h）$选取。

（4）生化反应池

生化反应池产生的臭气浓度通常较低，考虑到生化池温度控制等因素，不建议对生化反应池加盖进行臭气收集。在必须收集的情况下，考虑到生化池的臭气浓度低，可以采用针对低浓度臭气的处理方法进行处理。臭气风量可按曝气量的110%计算。

（5）污泥储池

同样的，污泥储池的单位水面积逸出臭气量可按 $8 \sim 10m^3/（m^2 \cdot h）$ 计算，或者在相当于池内投入最大污泥量（应考虑污泥泵同时运行）时的风量上增加10%，并以二者中最大值为准。

（6）脱水机房

脱水机房除臭风量的计算应综合考虑空间大小和脱水机形式等因素。臭气主要来源于污泥脱水机，应单独对其进行收集，并可根据实际情况增加若干空间吸气罩进行臭气捕捉。臭气产生量应按照臭气产生速率法进行计算，产生面积一般选取出料口面积，臭气产生速率可取 $0.5 \sim 0.8m/s$，具体数值可根据物料状态调节。

脱水机房空间除臭风量应根据空间换气次数法进行计算，根据实际情况选取合适的换气次数。由于已经对房间内设备进行臭气捕捉，机房换气次数一般可选 $2 \sim 3$ 次/h。

（7）污泥斗

污泥斗除臭采用容积计算法，以污泥斗的有效容积乘以换气次数得到所需的臭气风量。鉴于污泥斗的物料性质和工作特性，换气次数选取 $6 \sim 10$ 次/h。

总体来说，各处理构筑物的臭气风量宜根据构筑物种类、散发臭气的面积、臭气空间体积等因素综合确定。同时，密闭小空间的除臭应避免负压破坏相关设备，如负压曝气膜等。设备臭气风量宜根据设备种类、封闭程度、封闭空间体积等因素综合确定。具体臭气风量设计可参考《城镇污水处理厂臭气处理技术规程》（CJJ/T 243）和《废气处理工程技术手册》。

8.2.3 臭气收集系统设计原则

对臭气收集系统的设计，应按照以下原则：

①臭气收集宜采用负压吸气式，臭气吸风口的设置应防止设备和构筑物内部气体短流，并使抽气管直管长度不应小于1m，并需防止污水处理过程中的泡沫进入收集管道，影响除臭系统正常运行。

②风管宜采用玻璃钢、UPVC、不锈钢等耐腐蚀材料制作。

③风管管径应根据风量和风速确定，一般干支管宜为 $5 \sim 10m/s$，小支管宜为 $3 \sim 5m/s$，支管和主管连接处应做变径处理，并保证变径前后风速大体一致，且管道夹角宜成30°～45°，以保证臭气流动的顺滑，减少流动阻力。

④风管应设置支架、吊架和紧固件等必要的附件，管道支架、间距应符合《通风管道技术规程》JGJ141 的有关规定。

⑤各并联收集风管的阻力宜保持平衡，各吸风口宜设置带开度指示的阀门，以调整风量。

⑥应统一布置所有管线，管道应沿气体流向设置不小于0.005的坡度，并在最低点设置冷凝水排水口和凝结水排除设施。

⑦管道架空经过人行通道时，净空不宜低于3m；架空经过道路时，不应影响设备进出，

并符合国家现行防火规范的规定，管道支架和道路边间距不宜小于2m。

⑧吸风口和风机进口处风管宜根据需要设置取样口和风量测定孔，风量测定管段直段长度不宜小于15D。

⑨风机进出口宜采用柔性连接。

⑩计算风压时，应考虑除臭空间负压、臭气收集风管沿程和局部损失、除臭设备自身阻力和使用时增加的阻力、臭气排放管风压损失等，并预留一定的余量。

有关除臭风机风压，可按公式（8-3）计算：

$$\Delta p_0 = (1 + K)\Delta p \frac{\rho_0}{\rho} = (1 + K)\Delta p \frac{Tp_0}{T_0 p} \tag{8-3}$$

式中　　Δp——系统的总压力损失，Pa；

　　　　Δp_0——通风机杨程，Pa；

　　　　K——考虑系统压损计算误差等所采用的安全系数，一般管道为0.1～0.15；

$\rho_0，p_0，T_0$——通风机性能表中给出的空气密度、压力和温度，单位分别为g/cm³、Pa、℃；

　$\rho，p，T$——运行工况下系统总压力损失计算中采用的空气密度、压力和温度，g/cm³、Pa、℃。

⑪有关除臭风机的选择，应符合下列规定：

a. 风机壳体和叶轮材质应选用耐腐蚀材料，轴应采用不锈钢材料；

b. 轴和壳体贯通处无气体泄漏；

c. 叶轮动平衡精度不宜低于G6.3级，且应能24h连续运转；

d. 宜设有防振垫，隔振效率≥80%；

e. 宜配置隔音罩并采取隔震措施；

f. 风机宜采用变频电机以调节风量。

g. 电机接线端子应考虑防爆。

8.2.4　臭气收集系统CFD模拟

CFD（计算流体动力学）数值模拟技术可应用于臭气收集系统的设计过程，根据数值模拟的结果来优化管道系统的结构和尺寸，取得更好的臭气收集效果。具体设计步骤如下：

①初步绘制臭气收集管道系统的三维图纸；

②根据三维图建立CFD三维模型；

③设定各风口进风边界条件，划分模型网格；

④设定计算参数，进行CFD模拟计算；

⑤分析计算结果，对臭气收集系统的原设计进行优化。

按照以上五步，以达到管道系统内气体流速均匀、流线分布顺滑为原则，对臭气收集管道系统进行多次优化，得到最终的设计结果。

（1）三维管道设计

图8.1为某渗滤液处理厂的臭气收集系统三维设计。相比于二维平面设计，三维立体设计更直观、形象，结合厂区的整体设备、工艺管线布局，能有效地避免空间管线交叉现象。

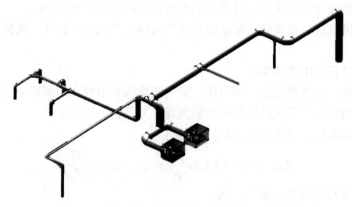

图8.1　某渗滤液处理厂臭气收集系统三维设计

（2）CFD 计算模型及参数设置

CFD 模拟的对象仅是臭气在管道内的流动分布，因此只需设置湍流模型进行计算即可。由于臭气流速较大，在管道流场内容易出现复杂的回流区和旋流，因此，可选择 RNG－k－e 湍流模型，提高模拟计算的准确性。K 方程和 e 方程如下所示。

k 方程

$$\frac{\partial}{\partial t}(\rho k) + \frac{\partial}{\partial x_i}(\rho k u_i) = \frac{\partial}{\partial x_j}(\alpha_k \mu_{eff} \frac{\partial k}{\partial x_j}) + G_k + G_b - \rho \varepsilon - Y_M + S_k$$

e 方程

$$\frac{\partial}{\partial t}(\rho \varepsilon) + \frac{\partial}{\partial x_i}(\rho \varepsilon u_i) = \frac{\partial}{\partial x_j}(\alpha_\varepsilon \mu_{eff} \frac{\partial \varepsilon}{\partial x_j}) + C_{1\varepsilon} \frac{\varepsilon}{k}(G_k + C_{3\varepsilon} G_b) - C_{2\varepsilon} \rho \frac{\varepsilon^2}{k} - R_\varepsilon + S_\varepsilon$$

式中，k 为湍动能，ε 为湍动能耗散率，α_k、α_ε 分别为湍动能与其耗散率的普朗特数的倒数，G_k 为平均速度梯度引起的湍动能生成率，G_b 为浮力产生的湍动能生成率，Y_M 代表可压缩湍流中流体脉动膨胀引起的耗散占总耗散的比例，$C_{1\varepsilon}$、$C_{2\varepsilon}$、$C_{3\varepsilon}$ 均为常数，S_k、S_ε 则分别为自定义源项。

（3）模拟结果分析

计算结束后，需要对模拟的结果进行详细分析，根据分析结论对原设计的结构、尺寸进行部分优化，以期提高臭气收集的效果。在分析的过程中，应重点观察整个臭气收集管道内的气体流动特性，主要考察以下指标：

①气体流速是否均匀一致，避免不同管道流速大小差别很大的现象；

②各吸风口风量是否满足设计的要求；

③整个管道系统的风压阻力损失是否过大；

④收集系统内气体流线分布是否顺滑，防止出现旋流、偏流等现象。

图8.2 显示了某个渗滤液处理项目臭气收集系统原设计（左图）和优化后设计（右图）的流速对比，图中颜色的不同代表流速值的大小。在对原设计进行 CFD 模拟后发现，管道系统内流速分布不均匀，且各风口的风量并不满足设计的要求。通过详细的模拟数据，对该收集系统的管道结构尺寸进行了部分优化，形成优化后的臭气收集系统并进行模拟计算，大大改善了管道内流速不均匀的现象，且模拟风量满足了设计的要求。

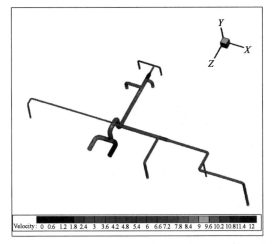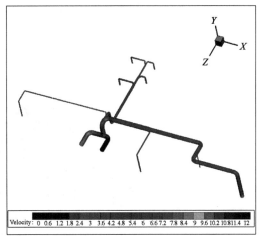

图8.2　某渗滤液臭气收集系统设计优化前后对比

8.3　臭气处理技术

8.3.1　臭气处理技术选择

不同规模、不同成分的臭气选择的处理技术不尽相同，应根据每个项目的实际情况选取合适的处理工艺，工艺的选择应基于臭气的成分和浓度；臭气的产生量；臭气的排放规律；臭气成分的生物降解性和毒害性；臭气成分的水溶性；臭气的温度、湿度、颗粒物含量；设施占地面积、投资费用、运行维护成本等因素综合考虑。

8.3.2　常用臭气处理技术

常见的臭气处理技术有生物除臭法、活性炭吸附除臭法、化学洗涤除臭法、直接燃烧除臭法、等离子除臭法以及植物液喷淋除臭法等。

（1）生物除臭法

①除臭原理　生物除臭主要是依靠吸收和吸附的双重作用将气态异味物质转移到液相生物膜表面，进行微生物氧化、降解和转化的过程。

臭气经收集系统收集后送到生物滤塔（池）进行处理，臭气在通过湿润、多孔并充满活性的微生物滤层时，微生物对其中的 H_2S、SO_2、NH_3 及大部分挥发性有机物进行生物降解，从而达到除臭的目的。生物除臭的核心为生物滤塔（池），其中填有利于微生物附着、生长的填料，在适宜的环境中，微生物在填料表面形成生物膜，并以臭气中的有机物和无机物作为碳源和能源，通过降解臭气维持其生命活动，最终将臭气分解为水、二氧化碳和矿物质等无臭物。

②设计原则

a. 生物滤塔（池）的设计如图8.3所示。生物滤塔（池）的设计应遵循以下原则：空塔停留时间不宜小于15s，空塔气速不宜大于 $200 \sim 500m/h$，单层填料层高度不宜超过3m；空塔气速下的初始压力损失不宜超过1000Pa；填料应具有比表面积大、过滤阻力小、持水能力强、堆积密度小、机械强度高、化学性质稳定和价廉易得等特性；应设置检修口、排料口；填料的使用寿命不宜低于 3～5 年；填料层的有效体积和高度，应按公式（8-4）、式（8-5）计算。

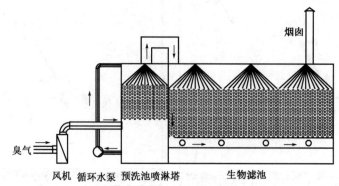

图 8.3　生物滤池处理臭气示意图

$$V = QT/3600 \qquad (8\text{-}4)$$

$$H = vT/3600 \qquad (8\text{-}5)$$

式中　V——填料层有效体积，m^3；

$\quad\quad Q$——臭气流量，m^3/h；

$\quad\quad T$——空塔停留时间，s；

$\quad\quad H$——填料层高度，m；

$\quad\quad v$——空塔气速，m/h。

　　b. 臭气的预处理。当进气中含有灰尘等颗粒物质时，生物滤池前宜设置水洗涤等预处理装置，根据恶臭气体的性质、浓度选择适宜的生物除臭反应器。

　　③除臭特点及适用条件　生物过滤臭气净化技术可以降解大多数挥发和半挥发性烷烃、烯烃和芳烃，如：甲醇、乙醇、异丙醇、正丁醇、丙烷、异戊烷、己烷、丁醛、丙酮、甲基乙基酮、乙酸丁酯、甲硫醇、二甲硫、苯、甲苯等。其优点是设备结构简单、运行费用低、操作管理方便，除臭效果好，适宜于净化浓度高、气量大的有机臭气；但前期投资大、设备占地面积大、设备风阻高，适合新建除臭工程。

　　（2）活性炭吸附除臭法

　　①除臭原理　活性炭是一种很细小的炭粒，具有很大的比表面积，并且炭粒中还有微小的细孔——毛细管，这种毛细管具有很强的吸附能力，当臭气与活性炭充分接触时，前者可被毛细管吸附，从而达到除臭的目的。

　　吸附是一种界面现象，与表面张力、表面能的变化有关。活性炭的比表面积和孔隙结构直接影响其吸附能力，吸附质分子的大小与炭孔隙直径愈接近，愈容易被吸附。温度和 pH 值影响活性炭的吸附量，吸附量随温度的升高而减少，随 pH 值的降低而增大，故低温、低pH 值有利于活性炭的吸附。图 8.4 为活性炭吸附臭气示意图。

　　②设计原则

　　a. 活性炭的选择。活性炭吸附法适用于进气浓度较低的臭气处理。应根据臭气浓度、处理要求、活性炭吸附容量确定吸附单元的空塔停留时间和活性炭质量，根据臭气排放要求和活性炭吸附容量等确定活性炭的再生次数和更换周期。活性炭料宜采用颗粒活性炭，颗粒粒径宜为 3～4mm，孔隙率宜为 0.5～0.65，比表面积不宜小于 900m^2/g，填充密度宜为 350～550kg/m^3。

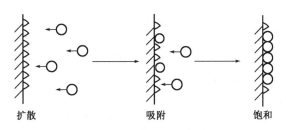

扩散　　　　　　　吸附　　　　　　　饱和

图 8.4　吸附过程示意图

b. 活性炭的布置。活性炭宜采用分层并联布置方式，活性炭支撑板应满足活性炭吸附饱和后的机械强度要求，通常利用各种不同性质的活性炭，如在吸附塔内设置吸附酸性物质的活性炭，吸附碱性物质的活性炭和吸附中性物质的活性炭，臭气和各种活性炭接触后，排出吸附塔。

c. 臭气的要求。臭气进入活性炭吸附除臭系统前应去除其中的颗粒物；臭气温度不宜高于 80°C；臭气湿度过高时，应增加除湿措施。

③除臭特点及适用条件　活性炭吸附除臭能较大程度的吸附臭气中的挥发性有机化合物，但前期投入较大。如果臭气的污染物浓度高，气量大，则后期运行需频繁更换活性炭，维护费用高，产生二次固体污染物。另外，活性炭设备的风阻较大，需要中高压风机送风，不适合处理气量很大的工程。

（3）化学洗涤除臭法

①除臭原理　化学除臭法是指臭气经过喷淋有强酸或强碱溶液的洗涤塔，气体中的臭气分子在与喷淋溶液发生充分气 - 液接触后转移至液相，进而与其中的化学药剂发生中和、氧化或其它反应后被去除的方法。化学除臭设施包括洗涤塔（器）、洗涤液循环系统、投药系统、电气控制系统、富液处理系统和除雾装置等，如图 8.5 所示。

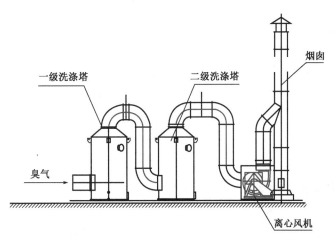

图 8.5　洗涤处理臭气流程示意

②设计原则

a. 洗涤剂的选择。根据恶臭气体的成分、浓度和排放标准，设置水洗、酸洗、碱洗、氧化等洗涤阶段并相应选择水、酸、碱、化学氧化剂和助溶剂等洗涤剂，且应满足容量大、饱和蒸汽压低、沸点高、热稳定性好、不易起泡、黏性小、化学稳定性好、腐蚀性小、无毒、价廉易得等要求，洗涤产生的废液应易于综合处理。

b. 洗涤塔的选择。结合具体的工艺条件合理选择洗涤塔，洗涤塔应具有气体处理能力大、气液湍动程度高、气液接触面积大、净化效率高、液气比可调节、压力损失小、操作稳定、抗腐蚀和防堵塞、结构简单、易于加工、安装维修方便等特点；洗涤塔应设置尾气除雾装置，与酸、碱或化学氧化剂接触的设备和管道应采用耐腐蚀、耐酸碱或耐氧化材料。

③除臭特点及适用条件　化学除臭法可以去除臭气中的有机硫化合物、含氮化合物、有机酸、含氧碳氢化合物、含卤化物等物质。该方法前期投入较大，如果臭气的浓度高、气量大，则后期运行需大量洗涤喷淋药液，产生二次污染物。因此，化学除臭不适合处理臭气量很大的工程。

（4）直接燃烧除臭法

①除臭原理　直接燃烧法只适用于有氧存在的条件下，恶臭物质大多具有可燃性，燃烧后可分解成无害的水和二氧化碳等无机物质，从而达到除臭的目的。有机臭气的着火温度一般在100~720℃之间，在实际燃烧系统中，为使绝大部分有机物燃烧，通常控制燃烧温度在600~800℃之间；对于特殊的恶臭物质，燃烧所需温度须达1200~1400℃。

②设计原则

a. 燃烧装置的选择。臭气燃烧滞留时间应取0.3~0.5s；燃烧温度应控制在600~800℃之间；应合理选用余热回收装置，并以回收的热量对臭气或助燃空气进行预热。

b. 臭气的要求。由于臭气中可燃物质的浓度较低，难以连续燃烧，因此实际运行中必须补充辅助燃料以提高所需的温度。

③除臭特点及适用条件　直接燃烧除臭法可以将臭气成分中的有机臭气和可燃臭气转化为水和二氧化碳等无机物，其优点是脱臭效率高。但该方法如果单独用于臭气处理，则需要辅助燃料，设备费用和运行费均较高；并且，不同臭气成分需要不同的燃烧温度，对温度的要求亦较高，控制复杂。因此，此方法可用于垃圾焚烧项目，臭气作为垃圾焚烧的一次风。另外，该法应尽量处理浓度高、气量小的有机臭气。

（5）等离子除臭法

①除臭原理　等离子除臭是指在高压电场作用下，产生大量的具有很强的氧化性的高能电子和·O、·OH等活性粒子，进而打开有机挥发性气体的化学键，引发一系列复杂的物理、化学反应，使复杂大分子臭气污染物转变为二氧化碳和水等稳定无害的小分子，从而达到除臭的目的。图8.6为等离子除臭原理示意图。

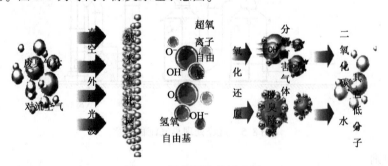

图8.6　等离子除臭原理图

②设计原则　等离子法处理恶臭气体应考虑以下事项：臭气成分中的可燃成分浓度应低于爆炸下限；等离子体反应区应采用耐腐蚀和耐氧化材料；等离子体电源能稳定运行50000h以上；等离子体出口尾气应考虑臭氧消除装置。

③除臭特点及适用条件　等离子除臭系统中的电子能量高，适用于多种异味气体分子降解，具有占地小、操作方便等优点。当气体流量较大时，该方法转化率较低、能耗高，并可能造成二次污染（如 SO_2，NO_x，CO 等），因此其在工业上的广泛应用受到限制。该法可应用于气量小且排放要求较低的工程。

（6）植物液喷淋除臭法

①除臭原理　植物液喷淋除臭的基本原理是通过树木、花草等提取液或微乳化后的液体与臭气中的部分成分发生反应，最终将恶臭降解，是一种环境友好的恶臭处理方法。植物液经专用喷雾机喷洒成雾状，并在特定的空间内扩张为直径小于 0.04mm 的液滴。该液滴具备非常大的比表平面或外表能（平均每摩尔约为几十大卡），液滴的外表面不仅能有效地吸附空气中的臭气分子，同时也能使被吸附的异味分子的立体构型发生改变，削弱臭气分子中的化合键，增大臭气分子的不稳定性，使其容易与其他分子发生化学反应，从而达到除臭的目的。图 8.7 为植物液喷淋除臭示意图。

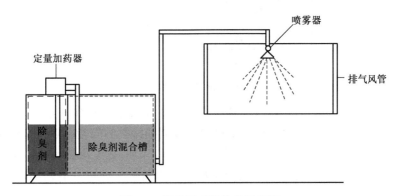

图 8.7　植物液喷淋除臭示意图

②设计原则

a. 植物液喷淋除臭适用于空间难以封闭的场合，或用于改善操作环境，如垃圾卸料大厅；

b. 植物液应满足无毒、无燃烧性、无刺激性等要求，宜根据臭气的成分选择相应的产品；

c. 植物液喷淋除臭设备应根据臭气浓度、成分、环境条件等现场实际工况采用连续或间歇雾化，并可根据季节变动适时改变运行频率；

d. 植物液输送管应采用耐腐蚀、耐压、耐老化管材，室外安装时宜考虑防冻保温措施；

e. 植物液从液管进入雾化喷嘴之前应设置过滤装置，雾化控制设备提供的压力应与雾化喷嘴规格和工作压力相匹配。

③除臭特点及适用条件　植物液喷淋除臭能够有效去除臭气中的各种成分，如硫化氢和氨的含量可减少 95%，二氧化硫、乙醇硫、甲醇硫的含量可减少 97%。该方法可应用于各类污水处理厂、垃圾处理转运站、垃圾填埋场、堆肥厂等难以完全封闭的场所。

（7）沸石转轮浓缩＋蓄热燃烧（RTO）

①除臭原理　沸石转轮浓缩技术是针对低浓度的臭气治理而发展起来的一种新技术，与催化燃烧或蓄热燃烧进行组合，形成了沸石转轮吸附浓缩＋燃烧的臭气处理工艺。

沸石转轮是一种将沸石吸附性材料制作成蜂窝状结构的转轮设备，臭气经收集和预处理后，进入沸石分子筛转轮系统，利用沸石特定孔径对于有机污染物具有吸附、脱附能力的特性，经过沸石分子筛转轮吸附－脱附－浓缩这一连续性过程，大风量、低浓度的有机臭气被浓缩成小风量、高浓度的废气，被浓缩后的臭气再进入蓄热式氧化炉进行燃烧净化，并有效利用有机物燃烧释放的富余热量。

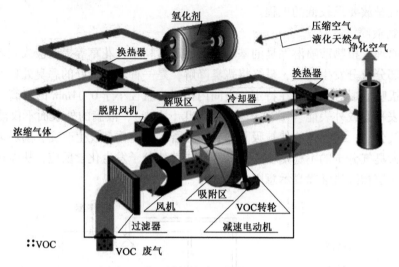

图 8.8　沸石转轮浓缩＋燃烧工艺流程

蓄热燃烧（RTO）是把有机臭气加热到很高温度（具体需要看成分），使臭气中有关成分氧化分解成二氧化碳和水。氧化产生的高温气体流经特制的陶瓷蓄热体，使陶瓷体升温而"蓄热"，此"蓄热"用于预热后续进入的臭气，从而节省废气升温的燃料消耗。陶瓷蓄热室应分成两个（含两个）以上，每个蓄热室依次经历蓄热－放热－清扫等程序，周而复始，连续工作。

和传统的燃烧炉相比，这种蓄热燃烧装置具有热效率高、运行成本低的特点，且产生的热量还能进行二次回收利用。

②设计原则

a. 为了提高吸附效率，沸石转轮的吸附材料一般选择陶瓷纤维涂覆上沸石，应做成蜂窝状的结构，在设计过程中要选择优质的沸石、合适的孔径尺寸和结构型式。另外，还需要根据处理臭气量的大小选择合适的转轮尺寸。

b. 沸石转轮工作过程中，转轮在吸附区、脱附区和冷却再生区循环工作，以实现臭气的浓缩和转轮的重复使用。这三个区域的设计应根据具体的情况，配合合适的转轮转速（3～8转/小时）来综合确定。

c. 蓄热燃烧（RTO）装置利用陶瓷蓄热体进行工作，应选择优质的、蓄热能力强的陶瓷材料，燃烧温度的设计应根据臭气成分的不同，满足所有臭气燃烧充分的要求。

d. 燃烧装置的热效率应该达到95%以上，处理量满足采用沸石转轮浓缩后的臭气量的要求。

③除臭特点及适用条件　该工艺能将低浓度、大风量的臭气浓缩成高浓度、小风量后进行蓄热燃烧，配套使用能减少工作负荷和运行成本，适用于大空间的无组织臭气收集后处理，不适用于臭气源、设备产生的高浓度臭气处理。

目前整套蓄热燃烧设备的重量和体积较大，一次投资成本高，不太适合臭气风量小的工程。该装置一般只能放置在室外工作，需要连续工作，且不能彻底净化处理含硫、含氮、含卤素的有机物，而沸石转轮的吸附效率和沸石的质量和蜂窝结构关系很大，不合适的选型会导致吸附效率大大降低。

国内的沸石吸附浓缩设备起步较晚，生产企业多以组装、代理为主要经营模式，作为设备核心的沸石吸附单元基本依赖进口，虽然少数国外公司掌握了沸石浓缩转轮的关键技术，但浓缩系统与氧化系统优化匹配方案仍然有待完善，并且国外相关产品价格昂贵，限制了此技术的大规模推广应用。

8.3.3 臭气处理技术优选

在选择除臭方法时，应从恶臭物质特性与处理运行费用两个方面考虑。在上述除臭方法中，活性炭吸附法、化学洗涤法、等离子除臭法不适用于大风量的臭气处理，而生物滤池法、直接燃烧法适合于臭气量大的情况。从投资运行费用来看，生物滤池法和直接燃烧法一次占地面积较大、投资成本较高，但运行费用比活性炭吸附法和化学洗涤法低，这是由于后二者在运行过程中要不断添加吸附剂和化学药剂。因此，在进行臭气处理工艺选择时，既要满足消除恶臭物质的要求，又要减少相关费用的支出，根据项目情况综合比选。

通常，采用多种除臭方法的组合工艺或在同一工艺中采用多种药剂，能够实现工艺或药剂间的取长补短，达到高效处理臭气的目的。目前，组合工艺是国内外臭气处理的主要手段，例如，经化学喷淋吸收后，针对不能发生化学反应的臭气再用物理吸附或者等离子除臭进一步处理，经过两道除臭工艺，提高臭气去除效率。另外，在化学洗涤或物理吸附的应用过程中，针对臭气所含成分的多样性，选用多种不同的化学洗涤剂或者物理吸附剂组合亦能提高臭气去除的效果，例如，在化学洗涤中采用硫酸和氢氧化钠组合可分别除去臭气中的氨气和硫化氢，相比只采用一种处理剂，恶臭物质处理效果更佳。

渗滤液站产生的臭气具有浓度低、气量小的特点，通过对上述各种除臭工艺的比对分析，一般可采用化学洗涤法、活性炭吸附法等适于小气量的臭气处理方法，且能降低投资成本。

生活垃圾渗滤液站一般配套焚烧厂建设，产生的臭气可作为焚烧炉一次风入炉焚烧处置，无需单独配置除臭系统。臭气焚烧产生的尾气进入焚烧炉配套的烟气净化系统，处理后达标排放。若焚烧厂不具备臭气接收条件，则需建设臭气处理系统，采用恰当的臭气处理方法，使臭气处理达标后排放。

8.4 臭气排放标准

通过臭气的有效捕捉和集中处理，在运行过程中渗滤液车间的臭气检验指标应达到《恶臭污染物排放标准》（GB 14554—93）厂界一级标准的要求。渗滤液臭气经处理后的排放标准需满足环评及项目所在地环保部门要求，无特殊要求时，排放标准应满足《恶臭污染物排放标准》（GB 14554—93）的有关规定。具体如表8.2、表8.3所示。

表8.2 恶臭污染物厂界标准值

序　　号	控 制 项 目	单　位	一　级	二　级	
				新扩	改建
1	硫化氢	mg/m³	0.03	0.06	0.10
2	氨	mg/m³	1.0	1.5	2.0

序 号	控 制 项 目	单 位	一 级	二 级	
				新扩	改建
3	甲硫醚	mg/m³	0.03	0.07	0.15
4	三甲胺	mg/m³	0.05	0.08	0.15
5	甲硫醇	mg/m³	0.004	0.007	0.010
6	二甲二硫	mg/m³	0.03	0.06	0.13
7	二硫化碳	mg/m³	2.0	3.0	5.0
8	苯乙烯	mg/m³	3.0	5.0	7.0
9	臭气浓度	无量纲	10	20	30

表8.3 恶臭污染物排放标准值

序号	控制项目	排气筒高度/m	排放量/（kg/h）
1	硫化氢	15	0.33
		20	0.58
		25	0.90
		30	1.3
		35	1.8
		40	2.3
		60	5.2
		80	9.3
		100	14
		120	21
2	甲硫醇	15	0.04
		20	0.08
		25	0.12
		30	0.17
		35	0.24
		40	0.31
		60	0.69
3	甲硫醚	15	0.33
		20	0.58
		25	0.90
		30	1.3
		35	1.8
		40	2.3
		60	5.2
4	二甲二硫醚	15	0.43
		20	0.77
		25	1.2
		30	1.7
		35	2.4
		40	3.1
		60	7.0

序号	控制项目	排气筒高度/m	排放量/（kg/h）
5	二硫化碳	15	1.5
		20	2.7
		25	4.2
		30	6.1
		35	8.3
		40	11
		60	24
		80	43
		100	68
		120	97
6	氨	15	4.9
		20	8.7
		25	14
		30	20
		35	27
		40	35
		60	75
7	三甲胺	15	0.54
		20	0.97
		25	1.5
		30	2.2
		35	3.0
		40	3.9
		60	8.7
		80	15
		100	24
		120	35
8	苯乙烯	15	6.5
		20	12
		25	18
		30	26
		35	35
		40	46
		60	104

序号	控制项目	排气筒高度/m	标准值（无量纲）
9	臭气浓度	15	2000
		25	6000
		35	15000
		40	20000
		50	40000
		≥60	60000

第**9**章

渗滤液处理系统自动化控制

随着社会的发展和科技的进步，渗滤液处理站运行过程中对自动控制要求越来越高，自动控制系统已成为处理站的重要组成部分，对稳定运行、降低运行成本、提高劳动生产率有着重要的作用。渗滤液处理工艺复杂、处理单元多、技术难度大，致使渗滤液处理过程中控制难度很大。本章依据大量的渗滤液处理控制方面的设计、安装、调试、运行经验，介绍渗滤液处理流程中的控制系统。

9.1 渗滤液处理站电气系统概述

根据垃圾渗滤液的特点、相关规范及工艺要求，全站设置统一的中央控制室。渗滤液站存在许多专用设备，例如：脱水机、膜系统、沼气火炬等，其自带控制系统，并将控制信号传入全场中央控制室。

渗滤液站采用干线式集中供电，将用电设备的控制回路或馈电回路合理布置于低压开关柜中。高压隔离柜、变压器及低压馈电柜统一布置在独立的配电间，这样既可以防止周围环境对柜体及元器件的破坏，也便于检修维护。

渗滤液处理站电力系统根据用电负荷而定，通常超过 600kV·A 的渗滤液站会设置一套独立的隔离柜和变压器，采用高压（10kV）进线并进行降压（0.4kV）供电使用。如果项目规模小，用电负荷小于 600kV·A 的一般采用 400V 双路供电，不再配备高压柜及变压器。

渗滤液处理站的设备采用三班制连续运行，考虑到大多数渗滤液处理站电源只提供一路 10kV 电源的实际情况，为保证生产安全，需设置一路保安电源（由主厂房提供）满足其必须连续运行设备的要求，如臭气风机、沼气火炬等。用电设备控制回路一般采用接触器加继电器方式，纯馈电保护回路采用塑壳断路器方式，并根据层级及设备类型配备不同的脱扣类型，一般可根据用电设备数量多少来决定开关柜数量，馈电柜可采用抽屉柜或固定分隔式开关柜。0.4kV 低压系统接地形式采用 TN-S 系统。

常用的电气图有：系统图、框图、电路图、位置图和接线图等。通常系统图用于描述系统或成套装置，框图用于描述分系统或设备。国家标准 GB 6988.3—86《电气制图、系统图和框图》中，具体规定绘制系统图和框图的方法，并阐述了它的用途。位置图是用来表示成套装置设备位置的一种图，接线图是电气装备进行施工配线、敷线和校线工作时的依据之一。位置图和接线图须符合电气装备的电路图要求，并清晰地表示出各个电气元件和装备的相对安装与敷设位置以及它们之间的连接关系。它是检修和查找故障时所需的技术文件，在国家标准 GB 6988.5—86《电气制图，接线图和接线表》中详细规定了编制接线图的规则。

9.2 渗滤液高低压开关柜简介

9.2.1 低压开关柜

目前市场上流行的低压开关柜型号较多，归纳起来有以下几种型号，如：GGD、GCK、GCS、MNS，渗滤液处理站普遍使用 MNS 型开关柜。MNS 系列型低压抽屉式成套开关设备（以下简称开关柜），适应各种供电、配电的需要，能广泛用于发电厂、变电站、工矿企业、大楼宾馆、市政建设等各种低压配电系统，满足三相交流 50Hz/60Hz，额定电压 380V，额定电流 4000A 及以下的三相四线制配电系统。MNS 型低压开关柜有如下特点：

①MNS 型低压开关柜框架为组合式结构，基本骨架由 C 型钢材组装而成。框架的全部结构件经过镀锌处理，通过自攻锁紧螺钉或 8.8 级元角螺栓坚固连接成基本柜架，加上对应于方案变化的门、隔板，安装支架以及母线功能单元等部件组装成完整的开关柜。开关柜的内部尺寸、零部件尺寸、隔室尺寸均按照模数化（$E = 25mm$）变化。

②MNS 型组合式低压开关柜的每一个柜体分隔为三个室，包括水平母线室（在柜后部）、抽屉小室（在柜前部）、电缆室（在柜下部或柜右边）。室与室之间用钢板或高强度阻燃塑料功能板相互隔开，上下层抽屉之间有带通风孔的金属板隔离，以有效防止开关元件因故障引起的飞弧或母线与其他线路造成的事故。

③MNS 型低压开关柜的结构设计可满足各种进出线方案要求，如上进上出、上进下出、下进上出、下进下出，目前工程采用的是下进下出。

④设计紧凑，以轻小的空间容纳较多的功能的单元。

⑤结构通用性强，组装灵活，以 $E = 25mm$ 为模数，结构及抽屉式单元可以任意组合以满足系统设计的需要。

⑥母线用高强度阻燃型，高绝缘强度的塑料功能板保护，具有抗故障电弧性能，使运行维修安全可靠。

⑦各种大小抽屉的机械联锁机构符合标准规定，有连接、实验、分离三个明显位置，安全可靠。

⑧采用标准模块设计，分别可组成保护、操作、转换、控制、调节、测定、指示等标准单元，可以根据要求任意组装。

⑨采用高强度阻燃型工程塑料，有效加强防护安全性能。

⑩通用化、标准化程度高，装配方便，具有可靠地质量保证。

MNS 系列产品优点总结如下：①设计紧凑，以轻小的空间容纳较多的功能的单元；②结构通用性强，组装灵活，以 25mm 为模数的 C 型型材能满足各种结构形式，防护等级及使用环境的要求；③采用标准模块设计，分别可组成保护、操作、转换、控制、调节、测定、指示等标准单元，可以根据要求任意组装；④技术性能高，主要参数达到当代国际技术水平；⑤压缩场地，可大大压缩储存和运输预制作的场地；⑥装配方便。

9.2.2 高压开关柜

目前市场上流行的高压开关柜有以下几种型号，GG-1A（F）、JYN、HXGN、XGN、KYN 柜等，渗滤液处理站普遍使用的是 KYN 型。KYN28A-12 户内铠装移开式交流金属封闭开关设备,简称手车柜,用于 3~10kV 三相交流 50Hz,单母线及单母线分段系统的户内成套配电装置,发电厂中小型电机送电,工矿企事业配电以及电业系统二次变电所受电、送电及大型高压电动机启动,实现控制保护、监测之用。

KYN28-12 户内铠装移开式交流金属封闭开关设备,柜体为铠装式结构,采用中置式布置,分为断路器室、主母线室、电缆室和继电器仪表室。为使柜体具有承受内部故障电弧的能力,除继电器室外,各功能隔室均设有排气通道和泄压窗,一次触头为捆绑式圆触头。开关设备内装有安全可靠的联锁装置,安全满足"五防"闭锁要求,具体说明如下:

①断路器手车在推进或拉出过程中,无法合闸。

②断路器手车只有在试验位置或工作位置时,才能推进合、分操作,而且在断路器合闸后,手车无法从工作位置拉出。

③仅当接地开关处在分闸位置时,断路器手车才能从试验位置移至工作位置,仅当断路器手车处于试验位置或柜外时,接地开关才能进行分、合闸操作。

④接地开关处于分闸位置时,后门无法打开。

⑤手车在工作位置时,二次插头被锁定,不能被拔除。

断路器室底盘架两侧除设有供手车运动的固定导轨外,为便于对断路器进行观测与检查,在固定导轨两侧专门设有可抽出的延伸导轨,在断路器分闸后,可将两根延伸导轨拉至柜外,这样手车即可从柜内直接移至柜外的延伸导轨上。

9.3 渗滤液电气设备防爆要求

9.3.1 爆炸及爆炸条件

爆炸是物质经过物理或化学变化,从一种状态突然变成另一种状态,并释放出巨大的能量的过程。急剧释放的能量,将使周围的物体遭受到猛烈的冲击和破坏。爆炸必须具备以下三个条件:①爆炸性物质:能与氧气(空气)反应的物质,包括气体、液体和固体(气体:氢气、乙炔、甲烷等;液体:酒精、汽油等;固体:粉尘、纤维粉尘等);②助燃物:空气;③点燃源:包括明火、电气火花、机械火花、静电火花、高温、化学反应、光能等。

爆炸极限的概念:可燃物质(可燃气体、蒸气和粉尘)与空气(或氧气)必须在一定的浓度范围内均匀混合,形成预混气,遇着火源才会发生爆炸,这个浓度范围称为爆炸极限(或爆炸浓度极限)。

可燃性混合物能够发生爆炸的最低浓度和最高浓度,分别称为爆炸下限和爆炸上限,这两者有时亦称为着火下限和着火上限。例如,甲烷与空气混合的爆炸极限为 5%~15% 之间。在低于爆炸下限和高于爆炸上限浓度时,既不爆炸,也不着火。这是由于前者的可燃物浓度不够,过量空气的冷却作用,阻止了火焰的蔓延;而后者则是空气不足,导致火焰不能蔓延的缘故。当可燃物的浓度大致相当于反应当量浓度时,具有最大的爆炸威力(即根据完全燃烧反应方程式计算的浓度比例)。

可燃性混合物的爆炸极限范围越宽、爆炸下限越低和爆炸上限越高时其爆炸危险性越大。这是因为爆炸极限越宽则出现爆炸条件的机会就多;爆炸下限越低则可燃物稍有泄漏就会形成爆炸条件;爆炸上限越高则有少量空气渗入容器,就能与容器内的可燃物混合形成爆炸条件。应当指出,可燃性混合物的浓度高于爆炸上限时,虽然不会着火和爆炸,但当它从容器或管道里逸出，重新接触空气时却能燃烧，仍有发生着火的危险。各化学气体爆炸危险性物质的爆炸极限如表9.1所示。

表9.1 爆炸危险性物质（气体）的爆炸极限

物质	爆炸下限/%（V/V）	爆炸上限/%（V/V）
甲烷	5.0	15.0
乙烷	3.0	15.5
丙烷	2.1	9.5
乙烯	2.7	36.0
氨	16.0	25.0

易爆物质：很多生产场所都会产生某些可燃性物质。煤矿井下约有三分之二的场所有存在爆炸性物质；化学工业中，约有80%以上的生产车间区域存在爆炸性物质，渗滤液厂区主要是厌氧罐区域存在较多可燃气体（主要成分是甲烷）。

氧气：空气中的氧气是无处不在的。

点燃源：在生产过程中大量使用电气仪表、各种摩擦的电火花、机械磨损火花、静电火花、高温等不可避免，尤其当仪表、电气发生故障时，客观上很多工业现场满足爆炸条件。当爆炸性物质与空气的混合浓度处于爆炸极限范围内时，若存在点燃源，将会发生爆炸，因此采取防爆措施就显得很必要了。

9.3.2 防爆分类

在石油、化工、冶金、制药、天然气等生产过程中，经常会出现具有爆炸性物质存在的危险场所，这些场所使用的电气设备必须遵循有关爆炸性环境用的国家标准，并取得国家授权机构的认证。爆炸性物质的分类、分级、分组如表9.2所示。结合渗滤液处理行业的特点，一般我们采用的是国标中的Ⅱ类C级标准。

表9.2 爆炸性物质的分类、分级、分组

代表性物质	物质分组体系		点燃特性
	中国/IEC/欧洲国家 GB 3836.1/IEC 60079-0/EN 50014	北美（美国、加拿大） NEC 500	
乙炔	Ⅱ类C级	Ⅰ级A组	易
氢气	Ⅱ类C级	Ⅰ级B组	
乙烯	Ⅱ类B级	Ⅰ级C组	
丙烷	Ⅱ类A级	Ⅰ级D组	
甲烷	Ⅰ类（煤矿）	（无分组）	
金属粉尘	待定（Ⅲ）	Ⅱ级E组	
煤尘		Ⅱ级F组	
农业粉尘		Ⅱ级G组	难
纤维（毛、棉屑）		Ⅲ	

注：Ⅰ类：煤矿类电气设备；Ⅱ类：除煤矿外的其它爆炸性气体环境用电气设备。

9.3.2.1 电气设备的最高表面温度组别

由于渗滤液处理中部分环节会产生较多的可燃气体（比如厌氧、污泥存储），这些气体成分复杂且体积比经常变化，因此，很难确定适用的气体引燃温度。国家对相关设备的最高表面温度组别有规定，按照我国国家防爆标准 G 63836.1—2000 的有关规定，电气设备的温度组别与设备允许最高表面温度和适用气体引燃温度的关系如表 9.3 所示。为保证安全生产，渗滤液处理站的温度组别一般采取不低于的 T4 级别标准。

表 9.3 电气设备温度组别与设备允许最高表面温度和适用气体引燃温度关系

温度组别	最高表面温度	适用危险气体引燃温度 $T/℃$	电气安全性能
T1	≤450℃	450℃≤T	低
T2	≤300℃	300℃≤T	↑
T3	≤200℃	200℃≤T	
T4	≤135℃	135℃≤T	
T5	≤100℃	100℃≤T	
T6	≤85℃	85℃≤T	高

9.3.2.2 危险场所区域划分

目前中国的国标中没有给出强制的量化指标来界定哪些是 0 区，哪些是 1 区，根据目前渗滤液区域的生产特性，因此很难去确切的表述这一定是 0 区或 1 区。结合我们项目上的运行经验，一般将厌氧罐区作为危险区域：其中厌氧罐内部为 0 区；厌氧罐顶部以及各罐体上排放口为 1 区；厌氧罐周围（罐壁外延伸至罐体的半径距离）为 2 区；其他区域不做危险防爆区域的设定。中国、欧洲、IEC 及北美对危险场所分类进行区域划分描述总结如表 9.4 所示。

表 9.4 中国、欧洲、IEC 及北美对危险场所分类进行区域划分

描　述	爆炸性气体环境连续出现或长时间存在	在正常运行时，可能出现爆炸性气体环境	正常运行时，不可能出现爆炸性气体环境，如出现也是偶尔发生或仅短时间存在	参考标准（文献）
欧洲的量化标准	>1000 小时/年	10～1000 小时/年	<10 小时/年	
中国/欧洲/IEC 气体	0 区	1 区	2 区	①
中国/欧洲/IEC 粉尘	20 区	21 区	22 区	IEC61241-3：1997
北美的描述	在正常运行条件下，连续的、间断的、或周期性存在　　易燃气体或蒸汽并达到危险浓度	危险气体、蒸汽仅在其容器或系统偶然破裂或发生　　故障时，或设备异常运行时才能释放形成危险		—
北美气体或固体	Division 1	Division 2		NEC Article 500-3（c）

①：GB 3836.14—2000/IEC 60079-10：2002/EN1127-1

9.3.2.3 电气设备的防爆型式

结合渗滤液处理设施自身的特点，对位于危险区域的防爆设备（主要是电机、阀门、

带电仪表）主要采取隔爆型防爆的方式。由于厌氧罐内没有电气设备，所以不用考虑适用 0 区的防爆设备。为安全起见，布置在沼气总管上的压力传感器通常我们会考虑采用本安型防爆方式（ia）。表 9.5 所示为我国电气设备的防爆型式分类。

表9.5 我国电气设备的防爆型式分类

序号	防爆型式	代号	国家标准	防爆技术措施	适用区域
1	隔爆型	d	GB 3836.2	隔离存在的点火源	1 区、2 区
2	增安型	e	GB 3836.3	设法防止产生点火源	1 区、2 区
3	本安型	ia	GB 3836.4	限制点火源的能量	0 区、1、2 区
		ib	GB 3836.4	限制点火源的能量	1 区、2 区
4	正压型	p	GB 3836.5	危险物质与点火源隔开	1 区、2 区
5	充油型	o	GB 3836.6	危险物质与点火源隔开	1 区、2 区
6	充砂型	q	GB 3836.7	危险物质与点火源隔开	1 区、2 区
7	无火花型	n	GB 3836.8	设法防止产生点火源	2 区
8	浇封型	m	GB 3836.9	设法防止产生点火源	1 区、2 区
9	气密型	h	GB 3836.10	设法防止产生点火源	1 区、2 区

9.3.2.4 本安防爆技术简介

工业领域自动化控制的电气设备防爆最常用型式是：本质安全型、隔爆型和增安型。本质安全型是唯一可适用于 0 区的防爆技术。

（1）本安防爆技术的基本原理

本安防爆技术的基本原理是从限制能量入手，可靠地将电路中的电压和电流限制在一个允许的范围内，以保证电气设备在正常工作或发生短接和元器件损坏等故障情况时，其产生的电火花和热效应不至于引起其周围可能存在的危险气体的爆炸。这类电气设备称为本安电气设备。

（2）本安防爆技术的特点

①本安电气设备结构简单、体积小、重量轻；②可带电维护、标定和更换零件；③不会因为外结构件埙坏等原因降低电气设备的安全可靠性；④它是一种"弱电"技术，现场的应用不会引起触电伤亡等事故的发生；⑤它是唯一可适用于 0 区危险场所的防爆技术；⑥简单设备（如热电阻、热电偶等）不需特别认证即可接本安防爆回路系统。

（3）本安电气设备的安全等级

本安电气设备及关联设备，按其使用场所或相连场所的安全程度可分为 ia 和 ib 两个安全等级。

ia 级是指在正常工作，一个计数故障和两个计数故障情况下均不能点燃爆炸性气体混合物。ia 级的本安电气设备可用在 0 区、1 区、2 区危险场所。

ib 级是指在正常工作和一个计数故障情况下不能点燃爆炸性气体混合物。ib 级的本安电气设备可用在 1 区、2 区危险场所。

（4）本安电气设备温度等级

设备温度等级规定了设备表面的最高允许温度值。设备温度等级一定要小于使用在该危险场所环境中可燃物质的点燃温度，否则会引起燃烧爆炸。

电气设备防爆标志示例如表 9.6、表 9.7 所示。

表 9.6　Ex（ia）ⅡC T6

标志内容	符　号	含　义
防爆声明	Ex	符合某种防爆标准，如我国的国家标准
防爆方式	ia	采用 ia 级本质安全防爆方法，可安装在 0 区
气体类别	ⅡC	被允许涉及ⅡC 类爆炸性气体
温度组别	T6	仪表表面温度不超过 85℃

表 9.7　Ex（ia）ⅡC

标志内容	符　号	含　义
防爆声明	Ex	符合欧洲防爆标准
防爆方式	ia	采用 ia 级本质安全防爆方法，可安装在 0 区
气体类别	ⅡC	被允许涉及ⅡC 类爆炸性气体

注：该标志中无温度组别项，说明该仪表不与爆炸性气体直接接触。

（5）隔爆型防爆技术的基本原理

隔爆型是指把能点燃爆炸性混合物的部件封闭在一个外壳内，该外壳能承受内部爆炸性混合物的爆炸压力并阻止和周围的爆炸性混合物传爆的电气设备。这是比较常见的防爆方式，防爆原理比较简单，这里不再详述。

（6）增安型防爆技术的基本原理

这是一种对在正常运行条件下不会产生电弧、火花的电气设备采取一些附加措施以提高其安全程度，防止其内部和外部部件可能出现危险温度、电弧和火花可能性的防爆型式。它不包括在正常运行情况下产生火花或电弧的设备。因此适用范围较窄。

（7）增安型防爆技术的特点

在正常运行时不会产生火花、电弧和危险温度的电气设备结构上，通过采取措施降低或控制工作温度、保证电气连接的可靠性、增加绝缘效果以及提高外壳防护等级，以减少由污垢引起污染的可能性和防止潮气进入等措施，减少出现可能引起点燃故障的可能性，提高设备正常运行和规定故障（例如：电动机转子堵转）下的安全可靠性。该类型设备主要用于 2 区危险场所，部分种类可以用于 1 区，例如具有合适保护装置的增安型低压异步电动机、接线盒等。

9.4　渗滤液处理站控制系统概述

渗滤液工艺流程及构筑物分布依据"实用、可靠、经济、先进"的原则，采用"集中管理、分散控制"模式建立了一套经济可靠的现场监测、过程控制和计算机管理一体化的系统。按工艺流程将生产区域分为两个不同的现场控制单元，全厂设立一个中央监控管理站，利用网络通讯实现了信息、资源的共享和"现场无人看守、总站少人值班"的目标。

9.4.1　上位机监控系统规划和设计

随着自动控制技术和设备的飞速发展，控制方面的选择也在增加，由于可编程序控制器（PLC）具有可靠、灵活、易学、易用、功能齐全等优点，适用于包含逻辑控制、顺序控制和批处理控制等许多复杂算法的系统，故在渗滤液处理站得到了广泛运用，因此自控系统也采用了 PC + PLC 模式。整个自控系统按 3 级结构设计，包括现场设备级、现场监控级和中心监控级。全站网络系统有基于 TCP/IP 协议的高速以太网信息管理级和控制网络的过程监控级，其中过程监控级的控制网络由各个现场控制站组成，主要任务是进行过程数据的采集及处理，然后将生产过程的各种数据送到中央监控管理站，借助于监控软件和 PLC 内的控制程序完成数据统计、分析和计算功能，从而实现对工艺过程的连锁保护及整个生产过程的监控。建立在信息管理基础上的以太网管理级由主控计算机和管理计算机组成，对整个系统的数据信息进行管理，将生产过程控制网络与全厂管理系统连接在一起，在完成数据交换、数据共享的基础上实现了测、控、管一体化。

人机接口应包括操作员站和工程师站两部分：

（1）操作员站

操作员站的任务是在标准画面和组态画面上，汇集和显示有关的运行信息，供运行人员据此对机组的运行工况进行监视和控制，其基本功能如下：

①监视系统内每一个模拟量和数字量及所有工艺流程；

②显示并确认报警；

③显示操作指导、操作记录；

④显示模拟光字牌和模拟仪表盘；

⑤建立趋势画面并获得趋势信息；

⑥打印报表；

⑦控制驱动装置；

⑧自动和手动控制方式的选择；

⑨调整过程设定值和偏置等；

⑩操作员操作记录；

⑪提供有关帮助信息。

其它系统的操作员站也安装在所提供的操作员站操作台内，根据提供的资料预留这些设备及其附件的安装位置、开孔、安装支架和接线端子排等，并负责设备到货后的现场安装。

操作员站都应是工业以太网总线上的一个站，且每个操作员站应有独立的通讯处理模块与通讯总线相连。

虽然操作员站的使用各有分工，但任何显示和控制功能均应能在任一操作员站上完成。操作员站通过安装相应软件，可作为工程师站使用。

任何 LCD 画面完全显示出来。所有显示的数据应每秒更新一次。

调用任一画面的击键次数，不应多于三次，重要画面能一次调出。

运行人员通过键盘、鼠标等手段发出的任何操作指令均在 2s 或更短的时间内被执行。从运行人员发出操作指令到被执行完毕的确认信息在 LCD 上反映出来的时间应在 2s 内。对运行人员操作指令的执行和确认，不应由于系统负载改变或使用了网关而被延缓。操作员站的设计考虑防误操作功能。在任何运行工况按下非法操作键时，系统应拒绝响应，并在画面上给出出错显示，对重要的操作要有二次提醒确认，以防误操作。

（2）工程师站

配置 1 套台式机工程师站，用于程序开发、系统诊断、控制系统组态、数据库和画面的编辑及修改，还应提供安放工程师站的工作台及工程师站的有关外设。

工程师站应能调出任一已定义的系统显示画面。在工程师站上生成的任何显示画面和趋势图等，均应能拷贝到操作员站上运行。工程师站应能通过以太网，既可调出系统内任一分散处理单元（DPU）的系统组态信息和有关数据，还可将组态数据从工程师站上下载到各分散处理单元和操作员站。此外，当重新组态的数据被确认后，系统应能自动地刷新其内存。工程师站应包括站用处理器、图形处理器及能容纳系统内所有数据库、各种显示和组态程序所需的主存储器和外存设备。工程师站应设置软件保护密码，以防一般人员擅自改变控制策略、应用程序和系统数据库。

9.4.2　现场 PLC 控制器设计

PLC 是一种专门在工业环境下应用而设计的数字运算操作的电子装置。它采用可以编制程序的存储器，用来在其内部存储执行逻辑运算、顺序运算、计时、计数和算术运算等操作的指令，并能通过数字式或模拟式的输入和输出，控制各种类型的机械或生产过程。PLC 及其有关的外围设备都应按照易于与工业控制系统形成一个整体，易于扩展其功能的原则而设计。

中央处理单元（CPU）是 PLC 的控制中枢。它按照 PLC 系统程序赋予的功能接收并存储从编程器键入的用户程序和数据；检查电源、存储器、I/O 接口以及警戒定时器的状态，并能诊断用户程序中的语法错误。当 PLC 投入运行时，首先它以扫描的方式接收现场各输入装置的状态和数据，并分别存入 I/O 映象区，然后从用户程序存储器中逐条读取用户程序，经过命令解释后按指令的规定执行逻辑或算数运算的结果送入 I/O 映象区或数据寄存器内。等所有的用户程序执行完毕之后，将 I/O 映象区的各输出状态或输出寄存器内的数据传送到相应的输出装置，如此循环运行，直到停止运行。

为了进一步提高 PLC 的可靠性，对大型 PLC 还采用双 CPU 构成冗余系统，或采用三 CPU 的表决式系统。这样，即使某个 CPU 出现故障，整个系统仍能正常运行。

存放系统软件的存储器称为系统程序存储器；存放应用软件的存储器称为用户程序存储器。

输入输出接口电路：现场输入接口电路由光耦合电路和微机的输入接口电路，作用是 PLC 与现场控制的接口界面的输入通道；现场输出接口电路由输出数据寄存器、选通电路和中断请求电路集成，作用是 PLC 通过现场输出接口电路向现场的执行部件输出相应的控制信号。通信模块：如以太网、RS485、Profibus – DP 通讯模块等。

PLC 产品特点：

①功能完善，组合灵活，扩展方便，实用性强。现代 PLC 所具有的功能及其各种扩展单元、智能单元和特殊功能模块，可以方便、灵活地组成不同规模和要求的控制系统，以适应各种工业控制的需要。以开关量控制为其特长；也能进行连续过程的 PID 回路控制；并能与上位机构成复杂的控制系统，如 DDC 和 DCS 等，实现生产过程的综合自动化。使用方便，编程简单，采用简明的梯形图、逻辑图或语句表等编程语言，而无需计算机知识，因此系统开发周期短，现场调试容易。PLC 的运用能够做到在线修改程序，改变控制方案而无需拆开机器设备。它能在不同环境下运行，可靠性十分强悍。

②安装简单，容易维修。PLC 可以在各种工业环境下直接运行，只需将现场的各种设备与 PLC 相应的 I/O 端相连接，写入程序即可运行。各种模块上均有运行和故障指示装置，便于用户了解运行情况和查找故障。PLC 还有强大的自检功能，这为它的维修提供了方便。

③PLC 抗干扰能力和可靠性性能力强，远高于其他各种机型。PLC 主要采用隔离和滤波的

两大抗干扰的主要措施，此外 PLC 的内部电源还采取了屏蔽、稳压、保护等措施，以减少外界干扰，保证供电质量。另外使输入/输出接口电路的电源彼此独立，以免电源之间的干扰。正确的选择接地地点和完善的接地系统是 PLC 控制系统增强抗电磁干扰的重要措施之一。为适应工作现场的恶劣环境，还采用密封、防尘、抗震的外壳封装结构。通过以上措施，保证了 PLC 能在恶劣环境中可靠工作，延长平均故障间隔时间，故障修复时间短。

④环境要求低。PLC 的技术条件能在一般高温、振动、冲击和粉尘等恶劣环境下工作，能在强电磁干扰环境下可靠工作。

⑤易学易用。PLC 是面向工矿企业的工控设备，容易掌握，编程语言易于为工程技术人员接受。PLC 编程大多采用类似继电器控制电路的梯形图形式，对使用者来说，不需要具备计算机的专门知识，因此，很容易被一般工程技术人员所理解和掌握。

9.4.3 现场用仪表

渗滤液项目工艺装置区爆炸危险性气体主要是甲烷（ⅡA 级 T1 组），爆炸危险性区域为 2 区。仪表设计选型都按较高一个区域考虑，实际按 1 区ⅡB 级 T2 组选型，大多数仪表选用本安型，极个别按隔爆型考虑。整套设备上所有仪表暴露在户外无防护，因此仪表的防护等级都按照 IP65 考虑。使用环境温度按照最低 −39℃ 考虑。为了方便现场仪表 I/O 调试，远传仪表都带有 Hart 通信功能。以下为项目上常用的仪表介绍：

（1）压力变送器（图 9.1 为压力变送器）：

作用：压力变送器把取样点压力信号转换成线性对应的标准仪表信号的电子设备，渗滤液项目上输出的标准 4 ~ 20mA 标准信号。

PID 中表示方式：PIT-0003 中 P 代表 Pressure（压力），I 代表 Indicate（显示），T 代表 Transmit（仪表带传送输出）。

（2）差压变送器

作用：测量工艺管道或罐体中介质的压力差，通过数据的转换、开方将测量的差压值转换成电流信号输出的电子设备。

PID 中表示方式：PDIT- 0001 中 P 代表 Pressure（压力），D 代表 Differential（差值），I 代表 Indicate（显示），T 代表 Transmit（仪表带传送输出）。

图 9.1　压力变送器

（3）压力表

作用：就地指示采样点的压力，目前渗滤液项目选用的压力表不带远传。

PID 中表示方式：PG-2500 中 P 代表 Pressure（压力），G 代表 Glass（可视仪表）。

（4）差压表

作用：就地指示两个取样点的压差，在渗滤液项目上主要用于就地指示过滤器入口、出口的压差，如果表针指为 0，代表过滤器工作正常；如果此值大于 0，说明过滤器出现堵塞情况。

PID 中表示方式：PDG-1101 中 P 代表 Pressure（压力），D 代表 Differential（差值），G 代表 Glass（可视仪表，此处指差压表）。

（5）压力开关

作用：是当系统内压力高于或低于额定的安全压力时，感应器内碟片瞬时发生移动，通过连接导杆推动开关接头接通或断开，导致原先常开的触点变为常闭或者常闭的触点变常开。目前渗滤液项目使用常闭触点，使用在 ESD 急停系统中。

PID 中表示方式：PSHH – 0004 中 P 代表 Pressure（压力），S 代表 Switch（开关）。

（6）Pt100 铂热电阻（见图 9.2）

作用：利用热电阻的测温原理是基于导体或半导体的电阻值随着温度的变化而变化的特性，通过检测热电阻变化确定温度，PT 后的 100 即表示它在 0℃ 时阻值为 100Ω。

PID 中表示方式：TE-0001 中的 T 代表 Temperature（温度）；E 代表测温传感器。

（7）护套

作用：在高温高压有腐蚀性环境中保护热电阻，维护仪表方便，在热电阻损坏时可以直接把仪表（热电阻，双金属温度计）拉出来更换维修。

PID 中表示方式：TW-0001 中 W 代表护套，测温传感器护套。

（8）热电偶（见图 9.3）

作用：两种不同成分的导体（称为热电偶丝材或热电极）两端接合成回路，当两个接合点的温度不同时，在回路中就会产生电动势，这种现象称为热电效应，而这种电动势称为热电势，热电偶就是通过检测两端的电动势从而获取对应的温度值。

图 9.2　Pt100 铂热电阻　　　　　　　　　　图 9.3　热电偶

PID 中表示方式：TC/K-1100A。

（9）温度变送器

作用：将热电阻，热电偶的信号放大，产生标准仪表信号的电气部件，渗滤液项目厂将使用标准信号 4 ~ 20mA 的电流信号。

PID 中表示方式：TIT-0001 中 T 代表 Temperature（温度）；I 代表 indicate（显示），T 代表 Transmit（传送输出）。

（10）双金属温度计

作用：一种测量中低温度的现场检测仪表。可以直接测量指示各种生产过程中的 – 80 ~ + 500℃ 范围内液体蒸汽和气体介质温度的仪表，不带远传。

PID 中表示方式：TG-0402 中 T 代表 Temperature（温度）；G 代表可视仪表。

（11）液位计

作用：就地指示容器的液面。

PID 中表示方式：LG-0001 中 L 代表 Level（液位），G 代表 Glass（可视仪表，此处指液位计）。

（12）雷达式液位变送器

作用：从微处理器控制电路产生一个 6.3 GHz 脉冲通过传感器表面发射出来。该脉冲信号碰到被测流体表面后反射回到天线的时间经过微处理器转换成比例与液位高度的电流信号（标准信号）输出，从而达到监控容器液位的目的。

PID 中表示方式：LIT 中的 L 代表 Level（液位），I 代表 Indicate（显示），T 代表 Transmit（传送输出），组合起来代表液位变送输出，远传。

（13）差压式液位变送器

作用：实际上就是一个差压变送器，通过检测容器顶部和地位压差，通过公式计算获取液位计高度：$H = P/(\rho g)$，其中 P 代表压差，ρ 代表密度，g 可取 10n/kg 或 9.8n/kg。

PID 中表示方式：LIT 中的 L 代表 Level（液位），I 代表 Indicate（显示），T 代表 Transmit（传送输出），组合起来代表液位变送输出，远传。

（14）音叉液位开关（见图 9.4）

作用：通过安装在音叉基座上的一对压电晶体使音叉在一定共振频率下振动。当音叉液位开关的音叉与被测介质相接触时，音叉的频率和振幅将改变，音叉液位开关的这些变化由智能电路来进行检测，处理并将之转换为一个开关信号，在渗滤液项目中用于检测容器的液位报警。

PID 中表示方式：LSHH 中的 L 代表 Level（液位），S 代表 Switch（开关），H 代表 High，一个 H 代表高（高报警，设备照常运行），两个 H 代表高高（高高报警，设备停车）。LSLL 中的 L 代表 Level（液位），S 代表 Switch（开关），L 代表 Low，一个 L 代表低（低报警，设备照常运行），两个 LL 代表低低（低低报警，设备停车）。

（15）电磁流量计（见图 9.5）

作用：电磁流量计是根据法拉第电磁感应定律制定，用来测量导电流体的体积流量。由于独特的特点已广泛地应用于工业上各种导电液体的测量。主要用于化工、造纸、食品、纺织、冶金、环保、给排水等行业，与计算机配套可实现系统控制。

图 9.4　音叉开关　　　　　　　　　　图 9.5　电磁流量计

FE-1501：F 代表 Flow（流量），E 代表 Element（传感器），组合代表流量传感器。

FIT-1501：F 代表 Flow（流量），I 代表 Indicate（带显示），T 代表 Transmit（传送输出），组合起来代表流量变送输出远传。

（16）振动变送器（见图9.6）

作用：是将传统的振动传感器、精密测量电路集成在一起，实现高精度振动测量，输出4～20mA标准信号。主要安装在各种旋转机械装置的轴承盖上（如汽轮机、压缩机、电机、风机和泵等），可测量振动速度或者振动幅度。

VT-0801：V代表Vibration（振动），T代表Transmit（传送输出），组合起来代表振动变送输出远传。

图9.6　振动变送器

9.4.4　调节阀

调节阀用于调节介质的流量、压力和液位。根据需要调节部位信号，自动控制阀门的开度，从而达到介质流量、压力和液位的调节。调节阀分电动调节阀、气动调节阀和液动调节阀等。调节阀由电动执行机构或气动执行机构和调节阀两部分组成。

调节阀通常分为直通单座式和直通双座式两种，后者具有流通能力大、不平衡力小和操作稳定的特点，所以通常特别适用于大流量、高压降和泄漏少的场合。调节阀的流量特性，是指阀两端压差保持恒定的条件下，介质流经调节阀的相对流量与阀的开度之间的关系。调节阀的流量特性有等百分比特性、线性特性、抛物线特性三种。三种流量特性的意义如下。

①等百分比特性（对数）。等百分比特性的相对行程和相对流量不成直线关系，在行程的每一点上单位行程变化所引起的流量的变化与此点的流量成正比，流量变化的百分比是相等的。所以它的优点是流量小时，流量变化小；流量大时，则流量变化大，也就是在不同开度上，具有相同的调节精度。

②线性特性（线性）。线性特性的相对行程和相对流量成直线关系。单位行程的变化所引起的流量变化是不变的。流量大时，流量相对值变化小；流量小时，则流量相对值变化大。

③抛物线特性。流量按行程的二次方成比例变化，大体具有线性和等百分比特性的中间特性。从上述三种特性的分析可以看出，就其调节性能上讲，以等百分比特性为最优，其调节稳定，调节性能好。而抛物线特性又比线性特性的调节性能好，可根据使用场合的要求不同，挑选其中任何一种流量特性。

常用调节阀的类型如下。

（1）气动薄膜阀

气动调节阀动作分气开型和气关型两种。气开型（Air to Open）是当膜头上空气压力增加时，阀门向增加开度方向动作，当达到输入气压上限时，阀门处于全开状态。反过来，当空气压力减小时，阀门向关闭方向动作，在没有输入空气时，阀门全闭。故有时气开型阀门又称故障关闭型（Fail to Close，FC）。气关型（Air to Close）动作方向正好与气开型相反。当空气压力增加时，阀门向关闭方向动作；空气压力减小或没有时，阀门向开启方向或全开为止。故有时又称为故障开启型（Fail to Open，FO）。气动调节阀的气开或气关，通常是通过执行机构的正反作用和阀态结构的不同组装方式实现。

气开气关的选择是根据工艺生产的安全角度出发来考虑。当气源切断时，调节阀是处于关闭位置安全还是开启位置安全，举例来说，一个加热炉的燃烧控制，调节阀安装在燃料气管道上，根据炉膛的温度或被加热物料在加热炉出口的温度来控制燃料的供应。这时，宜选用气开阀更安全些，因为一旦气源停止供给，阀门处于关闭比阀门处于全开更合适。如果气源中断，燃料阀全开，会使加热过量发生危险。又如一个用冷却水冷却的换热设备，热物料在换热器内与冷却水进行热交换被冷却，调节阀安装在冷却水管上，用换热后的物料温度来控制冷却水量，在气源中断时，调节阀应处于开启位置更安全些，宜选用气关式（即 FO）调节阀。

气开式改变为气关式或气关式改变为气开式，如调节阀安装有智能式阀门定位器，在现场可以很容易进行互相切换。但也有一些场合，故障时不希望阀门处于全开或全关位置，操作不允许，而是希望故障时保持在断气前的原有位置处。这时，可采取一些其它措施，如采用保位阀或设置事故专用空气储缸等设施来确保。图 9.7 为气动薄膜阀的示意图。

（2）气动调节阀（见图 9.8）

①温度调节阀。TCV-0102：T 代表 Temperature（温度），C 代表 Control（控制调节），V 代表 Valve（阀门）。

②压力调节阀。PCV-0003：P 代表 Pressure（压力），C 代表 Control（控制调节），V 代表 Valve（阀门）。

③流量调节阀。FCV-1501：F 代表 Flow（流量），C 代表 Control（控制调节），V 代表 Valve（阀门）。

④液位调节阀。LCV-0105：L 代表 Level（液位），C 代表 Control（控制调节），V 代表 Valve（阀门）。

（3）气动开关阀（见图 9.9）

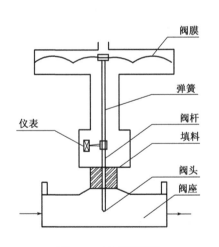

图 9.7　气动薄膜阀

图 9.8　气动调节阀

图 9.9　气动开关阀

①紧急切断阀。ESV-0001：E 代表 Emergency（紧急），S 代表 Shut off（切断），V 代表 Valve（阀门，此处为紧急切断阀）。

②定时开关阀。KV-1000：K 代表 Time（时间，此处为定时），V 代表 Valve（阀门，此处为定时开关阀门）。

③未分类开关阀。XV-2102：X 代表 Unclassified 未分类；V 代表 Valve 阀门，未分类阀门。

④阀门的限位开关（主要用于开关阀）。ZSH：Z 代表 Position（位置），S 代表 Switch，H 代表 High（高），表示为阀门限位开关开状态。

ZSL：Z 代表 Position（位置），S 代表 Switch，L 代表 Low（低），表示为阀门限位开关关状态。

9.5 渗滤液处理中主要工序控制方案

根据垃圾渗滤液的特点以及相关处理工艺要求，厌氧系统、好氧系统、深度处理系统等，在整个渗滤液处理工艺中极为关键，因此这部分系统的控制也决定着相应的设备的运行情况，影响出水的水质及处理效果。对此下文着重介绍这几处系统主要控制策略。

9.5.1 厌氧系统控制方案

工艺描述：厌氧生物反应系统选用厌氧反应器，在中温条件下进行厌氧反应，去除大部分有机污染物，产生沼气。该系统有厌氧进水泵、进水调节系统、外循环泵、排泥泵、蒸汽加热系统、应急火炬等设备和系统。

控制原理：对比以前的手动工作模式，通过程序顺控方式即可实现自动运行，减小劳动强度，又可实时自动监控保护设备。只需要按顺序进行下去即可，每一步有计时功能，当该步骤计时超过最大允许时间，则报警并停止该顺控。具体见图 9.10。

在运行或启动过程中设备可能出现故障，因此，程序中也必须加入一些保护措施。举例说明：当急停按钮按下触发停止顺控时，停止顺控的动作是先将所有泵停下，然后关闭阀门，并清空所有过程数据，恢复顺控为初始状态。当其中顺控涉及的某个流量的上传数据低于人机界面中的设定低值时，也触发停止顺控。在人机界面中该报警点报警。其他的自动停止触发条件不一一说明。

另外图中还有一个顺控启动的条件，任意一个达不到的条件均会在人机界面上提示运行人员，这样可以避免运行人员误启动顺控。

9.5.2 A/O 生化处理系统控制方案

A/O 工艺法也叫缺氧/好氧工艺法，A（Anacrobic）是缺氧段，用于脱氮除磷；O（Oxic）是好氧段，用于去除水中的有机物。它的优点是除了使有机污染物得到降解之外，还具有一定的脱氮除磷功能。

A/O 工艺将前段缺氧段和后段好氧段串联在一起，A 段 DO（溶解氧）不大于 0.2mg/L，O 段 DO 为 2~4mg/L。在缺氧段异养菌将污水中悬浮污染物和可溶性有机物水解为有机酸，使大分子有机物分解为小分子有机物，不溶性的有机物转化成可溶性有机物，当这些经缺氧水解的产物进入好氧池进行好氧处理时，提高污水的可生化性，提高氧的效率，在缺氧段异养菌将蛋白质、脂肪等污染物进行氨化（有机链上的 N 或氨基酸中的氨基）游离出氨（NH_3、NH_4^+），在充足供氧条件下，自养菌的硝化作用将 NH_3 – N（NH_4^+）氧化为 NO_3^-，通过回流控制返回至 A 池，在缺氧条件下，异氧菌的反硝化作用将 NO_3^- 还原为分子态氮（N_2）完成 C、N、O 在生态中的循环。好氧段一般采用曝气方式处理，目前曝气处理主要有以下两种方式：

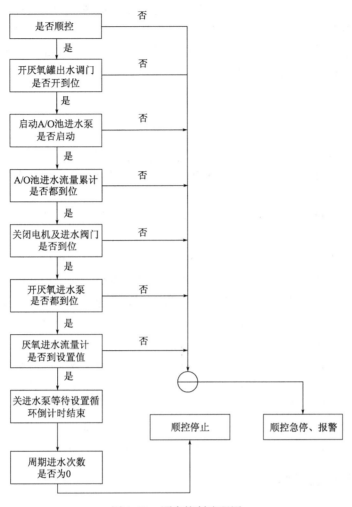

图 9.10 顺序控制流程图

（1）空气鼓风曝气

工艺描述：采用鼓风机给待处理水充加足够的氧气，使好氧菌能有足够的氧气利用水中有机物进行新陈代谢，从而使水中的污染物变成二氧化碳和水等无害无机物。A/O 处理系统包括一级反硝化池、硝化池。渗滤液先进入一级反硝化池进行反硝化脱氮，随后进入硝化池进行硝化反应，最后出水经提升泵提升进入超滤系统。

控制原理：一个控制系统至少应该有测量变送元件、调节器和执行调节机构三部分装置与受控对象组成。在污水处理曝气系统中主要由鼓风机、电动蝶阀和溶氧仪三部分构成调节机构，用于控制好氧池中的 DO（受控对象），来保证生化处理系统的正常工作。

曝气系统中单回路控制系统的原理：它的每一个环节都接受前一个环节的作用，同时又对后一个环节产生影响；但是控制系统并不控制鼓风机，鼓风机的曝气量需要进行人工调节。当溶解氧 y 受到扰动时，变化后溶解氧值经溶氧仪传送，与给定值 r 进行比较产生偏差值 $e = r - y$；e 送入调节器，在调节器中进行控制规律运算后，输出控制信号 u；该信号经执行调节机构（电动蝶阀）调节阀门的开关，使进入生物池的风量发生变化，而溶解氧 y 也恢复到给定值或设定值。

二重回路反馈控制系统的组成与控制原理：二重回路反馈控制的曝气系统与单回路控制

的曝气系统相比主要是增加了一套副控制回路，增加了对鼓风机的自动控制。鼓风机曝气系统由主、副两个控制回路组成，DO浓度作为主调参数，它是工艺调节的主要指标；鼓风机的压力是副调参数，是为了稳定DO而引入的辅助参数。在稳定状况下，进水量、水质、回流污泥浓度等条件基本不变，电动蝶阀开启度不变，鼓风机出口压力及曝气量不变，生物池内供氧速率平衡，DO浓度将基本稳定在设定值。

（2）纯氧曝气

工艺描述：厌氧出水进入生化处理系统的缺氧段，与回流污泥汇合，在缺氧池脱氮后进入好氧池，由制氧机组向好氧池内通纯氧曝气，进行硝化和除碳反应。纯氧曝气和空气曝气活性污泥法都是利用好氧微生物进行生化反应，使废水得以净化，但二者的区别在于所使用的氧源不同。

控制原理：纯氧曝气法的控制回路有三个，即供氧控制回路、溶解氧控制回路和尾气含氧量控制回路。

①供氧控制回路。借助于安装在第一段的气相压力表和设在现场的压力变送器，将第一段气相压力的电信号传递到中心控制室的计算机和仪表系统，作为控制供氧量的参数。同时安装在氧气管道电动阀上的反映阀门开度的电信号也被输送到计算机，计算机再根据气相氧气压力信号的变化和阀门开度的电信号，将控制信号传递到马达控制系统，通过继电器调整供氧电动阀的开度，从而实现供氧量的控制。

②溶解氧控制回路。纯氧曝气池每段都安装有溶解氧测定仪，随时对各段溶解氧进行测定，并通过溶解氧变送器将信号传递到中心控制室的计算机系统，计算机根据各段溶解氧的实际情况及时调整各段曝气机的运转情况。

③尾气含氧量控制回路。安装在纯氧曝气池最末端尾气排放管上的含氧量检测仪，随时对尾气含氧量进行测定，并将信号传递到中心控制室的计算机系统。

9.5.3 MBR系统控制方案

工艺描述：膜生物反应器（MBR）是新一代的活性污泥法处理污水的技术，它使用膜过滤的方法将活性污泥和产水分离，过滤膜取代了传统的二沉池，减少污水处理厂的占地面积，提高污水厂的处理能力。同时由于膜过滤的方法，可以提高生化池的活性污泥浓度，从而提高降解效率和改善出水水质。MBR工艺适合垃圾渗滤液等高浓度废水。

整个MBR系统的运行控制分为三个阶段：运行阶段、冲洗阶段、化学清洗阶段。

（1）运行阶段

超滤系统主要起到截留生化池内污泥、难降解大颗粒物质，从而保持生化池内高浓度生化污泥。超滤系统5支超滤膜为一套产水量约为 $9 \sim 10 m^3/h$；4支超滤膜为一套的产水量为 $8 \sim 9 m^3/h$。进膜压力约为 $4.5 \sim 5.5 bar$（5支膜组件）或 $3.5 \sim 4.5 bar$（4支膜组件），出膜压力约为 $0.5 \sim 1.0 bar$，循环流量在 $200 \sim 220 m^3/h$ 之间，浓缩污泥回流量 $60 \sim 100 m^3/h$。正常情况下，产水应该是透彻，不带污泥的。若产水颜色明显加深，且含有污泥，那么说明膜组件有漏点，需联系产家或采用专有检测工具检漏。超滤膜组运行启动时，相关设备是按照一定的步骤顺序依次启动，并且每个步骤有严格的检测条件，如果不满足就不能进行下一步。运行停止也有严格的停止步骤。

控制原理：控制系统能够自动完成整个启动和停止过程，整个启动/停止过程如下（可参照图9.11）：

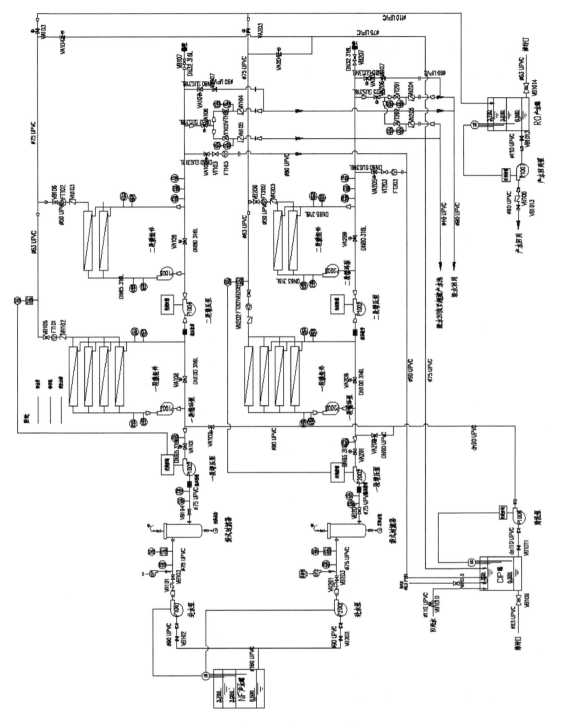

图 9.11 反渗透反应膜系统工艺流程图

①启动准备阶段，进行自检，为膜运行启动做准备，要求原水泵运行，泵阀无故障、生化 O 池液位正常。

②开启 AV104、AV102、AV107 气动阀门，时间延迟约 5 s；

③开启 AV101 气动阀门，时间延迟约 5 s；

④启动循环泵，超滤膜系统进入正常运行状态；

⑤观察各管路系统的压力、温度在设定范围内；

⑥循环流量阀门，使管内膜流速控制在 $3 \sim 5m^3/s$；

⑦调节循环流量、回流污泥阀门，控制膜前压和膜后压，保证超滤膜透析液的流量，并使跨膜压差维持在 $2 \sim 6bar$；

⑧若透析液的流量减少，则调节回流污泥阀门、循环流量阀门，使压力维持在正常水平，但不应使膜的最高压力超过 6bar；

⑨停止循环泵，时间延迟 10s；

⑩关闭各 AV101 气动阀门，时间延迟 5s。

⑪关闭 AV104、AV102、AV107 气动阀门，系统待运行。

如果顺控启动、停止、运行期间触发连锁，泵首先停止运行，同时停止顺控，阀门的关闭顺序按照顺控停止步骤进行。

（2）冲洗阶段

冲洗程序是超滤系统停运、重启、化学清洗过程中必要手段之一。冲洗目的是将系统中残留的污泥或药剂等物质冲洗去除。冲洗水采用反渗透回用水，冲洗过程只开启清洗泵，在大流量、低压力（≤0.3MPa）下进行。

膜系统运行正常停止后必须在半个小时内启动冲洗程序，否则产生报警。

超滤膜组冲洗启动时，相关设备是按照一定的步骤顺序依次启动，并且每个步骤有严格的检测条件，如果不满足就不能进行下一步。冲洗停止也有严格的停止步骤。

如果冲洗顺控启动、停止、运行期间触发连锁，泵首先停止运行，同时停止顺控，阀门的关闭顺序按照顺控停止步骤进行。

控制系统能够自动完成整个启动和停止过程，整个启动/停止过程如下：

①启动准备阶段，进行自检，为膜冲洗做准备，要求清洗水罐高液位，泵阀无故障。

②开启 AV102、AV106 气动阀门，时间延迟约 5s；

③开启 AV105 气动阀门，时间延迟约 5s；

④启动冲洗泵，超滤膜系统进入正常运行状态；

⑤保持管路系统的压力；

⑥停止冲洗泵，时间延迟 10s；

⑦关闭 AV105 气动阀门，时间延迟 5s。

⑧关闭 AV102、AV106 气动阀门，系统待运行。

冲洗罐低液位时停止冲洗顺控。冲洗的运行时间最长不能超过 30min，冲洗的运行时间可以设定。

（3）化学清洗阶段

化学清洗是超滤系统发生污染时采取的重要手段之一。针对不同的污染类型，化学清洗分为酸洗或碱洗；酸洗主要是针对钙、镁等重金属结垢、沉淀产生的污染，碱洗主是针对有机物对膜系统的污染。

针对污染的类型与污染的程度需采取不同措施，是重金属结垢时侧重酸洗，根据污染的程度，增加清洗的频次、时间；是有机物污染时，侧重碱洗，增加碱洗时长、频次。

酸洗采用盐酸、柠檬酸；碱洗采用氢氧化钠。其中酸洗的投加量约 0.2%（wt）HCl 水浓液或柠檬酸溶液（1%～2%），清洗过程调节 pH 值为 2～3；碱洗时氢氧化钠投加量约

0.1%（wt），清洗过程调节 pH 值为 10～11。当采用复合清洗时，宜采用先碱洗再酸洗措施。

出现下列情形时，需进行化学清洗：①通量降低至 60L/m²·h；②循环量小于 180m³/h；③压力降，即进出膜压差大于 5.0bar（5 支）或 4.0bar（4 支）。化学清洗结束时，清水的通量约为正常运行时通量的 1.5～2.0 倍。

超滤膜组化学清洗顺控启动时，相关设备是按照一定的步骤顺序依次启动，并且每个步骤有严格的检测条件，如果不满足就不能进行下一步。化学清洗顺控停止也有严格的停止步骤。

控制系统能够自动完成整个启动和停止过程，整个启动/停止过程如下：

①启动准备阶段，进行自检，为膜化学做准备，要求清洗水罐高液位，泵阀无故障，清洗水罐 PH 值达到设定值。

②开启 AV103、AV104、AV106 气动阀门，时间延迟约 5s；

③开启 AV105 气动阀门，时间延迟约 5s；

④启动冲洗泵，延时 20s；

⑤启动循环泵，超滤膜系统进入正常运行状态；

⑥保持管路系统的压力；

⑦停止循环泵，时间延迟 10s；

⑧停止冲洗泵，时间延迟 10s；

⑨关闭 AV105 气动阀门，时间延迟 5s；

⑩关闭 AV103、AV104、AV106 气动阀门，系统待运行。

如果顺控启动、停止、运行期间触发连锁，泵首先停止运行，同时停止顺控，阀门的关闭顺序按照顺控停止步骤进行。冲洗罐低液位时，停止化学清洗顺控。化学清洗有运行时间最长不能超过 2h30min，冲洗的运行时间可以根据实际需要进行设定。

9.5.4 纳滤系统控制方案

纳滤系统控制分为三个阶段：运行阶段、冲洗阶段、化学清洗阶段。

（1）运行阶段

纳滤系统能够有效地截留大部分有机物和二价离子、部分一价离子等污染物。纳滤系统正常运行工况为单套纳滤系统进水量 18～20m³/h，回收率为 85%，浓缩液排放量 2.6～3.0m³/h。

单套纳滤系统一段设计膜通量 13.5L/m²·h，产水量约 12～14m³/h；二段设计膜通量 8.5L/m²·h，产水量约 2.5～3.5m³/h；一段纳滤正常运行时进膜压力约 5～7bar，膜压差约 3～4bar；二段纳滤正常运行时进膜压力约 5～7bar，膜压差约 3～4bar。

纳滤正常运行时，需投加盐酸和阻垢剂，盐酸投加量约为 2～3L/m³，阻垢剂投加剂量为 5ppm（1ppm = 10⁻⁶）。

纳滤膜组运行启动时，相关设备是按照一定的步骤顺序依次启动，并且每个步骤有严格的检测条件，如果不满足就不能进行下一步。运行停止也有严格的停止步骤。

控制原理：控制系统能够自动完成整个启动和停止过程，整个启动/停止过程如下（可参照图 9.11）：

①启动准备阶段，进行自检，为膜运行启动做准备，要求系统无报警，泵阀无故障、无

冲洗和运行状态。

②开启 AV103、AV106、AV108、AV109 气动阀门，时间延迟约 5s；

③开启 AV101 气动阀门，时间延迟约 5s；

④启动进水泵、阻垢剂投加泵，时间延迟约 20s；

⑤启动增压泵，时间延迟约 10s；

⑥启动循环泵 A，时间延迟约 10s；

⑦启动循环泵 B，系统投入运行；

⑧观察各管路系统的压力、温度、PH 值在设定范围内；

⑨停止循环泵，时间延迟 10s；

⑩停止增压泵，时间延迟 20s；

⑪停止进水泵、阻垢剂投加泵，时间延迟 20s；

⑫关闭 AV101 气动阀门，时间延迟 5s。

⑬关闭 AV103、AV106、AV108、AV109 气动阀门，系统待运行。

如果顺控启动、停止、运行期间触发连锁，泵首先停止运行，同时停止顺控，阀门的关闭顺序按照顺控停止步骤进行。

(2) 冲洗阶段

冲洗程序是纳滤系统停运、重启、化学清洗过程中必要手段之一。冲洗目的是将系统中的有机物等污染物在大流量、低压力（≤0.3MPa）条件下冲洗干净。冲洗水采用反渗透回用水，若一次无法冲洗彻底，那么需要对清洗罐加满清水后，再一次进行冲洗，确保冲洗后出水没有明显的色度存在，每次冲洗次数 1～2 遍。

纳滤膜组冲洗启动时，相关设备是按照一定的步骤顺序依次启动，并且每个步骤有严格的检测条件，如果不满足就不能进行下一步。冲洗停止也有严格的停止步骤。

控制系统能够自动完成整个启动和停止过程，整个启动/停止过程如下：

①启动准备阶段，进行自检，为膜冲洗做准备，要求清洗水罐高液位，泵阀无故障。

②开启 AV103、AV107 气动阀门，时间延迟约 5s；

③开启 AV102 气动阀门，时间延迟约 5s；

④启动冲洗泵，纳滤膜系统进入正常运行状态；

⑤保持管路系统的压力；

⑥停止冲洗泵，时间延迟 10s；

⑦关闭 AV102 气动阀门，时间延迟 5s；

⑧关闭 AV103、AV107 气动阀门，系统待运行。

如果冲洗顺控启动、停止、运行期间触发连锁，泵首先停止运行，同时停止顺控，阀门的关闭顺序按照顺控停止步骤进行；冲洗罐低液位时停止冲洗顺控；冲洗的运行时间最长不能超过 30min，冲洗的运行时间可以设定。

(3) 化学清洗阶段

化学清洗是纳滤系统发生污染时采取的重要手段之一。针对不同的污染类型，化学清洗分为酸洗或碱洗。酸洗主要是针对钙、镁等重金属结垢、沉淀产生的污染，碱洗主是针对有机物对膜系统的污染。

针对污染的类型与污染的程度需采取不同措施，污染类型是重金属结垢时侧重酸洗，根据污染的程度，增加清洗的频次、时间；污染类型是有机物污染时，侧重碱洗，增加碱洗时长、频次。

酸洗采用盐酸、柠檬酸；碱洗采用氢氧化钠。其中酸洗的投加量约 0.2%（wt）HCl 水浓液或柠檬酸溶液（1%～2%），清洗过程调节 pH 值为 2～3；碱洗时氢氧化钠投加量约 0.1%（wt），清洗过程调节 pH 值为 10～11。当采用复合清洗时，宜采用先碱洗再酸洗措施。

出现下列情形时，需进行化学清洗：产水量下降 10%；压力降增加 15%；透盐率增加 5%。当化学清洗结束时，工艺水产水量、压力降恢复正常值。

纳滤膜组化学清洗顺控启动时，相关设备是按照一定的步骤顺序依次启动，并且每个步骤有严格的检测条件，如果不满足就不能进行下一步。化学清洗顺控停止也有严格的停止步骤。

控制系统能够自动完成整个启动和停止过程，整个启动/停止过程如下：

①启动准备阶段，进行自检，为膜化学做准备，要求清洗水罐高液位，泵阀无故障，清洗水罐 PH 值达到设定值。

②开启 AV104、AV105、AV108、AV109 气动阀门，时间延迟约 5s；

③开启 AV102 气动阀门，时间延迟约 5s；

④启动冲洗泵，延时 10s；

⑤启动循环泵，纳滤膜系统进入正常运行状态；

⑥保持管路系统的压力；

⑦停止循环泵，时间延迟 10s；

⑧停止冲洗泵，时间延迟 10s；

⑨关闭 AV102 气动阀门，时间延迟 5s。

⑩关闭 AV104、AV105、AV108、AV109 气动阀门，系统待运行。

如果顺控启动、停止、运行期间触发连锁，泵首先停止运行同时停止顺控，阀门的关闭顺序按照顺控停止步骤进行；冲洗罐低液位时停止化学清洗顺控；化学清洗有运行时间最长不能超过 2h30min，冲洗的运行时间可以根据实际需要进行设定。

9.5.5　反渗透系统控制方案

反渗透系统控制分为三个阶段：运行阶段、冲洗阶段、化学清洗阶段

（1）运行阶段

反渗透系统能够有效地截留一价离子、可溶性有机物、硝态氮等污染物。反渗透系统正常运行工况为单套反渗透系统进水量 15～17m³/h，回收率为 75% 左右，浓缩液排放量 2.0～2.4m³/h，回流浓缩液量为 1.6～1.8m³/h。

单套反渗透系统设计回收率 75% 左右，其中一段设计膜通量 10.0L/m²·h，产水量约 8.0～9.0m³/h；二段设计膜通量 6.0L/m²·h，产水量约 2.5～3.0m³/h。一段反渗透正常运行时，进膜压力约 29～34bar，每支膜壳的进出口压差约 4～6bar（禁超 60bar）；二段反渗透正常运行时进膜压力约 42～49bar（禁超 60bar）。

反渗透正常运行时，需投加阻垢剂，投加剂量为 5 ppm。

反渗透膜组运行启动时，相关设备是按照一定的步骤顺序依次启动，并且每个步骤有严格的检测条件，如果不满足就不能进行下一步。运行停止也有严格的停止步骤。

控制原理：控制系统能够自动完成整个启动和停止过程，整个启动/停止过程如下（可

参照图 9.11）：

①启动准备阶段，进行自检，为膜运行启动做准备，要求系统无报警，泵阀无故障、无冲洗和运行状态。

②开启 AV103、AV108、AV109 气动阀门，时间延迟约 5s；

③开启 AV101 气动阀门，时间延迟约 5s；

④启动进水泵、阻垢剂投加泵，时间延迟约 20s；

⑤启动增压泵 A，时间延迟约 10s；

⑥启动循环泵 A，时间延迟约 10s；

⑦启动增压泵 B，时间延迟约 10s；

⑧启动循环泵 B，系统投入运行；

⑨观察各管路系统的压力、温度、PH 值在设定范围内；

⑩停止循环泵 B，时间延迟 10s；

⑪停止增压泵 B，时间延迟 10s；

⑫停止循环泵 A，时间延迟 10s；

⑬停止增压泵 A，时间延迟 10s；

⑭停止进水泵、阻垢剂投加泵，时间延迟 20s；

⑮关闭 AV101 气动阀门，时间延迟 5s；

⑯关闭 AV103、AV108、AV109 气动阀门，系统待运行。

如果顺控启动、停止、运行期间触发连锁，泵首先停止运行同时停止顺控，阀门的关闭顺序按照顺控停止步骤进行。

（2）冲洗阶段

冲洗程序是反渗透系统停运、重启、化学清洗过程中必要手段之一，冲洗目的是将系统中的有机物等污染物在大流量、低压力（≤0.3MPa）条件下冲洗干净。冲洗水采用反渗透回用水，每次冲洗次数 1～2 遍。

反渗透膜组冲洗启动时，相关设备是按照一定的步骤顺序依次启动，并且每个步骤有严格的检测条件，如果不满足就不能进行下一步。冲洗停止也有严格的停止步骤。

控制系统能够自动完成整个启动和停止过程，整个启动/停止过程如下：

①启动准备阶段，进行自检，为膜冲洗做准备，要求清洗水罐高液位，泵阀无故障。

②开启 AV103、AV107、AV110 气动阀门，时间延迟约 5s；

③开启 AV102 气动阀门，时间延迟约 5s；

④启动冲洗泵，纳滤膜系统进入正常运行状态；

⑤保持管路系统的压力；

⑥停止冲洗泵，时间延迟 10s；

⑦关闭 AV102 气动阀门，时间延迟 5s；

⑧关闭 AV103、AV107、AV110 气动阀门，系统待运行。

如果冲洗顺控启动、停止、运行期间触发连锁，泵首先停止运行同时停止顺控，阀门的关闭顺序按照顺控停止步骤进行；冲洗罐低液位时停止冲洗顺控；冲洗的运行时间最长不能超过 30min，冲洗的运行时间可以设定。

（3）化学清洗阶段

化学清洗是反渗透系统发生污染时采取的重要手段之一。针对不同的污染类型，化学清洗分为酸洗或碱洗。酸洗主要是针对钙、镁等重金属结垢、沉淀产生的污染，碱洗主是针对有机物对膜系统的污染。针对污染的类型与污染的程度需采取不同措施，污染类型是重金属结垢时侧重酸洗，根据污染的程度，增加清洗的频次、时间；污染类型是有机物污染时，侧重碱洗，增加碱洗时长、频次。

酸洗采用盐酸、柠檬酸；碱洗采用氢氧化钠。其中酸洗的投加量约0.2%（wt）HCl水浓液或柠檬酸溶液（1%~2%），清洗过程调节pH值为2~3；碱洗时氢氧化钠投加量约0.1%（wt），清洗过程调节pH值为10~11。当采用复合清洗时，宜采用先碱洗再酸洗措施。

出现下列情形时，需进行化学清洗：产水量下降10%；压力降增加15%。当化学清洗结束时，工艺水产水量、压力降恢复正常值。反渗透膜组化学清洗顺控启动时，相关设备是按照一定的步骤顺序依次启动，并且每个步骤有严格的检测条件，如果不满足就不能进行下一步。化学清洗顺控停止也有严格的停止步骤。

控制系统能够自动完成整个启动和停止过程，整个启动/停止过程如下：

①启动准备阶段，进行自检，为膜化学做准备，要求清洗水罐高液位，泵阀无故障，清洗水罐PH值达到设定值。

②开启AV104、AV105、AV108、AV109、AV110气动阀门，时间延迟约5s；

③开启AV102气动阀门，时间延迟约5s；

④启动冲洗泵，延时10s；

⑤启动循环泵A，延时10s；

⑥启动循环泵B，纳滤膜系统进入正常运行状态；

⑦保持管路系统的压力；

⑧停止循环泵B，时间延迟10s；

⑨停止循环泵A，时间延迟10s；

⑩停止冲洗泵，时间延迟10s；

⑪关闭AV102气动阀门，时间延迟5s。

⑫关闭AV104、AV105、AV108、AV109、AV110气动阀门，系统待运行。

如果顺控启动、停止、运行期间触发连锁，泵首先停止运行同时停止顺控，阀门的关闭顺序按照顺控停止步骤进行；冲洗罐低液位时停止化学清洗顺控；化学清洗有运行时间最长不能超过2h30min，冲洗的运行时间可以设定，具体详见图9.11。

目前渗滤液系统中出现一种高压膜处理技术，即碟管式反渗透（DTRO），由于是最近才发展出来的技术，所以应用的还不是广泛，下面做一下简单的介绍：

工艺描述：系统运行时，渗滤液从调节池由DTRO进水泵输送至原水储罐，进入原水罐之前先通过管道过滤器除去进水中的大颗粒物质，并监测原水的pH值、电导、流量。渗滤液进入原水罐的过程中，酸添加系统启动，从储酸罐通过加酸泵添加酸。系统进水端中均设置pH值传感器，PLC判断原水pH值并自动调节加酸泵的频率以最终使进入反渗透前的渗滤液pH值达到6~6.5。

保安过滤器为膜柱提供最后一道保护屏障，保安过滤器的精度为10 μm。经过保安过滤器的渗滤液直接进入高压柱塞泵。高压泵出水进入膜柱，第一组膜柱由于高压泵直接供水，可以产生足够的流量和流速；其他膜柱需要在线增压泵提供必要的流速。膜柱组出水分为两部分，透过液排入清水罐，在这里调节pH值到中性后排放或者供DTRO清洗使用，浓缩液排入浓缩液储存池。反渗透的浓缩液端设有压力调节阀，用于控制膜柱内的压力，以控制清水回收率。

膜柱的清洗由系统根据压差自动执行，只需要在两个清洗剂储罐中分别置入酸性清洗剂和碱性清洗剂即可。

控制原理：整个反渗透控制系统分为四个阶段：启动阶段、清水冲洗阶段、反洗阶段、化学清洗阶段。

①启动阶段。设备处于停机状态或者故障恢复后，当用户按下控制画面中的启动按钮，DTRO 系统会进入启动状态。当砂滤反洗完毕或者化学清洗完毕后，DTRO 系统会自动进入启动状态。自动启动的过程是一个顺序启动各个控制设备的过程。DTRO 系统进入稳定运行后，由电动调节阀门根据用户设定的透过液流量（回收率）自动进行 PID 调节。当回收率小于设置时，阀门执行关闭动作，使系统的压力升高，从而提高回收率；反之阀门执行打开动作，使系统压力降低，减小回收率。

②清水冲洗阶段。当 DTRO 已经处于运行状态的时候，系统会根据设定的需要自动切换到清水冲洗停机状态，或者是因为其他原因系统需要较长时间的停机，可以手动切换到清水冲洗停机状态。清水冲洗停机的目的是在停机过程中用大量清水冲洗 DTRO 膜片，并使膜柱中注满清水，防止污染物在膜片表面结垢，延长膜组件的使用寿命。

③反洗阶段。砂滤为膜柱前的一种有效的预处理，可以有效地去除渗滤液中的小颗粒悬浮固体。当砂滤前后压差达到一定的值（2.5bar）时，DTRO 会自动由运行状态转入停机状态，然后自动切换到砂滤反冲洗控制状态。砂滤反冲洗完成后系统会自动切换到顺序启动运行控制状态。

④化学清洗阶段。DTRO 系统需要定期用清洗剂清洗，当满足一定条件时，DTRO 进入化学清洗控制状态。

9.5.6　化软系统控制方案

化软系统由化学软化及 TUF 微滤装置两部分组成。

垃圾渗滤液经生化预处理后再经 MBR 处理，MBR 的产水硬度较高。若直接将 MBR 产水进纳滤和反渗透膜处理，则系统的清水回收率较低，而且膜系统具有结垢风险。

工艺描述：化软工艺将 MBR 产水提升至反应槽，与预先配制好的石灰乳混合，并开启搅拌，搅拌速率为 60 r/min 左右。通过 PID 自动调节控制石灰乳投加量，控制反应槽的 pH 值在 11.5 左右。混合液在反应槽中停留 1h 左右，充分反应后进入循环槽。此时混合液中的大部分硬度离子均会形成沉淀，使得混合液硬度大大降低。

经石灰乳调和反应后的混合液由循环泵泵入 TUF 微滤膜，利用管式微滤膜错流分离原理，混合液在膜表面高速流动，大的固体颗粒被膜截留，清液透过，浓液返回循环池。当循环池污泥浓度达到 5% 时，通过污泥泵将污泥送入污泥浓缩池。TUF 微滤膜系统不管是正常停机还是非正常停机都需要进行冲洗，且 TUF 膜系统每运行 2h 需反洗一次。

控制原理：整个 TUF 微滤膜控制分为四个阶段：TUF 运行阶段、TUF 反洗阶段、TUF 冲洗阶段、TUF 化学清洗阶段。

（1）TUF 运行阶段

TUF 膜组运行启动时，相关设备是按照一定的步骤顺序依次启动，并且每个步骤有严格的检测条件，如果不满足就不能进行下一步。运行停止也有严格的停止步骤。

整个运行顺控启动/停止过程如下：

①启动准备阶段，进行自检，要求泵阀无故障、循环池液位正常；

②开启运行相关气动阀门，延时20s；

③启动循环泵，延时30s；

④TUF膜系统进入正常运行状态

⑤点击运行顺控停止按钮，或系统设定运行时间耗尽；

⑥停止循环泵，延时30s；

⑦关闭运行相关阀门，延时20s；

⑧系统结束运行状态；

如果运行顺控启动、停止、运行期间触发连锁，系统立即停止运行顺控。

微滤装置的运行正常进膜压力在5~6bar之间，当运行压力超过6bar时，系统报警。

（2）TUF反洗阶段

TUF微滤膜系统每连续运行2h建议反洗一次。

整个反洗顺控启动/停止过程如下：

①启动准备阶段，进行自检，为膜反洗做准备，泵阀无故障；

②开启反洗相关阀门，延时20s；

③启动反洗泵，延时30s；

④系统进入正常反洗状态；

⑤延时1min；

⑥停止反洗泵，时间延迟30s；

⑦关闭反洗相关阀门，延时20s；

⑧系统结束反洗状态。

若反洗期间触发连锁条件，则系统立即停止反洗程序。

（3）TUF化学清洗阶段

TUF微滤膜系统累计运行达24h，建议化学清洗一次。

整个化学清洗顺控启动/停止过程如下：

①启动准备阶段，进行自检，为膜化学清洗做准备，要求清洗水罐高液位，泵阀无故障，清洗水罐pH值达到设定值。

②开启化学清洗相关阀门，延时20s；

③启动清洗泵，延时30s；

④系统进入正常化学清洗状态；

⑤设定化学清洗时间耗尽或点击化学清洗顺控停止按钮；

⑥停止清洗泵，延时30s；

⑦关闭化学清洗相关阀门，延时20s；

⑧打开排空阀，延时1min；

⑨关闭放空阀，延时20s；

⑩系统结束化学清洗状态。

如果顺控启动、停止、运行期间触发连锁，系统立即停止化学清洗顺控。

（4）TUF冲洗阶段

TUF微滤膜系统不管是正常停机还是非正常停机都需要进行冲洗。

整个冲洗顺控启动/停止过程如下：

①启动准备阶段，进行自检，为膜冲洗做准备，要求冲洗水罐高液位，泵阀无故障；

②开启冲洗相关阀门，延时20s；

③启动冲洗泵，延时30s；

④系统进入正常冲洗状态；

⑤延时5min；

⑥停止清洗泵，延时30s；

⑦关闭冲洗相关阀门，延时20s；

⑧系统结束冲洗状态。

如果顺控启动、停止、运行期间触发连锁，系统立即停止冲洗顺控。

9.6 渗滤液电气自控发展趋势

近年来，随着信息技术、软件技术、通信技术的快速发展，工业自动化控制技术取得了长足的进步，大大提高了设备的控制效率和控制精度，提高了生产力。

但是，目前的自控控制系统很多电子自动化的设备均在一个监控中，导致需要监控的对象多、电缆数量多、成本高、控制风险大、检修和维护难度大、成本高等，渗滤液自动控制系统中也有类似的缺点。考虑到仪器设备的价格、可靠性、人工成本、企业管理、工人操作环境、安全性等方面因素，目前无人值守自动控制技术已经在变电站、小型电站、水泵房、煤矿等领域得到应用，极大地提高了效率、减少了成本，使得无人值守自动控制系统得到越来越多的重视。与此同时，随着云服务、大数据、智能手机、通信技术的快速发展，一部分自动控制厂家提供的无人值守自动控制方案里，包括大数据收集与云端控制、手机、平板等设备的信息互联、互通、重要指标的实时监控、可视化等。处理之外，自动化控制系统中还配备系统级的专家综合诊断分析系统，可以统计、分析、预测相关设备的运行状态等，为系统的管理设备提供意见和建议，大大提高了管理效率。目前的无人值守自动控制系统相对还比较简单，未来，随着人工智能、机器人技术、5G通信技术等方面的发展，无人值守自动系统一定会发展到一个全新的阶段。

渗滤液设施是一个非常复杂的系统，其包含厌氧系统、生化系统、膜处理系统、风机、水泵、搅拌机、离心机等多种多样的设施、设备等，这给渗滤液自动控制系统提出了很多挑战。经过多年的发展，各渗滤液系统应用的各工业控制仪表的控制精度、可靠性得到大幅度提高，系统的运行控制模型也日渐成熟。考虑到渗滤液处理系统的特点，以及目前工业的自动化控制水平，无人值守自动化系统可以大大降低系统的运行成本、提高系统的控制精度、改善渗滤液系统的处理效果，使得渗滤液处理站的管理效率大大提升。无人值守自动化控制技术是未来渗滤液自动控制系统的发展趋势，其发展空间大，在渗滤液处理系统上一定大有可为。

第10章
渗滤液工程安装与质量控制

渗滤液具有成分复杂、处理难度大等特点，其处理方法也不同于一般的污水处理方法。渗滤液的处理工艺较一般污水处理工艺更为复杂。前几章已对渗滤液主要处理工艺及装备作出详细介绍，本章将重点围绕渗滤液处理中常见构筑物及装备的工程安装与质量控制展开讨论。

10.1 概况

10.1.1 土建工程概况

如图 10.1 所示，渗滤液土建工程主要包括钢筋混凝土池体、综合车间、设备基础工程等。钢筋混凝土池体主要有初沉池、调节池、事故池、厌氧池或厌氧罐、好氧池、废液中转池等；综合车间主要包括设备间、鼓风机房、污泥脱水间、深度处理车间、中控室、化验室、办公室等。

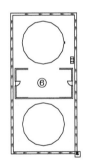
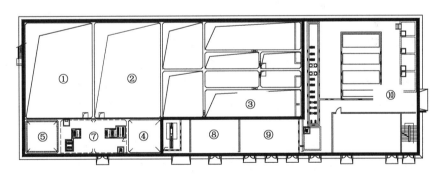

图 10.1 某渗滤液处理站平面布置情况

1—调节池；2—事故池；3—好氧池；4—污泥储池；5—初沉池；6—厌氧罐；7—设备间；8—污泥脱水间；
9—鼓风机房；10—深度处理车间（二层可布置中控室、化验室、办公室）

10.1.2 安装工程概况

渗滤液的安装工程一般包括工艺设备、工艺管道电气仪表等。其中，工艺设备主要包括过滤、水泵、风机、搅拌机、污泥脱水机、曝气成套、起重成套、厌氧成套、膜处理成套设备等；工艺管道主要包括渗滤液管道、废液管道、污泥管道、臭气管道、蒸汽管道、沼气管道、空气管道及深度处理系统管道等。电气仪表主要包括照明、动力、仪表及接地四大部分。

10.1.3　渗滤液工程特点

渗滤液处理工程在工程施工方面有自身的特点，分述如下。

（1）工程施工必须服务于出水水质达标的目标

与市政工程和传统建筑工程不同，渗滤液处理工程除了要求工程质量达到规定标准，系统能够正常运行外，最重要的目标是出水水质必须达到排放标准。尽管出水水质能否达标主要取决于工艺的选择、设计的合理性和运行管理水平等，但其与工程施工质量也密切相关。在工程施工、调试过程中，在设备的选型采购、施工组织、工期安排等各个环节都应充分考虑渗滤液处理工艺的要求，以保证系统出水水质达标。

（2）工艺复杂多变，施工专业性强

渗滤液处理工艺种类繁多，包括物理处理、化学处理、生物处理、物化处理等多种工艺和组合工艺，每一种处理工艺都有其自身的特点，这对工程施工提出了不同的要求，使得施工专业性较强。一些专业机械设备，例如进水篮式过滤器、初沉池泥水分离设备、厌氧成套类设备、曝气设备、生物膜填料、污泥脱水设备及深度处理成套设备等，这些设备的选择、采购、加工和安装对施工单位的专业人员、施工技术工程经验等都提出了较高的要求。

（3）涉及专业和施工工种多

渗滤液处理工程一般涉及结构工程、建筑工程、管道工程、设备工程、电气工程、自动化工程、仪器仪表工程、暖通和给排水工程、臭气处理工程等，因此在工程施工过程中，各专业之间的协调配合至关重要。施工单位在进行施工组织时，应着重考虑人才配备、物资保障、施工部署以及交叉施工过程中的进度衔接、成品保护和隐蔽工程质量控制等，尽可能做到协调一致，以保证工程的进度和质量。

（4）施工要求高

前已述及，渗滤液工程主要包括土建工程和安装工程。

土建工程的钢筋混凝土水池结构复杂，对钢筋工程、模板工程、混凝土工程、基础工程、防水工程的施工组织和施工技术要求较高；曝气池内的曝气设备、调节池内的搅拌设备、沉淀池内的泥水分离设备等在施工安装过程中，对土建预埋预留依赖性强，要求土建和设备安装之间密切配合。

安装工程综合管线复杂，设备繁多，不同单元处理工艺和设备之间关联密切，不同专业之间交叉施工较为频繁，这些都对工程施工的组织提出了很高的要求。

此外，渗滤液具有一定的腐蚀性，渗滤液工程内所有和渗滤液有直接接触的构筑物、设备及管道应考虑防腐；同时各易结垢、损耗的构筑物、设备等，应考虑检修、维护的便利性；产生臭气的构筑物、设备等要进行除臭处理。

（5）施工周期和进度受自然条件影响大

渗滤液处理工程的施工通常是露天作业，因此受自然条件的影响较大。冬季应有防寒防冻措施，夏季应有防雨防涝措施。由于渗滤液处理工程常采用生物法作为主体处理工艺，而生物处理的效果受温度的影响较大，在冬季水温低于5℃的情况下，一般无法对生物系统内的活性污泥进行培养和驯化，因此尽量不把工艺调试安排在冬季。

10.2 工程准备阶段质量控制

工程准备阶段的质量控制是指项目施工开始前，对工程各项准备工作及影响因素进行质量控制。施工准备是为保证工程施工阶段正常实施而必须提前做好的工作，不仅在工程开工前要做好，而且贯穿于整个工程建设期始终。其基本任务就是为工程施工建立必要的条件，确保施工过程顺利进行，确保工程质量符合要求。

10.2.1 技术资料准备的质量控制

①自然条件及技术经济条件调查资料。对施工项目所在地的自然条件和技术经济条件的调查，为选择施工技术与组织方案收集基础资料，并以此作为施工准备工作的依据。具体收集的资料包括：地形与环境条件、地质条件、地震级别、工程水文地质情况、气象条件以及当地水、电、能源供应条件、交通运输条件、材料供应条件等。

②施工组织设计。施工组织设计是作为施工准备和组织施工全过程的指导性文件。对施工组织设计要从以下几个方面进行控制：

a. 施工组织设计的编制、审查和批准应符合规定的程序；

b. 施工组织设计应符合国家的技术政策，充分考虑承包合同规定的条件、施工现场条件及法规条件的要求，突出"质量第一、安全第一"的原则；

c. 施工组织设计制定施工进度时，必须考虑施工顺序、施工流向，主要分部、分项工程的施工方法，特殊项目的施工方法、技术措施等能保证工程质量；

d. 施工组织设计制定施工方案时，必须进行技术经济比较，使工程项目满足符合性、有效性和可靠性要求，以保证施工工期、成本、安全生产、效益等方面的合理性；

e. 保证安全、环保、消防和文明施工等措施可行，并符合有关规定。

③相关质量管理方面的法律、法规文件及质量验收标准。质量管理方面的法律、法规，规定了工程建设参与各方的责任和义务，质量管理体系建立的要求、标准等，这些是进行质量控制的重要依据。

④工程测量控制资料。工程施工的测量放线是工程产品由设计转化为实物的第一步，施工测量的好坏，直接影响工程产品的质量，并且约束着施工过程中有关工序的质量。工程测量控制可以说是施工中事前质量控制的一项基本工作，它是施工准备阶段的一项重要内容。

10.2.2 设计交底和图纸审核的质量控制

施工阶段，工程设计文件是进行质量控制的重要依据。因此需要重视设计交底工作，以便更加透彻地了解设计意图及质量要求；同时，要督促承包单位认真做好图纸审核及核对工作，对于审图过程中发现的问题，及时以书面形式报告给建设单位进行修订，减少图纸的差错，消除图纸中的质量隐患。

（1）设计交底

工程施工前，由设计单位向建设单位负责人和施工单位有关人员进行设计交底，其主要内容包括：

①建设单位对本工程的要求，施工现场的自然条件、工程地质与水文地质条件等；

②施工图设计依据：初步设计文件，规划、环境等要求，设计规范等；

③设计主导思想、建筑要求与构思、使用的设计规范、抗震烈度确定、基础设计、工艺设计、主体结构设计、装修设计、设备设计（设备选型）等；

④对基础、结构及装修施工的要求，对建材的要求，对使用新技术、新工艺、新材料的要求，对建筑与工艺之间配合的要求以及施工中的注意事项等；

⑤设计单位对建设单位和承包单位提出的施工图纸中的问题的答复。

设计交底应形成会议纪要，会后由各相关单位签字确认。

（2）施工图纸审核

施工图是工程施工的直接依据，为了使施工承包单位充分了解工程特点、设计要求，减少图纸的差错，减少施工过程中的工程变更，确保工程质量，应要求施工承包单位做好施工图的审核工作。

图纸审核的主要内容包括：

①对设计者的资质进行认定，对图纸的合法性进行认定；

②设计是否满足抗震、防火、环境卫生等要求；

③图纸与说明是否齐全；

④地下构筑物、障碍物、管线是否探明并标注清楚；

⑤图纸中有无遗漏、差错或相互矛盾之处（例如：工艺管线、电气线路、设备装置等是否相互"打架"、矛盾；标注是否有错误；平面图与剖面图不一致等），图纸表示方法是否清楚并符合标准要求（例如：土建预埋件、预留孔标识是否清楚无遗漏）等；

⑥地质及水文地质等资料是否充分、可靠；

⑦所需材料来源有无保证，能否替代，新材料、新技术的采用有无问题；

⑧施工工艺、方法是否合理，是否切合实际，是否便于施工，能否保证质量要求；

⑨施工图及说明书中涉及的各种标准、图册、规范、规程等，施工单位是否具备。

对于存在的问题，要求施工单位以书面形式提出，在设计单位以书面形式进行解释或者确认后，才能进行施工。

10.2.3　采购质量控制

采购质量控制主要包括对采购产品及其供应方的控制，采购方需制订采购要求和验证采购产品。建设项目中的工程分包，也应符合规定的采购要求。

①物资采购。物资采购应符合设计文件、标准、规范、相关法规及承包合同要求，如果项目部另有附加的质量要求，也应予以满足。

对于重要物资、大批量物资、新型材料以及对工程最终质量有重要影响的物资，可由企业主管部门对可供选用的供方进行逐个评价，并确定最终的供方名单。

②分包服务。对各种分包服务的选用应根据其规模、控制的复杂程度进行区别对待。一般通过分包合同，对分包服务进行动态控制。

评价及选择分包方应考虑的原则：

a. 有合法的资质，外地单位经本地主管部门核准；

b. 与本组织或其他组织合作的业绩、信誉；

c. 分包方质量管理体系对按要求如期提供稳定质量产品的保证能力；

d. 对采购物资的样品、说明书进行检验、试验，并对其结果进行评定。

③采购要求。采购要求是采购产品控制的重要内容。采购要求的形式可以是合同、订

单、技术协议、询价单及采购计划等。

采购要求包括：

a. 有关产品的质量要求或外包服务要求；

b. 有关产品提供的程序性要求如：供方提交产品的程序；供方生产或服务提供的过程要求；供方设备方面的要求；

c. 对供方人员资格的要求；

d. 对供方质量管理体系的要求。

④采购产品验证

a. 对采购产品的验证有多种方式，如在供方现场检验、进货检验，查验供方提供的合格证据等。组织应根据不同产品或服务的验证要求以确定验证的主管部门及验证方式，并严格执行。

b. 当组织或其顾客拟在供方现场实施验证时，组织应在采购要求中事先作出规定。

10.2.4　质量教育与培训

通过质量控制教育与培训来提高人员的能力，增强质量控制意识，使相关人员满足所从事的质量控制工作的能力要求。

建设单位管理人员应通过以下几方面的培训：

①质量意识教育；

②充分理解和掌握质量方针和目标；

③质量管理体系有关方面的内容；

④质量保持和持续改进意识。

可以通过面试、笔试、实际操作等方式检查培训的有效性。还应保留培训人员的教育、培训及技能认可的记录。

10.3　工程施工阶段质量控制

10.3.1　工程质量管理与措施

10.3.1.1　工程质量控制管理

工程质量是国家现行的有关法律、法规、技术标准、设计文件及工程合同中对工程的安全、使用、经济、美观等特性的综合要求。

工程过程中质量一般有控制三要素：

①工程项目是否落实四制：项目法人制、工程监理制、合同管理制和质量监督制。

②工程项目质量评价标准和管理制度：土建质量验评标准，安装质量验评标准、设备材料等各专用通用质量验评标准。

③质量系统控制过程：明确建设单位、勘查、设计单位、施工单位、工程监理单位、建设行政主管部门等的责任与义务。具体的控制过程流程如图10.2～图10.4所示。

10.3.1.2　工程质量控制措施

工程质量的控制主要围绕施工技术质量、施工操作质量和施工材料质量三大方面展开。

这三个方面环环相扣，相互影响并最终影响工程质量，必须加以重视，采取必要措施，严控工程质量。

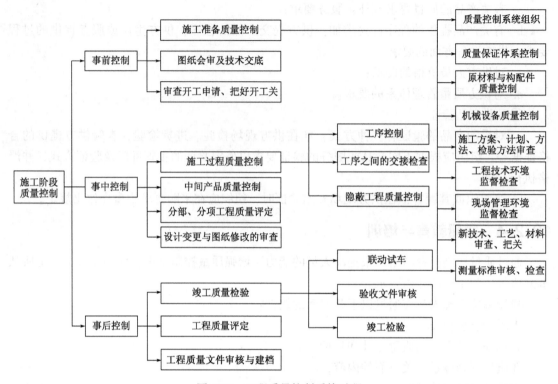

图 10.2　工程质量控制系统过程

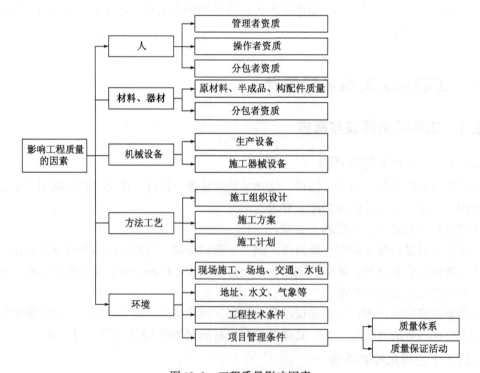

图 10.3　工程质量影响因素

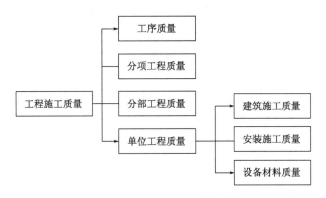

图 10.4　工程质量程序控制

（1）施工技术质量保证措施

①施工过程中需对施工图纸进行深入了解，提出图纸中的问题、难点、错误，并在图纸会审及技术交底时予以解决。

②对质量难以控制的施工部位或新的施工工艺进行深入研究，并编制相应的作业指导书或施工方案用以指导施工。

③采用三级交底模式：第一级为项目技术负责人，对工程的施工流程安排、质量要求及主要施工工艺向项目人员进行交底；第二级为施工工长向施工班组进行各项专业工种的技术交底；第三级由班组向工人交底。交底必须有记录。

（2）施工操作质量保证措施

①施工操作人员是工程质量的直接责任者，施工人员的水平能力至关重要。每个施工人员均要达到一定的技术等级，尤其是特殊工种工人要有技术等级证书，随时对进场劳动力进行考核，坚决调离不合格者。

②施工人员须持上岗证。加强质量意识教育，提高施工人员质量控制意识，在质量控制上提高自觉性。

③施工管理人员应随时对操作人员的工作进行检查，在现场为他们解决施工难点，指导施工，对不合格的立即整改。在施工中各工序要坚持自检、互检、交接检的"三检制"。

（3）施工材料质量保证措施

①对于材料进场，其供应商及厂家必须是本年度核定后的合格供应商；新建立的供应商，应按公司要求对其进行资质、能力、信誉等方面核考，并对相应资料存档。

②要求供货商随货提供产品合格证、质保书，同时按国家规定对应复检的材料进行复检，合格后方能用于工程施工。

③所有进场材料必须分类堆码整齐，并挂好标识牌，以免错用。不合格或未检材料应标识清楚，不合格材料应及时清除出场。工程施工中不使用未检材料和不合格材料，对大宗材料工程中用于隐蔽工程时必须由责任人做好各批跟踪记录。对采购的原材料、构配件、半成品等均要建立完善的验收及送检制度，杜绝不合格材料进入施工现场。

10.3.2　土建工程施工要点及质量控制

渗滤液土建工程包括土方工程、钢筋工程、模板工程、混凝土工程、砌体工程、装饰工程、消防工程及门窗工程等。渗滤液处理系统构筑物主要有调节池、事故池、初沉池、废液中转池、污泥储池、好氧池、厌氧池等，此类构筑物在设计过程要考虑成本及后期安装管道支架的便利性等因素，因此，会有池体之间共壁、辅房与池体共壁的情况。

渗滤液池体全部或部分埋藏于地下。若池体结构存在裂缝、孔洞等质量缺陷，工程运营后将造成渗滤液泄漏，影响结构安全性和耐久性；并且，池间渗滤液存在的液压差，也使得缺陷的池体难以得到处理。因此，池体结构的防渗是保证施工质量的重中之重。

池体渗漏的形式表现为点、线、面。点的渗漏主要表现为模板加固拉杆位置的渗漏，原因是在混凝浇注或凝固的过程中，拉杆受外力的影响而松动，或者拉杆上的止水钢片焊接不密实，水在压力作用下沿着拉杆渗出。线的渗漏主要是在裂缝、伸缩缝、施工缝等位置发生渗漏，裂缝处发生渗漏主要是因为混凝土中掺入的膨胀剂过少，或者养护不充分；伸缩缝处的渗漏则主要是因为橡胶止水带的搭接不合理，或者止水带强度达不到设计要求，因热胀冷缩作用，导致止水带容易拉断，造成渗漏；施工缝处的渗漏的主要是因为膨胀止水条安装不合理，膨胀系数达不到设计要求，或者在施工过程中没有做好提前膨胀工序，致使止水条与混凝土粘结不紧密。面的渗漏主要因为混凝土出现了蜂窝、麻面现象，导致预埋套管孔洞处出现空洞，从而出现渗漏现象，这主要是由于在混凝土浇筑过程中，振捣工序没有完成好，或者原材料和易性达不到设计要求。池体一旦发生了渗漏，就会给工程造成重大影响，导致施工成本大幅度增加，而且很难从根本上完成修复。

由于多数构筑物为钢筋混凝土池体，下面重点介绍和池体有关的模板工程、钢筋工程及砼工程。变形缝的工程实拍图如图10.5所示。

图10.5　池体变形缝及止水带

10.3.2.1　模板工程

（1）施工要点

如图10.6所示，池体模板应采用预埋式对拉螺杆加固，拉杆应有不小于60mm×60mm的止水钢片，呈垂直布置，焊缝饱满。池壁混凝土浇筑72h后拆除模板，防渗混凝土则需要更长时间。在模板拆除前，先将模板的对拉螺杆切割，拆除时不能强行撬动模板，拆除后再进行第二次切割，切割后将螺杆进行防腐处理，防止螺杆锈蚀。模板内预埋构件准确，防止二次凿开进行修补，以保证施工质量。橡胶止水带用夹板固定，每隔4～5m设置一个夹板，严禁支模时在止水带上穿洞用铁丝固定，保证施工中止水带不移动，并且止水带为一条完整的，严禁采用冷搭接，以保证施工质量。施工缝的处理按设计要求进行处置，膨胀止水条或者止水钢片按要求埋设，封模前清理干净施工缝处的渣滓，并且做好防水措施，以免支模时下雨，造成膨胀止水条提前膨胀，影响施工质量。

模板拼缝处理（见图10.7）。由于模板反复使用，会产生变形，导致模板接缝存在一定空隙。浇筑混凝土时会出现漏浆现象，导致石子外漏，严重时会出现混凝土烂根情况。采用担条、双面胶、木塞等相结合的措施，挤压模板与混凝土面之间的空隙，效果比较明显。

模板内预埋套管处理（见图10.8）。渗滤液工程包含水泵类设备安装工程，一般情况下，水泵进出口管道都会从池壁穿过。因此穿墙预埋套管的处理也是至关重要，如预埋套管处理比较草率，很容易在套管与池壁的搭接位置产生渗透，形成严重的质量隐患。

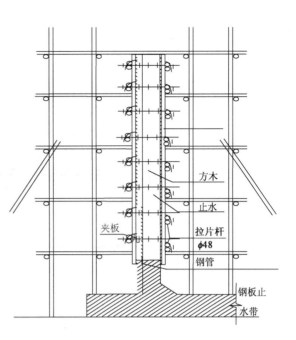

图 10.6 模板支撑内部止水对拉螺栓

图 10.7 模板拼缝处理

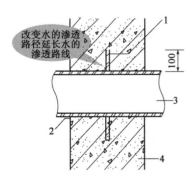

图 10.8 池壁预埋套管

池壁穿墙套管也属于穿墙构件，防水形式分刚性和柔性两种。参考图集02S404。其中在渗滤液工程中常见的套管为刚性预埋套管。一般刚性的内侧填充石棉水泥或堵漏剂，外侧焊接止水环，以达到良好的防漏效果。具体见图10.9。

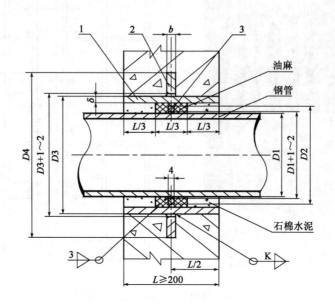

图10.9　池壁预埋套管图解及尺寸参照
1—钢制套管；2—翼环；3—挡圈

（2）质量控制

池体工程质量控制非常重要，要特别重视池体的防漏处理。在施工过程中主要关注以下几个方面：

①模板安装必须要有足够的强度、刚度和稳定性，拼缝严密，模板最大拼缝宽度应控制在1.5mm以内。

②为了提高工效，保证质量，模板重复使用时应编号定位，清理干净模板上砂浆，刷隔离剂，使砼达到不掉角、不脱皮、表面光洁。

③精心处理墙、柱、梁、板交接处的模板拼装，做到稳定、牢固、不漏浆。

④固定在模板上的预埋件和预留孔洞均不得遗漏，安装必须牢固，位置准确，其允许偏差均应控制在允许值内。

⑤对抗渗有要求的砼，模板必须在7d以后才能拆模。同时要了解砼的强度，必须通过同等条件下对试块进行压解试验。

（3）现浇结构模板安装的偏差规程

如表10.2所示，现浇结构模板安装的偏差，应符合《砼结构工程施工质量验收规范》GB 50204—2002 表10.1的规定。检查数量：在同一检验批内，对梁柱和独立基础，应抽查构件数量10%，且不小于3件；对墙和板，应按有代表性的自然间抽查10%，且不少于3间；对于大空间结构，墙可按相邻轴线间高度5m左右划分检查面，板可按纵、横轴线划分检查面，抽查10%，且不少于3面。

表10.1 预埋件和预留孔洞的允许偏差

项　目		允许偏差/mm	备　注
预埋钢板中心位置		3	
预埋管、预留孔中心位置		3	
插筋	中心位置	5	检查中心线位置时，应沿纵、横两个方向测量，并取其中较大值
	外露长度	+10，0	
预埋螺栓	中心位置	2	
	外露长度	+10，0	
预留孔洞	中心位置	10	
	尺　寸	+10，0	

表10.2 现浇结构模板安装的允许偏差和检验方法

项　目		允许偏差/mm	检查方法
轴线位置		5	钢尺检查
底模上表面标高		±5	水准仪或钢尺拉线检查
截面内部尺寸	基础	±10	钢尺检查
	柱、墙、梁	+4、−5	钢尺检查
层高垂直度	不大于5m	6	经纬仪或吊线、钢尺检查
	大于5m	8	经纬仪或吊线、钢尺检查
相邻两板表面高低差		2	钢尺检查
表面平整度		5	2m靠尺和塞尺检查

10.3.2.2　钢筋工程

（1）施工要点

在工程施工过程中需要关注多个方面，以保证工程质量，具体如下所示。

①钢筋施工前，必须准确测放轴线和构件控制边线，柱、墙板、梁边线弹放后，方可进行钢筋施工，以确保钢筋的保护层厚度，满足设计和施工质量验收规范的要求。钢筋保护层不足之处，安排专人进行处理。

②钢筋保护层控制：柱梁侧面钢筋选用塑料垫卡，垫于梁柱箍筋外侧；底板、楼板、梁底面采用砂浆垫块，强度应不低于 M15，面积不小于 40mm×40mm，制作砂浆垫块时可根据钢筋规格做成凹槽，使垫块和钢筋更好地联合在一起，保证不偏移和移位。在垫放梁柱垫块时，应垫于主筋处。当板面受力钢筋和分布钢筋均小于 10mm 时，应采用钢筋支架支撑钢筋，支架间距为 $\Phi6$ 分布筋≤500mm，$\Phi8$ 分布筋≤800mm，支架与受支承钢筋应绑扎牢固。当板面受力钢筋和分布钢筋均不小于 10mm 时，采用马凳作支架，纵横间距均≤800mm，并与受支承钢筋绑扎牢固。

③绑扎钢筋顺序应先扎柱、墙筋，再扎梁筋（先主梁后次梁），而后绑扎平板钢筋，在绑扎时，所有柱的箍筋，均只能从柱顶上部逐一套入，并注意箍筋开口倒角位置，应交错放置，并要有 135°、10d 的倒角，绑扎在四周纵向钢筋上，间距准确，成形箍筋要扎在主筋上。

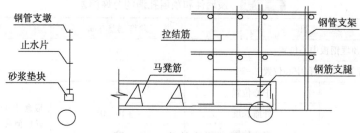

图 10.10　钢筋定位示意图

④柱插筋要加设定位箍筋（见图 10.10），并要与梁、板筋电焊固定，以保证钢筋不受砼浇灌影响而移位。同时插筋接头位置应错开 50%，满足规范要求，第一个高度要 $\geqslant H/6$、$\geqslant 750$、$\geqslant L_c$（搭接长度），第二个接头要高于第一个接头 35d 或至少 500mm，并离梁底不得少于 500mm。

⑤钢筋常见连接方式有机械连接、闪光对焊、搭接焊接及电渣压力焊四种方式（见图 10.11），其中电渣压力焊稳定性强，最为经济实用。采用电渣压力焊施工时，钢筋端头如有弯曲、斜面的应切除、切平，并清除铁锈污染部位。对焊钢筋的线肋垂直对接，特别是上、下钢筋的直径边缘一定要对齐、不错位。接头处焊接后的弯折不大于 2°，和钢筋垂线偏移不大于 0.1d，且不大于 2mm，焊接后的焊包应均匀，不得有缺口和开裂出现，钢筋表观不得有烧伤缺陷。达不到规定要求的应重新施焊。钢筋在配料时，其焊接损失长度应考虑在内，即增加 1.2d（30mm），焊接完成后，应逐个清除焊渣与表面检查，并按规定每层 300 个同类焊接头取一组（三根）试件，送检测中心，进行拉力强度测试，记录资料作为技术资料存档。

⑥板筋进梁锚固时，上层筋在跨中搭接，搭接长度 HPB235 级钢为 $\geqslant 30d$，HRB400 为 $\geqslant 52d$。

⑦梁上层钢筋接头，原则上应放在跨中，而且要求接头尽量隔跨设置；若无法达到上述要求时，则应满足两根钢筋接头间的最小净距离必须大于 L_c（搭接长度），底部钢筋应在支座处搭接，且应满足锚固长度 L_{ae} 的要求。

⑧相邻梁的钢筋能拉通的尽量拉通，以减少钢筋搭接和梁截面中钢筋过密，而影响砼浇灌密实度，梁箍筋接头应布置在二根架立筋上；板、次梁、主梁上下钢筋排列要严格按图纸和规范要求布排。

⑨墙体水平筋进暗柱时，既要满足锚固长度 L_{ae}，又要满足水平筋端部弯钩 10d。转角部位的水平筋严格按设计图构造节点要求施工，墙板钢筋施工时，为保证双排主筋间距，按图纸要求绑扎"S"拉箍，并按规定间距尺寸布设。

⑩每层结构竖向筋，在板面上要确保位置准确无偏差，该工作需现场施工员协同复核，如个别确有偏位或弯曲时，应及时在本层楼板面上校正偏差位，确保钢筋垂直度。确保竖向钢筋不偏位，应在每层楼面上的竖向筋应扎不少于三只箍筋，而最下只箍筋应与板面梁筋点焊焊牢固定，对于墙板插筋，应在板面上 500mm 高范围内，扎好不少于三道水平筋，并扎好"S"钩撑铁。

⑪主、次梁筋交叉施工时，一般情况下次梁钢筋均搁置在主筋钢筋上，为避免主次梁相互交错时，此部节点偏高，造成楼板偏厚不平，中间梁部分部位采取次梁主筋穿于主梁主筋内侧，上述钢筋施工时，总体确保钢筋相叠处不得超过设计高度。遇到复杂情况时，需请业主、设计、监理到现场解决。

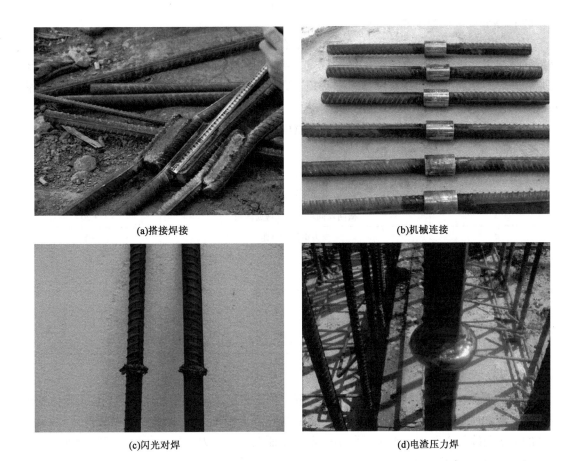

(a)搭接焊接

(b)机械连接

(c)闪光对焊

(d)电渣压力焊

图 10.11　常见 4 种钢筋连接方式

⑫梁主筋和箍筋接触点全部用扎丝绑扎牢固，楼板双向受力钢筋的相互交点必须点扎扎牢，上述非双向配置的钢筋相交点，除靠近外围两排的钢筋相交点满扎外，中间可按梅花形交错绑扎牢固。

⑬梁和柱的钢筋应与受力箍筋垂直设置，箍筋弯钩重叠处，沿受力钢筋方向错开设置（梁箍弯钩设置在上部受力筋左右交错处，柱箍转圈设置），箍筋弯钩必须为135°，且弯钩平直段长度应满足 10d。

⑭抗震要求，受拉区域内，HPB235 级筋绑扎接头的末端做成弯钩，HRB400 级钢筋可不做弯钩，接头不得设置在构件最大弯矩处。

⑮钢筋的绑扎搭接及锚固长度按规范要求操作外，尚需满足抗震设计规范要求，绑扎时如遇预留孔洞、预埋件，管道位置须割断妨碍的钢筋，应按图纸要求增加加强筋，必要时会同有关人员进行协商，研究解决，严禁任意拆、移、割。

⑯钢筋绑扎施工时，梁可先在单边支模后，再按顺序扎筋；钢筋绑扎完成后，由班长填写自检表，请质检员验收，质量员应严格细致认真验收，通过后报请监理验收，验收合格后再封模，并在封模前清理垃圾。每层结构竖向、平面的钢筋、拉结筋、埋件、防雷接地全部到位后，由监理验收通过后，质量资料员填写隐蔽工程验收单，由监理签证后，才转入下一道工序。

⑰浇灌砼时，应派专人看护，随时随地对钢筋进行纠偏，保证上、下层钢筋间距。

（2）钢筋安装质量要求

钢筋的绑扎和安装，应按设计图纸和规范有关规定进行。钢筋的安装位置、间距及各部分钢筋规格尺寸等均应符合设计图纸的规定。绑扎和焊接的钢筋骨架、网等，不得有变形、松脱和开焊；钢筋的砼保护层厚度，除必须遵守上表偏差外，另应符合施工图纸的规定；钢筋位置的允许偏差应符合表10.3规定。

表 10.3　钢筋位置的允许偏差

序　号	项　　目		允许偏差/mm
1	受力钢筋间距		±10
2	钢筋弯起点位置		20
3	横向筋间距、绑扎箍筋间距		±20
4	受力钢筋的排距		±5
5	预埋件	中心线位置	5
		水平高差	+3
6	受力钢筋保护层厚度	基础	±10
		柱、梁	±5
		板、墙、壳	±3

10.3.2.3　砼工程

混凝土工程是池体构筑物的最后一道工程，该工程施工的好坏直接决定了整个池体的外观形象及池体质量性能的优劣。施工前一定要检查好之前的钢筋及模板工程是否完善到位，具体的浇筑路线是否明确；施工过程中一定要保证人力、物力充足，各项方案的合理可行。

（1）泵送砼施工要点

①泵送前，应先开机用水润湿整个管路，然后送入水泥浆，使输送管壁处于充分滑润状态。泵送开始时，注意观察砼的液压表和各部位工作状态泵送应连续进行，当发生供应脱节不能连续泵送时，泵机不能停止工作，应每隔4~5min使泵正、反转两个冲程，把料从管道内抽回重新拌和，再泵入管道，以免管道内拌和料结块或沉淀，同时开动料斗中的搅拌器，搅拌3~4转，防止砼离析。当泵送停歇超过45min或砼离析时，应立即用压力排除管道内的砼，经清洗干净后重新泵送。

②在泵送砼时，应使料斗内持续保持一定量的砼（20cm厚以上），以免吸入空气，使转换开关阀间造成砼逆流形成堵塞。

在泵送时，每2h换一次水洗槽，并检查泵缸的行程，发现有变化及时调整，泵送时，应随时观察泵送效果，若喷出砼像一根柔软的柱子，直径微微放粗，石子不露出，更不散开，说明达效果很好；若出一半就散开，说明和易性不好，喷到地面时砂浆飞溅严重，说明坍落度应再小些。

③泵送结束后，要及时进行管道清洗，清洗可采用水洗或气洗，也就是分别用压力水或压缩空气推送海绵球或塑料球进行。

④砼浇灌时按每次下料高度控制在600mm左右，做到边下料边振捣，每台砼泵车浇筑面不少于2个振动棒进行振动操作；砼浇灌必须连续进行，中途操作者、管理人员轮流用餐、休息。

⑤砼表面处理做到"三压、三平"：a. 首先按面标高用铁锹摊铺压实，长刮尺刮平；

b. 其次在初凝前用磨光机械带磨带压，磨压 2 ~ 3min；c. 砼在终凝前，用磨光机再次磨压至收光整平，也可用人工木蟹打磨压实、整平，防止砼出现收水裂缝。

（2）砼的浇筑施工要点

①浇灌砼捣固时，应分批灌入模内，深度控制在 600mm 以内，并用振动机械进行振捣，机械应有足够的数量，以满足浇灌速度和浇灌质量的要求。控制振动时间以取得良好的效果而不发生分层离析现象为度。在前一批砼未振捣之前，不得在上面加新的砼。某些特殊部位，如水平、垂直施工缝，模板附近的砼振捣，应仔细谨慎，以保证模板和埋设件不受损伤，且砼中部出现任何空隙。在这些砼中过大的骨料，应人工予以剔除，以防产生渗、漏通道。

②振动器的操作应做到"快插慢拔"，快插是为了防止上部被振实而下部砼发生离析现象，慢拔是为了砼能填满振动棒拔出而形成的空间，并消除砼内的气泡。

③砼在分层浇灌时，在振动上层时应插入下部砼 50mm 左右，以清除两层中的接缝，同时在振动上层砼时，应掌握在下层砼的初凝前。

④每一插点要掌握好时间，过短不易振实，过长可能引起砼泌水产生离析现象，一般以砼表面不出现气泡，不再明显下沉，表面泛出灰浆为准。

⑤振动插点要均匀，交错状排列，顺序移动，避免造成混乱而漏振，每次移动距离不大于 500mm，并不准棒随意撬动钢筋、模板和埋设件等，防止钢筋、模板位移变形和埋设件脱落位移。

⑥楼面砼浇灌时，应铺设架空走道板，禁止人直接在钢筋踩，防止钢筋变形位移。

⑦砼试块制作养护工作，试块应在现场浇捣地制作，试块成型 24h 后拆模，一组放现场同条件养护作为拆模强度试块，另一组送标养室进行养护，以便测定设计龄期强度的数据。

⑧为确保砼浇灌工作顺利进行，避免出现意外情况，必须注意：a. 确保现场用电、用水；b. 如因特殊情况停止浇灌时，施工缝留设必须在梁、板跨 1/3 处，并增加强筋；c. 砼在浇灌时，严格控制砼到现场浇灌前的坍落度，不合格的不得进入泵车料斗。

（3）施工缝的表面处理（见图 10.12）

施工缝是指在混凝土浇筑过程中，因设计要求或施工需要分段浇筑，而在先、后浇筑的混凝土之间所形成的接缝。施工缝并不是一种真实存在的"缝"，只是因先浇筑混凝土超过初凝时间，而与后浇筑的混凝土之间存在一个结合面。

①一般规定。施工缝有两种，即水平施工缝和垂直施工缝。在施工缝上需浇灌砼时，应保证表面清洁、润湿，为了与下一浇灌层砼有良好的结合，根据已浇灌砼的硬化程度，采用凿毛、冲毛或刷毛等方法，以及清除老砼表面的水泥浆薄膜和松弱层，使浇灌层砼结合更好。

②表面准备。表面凿毛处理一定要做到表面干净无浮灰，无松动的骨料，不得再经污染，已暴露的粗骨料可不予清理，但必须是不松动的，然后以清水冲洗湿润，确保无积水即可浇灌带缝内砼。如若处理后未及时浇砼的，应在浇灌前重新清洗，并采取接浆处理。待润湿后的表面抹厚 10mm 左右的与砼相同水泥或同标号的水泥砂浆，垂直缝应刷一层净水泥浆，其水灰比应较砂减少 0.03 ~ 0.05（3% ~ 5%），只有砼抗压强度在不小于 $1.2N/mm^2$ 后，方可进行上层砼的准备工作。

③清除废物的弃置。砼表面冲洗、清理产生的污水，其处理的方法以不污染建筑物表面和不影响建筑物表面美观为度。

图 10.12　施工缝的表面处理

（4）质量控制措施

砼工程的质量控制措施相对较为复杂。模板和隐蔽工程安装过程以及浇筑过程需要特别注意，以保证砼工程的施工质量，防止浇筑完成后出现质量问题，影响混凝土结构性能、防渗性能，以及其他方面等。可以采用如下的措施来严格控制砼工程质量。

①施工前必须落实机具、人员和商品砼的组织准备工作，现场所有机具应在施工前检查维修完毕，并应试运转，维修人员应在施工中跟班维护。

②模板和钢筋的隐蔽工程项目，应分别予以监理验收和隐蔽验收，质量合格后，由项目部申报砼浇灌令和各工种砼浇灌会签单，在未批准浇灌令前，不得进行砼浇灌。

③在砼浇灌工序中，应控制砼的均匀性和密实性，砼运至现场应立即浇灌入模，如发现砼均匀性和稠度有较大变化时，应及时制订合理的技术措施加以处理。

④浇灌时，应注意防止砼的分层离析。砼由料斗、输送管内卸出进行浇灌时，其自由倾落高度一般不高于 2 m，在竖向结构中，浇灌砼的高度，一般不宜高于 2 m，否则应采用串筒、斜躺槽等下料。

⑤浇灌时，应经常观察模板、支架、钢筋、埋件和预留孔洞的情况，当发现有变形、移位时，应立即停止浇灌，并应在已浇灌的砼凝结前修整好。

⑥浇灌楼板砼时，应配备瓦工进行找平工作，即：先用括尺括平已振实的砼表面，并用铁板拍紧压平后，然而用磨光机进而碾压磨光，最后用木蟹磨平搓毛。

⑦砼浇捣过程中，严格按规定分批做坍落度试验，坍落度不能满足规范要求时，应及时通知砼厂方调整配比，并按规定做好试块的成型工作。

⑧砼在浇灌及静置过程中，应防止产生裂纹，由于砼的沉降和干收缩，产生的非结构性表面裂纹应在砼终凝前进行修整。在浇灌与柱、墙连成整体的梁、板时应提前浇灌 1～1.5 h，使已浇灌砼获得初步沉实后，再继续浇灌，以防接缝处出现接蹉裂纹。

（5）砼的养护

砼养护需要注意以下几个方面：砼浇灌完成后 12h 内对砼进行覆盖保湿养护；砼的浇水养护，对于普通硅酸盐水泥配制的砼，不得少于 7d，对于有抗渗要求的砼，不得少于 14d；浇水次数应根据砼表面保持润湿状态即可，养护水与拌制水相同；采用塑料薄膜覆盖的养护砼，其敞露的全部表面应覆盖严密，保持塑料薄膜内有凝结水；砼强度未达到 1.2N/mm²，不得在其上踩踏或安装模板和支架，并应注意以下事项：当气温低于 5℃时，不得浇水；当采用不同品种水泥时，砼的养护时间应根据所用水泥的性能来确定。

（6）现浇砼构件外观质量缺陷规定

①常见现浇结构外观质量缺陷总结（见表10.4）

表10.4 现浇结构外观质量缺陷

名称	现象	严重缺陷	一般缺陷
露筋	构件内钢筋未被混凝土包裹而外露	纵向钢筋有露筋	其他钢筋有少量露筋
蜂窝	混凝土表面缺少水泥砂浆而形成石子外露	构件主要受力部位有蜂窝	其他部位有少量蜂窝
孔洞	混凝土中孔穴深度和长度均超过保护层厚度	构件主要受力部位有孔洞	其他部位有少量孔洞
夹渣	混凝土中夹有杂物且深度超过保护层	构件主要受力部位有夹渣	其他部位有少量夹渣
疏松	混凝土中局部不密实	构件主要受力部位有疏松	其他部位有少量疏松
裂缝	缝隙从混凝土表面延伸至混凝土内部	构件主要受力部位有影响结构性能或使用功能的裂缝	其他部位有少量不影响结构性能或使用功能的裂缝
连接部位缺陷	构件连接处混凝土缺陷及连接钢筋、连接件松动	连接部位有影响结构传力性能的缺陷	连接部位有基本不影响结构传力性能的缺陷
外形缺陷	缺棱掉角、棱角不直、翘曲不平、飞边凸肋等	清水混凝土构件有影响使用功能或装饰效果的外形缺陷	其他混凝土构件有不响使用功能的外形缺陷
外表缺陷	构件表面麻面、掉皮、起砂、沾污等	具有重要装饰效果的清水混凝土有外表缺陷	其他混凝土构件有不影响使用功能的外表缺陷

②现浇结构拆模后，应由监理（建设）单位、施工单位对外观质量和尺寸偏差进行检查，作出记录，并应及时按施工技术方案对缺陷进行处理。

③现浇结构拆模后的尺寸偏差应符合混凝土结构工程施工质量验收规范 GB 50204—2002 的规定，见表10.5。

表10.5 现浇结构尺寸允许偏差和检测方法

项目			允许偏差/mm	检验方法
轴线位置	基础		15	钢尺检查
	独立基础		10	
	墙、柱、梁		8	
	剪力墙		5	
垂直度	层高	≤5m	8	经纬仪或吊绳、钢尺检查
		>5m	10	经纬仪或吊绳、钢尺检查
	全高（H）		$H/1000$ 且 ≤30	经纬仪、钢尺检查
标高	层高		±10	水准仪或拉线、钢尺检查
	全高		±30	
截面尺寸			+8、−5	钢尺检查
表面平整度			8	2m靠尺和塞尺检查

项　　目		允许偏差/mm	检 验 方 法
预埋设施中心线位置	预埋件	10	钢尺检查
	预埋螺栓	5	
	预埋管	5	
预留洞口中心线位置		15	钢尺检查

10.3.2.4　池体满水试验

池体满水试验的施工工艺：试水前准备工作→清扫池内杂物→接通水源→注水→设水位观测标尺、水位测针→水池沉降测→水位沉降及蒸发量测定→记录、填表。

水池满水时池体结构混凝土的抗压强度、抗渗标号应达到设计强度要求。

（1）试水前准备工作

试水前的准备工作主要包括以下几个方面：对池体结构进行全面检查；封堵临时管口；清扫池内杂物；注水水源应采用清水，并做好注水和排空管路系统的准备工作；设置水位观测标尺、标定水池最高水位，安装水位测针；准备现场测定蒸发量的设备；对沉降要求的水池，应事先布置观测点，测量记录水池各观点的初始高程值。

（2）注水

向池内注水分三次进行，每次注入深度 1/3，然后进行沉降观测，当平均沉降速率小于 5mm/d，方可进行下一级的充水。注水上升速度 1 m/d，相邻两次充水的时间间隔不少于 24h。

（3）水位观测

注水时的水位用水位标尺固定在池壁上，初读数在注水到设计标高 24h 以后读取，终读数与初读数时间间隔 24h 以上。

（4）渗水量计算

蒸发量按《给水排水构筑物施工及验收规范》（GBJ 141—2008）中规定的方法进行测定。

水池渗水量计算如下：

$$q = A_1/A_2 \left[(E_1 - E_2) - (e_1 - e_2) \right]$$

式中　q——渗水量，L/（$m^2 \cdot d$）；

A_1——水池的水面面积，m^2；

A_2——水池的浸湿总面积，m^2；

E_1——水池中水位测针的初读数，即初读数，mm；

E_2——测读 E_1 后 24h 水池中水位测针末的读数，即末读数，mm；

e_1——测读 E_1 时水箱中水位测针的读数，mm；

e_2——测读 E_2 时水箱中水位测针的读数，mm。

（5）满水试验标准

水池施工完毕必须进行满水试验。在试验中，应进行外观检查，不得有漏水现象。水池渗水量按池壁（不包括内隔墙）和池底的浸湿面积为基础进行计算，钢筋混凝土水池不得超过 2L/（$m^2 \cdot d$）。试水合格后即可进行池外回填土及安装工程施工。

在满水试验合格后，构筑物四周的基坑才允许土方回填，回填料必须符合规定的要求，按有关规定进行检验、试验。回填施工前，做好标准击实试验，进行试验路段的施工，通过试验路段的施工确定压实设备的类型、最佳组合方式、最佳含水量、碾压遍数及碾压速度、每层材料的松铺厚度、整平方法等。

10.3.3 安装工程施工要点及质量控制

渗滤液安装工程主要包括设备安装、管道安装及电气安装等。渗滤液系统常见的设备有水泵、搅拌机、风机、曝气设备、起重机及污泥脱水机等。常见的管道有不锈钢管、碳素钢管、塑料管及玻璃钢管等。常见的电气设备有动力柜、控制系统柜及各种仪表。仪表主要包括液位计、压力传感器、流量计、溶氧仪、温度计、pH 计、电导率仪及各类危险气体报警仪表等。渗滤液的安装工程涉及面广，在安装过程中，对工程管理及施工人员的能力要求也相对较高。安装施工水平直接影响项目外观形象，各种工艺设备及管道的使用性能，其对整个渗滤液工程是否达到预期设计目的有着至关重要的作用。下面将重点介绍渗滤液设备及管道方面的安装要点和质量控制方法。

10.3.3.1 设备安装前的质量控制

（1）设备采购的质量控制

要保证设备的安装质量，首先设备本身的质量必须过关。为了保证工程设备的质量及渗滤液处理工程的整体质量，建设单位应通过招标的方式对工程设备进行采购。由于建设单位专业性质的限制，一般情况下，可以根据建设领域相关规定，采用招标方式委托项目管理公司对工程质量、进度及投资进行全过程监督管理。有时为了更加便捷、快速的供货，会对进口设备和国产设备单独招标，涉及专业性较强的处理单元，如：生化曝气池的曝气系统、深度处理系统的膜组件及进口水泵等，还会有针对性地选择专业性较强、施工经验丰富的施工单位来进行施工。

（2）设备开箱的质量控制

工程设备抵达后需要与交货清单对照，详细核对设备、零部件及标准紧固件的具体数量，认真清查零部件是否遗失、有无磕碰与损坏、外观是否正常以及密封件的完整度、铭牌上的标注的规格和尺寸能否满足设计图纸的基本要求，并将易丢失的小件物品单独入库保管，必要的情况下，可以对密封件进行详细核实，不达标设备和部件一律不能进入现场。对土建基础细致检查，确保基础外观无裂纹、蜂窝、空洞、露筋等质量问题。此外，土建基础部分还需有对应的质量合格证明书以及相关数据记录。基础部分需有明显的标高基准线和基础的纵横中心线，相关部位的尺寸需经过测量和复测检查，以确保数据的准确性，偏差数据需满足行业规定的标准。为保证进场设备的质量，需要建设单位专业负责人、供货商代表、监理工程师、施工单位负责人员共同检查确认。

（3）设备安装前成品保护

为保证施工质量需要注意多个方面的问题，成品保护是其中的一个着重要环节。在工程建设施工时，要对施工工序进行合理安排，尽最大限度地减少或者避免成品受到污染和损坏。工程竣工后，要把端口封锁好，防止杂物进入；设备安装完后，要对机体进行包扎，以免受到损坏；进行刷漆时，把设备、地面以及其它成品封盖处理，并定期检查成品保护工作，防止被污染。

10.3.3.2 设备安装通用流程

渗滤液系统内的设备分为静设备和转动类设备，设备在安装流程上有一定的共同点。常见的设备安装流程见图 10.13。

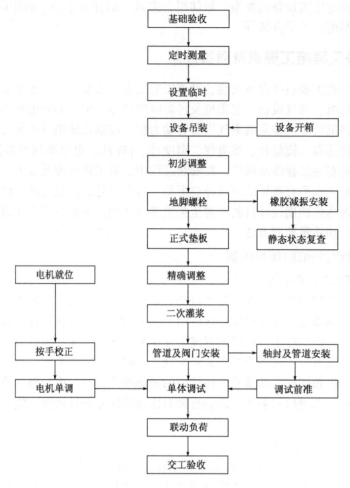

图 10.13　设备安装流程图

（1）技术准备

满足国家规定的相应标准。具体来说主要分为以下几个方面：①设备图、安装基础图、工艺流程图、产品使用说明书；②土建相关的图纸；③国家规定的施工规范及标准；④施工平面布置图。

（2）设备基础

①基础的检验。基础检验需要注意以下几点：基础重心与设备重心应在同一铅垂线上，其允许偏移不得超过基础中心至基础边缘水平距离的 3%～5%；基础标高、位置和尺寸，必须符合生产工艺要求和技术条件；同一基础应在同一标高线上，但设备基础不得与任何构筑物基础相连，而且要保持一定的间距；基础的平面尺寸应按设备的底座轮廓尺寸而定，底座边缘至基础侧面的水平距离应不小于 100mm；设备安装在混凝土基础上，当其静荷载 $P \geqslant$ 100N/m² 时，混凝土基础内要放两层由直径 10mm 的钢筋以 15cm 方格编成的钢筋网加固，上层钢筋网低于基础表面不应小于 5cm，其上下层钢筋网的总厚度不应小于 20cm；凡精度较高，且不能承受外来的动力，或本身振动大的设备，必须敷设防振层，以减小振动的振幅，并防止其传播；有可能遭受化学液体或侵蚀性水分影响的基础，应设置防护面层。

②基础的验收。基础的验收需要注意以下几个方面：所有基础表面的模板、地脚螺栓固定架及露出基础外的钢筋等都要拆除；杂物（碎砖、脱落的混凝土块等）、脏物和水要全部清除干净，地脚螺栓孔壁的残留木壳应全部拆除；对基础进行外观检查，不得有裂纹、蜂窝、空洞、露筋等缺陷；按设计图样的要求，检查所有预埋件（包括地脚螺栓）的正确性；根据设计尺寸的要求，检查基础各部尺寸是否与设计要求相符合，如有偏差，不得超过允许偏差，具体的偏差要求见表10.6。

表10.6 设备基础尺寸和位置的质量要求

序号	项　目	允许偏差/mm
1	基础坐标位置（纵、横轴线）	±20
2	基础各不同平面的标高	0，−20
3	基础上平面外形尺寸	±20
	凸台上平面外形尺寸	−20
	凹穴尺寸	+20
4	基础上平面的水平度（包括地坪上需安装设备的部分）	—
	每米	+5
	全长	+10
5	竖向偏差：	—
	每米	+5
	全高	+20
6	预埋地脚螺栓：	—
	标高（顶端）	+20，0
	中心距（在根部和顶部两处测量）	±20
7	预留地脚螺栓孔：	—
	中心位置	±10
	深度	+20，0
	孔壁的铅垂度	+20
8	预埋活动地脚螺栓锚板：	—
	标高	+10，0
	中心位置	±5
	水平度（带槽的锚板）	5
	水平度（带螺纹孔的锚板）	2

③基础偏差的处理。设备基础经过检查验收，如发现不符合要求的部分，应进行处理，使其达到设计要求。在一般情况下，经常出现的偏差有两种：一种是基础标高不符合设计要求，另一种是地脚螺栓位置偏移。而整个基础中心线和外形尺寸偏差过大的情况，则比较少见。

对基础偏差的处理，可采用如下方法：a. 当基础标高达不到要求时，需要进行处理，如基础过高，可用凿子铲低；过低时，可在原来的基础表面进行麻面后再补灌混凝土，或者用增加金属支架的方法来解决；b. 当基础偏差过大时，可改变地脚螺栓的位置，以调整基础的中心；c. 地脚螺栓的偏差方面，如果是一次灌浆，在偏差较小的情况下，可把螺栓用气焊枪烤红，矫正到正确位置；如偏差过大，对于较小的螺栓，可挖出重新预埋；对于较大的地脚螺栓，挖到一定深度后，将地脚螺栓割断，中间焊上一块钢板；d. 上述处理方法的实施，必要时，要征得设计、建设单位等的同意；e. 基础经过处理合格后，方可进行设备安装。

④设备基础的强度检查。对混凝土的质量检查，主要是检验其抗压强度，因为它是反映混凝土能否达到设计标号的决定因素。有特殊要求的机械设备，安装前应对基础进行强度测定。需要注意以下两类：a. 中、小型基础的强度测定通常可用钢球撞痕法，检测的方法，见图10.14。在被检测的基础上，放一张白纸，白纸下面垫上一张复写纸，将钢球举到一定高度（落距）时，让其自由下落到白纸上，然后测下白纸上留下撞痕直径的大小，查得撞痕直径

图10.14　钢球试验冲击法

与混凝土的强度值的关系。b. 大型设备基础的强度测定在设备安装前，应对基础进行预压试验，加压的重量为设备重量的1.25~1.5倍，时间为3~5d。预压物可用钢材、砂子、石子等。预压物应均匀地放在基础上，以保证基础均匀下沉。在预压期间要经常观察下沉情况。预压工作应进行到基础不再继续下沉为止。

（3）地脚螺栓

①地脚螺栓分类。地脚螺栓可分为死地脚螺栓和活地脚螺栓两大类。死地脚螺栓又称为短地脚螺栓，它往往与基础浇灌在一起。主要用来固定工作时没有强烈振动和冲击的中、小型设备。常用的死地脚螺栓，头部做成开叉式和带钩的形状。带钩地脚螺栓有时在钩孔中穿上一根横杆，以防止地脚螺栓旋转或拔出。通常民用及工业设备安装用的都是死地脚螺栓；活地脚螺栓又称长地脚螺栓，是一种可拆卸地脚螺栓。它主要用来固定工作时有强烈振动和冲击的重型设备。它的形状可分为两种；一种是两端都带有螺纹及螺母；一种是锤形（T字形）。活地脚螺栓要和锚板一起使用。锚板可用钢板焊接或铸造成形，它中间带有一个矩形孔或圆孔，供穿螺栓之用。

②地脚螺栓选用。地脚螺栓、螺母和垫圈，一般与设备成套供货，它应符合设计和设备安装说明书的规定。如无规定可参照下列原则选用：地脚螺栓的直径应小于设备底座上地脚螺栓孔直径，其关系按表10.7选用；每一个地脚螺栓，应根据标准配一个垫圈和一个螺母，对振动较大的设备，应加锁紧螺母或双螺母。地脚螺栓的长度应按施工图规定，如无规定时，可按如下所示公式确定：

$$L = 15D + S + （5 - 10） \text{mm}$$

式中　L——地脚螺栓的长度，mm；

　　　D——地脚螺栓的直径，mm；

　　　S——垫铁高度、机座和螺母厚度以及预留余量（2~3牙）的总和，mm。

表10.7　地脚螺栓直径与设备底座上孔径的关系　　　　　　　　　　　mm

孔径	12~13	13~17	17~22	22~27	27~33	33~40	40~48	48~55	55~65
螺栓直径	1	1	1	2	2	3	3	4	4

③地脚螺栓的敷设。地脚螺栓在敷设前，应将地脚螺栓上的锈垢、油质清洗干净，但螺纹部分要涂上油脂，然后检查与螺母配合是否良好，敷设地脚螺栓的过程中，应防止杂物掉入螺栓孔内。

死地脚螺栓敷设方法主要包括：

（a）一次浇灌法。在浇灌基础时，预先把地脚螺栓埋入，与基础同时浇灌称为一次浇灌法。根据螺栓埋入深度不同，可分为全部预埋和部分预埋两种形式，见图10.15。在部分预埋时，螺栓上端留有一个长100mm×宽100mm×深（220～300）mm的方形调整孔，供调整之用。一次浇灌法的优点是减少模板工程，增加地脚螺栓的稳定性、坚固性和抗振性，其缺点是不便于调整。

采用一次浇灌法时，地脚螺栓要用地脚螺栓定位板来定位。制作地脚螺栓定位板，定位板孔径比地脚螺栓直径大0.5～1.0mm，规孔钻孔，钻孔误差不得大于0.5mm。定位板厚度不得小于8mm，剪切加工，保证定位板无变形。用地脚螺栓定位板固定好地脚螺栓后，在浇灌混凝土前，要对地脚螺栓的中心距、垂直度和标高进行测量和检查。地脚螺栓中心距允许偏差小于等于3～5mm、垂直度允许偏差小于等于$L/100$（L为地脚螺栓长度），标高的允许偏差小于等于5～10mm。

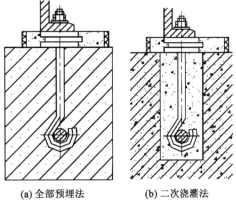

(a) 全部预埋法　　(b) 二次浇灌法

图10.15　基础浇灌法

（b）二次浇灌法。在浇灌基础时，预先在基础上做出地脚螺栓的预留孔，安装设备时穿上螺栓，然后用混凝土或水泥砂浆把地脚螺栓浇灌死，此法优点是便于安装时调整；缺点是不如一次浇灌法牢固。

在敷设二次浇灌地脚螺栓时，应注意其下端弯钩处不得碰底部，至少要留出100mm的间隙，螺栓到孔壁的各个侧面距离不能少于15mm，如间隙太小，灌浆时不易填满，混凝土内会出现孔洞等问题。如设备安装在地下室顶上的混凝土板或混凝土楼板上时，则地脚螺栓弯钩端应钩在钢筋上，如圆钢筋，应在弯钩端上穿一圆钢棒，见图10.16。

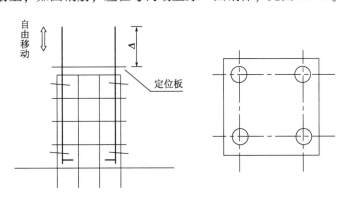

图10.16　地脚螺栓定位板（一）

④活地脚螺栓的敷设。在设备安装之前，先将锚板敷设好，要保持平正稳固。在安装活地脚螺栓时，在螺栓孔内，不要浇灌混凝土，以便于设备的调整或更换地脚螺栓。活地脚螺栓下端如果是螺纹的，安装时要拧紧，以免松动；下端是T字形的，在安装时，应在其上端打上方向标记，标记要与下端T字形头一致。这样当放在基础内时，便于了解它是否与锚板的长方孔成90°夹角。

⑤地脚螺栓安装。如图10.17所示，地脚螺栓安装时应垂直，其垂直度允许误差为$L/100$。

地脚螺栓如不垂直，必定会使螺栓的安装坐标产生误差，对后续设备安装造成一定的困难。同时由于螺栓不垂直，使其承载外力的能力降低，螺栓容易破坏或断裂。同时，水平分力的作用会使机座沿水平方向转动，因此，设备不易固定。有时已安装好的设备，很可能由于这种分力作用而改变位置，造成返工或质量事故。如果地脚螺栓安装铅垂度超过允许偏差，使螺栓在一定程度上承受额外的应力，使得螺栓更容易损坏。所以，地脚螺栓的铅垂度对设备安装的质量有很大影响。

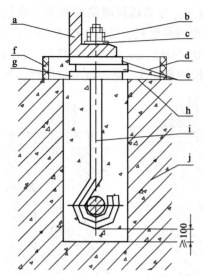

图 10.17　地脚螺栓定位板（二）

a—设备底座；b—螺母；c—垫圈；
d—灌浆层；e—斜垫铁；f—模板；
g—平垫铁；h—麻面；i—地脚螺栓；
j—基础

⑥地脚螺栓的检查及其问题处理。地脚螺栓埋设的好坏，直接影响设备安装的质量。有些设备对标高、位置的准确性要求很严，特别是自动化程度高的联动设备，要求更严。因此，在地脚螺栓埋设之后和设备安装之前，必须对其进行检查和矫正。当发生偏差且必须进行处理时，应根据设备的具体情况，采用不同的处理方法，一般常见的有以下几种处理方法：螺栓直径在 24～30mm 以下，中心线偏移 10mm 以内时，可先用氧乙炔焰把螺栓烤红，再用大锤将螺栓敲弯，或用千斤顶弯，也可以用螺栓钩矫正，见图 10.18，矫正后要用钢板焊牢加固。

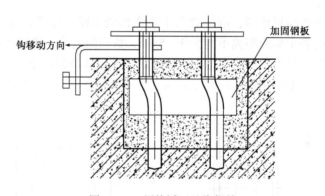

图 10.18　用钩矫正地脚螺栓

螺栓直径小于 30mm，中心线偏移 10～30mm 的，要用氧乙炔焰把螺栓烤红，再用大锤将螺栓敲弯后，用钢板焊牢加固，防止拧紧螺栓时复原，如图 10.19 所示。

若螺栓间距不对，则可按图 10.20 所示，将螺栓用氧乙炔焰烤红之后，用大锤将螺栓敲弯，在中间焊上钢板加固，在以后灌浆时把它灌死。

对于螺栓直径大于 30mm 发生较大偏差时，可按图 10.21 的方法处理。即螺栓切断之后，用一块钢板焊在螺栓中间。如螺栓强度不够，可在螺栓两侧焊上两块加固钢板，其长度不应小于螺栓直径的 3～4 倍。

地脚螺栓标高偏差的处理要注意以下几个方面：首先，螺栓过高时，须将高出部分割去再套螺纹，在套螺纹时，要防止油类滴到混凝土基础上腐蚀和影响基础的质量；螺栓偏低而偏差值不大时（在 15mm 以内），可用氧乙炔焰把螺栓烤红，然后把它拉长。拉长的方法是用两选垫板作支座，再在其上边架一块中间有孔的钢板套在地脚螺栓上，上面用螺母拧紧，借助拧紧螺母的力量而将螺栓烤红处拉长。螺栓直径拉细处，必须加焊 2 ~ 3 块钢板，作为加固之用。如设备已放在基础上搬动不便，在机座凸缘强度足够的情况下，就可以直接在底座上拧紧螺母，把螺栓拉长。当拧到适当长度后，必须将螺母松开，以免螺栓冷却后拉力过大，甚至压裂底座凸缘；如螺栓过低（低于其要求高度 15mm），不能用加热法拉长，可在螺栓周边挖一深坑，在距坑底约 100mm 处将螺栓切断，另焊一新制作的螺栓，标高要符合要求，然后再用圆钢加固。圆钢长度一般是螺栓直径的 4 ~ 5 倍。

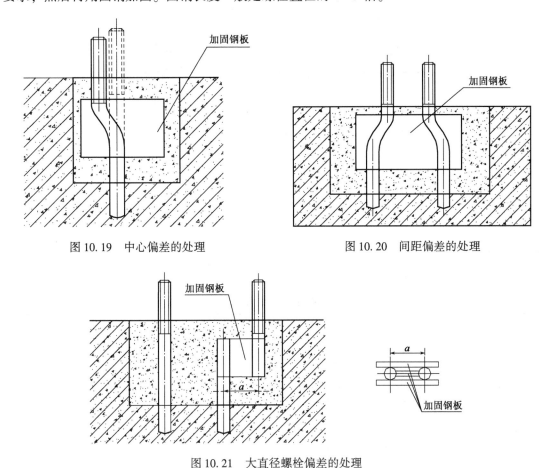

图 10.19　中心偏差的处理　　　　　　　　　　图 10.20　间距偏差的处理

图 10.21　大直径螺栓偏差的处理

⑦地脚螺栓在基础内松动的处理。在拧紧地脚螺栓时，可能将螺栓拔活，此时应先将螺栓调整到原位置，然后在螺栓上焊纵横两个 U 形钢筋，最后用水将坑清洗干净并灌浆，待凝固后再拧紧螺母。

⑧活地脚螺栓偏差的处理。活地脚螺栓偏差的处理方法，大致与固定地脚螺栓的方法相同，只是可以将地脚螺栓取出来处理。如螺栓过长，可在机床上切去一段再套螺纹；如螺栓过短，可用热锻法伸长；如位置不符，用弯曲法矫正。

（4）垫铁

①垫铁的种类、型式、规格及要求。垫铁的种类、型式很多，按垫铁的材料分为两种：一种是铸铁垫铁，它的厚度一般在 20mm 以上；另一种钢垫铁，它的厚度一般在 0.3 ~ 20mm 之间。按垫铁的形状，可分为六种：有平垫铁、斜垫铁、开口垫铁、开孔垫铁、钩头成对斜垫铁、调整垫铁等。各种垫铁的介绍如下所示。

a. 平垫铁和斜垫铁。平垫铁和斜垫铁的形式、规格，见图 10.22 和表 10.8、表 10.9。承受主要载荷或设备振动大、构造精密的设备应用成对斜垫铁，即把两块斜度相同而斜向相反的斜主铁贴合在一起使用，设备找平后用电焊焊牢。具有强烈振动或连续振动的设备，应使用平垫铁。

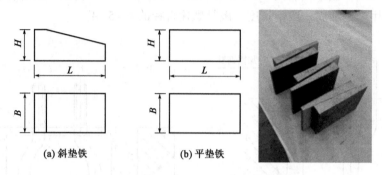

(a) 斜垫铁　　　　(b) 平垫铁

图 10.22　平垫铁和斜垫铁

表 10.8　平垫铁尺寸　　　　　　　　　　　　　　　　　　　　　　　　mm

编号	L	B	H	应 用 范 围
1	110	70	3，6，9，12，15，25，40	设备重量 5t 以下，20~35mm 直径的地脚螺栓
2	135	80	3，6，9，12，15，25，40	设备重量 5t 以上，35~50mm 直径的地脚螺栓

表 10.9　斜垫铁尺寸　　　　　　　　　　　　　　　　　　　　　　　　mm

编号	L	B	H	H_1	L_1	应 用 范 围
1	100	60	13	5	5	重量 5t 以下，20~35mm 直径的地脚螺栓
2	120	75	15	6	10	重量 5t 以上，35~50mm 直径的地脚螺栓

　　平垫铁和斜垫铁的平面，一般不需要加工，有特殊要求的设备，应进行加工，并且还要进行刮研。斜垫铁刮研时，要成对配研，两块垫铁的接触面积要达到 75% 以上，刮削配研后，还要放在标准平板上检查其平行度。

　　b. 开口型和开孔型垫铁。这种垫铁用于设备支座形式为安装在金属结构或地平面上，支承面积又较小的设备上。它的尺寸与普通平垫铁相同，其开孔的大小比地脚螺栓大 2~5mm，垫铁的宽度应根据设备的底脚尺寸而定，一般应与设备底脚宽度相等，如需焊接固定时，应比底脚宽度稍大些。垫铁长度应比设备长度长 20~40mm，厚度按实际需要而定。

　　②垫铁的敷设方法

　　(a) 标准垫法。如图 10.23 所示，这种垫法是将垫铁放在地脚螺栓的两侧。它是放置垫铁的基本作法，一般多采用这种垫法。

　　(b) 十字形垫法。见图 10.24，这种垫法适用于设备较小，地脚螺栓距离较近的情况。

　　(c) 筋底垫法。如设备底座下部有筋时，要把垫铁垫在筋底下面，以增强设备的稳定性。

　　(d) 辅助垫法。见图 10.25，地脚螺栓距离过大时，应在中间加一组辅助垫铁，这种垫法称为辅助垫法。

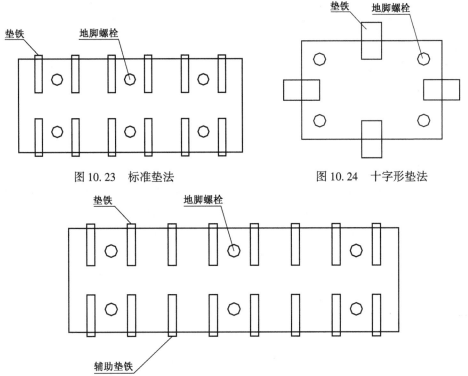

图 10.23　标准垫法　　　　图 10.24　十字形垫法

图 10.25　辅助垫法

③敷设垫铁时应注意以下事项。在基础上放垫铁的位置要铲平，使垫铁与基础全部接触，接触面积要均匀；垫铁应放在地脚螺栓的两侧，避免地脚螺栓拧紧时，引起机座变形；垫铁间一般允许间距为 70～100cm，过大时，中间应增加垫铁；垫铁应露出设备外边 20～30mm，以便于调整，而垫铁与螺栓边缘的距离可保持 50～150mm，便于螺孔内的灌浆；垫铁的高度一般在 30～100mm 之间，如过高会影响设备的稳定性，过低不便于二次灌浆的捣实；每组垫铁块数不宜过多，一般不超过 3 块。厚的放在下面，薄的放在上面，最薄的放在中间。在拧紧地脚螺栓时，每组垫铁拧紧程度要一致，不允许有松动现象；设备找平找正后，对于钢板垫铁要点焊在一起。

（5）灌浆层的质量要求

①灌浆工作应在 50℃ 以上进行，否则要采取措施，如用温水搅拌或掺入一定数量的早强剂等。当用温水搅拌时，水温不得超过 60℃，以免水泥产生假凝，影响混凝土质量。用早强剂时，一般可采用氯化钙（$CaCl_2$），其掺入量不得超过水泥重量的 3%（质量分数）。灌浆后，应用草袋、草席等物进行保养。

②当一次精平后，不需要再调整的设备，在精平后 24h 内，必须集中力量灌浆完毕，否则应复测后再灌浆。

③灌浆时先用木板在设备四周围好，作模板用，模板到设备底座外缘的距离为：中、小型设备为 60～80mm，大型设备为 80～100mm，其高度视具体情况而定。当设备底座下整个面积不全部灌浆时，应根据具体情况安设内模板。灌浆层承受设备荷载时，则必须安设内模板，且模板至设备底座面外缘的距离不得小于 100mm，更不得小于底座面的宽度，其高度不得小于底座底面至基础或地坪间的净高。设备底座外缘的灌浆层，在拆除模板后，应抹粉灰裙，使之平整、美观，并在上表面做出斜度，以防油、水流向设备底座。

④设备底座下灌浆层的要求：当需要承受主要载荷时，其厚度不得小于25mm，当只起固定作用时，如固定垫铁、防止油、水流入设备底座等，灌浆层的厚度可小于25mm，并可灌注水泥砂浆。

⑤灌浆层不得有裂缝、蜂窝、麻面等缺陷，当灌浆层与设备底座面要求紧密接触时，其接触面间不得有空隙，接触应均匀。

（6）设备校正

设备的校正主要从三个方面进行，即找中心、找标高和找水平。下面就设备中心、标高和水平的找正工艺说明如下：

①找正设备中心。设备在基础上安装之后，就可根据中心标板上的基准点挂设中心线，用中心线确定和检查设备纵、横水平方向的位置，从而找正设备的正确位置。线架有活动式和固定式两种。中心线架的拉线用直径为0.5~0.8mm的钢丝，挂架中心线的长度不超过40m，线架两端重物约为20kg，拉线时一般拉紧力应为钢丝抗拉强度的30%~80%，拉力太小则线下垂而晃动，影响安装精度。吊线坠的尖对准设备基础表面上的中心点，检查结果要准确。

中心线挂好以后，即可进行设备找正，首先要找出每台设备的中心点，才能确定设备的正确位置。一般圆形零部件不易找中心，这时可采用挂边线与圆轴相切的方法找中心。有些设备还可以根据加工的两个圆孔找中心。

当设备上的中心找出后，就可检查设备中心与基础中心的位置是否一致，如不一致则需要拨正设备，拨正设备的方法有：撬杠拨正、千斤顶拨正等，如图10.26所示。对于大型设备还可以用滑轮或花兰螺栓等拨正。

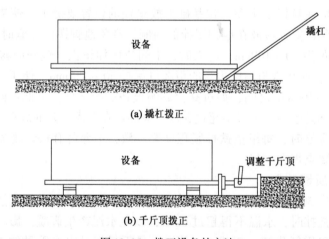

图10.26 拨正设备的方法

②设备标高找正。在厂房内的各种设备，相互之间都有各自的标高。通常规定厂房内地平面的高度为零，高于地平面以"＋"号表示，低于地平面以"－"号表示。基准点就是测量标高的依据，基准点上面的数字表示零点以上多少毫米或零点以下多少毫米。

在安装施工图中，标高的数值均有注明。测量设备的标高面均选择在精密的、主要的加工面上。

找标高时，对于连续生产的联动机组要尽量减少基准点，调整标高时，要兼顾水平度的调节，二者要同时进行调整。在找正设备标高数值时，一般使设备高度超出设计标高1mm左右，这样在拧紧地脚螺栓后，标高就会接近设计规定的数值。

③水平找正。在设备调整标高时，要兼顾设备的水平找正。水平找正一般是用水平仪在

设备加工面上进行找正。

调整标高和水平度的方法，一般设备多用垫铁将设备升起，以调整设备的水平度和标高，对于复杂精密设备，不宜使用斜垫铁来调整，因斜垫铁往往用锤击的方法打入，振动大。要采用可调垫铁调整设备的标高和水平，此外使用千斤顶也可使设备起落，达到找正的目的。

常用的三点找正法是在设备底座下选择适当的位置，用三组调整垫铁来调整设备的标高、中心线和水平度。第一步是在调整螺栓垫铁后使设备标高略高于设计标高 1~2mm；第二步是将永久垫铁放入预先安排的位置，其松紧程度以用手锤轻轻敲入为准，要使全部垫铁都达到这种要求；第三步是将调整垫铁放松，将机座落在永久垫铁上，并拧紧地脚螺栓，在拧紧地脚螺栓的同时，要检查设备的标高、水平度、中心线和垫铁的松紧度，检查合格后，将调整垫铁拆除。再用水平仪复查水平度，达到标准要求后，即调整完毕。

④各项校正工作及应用的测量方法，如表 10.10 所示。

表 10.10 各项校正工作及应用的测量方法

校正项目	测量方法及工具		测量精度范围/mm		备 注
直线度	拉钢丝	钢直尺测量	0.50		
		内径千分尺导电测量	水平面	0.03	
			垂直面	0.05	使用距离 <8m
		读数显微镜 测量	0.02		使用距离 <0.3mm
	水平仪		0.01[①]		如采用合像或电子水平仪，精度可提高
	光学平直仪		0.005[①]		校正长度 >10m 时，可分段进行
	光学准直仪		0.02[①]		需配置光靶和定心器，校正长度可达30m
	激光准直仪		距离/m	精度/m	能提供可见光，测量方便，也可用激光经纬仪测量，校正长度较大
			20	0.05	
			20~40	0.10	
			40~70	0.20	
平面度、等高度、水平偏差	平尺	钢直尺测量	0.50		垂直面内测量时，使用距离 <8m
		内径千分尺或百分表测量	0.03		
平面度、等高度、水平偏差		水平仪	0.01[①]		平面较大时，水平仪可置于平尺上测量
	液体连通器	标尺测量	0.10		注意因测量时间较长或环境温度变化使液体蒸发引起的影响
		深度千分尺 测量	0.02		
	光学准直仪				同直线度校正
同轴度、对称度	平尺、塞尺		0.05[①]		校正距离 <1.5m，可直接读出偏心值
	拉钢丝、内径千分尺导电测量		0.03		校正距离 <16m
	检棒		0.01		校正长度1m，误差不能直接测出
	工艺轴、百分表		0.02		工艺轴长度一般 <6m
	专用校正工具、百分表或塞尺		0.02		用于联轴器校正的复核
	光学准直仪				同直线度校正
	激光准直仪				同直线度校正

校正项目	测量方法及工具	测量精度范围/mm	备　　注
垂直度	平尺、塞尺	0.05	漏光检查精度可达0.02mm
	吊线锤、钢直尺测量	0.50	可用金属或非金属垂线
	吊钢丝垂线、内径千分尺导电测量	0.05	校正长度＜2m
	水平仪		同直线度校正
	校具、百分表	0.02	校具型式有圆柱形、圆形、平板型、角尺形、箱形、也有的与工件形状相同，涂色检查或用百分表测量
平行度	平尺、钢直尺	0.50	
	水平仪、平尺		同直线度校正
	光学准直仪		同直线度校正，用等高光靶代替定心器

①指1m范围内的测量精度。

10.3.3.3　渗滤液系统常见设备及安装要点

渗滤液处理系统相对复杂，包含诸多工艺单元。各个单元的设备大概可分为水泵类、搅拌机类、风机类、曝气类、脱水机类等。其中，渗滤液深度处理系统非常重要，常常采用膜技术。膜的相关设备集成度高、空间紧凑，通常由膜厂家打包成套，集成化安装，安装调试较为专业，常常需要与膜厂家配合进行安装、调试。

本部分内容着重介绍膜系统以外主要的设备安装、调试要点。

（1）水泵类设备

①离心泵（见图10.27）。液体在流经叶轮的运动过程获得能量，并高速离开叶轮外缘进入蜗形泵壳。在蜗壳内，由于流道的逐渐扩大而减速，又将部分动能转化为静压能，达到较高的压强，最后沿切向流入压出管道。

在液体受迫由叶轮中心流向外缘的同时，在叶轮中心处形成真空。泵的吸入管路一端与叶轮中心处相通，另一端则浸没在输送的液体内，在液面压力（常为大气压）与泵内压力（负压）的压差作用下，液体经吸入管路进入泵内，只要叶轮的转动不停，离心泵便不断地吸入和排出液体。由此可见离心泵主要是依靠高速旋转的叶轮所产生的离心力来输送液体，故名离心泵。

该类水泵可用于渗滤液系统内的渗滤液、废液、清水等介质的输送。该类设备常安装于地面以上，检修方便。

　　(a) 立式离心泵　　　　　　(b) 卧式离心泵　　　　　　(c) 联轴式离心泵

图10.27　常见的三种离心泵

②污泥螺杆泵。污泥螺杆泵是一种单螺杆式输运泵（见图 10.28），它的主要工作部件是偏心螺旋体的螺杆和内表面呈双线螺旋面的螺杆衬套。污泥螺杆泵是单螺杆式容积回转泵，该泵利用偏心单螺旋的螺杆在双螺旋衬套内的转动，使浓浆液沿螺旋槽由吸入口推移至排出口，实现泵的输送功能。

该类水泵可用于渗滤液系统内的污泥混合液、脱水后污泥的输送。

③潜污泵（见图 10.29）。潜污泵是一种泵与电机连体，并同时潜入液面下工作的泵类。该种水泵与地面式水泵的区别在于它在水下进行工作。

作为污水泵，它能将污水中的杂质撕裂、切断。在渗滤液系统里常安装于杂质较多的污水池内。该类水泵操作简单，启动前不需要进行排气工作。缺点在于维修时提拉不够方便。

图 10.28　单螺杆输送泵

图 10.29　潜污泵

④水泵安装要点。地面式水泵安装程序：基础验收→开箱检查→放线→垫铁→地脚螺栓安装→设备就位安装→校正调整→基础灌浆→拆装清洗→二次精平→各部位检查→运转 72h。图 10.30 所示为地面式水泵安装示意图。

管道与泵连接时应符合以下规定：

管道内部和管端应清洗洁净，清除杂物，密封面和螺纹不应损伤。吸入管道和输出管道应有各自的支架，泵不得直接承受管道的重量。相互连接的法兰端面应平行，螺纹管接头轴线应对中，不应借法兰螺栓或管接头强行连接。管道与泵连接后，应复验泵的原校正精度，当发现管道连接引起的误差时，应调整管道；管道与泵连接后，不应在

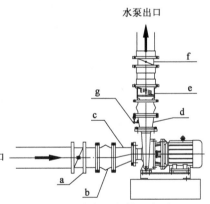

图 10.30　地面式水泵安装示意图
a—进水手动阀；b—软接；c—偏心变径；
d—同心变径；e—止回阀；f—出口手动阀；
g—出口压力表

其上进行焊接和气割；需要时，应拆下管道和采取必要的措施，并防止焊渣进入泵内。泵的吸、排出管道的配置应符合设计及规范规定。

水泵安装的允许偏差应符合表 10.11 的规定。

表 10.11　水泵安装允许的偏差

离心式水泵	立式泵体垂直度（每米）		0.1mm	用水平尺和塞尺检查
	卧式泵体水平度（每米）		0.1mm	用水平尺和塞尺检查
	联轴器同心度	轴向倾斜（每米）	0.8mm	在联轴器互相垂直的四个位置上用水准仪、百分表或测微螺钉和塞尺检查
		径向位移	0.1mm	

（2）搅拌机类设备

①潜水搅拌机（见图 10.31）。搅拌叶轮在电机驱动下旋转搅拌液体产生旋向射流，液体在射流表面剪切应力的作用下发生混合，对流场以外的液体通过摩擦产生搅拌作用，形成

图 10.31 潜水搅拌机

体积流。潜水搅拌机常用在渗滤液系统的调节池、厌氧池及好氧池内，作为推流搅拌的主要设备。

②立式桨叶式搅拌机（见图 10.32）。桨式搅拌机由电机、减速机、轴、桨叶等组成，电动机驱动减速机，减速机输出轴驱动转轴带动桨叶旋转，达到搅拌的目的。

该类搅拌机在渗滤液系统内可用于污泥池、加药桶搅拌。

③搅拌机安装要点。安装程序：基础及埋设件检查→导杆处理、安装→搅拌机就位、安装→安装检查确认→单体调试→调整处理→联动负荷调试。

根据平面布置图，确定潜水搅拌器位置，根据位置查找顶部和底部预埋件，复核预埋件几何尺寸、位置、平面度误差是否在规范许可的范围内。

池壁如有预留钢板，将搅拌机固定杆与预留钢板进行焊接固定，如没有划线确定上支撑、下支撑、提升架支座螺栓孔位置，使用电钻钻孔，上部支撑、提升架底座采用膨胀螺栓固定，下部支撑采用化学螺栓固定。

安装潜水搅拌器导杆，紧固螺栓，安装上部提升架，将潜水搅拌器主机使用提升架沿上部导杆向下降落，使潜水搅拌器轴线位置标高和设计院图纸设计标高一致。固定提升钢丝绳。潜水搅拌器主机由导杆上的支撑架支撑。

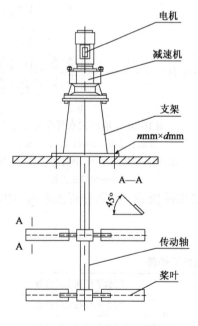

图 10.32 立式桨叶式搅拌机

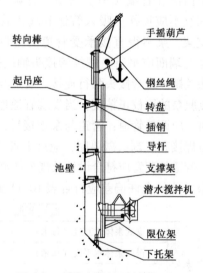

图 10.33 潜水搅拌机安装示意图

潜水搅拌机安装允许的偏差及检验方法见表10.12。

表 10.12　潜水搅拌机安装允许的偏差及检查方法

项　目	允许偏差/mm	检 验 方 法
设备平面位置	20	尺量检查
设备标高	±20	用水准仪与直尺检查
导轨垂直度	1/1000	用线坠与直尺检查
设备安装角	<10	用放线法、量角器检查

（3）风机类设备

①罗茨风机（见图10.34）。罗茨鼓风机系属容积回转鼓风机。这种压缩机靠转子轴端的同步齿轮使两转子保持啮合，转子上每一凹入的曲面部分与气缸内壁组成工作容积，在转子回转过程中从吸气口带走气体，当移到排气口附近与排气口相连通的瞬时，因有较高压力的气体回流，这时工作容积中的压力突然升高，然后将气体输送到排气通道。两转子互不接触，它们之间靠严密控制的间隙实现密封。

渗滤液系统常用罗茨风机作为好氧池空气的供给设备。

如图10.35所示，安装要点如下：机组四周应留有不少于2m的宽裕位置，以便拆卸、检修和维护。不应把风机安装在人经常出入的场所，以防受伤和烫伤；罗茨鼓风机安装前，应清除各部位的防护物，清除外露加工部位的防锈油，检查零件有无损坏及机内有无异物，最好用压缩空气将机内异物吹净。风机安装时，应查看地基是否牢固，表面是否平整。校平机组，在底座下面靠近地脚螺栓处加垫铁，垫铁组应焊牢，然后二次灌浆，二次灌浆宜采用无收缩水泥砂浆。如有较大型的机组，安装校平时，可考虑无垫铁找平，然后浇灌无收缩

图10.34　罗茨风机

水泥砂浆；将管道接至鼓风机进、出气口前，应检查管道内是否清洁，有无异物，所有管道、阀门、消声器的重量不得加在风机上。罗茨鼓风机、电动机的同心度应符合规范；罗茨鼓风机必须使用平垫圈和弹簧垫圈来加紧螺丝；罗茨鼓风机的进出风口管道连接，应使用软管连接，以隔离振动；安装时确保机组水平，垫铁数量、位置分布符合要求，垫铁与基础接触面积不小于40%；确认进出口方向正确，不得装反；皮带盘轮平行，张紧适度。

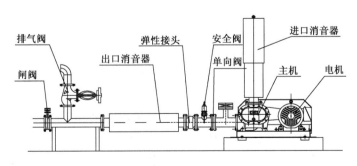

图10.35　罗茨风机安装示意图

罗茨风机安装允许偏差如表10.13所示。

表10.13	罗兹风机安装允许偏差表	
项 目	允 许 偏 差	
	水平度/（mm/m）	轴向间隙/mm
机身纵向、横向	<0.2	
转子与转子间、转子同机壳同步运行	—	符合设备技术文件规定

②离心风机（见图10.36）。离心风机是根据动能转换为势能的原理，利用高速旋转的叶轮将气体加速，然后减速、改变流向，使动能转换成势能。叶轮高速旋转时产生的离心力使流体获得能量，即流体通过叶轮后，压能和动能都得到提高，从而能够被输送到高处或远处。叶轮装在一个螺旋形的外壳内，当叶轮旋转时，流体轴向流入，转90°后，进入叶轮流道并径向流出。叶轮连续转，在叶轮入口处不断形成真空，从而使流体连续不断地被吸入和排出。离心风机在渗滤液系统内常用于臭气的输送。

图10.36 离心风机

离心风机的安装要点如下：离心风机在安装前，必须对风机各部分机件进行检查，特别对叶轮主轴和轴承等主要部件应细致检验；风机的基础（或基座）分为两类，小型风机所需动力较小，基座比较简单，可采用钢结构基座。但大、中型离心风机一般要求在地面上有永久性的混凝土基础。安装离心风机必须保证机轴的水平位置。采用联轴器传动的风机，风机主轴与电动机轴的误差小于0.05mm，联轴器端面不平行度误差应小于0.01mm；风机进风口与叶轮之间的间隙对风机出风量影响很大，安装时应按图纸进行校正；安装风机时，进风口管道可直接利用进风口本身的螺栓进行连接，但输气系统的管道重量不应加在机壳上，应另加支撑；风机安装完毕后，需用手或杠杆拨动转子，检查是否过紧，过松或碰撞现象，如无，方可进行试转。

离心风机安装允许偏差及检验方法见表10.14。

表10.14	离心风机安装允许偏差及检验方法	
项 目	允许偏差/mm	检 验 方 法
轴承座纵、横水平度	≤0.2/1000	框架水平仪检查
轴承底座局部间隙	≤0.1	塞尺检查
机壳中心与转子中心重合度	≤2	用拉钢丝和直尺检查
设备平面位置	10	尺量检查
设备标高	±20	用水准仪和直尺检查

（4）曝气类设备

①射流曝气器（见图10.37）。循环泵泵送的液体经由主管道、内喷嘴到混合室，把气体剪切成微小的气泡，形成富氧的气液混合体，气液交织的湍流经外喷嘴水平射出。气液混合体同时具有水平和垂直方向的能量，在池内产生强烈的混合，并携裹周围的液体往前流动，在水平方向动力和垂直方向气体上浮动力的双重作用下，达到混合、循环效果。

该套曝气器为当前渗滤液处理工艺的主流曝气器。

图 10.37　射流曝气器

如图 10.38 所示，射流曝气器的安装要点如下：安装射流曝气器的所有配件要考虑防腐材质，包括支架、螺栓、管箍等常用配件。安装射流器时确保上部连接为进气管，下部连接为进液管。池体地面要尽可能确保水平，这样才能确保射流器安装在同一高度。射流器底部距离池体底部的高度控制在 0.8m 左右，不宜太高或者太低。每个池体内的射流器安装位置要尽可能地按照池体底面情况均匀布置。气管安装必须从池体顶部下降到射流器气管安装位置。投用之前要对射流器及各管道进行带气压试验，确保各焊缝及法兰接口无气体泄露情况。

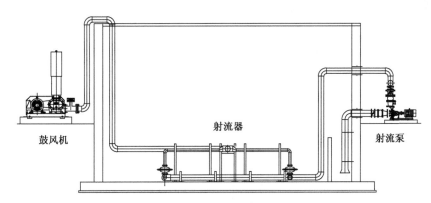

图 10.38　射流曝气器安装示意图

射流曝气器安装允许偏差及检验方法见表 10.15。

表 10.15　射流曝气器安装允许偏差及检验方法

项　　目	允许偏差/mm	检 验 方 法
设备平面位置	10	尺量检查
设备标高	±10	用水平仪和直尺检查
布置主支管水平落差	±10	用水平仪和直尺检查

②微孔曝气器（见图 10.39）。微孔曝气系统主要由鼓风机和微孔曝气管组成。鼓风机提供风源通过微孔曝气管在生活池中曝气形成小气泡，气泡经过上升及随水循环流动，以达到曝气池充氧的目的。

该种曝气形式在生活污水处理厂较为常见，渗滤液系统使用该种曝气方式有一定局限性，主要是因为渗滤液高碱度、高硬度的特性使得微孔曝气器容易发生结垢而堵塞，进而影响系统的正常运行。

如图 10.40 所示，微孔曝气器的安装要点如下：管式曝气器一般均匀布置在水处理池底

图 10.39　微孔曝气器

部，曝气器距池底 100~250mm，纵向间距一般为 500mm；将曝气主管按图纸裁管下料，管道画线，确定每套管式曝气器位置；每根竖管必须安置一套冷凝水排放装置，用于排出管道内积水；安装主管可调支架，调平每根曝气主管在同一水平面上；膜片安装完毕，将整套管式曝气器安装在之前已开孔位置（注意开孔位置应在同一水平面上）；所有管道安装完毕后，安装曝气立管；安装中心连接件要垫 O 形圈；曝气主管开孔后须对其进行彻底吹扫，方可进行管式曝气器安装。

（5）脱水机类设备

①离心脱水机（如图 10.41）。离心式污泥脱水机是利用固液两相的密度差，在离心力的作用下，加快固相颗粒的沉降速度来实现固液分离。具体分离过程为污泥和絮凝剂药液经入口管道被送入转鼓内混合腔，在此进行混合絮凝（若为污泥泵前加药或泵后管道加药，则进入泵混合腔前就完成了絮凝反应），由于转子（螺旋和转鼓）的高速旋转和摩擦阻力，污泥在转子内部被加速并形成一个圆柱液环层（液环区），在离心力的作用下，比重较大固体颗粒沉降到转鼓内壁形成泥层（固环层），再利用螺旋和转鼓的相对速度差把固相推向转鼓锥端，推出液面之后（岸区或称干燥区）泥渣得以脱水干燥，推向排渣口排出，上清液从转鼓大端排出，实现固液分离。离心脱水机为当前渗滤液污泥处理系统的主流设备。

卧螺离心脱水机的安装要点：污泥离心脱水机安装必须水平，基准面为机座平台上平面；与污泥脱水机相邻安装的设备及其它装置与污泥离心脱水机之间应有足够的空间便于检修等操作；在对电气控制箱、液压系统、气控系统进行安装定位时，同样要考虑到装拆维修的空间；与污泥离心脱水机连接的管道必须柔性连接，连接处必须有可靠的密封或绝缘装置；污泥脱水机应有接地装置，确保无渗漏问题和安全用电；外接出液管径不得小于机器出液管直径，并不得有死弯、堵塞等现象，管道布置应低于出液管口高度，并有一定的高度差，以便出液畅通。

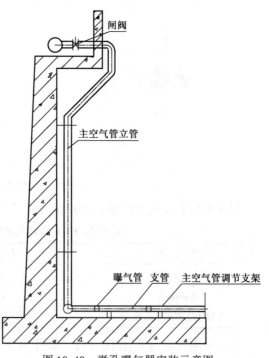

图 10.40　微孔曝气器安装示意图

②板框压滤机。一定数量的滤板在强机械力的作用下被紧密排成一列，滤板面和滤板面之间形成滤室，过滤物料在正压下被送入滤室，进入滤室的过滤物料其固体部分被过滤介质（如滤布）截留形成滤饼，液体部分透过过滤介质而排出滤室，从而达到固液分离的目的。板框压滤机适合渗滤液系统内的无机污泥的脱水。

图 10.41　卧螺离心脱水机

图 10.42　板框压滤机

如图 10.42 所示，板框压滤机的安装要点：按照供方提供的底脚尺寸设计预埋孔，采用两次灌浆法；压滤机周围应留有足够空间，以便于操作和维护保养；板框压滤机应水平放置在地坪上，后顶板用地脚螺栓固定在基础上；滤布的材质、规格按照过滤的物料、压力、温度而定，最终应选择适宜的滤布；板框按要求整齐地排放在机架上，将加工好的滤布整齐地排在滤板上，注意滤板间进料孔和漂洗孔相对应；板框压滤机接通电源，检查是否正常。机械传动要检查电机正反转是否符合要求，减速箱、机头油杯中的机油是否加满，丝杆、齿轮润滑油是否加注完毕。液压传动检查齿轮泵运转声音是否正常，液压系统有无泄漏情况，活塞杆进出是否平稳等。

③旋转挤压式压滤机（见图 10.43）。絮凝后污水从旋转过滤机的污泥入口进入污泥通道，通道两侧各安装一组滤网，滤网以 1~2 r/min 的速度转动。在滤网的旋转摩擦力作用下，带动污泥通过一个 C 形的过滤通道，经过过滤区的浓缩和挤压区的挤压后，污泥中的大量水分通过滤网被挤出，污泥由湿态变为干态，最后从污泥出口处排出。

该种压滤机为当前渗滤液污泥处理工艺中较为新型的工艺，该种设备占地面积小，能耗小，噪声小，是一种值得推广的新型设备。

旋转挤压式压滤机的安装要点：旋转挤压机安装时要注意基础的尺寸和平整度；旋转挤压机周围应留有足够的空间，以便于操作和维护保养；所有设备连接处、仪表阀门连接处均需要活接，不锈钢管要考虑备用的法兰，以便日后维修更换；脱水机地面留下水地漏，以便清洗地面污泥；无轴螺旋输送机要尽量保证水平，且采用拖拉方式及减速机，一般置于污泥斗一侧；顶部行车安装后的运行路线一定要确保在旋转脱水机的正中间，同时确保有一定的起吊高度；控制柜尽可能和脱水设备在同一层，便于调试，遇紧急情况便于处理。

图 10.43　旋转挤压式压滤机

（6）堰板安装要点

堰板安装程序：定位放线→固定点钻孔→密封材料及堰板安装→堰板→找平固定→试水调整、密封检查。

根据设计标高，用水准仪分别测出二沉池堰板安装基准点，基准点间距以 1m 为宜，连接基准点形成基准线。根据设计要求，利用基准线垂直找出堰板固定点，按要求钻好固定件孔，正确粘好密封材料，安装堰板，利用水准仪沿堰板齿每隔 2~4m 测得一个设计标高点，并用乳胶玻璃管冲水找平，调试误差 ≤ ±1mm；试车调整，堰齿出水应均匀，密封良好，如有缺陷应仔细调整至设计要求。

（7）起重设备安装要点

①安装程序：设备及工字钢检查→工字钢安装→检验→起重机安装→负荷试验。工字钢轨道安装完成后，其纵向水平度不应超过1/1500，在负荷最高点与最低点之差不应大于10mm，工字钢横向水平度应超过1/1000。手动葫芦的凸缘内侧与工字钢轨道翼缘的间隙 C 为 3~5mm。

②起重设备试运转程序：试运转前检查→空负荷试运转→运转静负荷试→运转动负荷试。上一步骤未合格之前，不得进行下一步骤的试运转，试运转技术参数必须符合规范及设备随机文件的要求，并经有关部门进行检查验收。

（8）管道安装要点

根据设计图纸、随机技术文件以及原规范、规程、标准要求，结合施工现场的具体条件编制专业施工技术方案，进行详尽的技术交底。依据随机技术文件提供的各种管道的材料参数，运行相关技术参数对已确定的设计图纸及拟采用的施工方法进行核实，确保系统正常运行的技术要求。根据各种管道的材质及工作介质的不同，确定满足要求的焊接方法，以及管材、管件、阀件的脱脂方法。根据施工现场的环境条件及施工进度要求，安排好劳力、吊装设备、特殊焊接设备及其它设备的使用计划、协助加工成品及半成品的进场计划，保证连续施工的要求。

主要施工方法：

①管道安装主要有以下的固定要求：管道应敷设在原地基或经开挖后处理回填密实的地层上。当管道在车行道下时，管顶覆土厚度不得小于0.7m；管道应直线敷设，不得强制弯曲。双壁波纹管可利用橡胶密封圈连接处转角，相邻两节管材纵轴线转角不得大于2°；管道可以同槽施工，但应符合一般排水管道同槽敷设设计、施工有关规定；管道穿越道路、高等级道路中堤及构筑物等障碍物时，应设置钢筋混凝土、钢、铸铁等材料制作的保护套管。套管内径应大于塑料管外径0.3m，套管设计应符合有关规定；管道基础的埋深低于建（构）筑物基础底面时，管道不得敷设在建（构）筑物基础下地基扩散角受压区范围内；地下水位高于开挖沟槽槽底高程的地区，地下水位应降至槽底最低点以下0.3~0.5m。在安装、回填的全过程中，槽底不得积水或泡槽受冻。必须在回填土回填到管道的抗浮稳定的高度后才可以停止降低地下水；管道施工的测量、降水、开槽、沟槽支撑和管道交叉处理等技术要求，应按现行国家标准《给水排水管道工程施工规范》（GB 50268）及本地区排水管道技术规程中有关规定执行。

②管道的坡度、坡向应符合设计要求。法兰、焊缝及其它连接件的设置应便于检修，并不得紧贴墙壁、楼台板和管架上。埋地管道安装时，如遇地下水或积水，应采取排水措施。管道穿越道路埋深不足800mm时，应按设计要求加设套管。与设备连接的管道，安装前必须将内部清理干净，如需采用气割、电焊作业，不应在与设备连接后进行，管道与设备连接后，不应产生因管道安装造成设备承受力其它外力。管道安装合格后，不得承受设计以外的其它载荷。管道经试压、吹扫合格后，应对管道与设备的接口进行复位检查。

③管道安装程序。管道的安装主要分为以下两方面：a. 室外管道安装：放线→坐标及标高测量→沟槽开挖→管沟砌筑、各种井体砌筑、沟槽检验→管架制安→管材、管件及阀门检验→管子及附件预制加工→管道焊接→管道安装→管道试压→吹扫清洗→管道防腐→管道

绝热→管沟回填。b. 室内管道安装：放线→坐标及标高测量→管架制安→管材、管件及阀门检验→管子及附件预制加工→管道焊接→管道安装→吹扫清洗→管道试压→管道防腐→管道绝热。

④定线测量及水准测量。按主干线、支干线及进户的次序对主干线的起点、终点、中间各转角点在地面上定位，系统的固定支架、检查井、阀门井等在管线定位后，用尺丈量确定位置，放线后应设置施工控制桩，防止沟槽开挖时，中心桩被挖掉造成施工困难。

在管线起点、终点，管道固定支架等部位用水准仪标定临时水准点，两固定支架之间的管道支架、管道、检查井及阀门井、地面建筑高程，可用固定支架高程进行相对控制。

⑤管道、管件及阀门检验。管道、管件及阀门检验主要包括以下几个方面：管道及阀门等必须具有出厂合格证明书及材质化验单，使用前应按设计要求核对其规格、材质、型号。管道、管件及阀门等使用前应进行外观检查，其表面应无裂纹、缩孔、夹渣、折迭、重皮等缺陷，不超过壁厚负差的锈蚀或凹陷；螺丝密封面良好，精度及光洁度达到设计或制造标准，钢管外径及壁厚尺寸偏差应符合标准；铸铁管及 PVC 管应有制造厂的名称或商标，制造日期及工作压力等符合标记，其外表面应整洁，不得有裂缝、冷隔、瘪陷或错位等缺陷；承插部分不得有粘砂及凸起，其他部分不得有大于 2mm 厚的粘砂及大于 5mm 高的凸起，承口的根部不得有凹陷，其他部分的局部凹陷应小于等于 5mm，机械加工部位的轻微孔穴不得大于 1/3 厚度，且小于等于 5mm，间断沟陷，局部重皮及疤痕的深度小于等于 5% 壁厚加 2mm，环状重皮及划伤的小于等于 5% 深度，壁厚加 1mm，内外表面漆层完整、光洁，附着牢固，管及管件的尺寸偏差符合规范要求，法兰与管子或管件中心线应垂直，两端法兰应平行，法兰面应有凸台和密封沟；铸铁管、PVC 管及阀门应按规范要求进行抽查，进行强度及严密性试验。

⑥管道加工。管道加工中需要注意以下几点：PVC 管、镀锌钢管及公称直径小于等于 50mm 碳素钢管必须用机械法切割，不锈钢管一般使用机械切割，大口径管使用等离子切割；不锈钢管修磨时，应用专用砂轮片；铸铁管应用钢锯、钢铲或月刀切割。管道切口表面应平整，不得有裂缝、重皮、毛刺、凸凹、缩口、熔渣、氧化铁、铁屑等，应清除干净；切口平面倾斜偏差为管子直径的 1%，但不得超过 3mm。管道支、吊架的形式、材质、加工尺寸、精度及焊接等应符合设计要求；管道支、吊架不得有漏焊、欠焊、裂纹、咬肉等缺陷，焊接变形应予以矫正；制作合格的支、吊架应按规定进行防腐处理；管道预制必须根据施工图纸进行合理分段安排，安装时的焊口设置必须合适，法兰连接留一个活口；每段管的长度应考虑运输和安装方便性，预制完的管段应将其内部清理干净，并将管口封闭，预制完的管段必须有足够的刚性，保证在运输及安装过程中不产生永久性变形。

⑦管道焊接。管道分类及焊缝等级、探伤要求主要有以下几类：不锈钢管：Ⅳ类管道，焊接缝，探伤：固定焊口 10%，转动焊口 5%；其它碳素钢管道（工作压力小于等于 1.6MPa）：Ⅴ类管道，焊缝Ⅳ级坡口加工；坡口形式及尺寸应保证焊接接头的质量，填充金属少，便于操作及减少焊接变形；坡口加工后，必须去除破口表面的氧化皮，并将影响焊接质量的凹凸不平处打磨平整；坡口表面及坡口边缘内外不小于 10mm 范围内的油、漆、垢、锈、毛刺及镀锌层等应清除干净，并不得有裂纹、夹层等缺陷。不锈钢坡口两侧各 100mm 范围内应涂上白垩粉，以防止焊接飞溅物沾污焊件表面。建立符合工艺要求的焊接材料储存场所，并建立严格的保管、烘干、发放制度。焊接设备应参数稳定，调节灵活，安全可行，符合焊接等要求，参加的焊工，必须具有施焊范围的合格证，焊机采用交流焊机。管子或管

件的对口，应做到内壁齐平，厚度相同的管子、管件，内壁错边量不应超过管壁厚度的20%，且不大于2mm；管子、管件组对时，点固焊及固定卡具焊缝的焊接，选用的焊接材料源应与正式焊接要求相同，采用卡具拆除部件时，不应操作母材，并且，在拆除后应对残留痕迹宜打磨修整，并认真检查。根据焊件表面引弧和试验电流，尽量减少焊接应力变形，应采用合理的施焊方法和顺序，管道焊接时将一头封堵，防止管内穿堂风，不锈钢焊采用手工氩弧焊打底，手工电弧焊填充盖面或按设计要求采取其它方式。每个要焊接的缝隙应一次连续焊完，管道焊后必须将焊缝表面的溶渣及两侧飞溅物清理干净。焊缝宽度以每边超过坡口边缘2mm，焊缝表面不得有裂缝、气孔、夹渣等缺陷；咬肉深度不得大于0.5mm，长度小于或等于焊缝全长的10%，且小于100mm，焊缝表面加强高 $e \leqslant 1 + 0.1b$ 且最大为3mm，其中 b 为焊缝宽度；焊口错位 $e_2 < 0.15S$，且最大为3mm，其中 S 为管壁厚度。

⑧管道安装

a. 中、低压碳素钢管安装。管道安装时，应对法兰密封面及密封垫片进行外观检查，清除有影响密封性能的缺陷；法兰连接时应保持平行，其偏差不大于法兰外径的1.5/1000，且不大于2mm，不得用强紧螺栓的方法消除歪斜；法兰连接应保持同轴，其螺栓孔中心偏差不超过孔距的5%，保证螺栓自由插入，法兰连接应使用同一规格螺栓，安装方向一致，坚固后外露长度不大于2倍螺距。

管子对口时，应检查平直度，在距接口中心20mm处测量，允许偏差1mm/m，但全长允差最大不超过10mm，管道连接时，不得用强力对口、加热管子、加偏垫或多层垫等方法来消除接口端面的空隙、偏差、错口或不同心等缺陷。

管道焊接位置要求：

直管段两环缝间距不应小于100mm。焊缝距管（不包括压制呈热推弯管）起弯点不得小于100mm，且不小于管径；卷管的纵向焊缝应置于易检修的位置，且不宜在底部；环焊缝距支、吊架净距不应小于50mm。管道焊缝上不得开孔；对管内清洁要求较高，且焊后不易清理的管道，其焊缝底层宜用氩弧焊施焊，仪表接点的开孔和焊接应在管道安装前进行；穿墙管长度不应小于墙厚，穿楼板套管应高出楼台板面或地面50mm，管道与套管的空隙应用石棉材料堵塞。

b. 铸铁管安装。铸铁管对口的最小轴向间隙应符合表10.16要求。

表10.16　铸铁管对口的最小轴向间隙表　　　　　　　　　　　　　　　　mm

公称直径	沿直线铺设	沿曲线铺设
<75	4	—
100~250	5	7~13
300~500	6	10~14
600~700	7	14~16
800~900	8	17~20
1000~1200	9	21~24

下管及布管：依据施工现场及管径情况，可采用机械及人工下管，下管前承插铸铁的旋转方向应和施工时一致，下管应缓慢以防止管子破裂，布管前依据承插口位置，开挖操作坑；承插铸铁管以胶圈连接，根据承口深度，量取插入尺寸，并做出标记，套橡胶圈前，必须将承插口清理干净，胶圈上不得粘有砂、泥等杂物，套在承口上的胶圈应平直，勿扭曲，

并在胶圈和插口面上涂肥皂水润滑，初步对口时，在回弹就位后，应保证对口间隙处在合理区间，连接过程中随时检查胶圈，发现歪斜或位置不正确应及时矫正；承插铸铁管管件及管道与构筑物套管连接间隙必须均匀，已安装好管道中部两侧成分层回填土要压实；清除口内的泥土和脏物，将油麻塞进承口内，油麻辫的粗细应为承口间隙的1.5倍，每圈麻辫尾端须有150mm相交扭到一起，用麻凿每塞上圈，打紧一圈，直至承口度的1/3。石棉水泥应配比正确，用灰凿自下向上分层填捣密实，最后压平，对于大口径的接口，应2人同时打口；橡胶圈连接的接口抹水泥砂浆与承口平齐。依据施工图要求，在弯头处设置挡墩。直线铺设承插口环形间隙及允许偏差应符合表10.17、表10.18。

表10.17　直线铺设承插口环形间隙　　　　　　mm

公称直径	环形间隙	允许偏差
75~200	10	+3 −2
250~450	11	+4 −2
500~900	12	
1000~1200	13	

表10.18　管道安装允差符合表　　　　　　mm

项　　目				允　许　偏　差	
坐标及标高	室外		架空	15	
			地沟	15	
			埋地	25	
水平管弯曲	室内	DN≤100	架空	10	
			地沟	15	
		DN>100		1/1000	最大20
				1.5/10000	
立管垂直度				2/2000	最大15
成排管段	在同一面上			5	
	间距			+5	
交叉 管外壁或保温层间距				+10	

　　阀门安装：法兰或螺纹阀门应在关闭状态下安装；应根据介质的流动方向确定安装方向；水平管道上的阀门，阀杆应安装在上半周范围内，阀门传动杆（伸长杆）轴线的夹角不应大于30°；其接头应转动灵活；阀门的操作机构和传动装置应进行必要的调整，保证动作灵敏，指标准确。阀门安装完毕后，应严加保管，不得任意开闭阀门，如遇频繁交叉作业时，应加防护罩或拆除手柄，使用时重新安装；支、吊架安装时的螺孔必须用机械钻孔加工，支架吊架安装位置应符合设计要求，并平整牢固，与管子接触良好，供热管道滑动支架的滑动面必须流动良好，熔渣及焊瘤应磨光，不得有弯斜和卡涩现象。其安装位置应在该支架相反方向偏移二分之一的位置安装；所有活动支架必须裸露，固定支架必须按设计要求施工，须在方形补偿器预拉伸前固定完毕。

　　⑨管道系统试验。管道系统实验需要满足以下条件：管道系统施工完毕，能符合设计及规范要求；架、吊架安装完毕，配置正确，固定牢固。焊接工作结束，并经检验合格；焊缝

及其他检查部位，未经涂漆和绝热；埋地管道的座标、标高、坡度及管基、垫层厚度和土质等经复查合格；试验用的临时加固措施经检查确认安全可行；试验用压力表已经校验，精度不低于1.5级，表的满刻度值为最大被测压力的1.5倍，压力表不少于2块；管线上所有临时用的夹具、堵板、盲板、旋塞等清除完毕；试验前，应将不能参与试验的系统、设备、仪表及管道附件等加以隔离，安全阀、调节阀、减压阀及阻火器应拆卸，加置盲板的部位应有明显标记和记录。试验过程中如遇泄漏，不得带压修理，缺陷消除后应重新试验；试验合格后，试验介质应按试验方案中规定的排放点及排放路径排放，并注意安全；试验后，应及时拆除所有临时盲板，校核记录。

a. 强度试验。液压试验用清洁自来水进行，系统注水时，打开管道各高处排气阀，将空气排尽，待灌满后，关闭排气阀和进水阀，用试压泵加压，压力逐步升高，加压到0.5倍试验压力时，停下来对管道进行检查，无问题时再继续加压，分三次升到试验压力，当压力达到试验压力时，停止加压，停压10min，压力表针不降，无泄漏、目测无变形，则强度试验合作。强度合格后，将压力降至工作压力进行严密性试验，在工作压力下，对管道进行全面检查，用重1.5kg的小锤在距焊15~20mm处沿焊缝方向轻轻敲击，检查完毕时，如压力表指针不降，管道的焊缝及法兰连接处末渗漏现象，严密性试验合格。

b. 气压试验。气压强度试验时的压力为设计压力的1.15倍，严密性试验按设计压力进行。气压强度试验，压力应逐级缓升，首选升至试验力的50%，进行检查，如无泄漏及异常现象，继续按试验压力的10%逐级升压，直至强度试验压力。每一级稳压3min，达到试验压力后稳压5min，以无泄漏，目测无变形等为合格。强度试验合格后，降至设计压力，用涂刷肥皂水方法，如无泄漏，稳压30min，压力不降，则严密性试验合格。

c. 管道系统清洗。需要清洗的各类管道应符合设计要求。给、中水管道清洗宜采用清洁水冲洗，在清洗时，用系统可达到的最大压力和流量进行，直至各出口处的出水水色和透明度与入口处目测基本一致为合格。生活饮用水给水管道，经冲洗后，用每升水中含有20~30mg的游离氯的水灌满管道进行消毒，含氯水在管道中应留置24h以上。消毒完毕后，再引用清水冲洗，经卫生部门取样检验，水质合格后方可。空气管吹洗时，管道内的脏物不得进入设备，设备口的脏物不得进入管道；吹扫压力不超过设计压力，流速20m/s；在排气口用白布或涂有白漆的靶板检查，5min内检查其上无铁锈、尘土、水分及其他脏物可为合格。

（9）防腐控制要点

①除锈。所有钢管、钢管件、管道支架（不锈钢除外）、金属结构件等，在安装前或安装后必须进行除锈。除锈等级达到Sa2级（近白级），无法进行除锈时，手工除锈必须达到Sa3级。除锈时压缩空气应干燥、洁净，不得含有油脂和水分。所有钢管、钢管件、管道支架（不锈钢除外），金属结构涂漆应进行表面预处理以除去油污、泥土等杂物，并使表面达到无焊瘤、无棱角，光滑、无毛刺。除锈合格后，必须及时涂刷第一层底漆（直接埋入混凝土的钢管、铁块等不需要涂料）。涂刷第一道底漆时，应注意留出焊热影响区（150mm左右）不涂漆部位应采取防锈措施。涂好底漆的管道，结构应妥善存放保留。防止机械损伤、破坏防腐层。

②涂漆。管道、容器涂漆工序，一般在试压之后进行，特殊情况不允许时，涂漆应留出焊口位置。涂料的品种、性能、颜色、涂刷等应有生产厂家的合格证书，并在保质期内使用。多种涂料配合使用时，应参照产品说明书对涂料进行选择，配比合适，调制成的涂料内不得有漆皮等影响刷涂质量的杂物，并按涂刷工艺要求稀释至适当稠度，搅拌均匀，色调一

致、及时使用；涂漆施工应在清洁、干燥、通风良好的环境中进行，当空气相对湿度不高于75%或金属表面上凝有霜露时，应采取预热措施，待金属表面干燥后再涂漆。涂漆干燥采用自然干燥，涂漆现场应防止漆膜沾染污物和损坏漆膜，未干燥固化前，不得进行下道工序的施工。

③涂漆质量要求。与基面黏结牢固，厚度符合要求，面层色调一致，光亮清洁，无皱纹、气泡、针扎，漆膜均匀，完整、无漏涂、损坏。色环间距均匀，宽度一致，与管道轴线垂直；已完成涂漆的管道设备、容器，不得作为人行道或当作支架使用。损坏的漆膜在下道工序施工应提前进行修补。安装后无法涂漆或不易涂漆的部位，安装前应预先涂漆，管道的焊口部位，应加强防腐并严格检查。厂内埋地钢管外壁采用加强级防腐，做法是先涂底漆一道，外包玻璃丝布一道，再外刷两道面漆，平均用量应大于 $0.8 \sim 0.9 kg/m^2$，漆膜总厚度 $220 \sim 250 \mu m$。防腐涂料用新型高分子防腐涂料。管道内防腐采用喷涂水泥砂浆法，涂衬厚度为 $8 \sim 10 mm$，或采用高分子防腐涂料法，即两道底漆，平均用量在 $0.7 \sim 0.8 kg/m^2$，漆膜总厚度在 $160 \sim 180 \mu m$ 之间。对主要管道的防腐油漆图层部位做厚度和绝缘检查，确保涂刷质量。

④防腐等级与结构要求。做加强基布时，底漆表面干化之后，凡高于管表面 2mm 的焊缝两侧均应刮腻子，使之成为曲面，并在腻子硬化之前涂第一道面漆，第一道面漆涂完后，应缠玻璃布并涂下一道面漆，也可不涂面漆，直接缠绕浸满面漆的玻璃布，再用刷子涂抹一遍，面漆应将玻璃布的所有网眼灌满，不露布纹。

缠绕玻璃布时应拉紧，保证表面平整，无皱折和空鼓。玻璃布压边宽度不得小于20mm，搭接头长度不宜小于 100mm，缠两层及以上玻璃布时各层玻璃布的搭接头应错开，管两端的防腐层应做成阶梯形接茬，阶梯宽度不宜小于 100mm。

有玻璃布防腐层的最后一道面漆，应在前一道面漆实干后、固化前涂敷；普通级防腐层，应在底漆干后再进行其它各层漆的涂敷设，且每层漆应在前层漆实干后，固化前涂敷。

⑤用指触法检查防腐层干性状态。表干：用手指轻触防腐层不粘手；实干：用手指推捻防腐层不移动；同化：用手指用力刻防腐层不留划痕。补口、补伤处的防腐层结构及所用材料应与管体防腐层相同，补口时应对管端阶梯形接茬处的防腐层表面进行清理，去除油污，泥土等杂物，然后用砂纸将其打毛，再按（8）管道安装要点中⑤～⑨条要求施工，补口防腐层与管体防腐层的搭接长度不应小于 100m。

10.4 工程验收质量控制

工程验收是建设工程的最后一个程序，是全面考核建设成果，检验工程设计水平和施工质量的重要环节，验收时依据建筑工程检验评定标准及验收规范对工程进行一丝不苟、客观公正、实事求是的检查。负荷验收标准要及时办理验收交付手续，尽早投入使用。

10.4.1 工程施工、验收的参照标准与规范

渗滤液处理设施的施工、设备安装的质量直接影响渗滤液处理工程的运行。多年来，国家逐步出台了相关标准与规范，确保工程施工和验收有据可循，最大程度控制施工质量。有关标准与规范从以下几方面列出：

（1）结构工程标准与规范

《建筑地基基础工程施工质量验收规范》（GB 50202—2001）

《给水排水构筑物工程施工及验收规范》（GB 50141—2008）

《混凝土结构工程施工质量验收规范》（GB 50204—2002）

《钢筋混凝土用热轧带肋钢筋》（GB 1499—1998）

《钢筋混凝土用热轧光圆钢筋》（GB 13013—1991）

《钢筋焊接及验收规程》（JGJ 18—1996）

《组合钢模板技术规范》（GB 50214—2001）

《混凝土质量控制标准》（GB 50164—1992）

《混凝土强度检验评定标准》（GBJ 107—1987）

《通用硅酸盐水泥》（GB 175—2007）

《普通混凝土用砂、石质量及检验方法标准》（JGJ 52—2006）

《普通混凝土配合比设计技术规定》（JGJ 55—2000）

《混凝土用水标准》（JGJ 63—2006）

《混凝土外加剂》（GB 8076—1997）

《砂浆、混凝土防水剂》（JC 474—2008）

《混凝土膨胀剂》（JC 476—2001）

《地下防水工程质量验收规范》（GB 50208—2002）

（2）建筑工程标准与规范

《建筑工程施工质量验收统一标准》（GB 50300—2001）

《砌体工程施工质量验收规范》（GB 50203—2002）

《建筑防腐工程施工及验收规范》（GB 50212—2002）

《屋面工程质量验收规范》（GB 50207—2002）

《建筑地面工程施工质量验收规范》（GB 50209—2002）

《建筑装饰装修工程质量验收规范》（GB 50210—2001）

《建筑给水排水及采暖工程施工质量验收规范》（GB 50242—2002）

《通风与空调工程施工质量验收规范》（GB 50243—2002）

《建筑电气工程施工质量验收规范》（GB 50303—2002）

《塑料窗基本尺寸公差》（GB 12003—1989）

《塑料门窗用密封条》（GB 12002—1989）

《门、窗用未增塑聚氯乙烯（PVC-U）型材》（GB/T 8814—2004）

《屋面工程技术规范》（GB 50207—1994）

《建筑设备通用图集》（91SB）

《建筑排水硬聚氯乙烯管道工程技术规程》（CJJ/T 29—1998）

《建筑排水用硬聚氯乙烯管材》（GB/T 5836.1—1992）

（3）管道工程标准与规范

《给水排水管道工程施工及验收规范》（GB 50268—2008）

《工业金属管道工程施工及验收规范》（GB 50235—1997）

《现场设备、工业管道焊接工程施工及验收规范》（GB 50236—1998）

《埋地硬聚氯乙烯排水管道工程技术规范》（CECS 122—2001）

《低压流体输送用焊接钢管》（GB/T 3091—2008）

《玻璃钢管和管件》（HG/T 21633—1991）

《钢管验收、包装、标志和质量证明书》（GB/T 2102—2006）

《钢管法兰类型与参数》（GB/T 9112—2000）

（4）设备安装工程标准与规范

《工业安装工程质量检验评定统一标准》（GB 50252—1994）

《机械设备安装工程施工及验收通用规范》（GB 50231—1998）

《现场设备、工业管道焊接工程施工及验收规范》（GB 50236—1998）

《压缩机、风机、泵安装工程施工及验收规范》（GB 50275—1998）

《起重设备安装工程施工及验收规范》（GB 50278—1998）

《水工金属结构防腐蚀规范》（SL 105—1995）

《泵站施工规范》（SL 234—1999）

《水工金属结构焊接通用技术条件》（SL 36—2006）

《立式圆筒形钢制焊接储罐施工规范》（GB 50128—2014）

（5）电气安装工程标准与规范

《建设工程施工现场供用电安全规范》（GB 50194—1993）

《电气装置安装工程电缆线路施工及验收规范》（GB 50168—2006）

《电气装置安装工程接地装置施工及验收规范》（GB 50169—2006）

《电气装置安装工程旋转电机施工及验收规范》（GB 50170—2006）

《电气装置安装工程盘、柜及二次回路结线施工及验收规范》（GB 50171—1992）

《电气装置安装工程低压电器施工及验收规范》（GB 50254—1996）

《电气装置安装工程电力交流设备施工及验收规范》（GB 50255—1996）

《电气装置安装工程起重机电器装置施工及验收规范》（GB 50256—1996）

《电气装置安装工程 1kV 以下配线工程施工及验收规范》（GB 50258—1996）

《电气装置安装工程电气照明装置施工及验收规范》（GB 50259—1996）

《电气装置安装工程电气设备交接试验标准》（GB 501506—2006）

《电气安装用导管特殊要求金属导管》（BT 14823.1—1993）

《低压电器基本标准》（GB 1497—1985）

《低压电器外壳防护等级》（GB 4942.2.931—1993）

10.4.2　工程验收质量控制的主要措施

（1）认真审核验收条件

竣工验收前，应及时委托具有相应检测资质的检测单位对工程建设质量进行全面检测，为工程顺利通过验收奠定基础。只有在工程项目完成了工程设计和合同约定的各项内容，承包单位在工程完工后对工程质量进行了检查，并将有关责令整改的问题全部整改完毕，监理单位对工程进行了质量评估，勘察、设计单位对设计变更通知书进行了检查，具备完整的技术档案和施工管理资料、相关主管部门认可文件的基础上，才可以组织验收。

（2）切实明确验收责任

竣工验收的流程复杂，须指定专人总体负责，并由各个部门中项目工作时间较长、熟悉情况者组成一个精干的竣工验收小组，具体实施竣工验收工作。竣工验收应该由竣工验收工作的负责人根据工程实际情况，结合合同条款拟定初稿，然后经由项目经理主持，各相关部门（尤其是合同、技术和施工等部门）会审，确定后下发，并严格执行。

（3）全面检查工程质量

及时组织由参建各单位参加进行工程验收，对工程质量有疑虑的地方，现场进行查验，发现问题尽早处理，消灭质量缺陷。客观、公正地评定工程质量等级，使工程质量等级评定能够准确反映工程建设的内在质量。严格按照验收规程进行工程验收，加强对工程扫尾工作的管理力度，由监理单位督促施工单位按期完成，确保工程质量。

（4）加强档案资料管理

项目管理人员要将竣工工作纳入工程建设管理过程中，从工程项目立项开始就设立竣工验收机构，并安排相关人员，负责工程项目竣工资料的收集、整理和归档管理工作，工程项目阶段验收管理工作。监理人员、工程管理人员及档案人员要严格把好关，对施工单位编制的竣工图、文字材料要进行认真审查，着重检查隐蔽工程验收记录的真实性和工程设计变更单的落实情况，认真审查竣工图及文字材料是否完整、准确，签署是否完备，排列是否合理等。有分包施工单位参与施工的工程，还要督促主体施工单位负责汇总，确保图纸资料等成套完整。

第11章
调试与运营

渗滤液成分复杂，污染物浓度高，处理难度大，调试启动过程缓慢，受环境条件和水质水量的影响较大，为保证渗滤液处理系统的正常、高效运行，使处理后的渗滤液达标排放，必须进行调试运行工作。渗滤液的调试与运行主要包括：检验、优化渗滤液处理的设计思想和设计参数；建立相关设施的档案材料，对相关机械、设备及仪表的设计合理性、运行操作注意事项等提出建议，对出现的问题进行排查并合理解决。

渗滤液处理系统调试是在掌握基本工程概况的基础上，首先需要依次对单机设备、单元系统及整个处理工艺进行带负荷试车，解决影响连续运行的各种问题，调整运行参数，使渗滤液处理系统最终出水达到设计标准；其次，需要确定符合实际进水水质水量的工艺控制参数，在确保出水水质达标的前提下，尽可能降低能耗；最后，需要编制工艺操作规程，同时对生产、管理人员进行相关培训，指导其建立生产相关的制度和日常监控机制，以保证渗滤液系统的正常运营。

11.1　调试准备

调试准备是系统调试整个过程中，为了确保调试过程按计划顺利进行，而要做的一切必要准备工作。主要包括施工质量的验收评定、相关调试措施、调试计划的制定、人员及物料调配、设备（含工装、量具、工具等）准备等。

11.1.1　施工质量验收评定

生活垃圾焚烧厂的渗滤液工程作为生活垃圾焚烧发电项目的分系统，其遵循的有关标准与传统的污水行业有所差异。在施工质量验收评定方面主要遵循火电行业的相关标准。

（1）施工质量验收评定

渗滤液工程在调试前应对施工质量进行验收评定，主要包括土建施工、热工仪表与控制系统安装、电气安装、管道安装、焊接等。

（2）土建施工

在工程开工前应按照 DL/T 5210.1—2005《电力建设施工质量验收及评定规程》的要求制定工程项目的质量验收及评定范围。质量验收及评定范围表由施工单位编制，监理单位审查，建设单位确认。

（3）热工仪表与控制装置安装

《火电施工质量检验及评定标准》（热工仪表及控制装置篇）是火电工程热工仪表与控

制装置施工质量检验及评定的基础。现场检验应遵循 L/T 5190.5—2004《电力建设施工及验收技术规范》（热工仪表及控制装置篇）评定，根据验收结果评定质量等级。

（4）电气安装工程

电气装置安装工程应根据工程情况，由施工单位按 DL/T 5161.1—2002《电气装置安装工程质量验收及评定规程通则》，编制所承担工程的质量检验评定范围。监理单位应对各施工单位编制的工程质量检验评定范围进行核查、汇总，经建设单位确认后执行。要根据每个分部工程中应有的资料统计的数据，应有资料与实有资料一致。

（5）焊接工程

《火电施工质量检验及评定标准》（焊接篇）是管道施工质量检验及评定的基础，也是进行设备检修和事故处理的重要参考。主要包括：①焊接接头表面质量等级评定；②各种检测结果质量等级评定；③综合质量等级评定；④无损检测一次合格率；⑤优良品率；⑥施工质检员自检记录。

（6）管道安装

《火电施工质量检验及评定标准》（管道篇）是管道施工质量检验及评定的基础，现场检验应遵循 DL 5031—94《电力建设施工及验收技术规范》（管道篇）评定，根据验收结果评定质量等级。

11.1.2 调试人员及物资准备

11.1.2.1 调试人员

渗滤液工程调试人员主要分为调试运行技术人员、运行主管人员、分析检测人员、现场操作及设备维护人员、辅助工作人员等，具体要求安排如表 11.1 所示。

表11.1 各人员要求安排表

序号	人员名称	技术要求	数量	备注
1	调试指导人员	要求具备相关调试经验，5 年以上工作经验	1~2	调试所
2	运行主管人员	要求具备相关渗滤液工作经验	1~2	项目公司员工
3	分析化验人员	需经过上岗培训，并具备相关工作经历	1~2	项目公司员工
4	现场操作人员	需经过上岗培训，并具备相关工作经历	8	项目公司员工
5	设备维护人员	1~2 名机械设备维护人员，1 名电气设备维护人员。需经过上岗培训，并取得相应的上岗资格	2~3	项目公司员工
6	辅助工作人员		4	项目公司员工

11.1.2.2 调试物资

调试期间物耗主要包括生物菌种、工业淀粉、聚丙烯酰胺、磷酸氢二钠、尿素、盐酸、消泡剂、膜系统清洗药剂、阻垢剂等，其物耗情况分述如下。

（1）生物菌种

污水处理设施生化过程中产生的活性污泥都可作为生物菌种，一般选用市政污水厂脱水污泥（含水率 75%~80%），建议厌氧系统污泥接种浓度为 10g/L，好氧系统污泥接种浓度为 5g/L。

（2）工业淀粉

视调试需求而定。

（3）聚丙烯酰胺

污泥脱水系统设计聚丙烯酰胺使用量为 $0.025kg/m^3$ 原水。

（4）磷酸氢二钠

视调试需求而定，如果投加碳源，相应需要投加磷盐，磷盐需求量为（淀粉需求量 × 0.05）kg。

（5）尿素

视调试需求而定，如果投加碳源，相应需要投加氮盐，尿素需求量为（淀粉需求量 × 0.1）kg。

（6）盐酸

主要是膜系统清洗时使用，一般情况下盐酸使用量为（处理水量 × 0.002）t。

（7）消泡剂

生化系统调试使用。

（8）酸性清洗剂

膜系统清洗时使用，一般情况下酸性清洗剂使用量为（处理水量 × 0.0025）kg。

（9）碱性清洗剂

膜系统去除有机污染时使用，一般情况下碱性清洗剂使用量为（处理水量 × 0.0012）kg。

（10）阻垢剂

膜系统设计使用，一般情况下清洗剂使用量为（处理水量 × 0.015）kg。

（11）其他

为了调试工作的顺利进行，一般还需准备泵类、临时过滤装置、临时管路和安全消防器材等物料。

11.2　设备单机调试

设备单机调试主要包括单机试运前的检查确认、单机试运行、单机试运签证。设备试运前应检查设备转动部分的润滑、设备接地、保护设施等是否完备，具备条件后方可进行设备试运，试运过程中注意记录相关数据，包括电机电流、振动、温度等，试运完成后还需办理单机试运签证，签证完成后方可进行下一步的分系统试运。渗滤液处理系统中的主要设备包括水泵类设备、曝气类设备、搅拌机类设备、膜类设备、自控仪表类设备等，下面将详述各类型设备的试车要点。

11.2.1　离心泵、潜污泵试车及运行

（1）泵试运转前的检查应符合下列要求：①对于新安装的或经过检修的离心泵，在第一次启动时应检查它的转向是否正确；②如果是经检修后的泵，必须在启动前拨动泵轴，以判明叶轮等的转动是否灵活，有无卡阻和轴线失中等情况；③清除妨碍泵运转的杂物，检视机座及所有连接部件的紧固情况，检查并加足润滑油或油杯的润滑脂；④灌水或引水驱除泵内空气，直至泵壳上的空气旋塞有水流出时，旋紧空气旋塞；⑤各固定连接部位应无松动；⑥各指示仪表、安全保护装置及电控装置均应灵敏、准确、可靠；盘车应灵活、无异常现象；⑦应保持潜水电机引出电缆接头处的电压不低于潜水电机的规定值。

（2）泵启动时应符合下列要求：①开足吸入阀，关闭排出阀，使泵在封闭状态下启动，以减少电动机启动负荷；②吸入管路应充满输送液体，并排尽空气，不得在无液体情况下启动；③泵启动时应细心观察转速表和泵的吸、排压力表读数，并注意运转声响。如发现电机负荷过大，泵排压建立不起来或运转有异常声响，均须停泵检查；当泵的转速和压力已趋于正常时，可慢慢开启排出阀供水，应防止泵长时间"封闭"运行；泵启动后应快速通过喘振区。

（3）泵试运转时应符合下列要求：①各固定连接部位不应有松动；②转子及各运动部件运转应正常，不得有异常声响和摩擦现象；③附属系统的运转应正常；管道连接应牢固无渗漏；④滑动轴承的温度不应大于80℃；滚动轴承的温度不应大于80℃；特殊轴承的温度应符合设备技术文件的规定；⑤各润滑点的润滑油温度、密封液的温度均应符合设备技术文件的规定，润滑油不得有渗漏和雾状喷油现象；⑥泵的安全保护和电控装置及各部分仪表均应灵敏、正确、可靠；⑦泵在额定工况点连续试运转时间不应小于2h；高速泵及特殊要求的泵试运转时间应符合设备技术文件的规定；⑧潜水泵扬水管应无异常的振动。

（4）泵停止试运转后，应符合下列要求：①离心泵应关闭泵的入口阀门，再依次关闭附属系统的阀门；②应放净泵内积存的液体，防止锈蚀和冻裂；③如长期停用，应将泵拆卸清洗。

（5）水泵异常现象、原因及解决方法，如表11.2所示。

表11.2 水泵异常现象、原因及解决办法汇总表

水泵异常现象	原 因	解 决 方 法
水泵启动后打不上水	启动前泵内有空气 泵盘根漏水或法兰不严 叶轮反转水箱无水	排尽泵内空气 消除漏气 倒换电机接线 查明原因，待水位高时启动
水泵运行中出口压力不稳	出口阀门开度太小或管道堵塞 泵内有空气 水箱液位低	查明原因，消除隐患 排出泵内空气 水箱水位高后启动泵
水泵显著振动，有杂音	泵内有空气 泵入口阀门堵塞或者开度太小 地脚螺栓松动 联轴器不对中 泵轴松动或串口严重 叶轮气蚀严重，产生撞击 叶轮损坏或塞入异物转动不平衡 泵轴缺油或油质不良失去润滑作用 背靠轮位置不正	排尽泵内空气 打开或清理入口阀门 紧固地脚螺栓 重新找正 进行检修 解体检修 更换叶轮 立即停泵检查，更换新油 调整好位置
水泵停止运行时叶轮倒转	相邻泵运行、泵出口阀门未关或 逆止阀不严	关闭泵出口阀门，联系检修处理逆止阀
水泵的轴承温度过高	润滑油油质不良 润滑油（脂）量不足 联轴器不对中 泵轴磨损或松动窜动 泵轴结构不良	更换新油 加足润滑油 检修 检修 更换泵轴承

11.2.2 螺杆泵试车及运行

（1）泵试运转前应符合下列要求：

①单独检查驱动机的转向应与泵的转向相符；②各紧固连接部位应无松动；③加注润滑剂的规格和数量应符合设备技术文件的规定。

（2）泵试运转时应符合下列要求：

①启动前，应向泵内灌注输送液体，并应在进口阀门和出口阀门全开的情况下启动；②泵在规定转速下，应逐次升压到规定压力进行试运转；规定压力点的试运转时间不应少于30min；③运转中应无异常声响和振动，各结合面应无泄漏；④轴承温升应不高于35℃，或高于油温20℃以下；⑤安全阀工作应灵敏、可靠。

（3）泵停止试运转后，应注意清洗泵和管道，防止堵塞。

11.2.3 鼓风机试车及运行

（1）风机试运转前应符合下列要求：

①加注润滑油的规格和量应符合设计的规定；②全开鼓风机进气和排气阀门；③盘动转子应无异常声响；④电动机转向应与风机转向相符；⑤管道内清洁没有异物；⑥螺栓、螺母的连接紧固；⑦进出风管消声滤清器清洁，将管道上的闸阀全部打开，以防风机超负荷运转，机器受损；⑧加入齿轮油，油面静止于油标中心位置（风机出厂时，不含齿轮油）；⑨电源的电压和频率符合要求。

（2）风机试运转应符合下列要求：

①进气和排气口阀门应在全开的条件下进行空负荷运转，运转时间不得小于30min；②空负荷运转正常后，应逐步缓慢地关闭排气阀，直至排气压力升至设计的升压值为止，电动机的电流不得超过其额定电流值；③带负荷试运转中，不得完全关闭进气、排气口的阀门，不应超负荷运转，并应在逐步卸荷后停机，不得在满负荷下突然停机；④负荷试运转中，轴承温度不应超过95℃；润滑油温度不应超过65℃；⑤风量大小不能通过开关阀门来调整。三叶罗茨鼓风机是容积形压缩机，通过调整转速来改变流量和轴功率；关闭阀门，压力上升，风机超负荷运转，易被烧坏，故应通过改变转速或增设溢流管道来调整流量。

（3）停车：停车时应逐步卸荷后停机，不得在满负荷下突然停机。

（4）管理要点：①检查各部位的紧固情况及定位销是否松动现象，如有松动应紧固；②鼓风机机体内部有无渗油现象；③鼓风机机体内部有无有结垢、生锈和剥落现象存在；④注意润滑油冷却情况是否正常，注意润滑油的质量，经常倾听鼓风机运行有无杂声，注意机组是否在不符合规定的工况下工作；⑤鼓风机的过载有时不能立刻显示出来，所以要注意进排气压力、轴承温度和电机电流的变化，以判断机器是否运行正常。

（5）罗茨风机异常现象、原因及解决方法，如表11.3所示。

表11.3 罗茨风机异常现象、原因及解决方法汇总表

水泵异常现象	原　　因	解　决　方　法
风量不足	叶轮磨损、间隙过大 皮带太松、转速下降 过滤网网眼堵塞 管道泄漏	修复叶轮或更换 张紧三角带 清洗过滤网或更换 检查管道

水泵异常现象	原　因	解　决　方　法
电机超载 电流过大	过滤器堵塞 系统管道堵塞 风机叶轮与机壳、墙板摩擦	清洗过滤网 检查系统并排除 调整叶轮与墙板间隙
振动增大	齿轮损坏 联轴器不同心	更换齿轮 调整联轴器
安全阀失灵	压力调整有误 弹簧失效	重新调整 更换
撞击声	齿轮位置失常 压力升高 齿轮磨损间隙过大 压力异常升高、主从动轴弯曲 轴承磨损严重、游隙增大	调整齿轮位置 检查系统排除升压原因 更换齿轮 更换主从动轴 更换轴承
轴承、齿轮损坏	润滑油不足、油量不足、油质欠佳 超负荷运行，导致磨损	检查油位更换新油 更换
轴、叶轮损坏	系统气体回流，叶轮撞击 齿轮位置失常	采取措施防止气体回流 调整齿轮
漏油	从墙板散热孔处漏油 从墙板油箱结合面，连接松动 油位视窗、放油螺栓松动	油位高、调整 检查连接螺栓更换密封垫 上紧油位视窗、放油螺栓
风机过热	主、副油箱润滑油过多 排气压力突然升压 叶轮磨损间隙过大 冷却不良 环境温度升高	调整油位 检查系统排除阻力 修复叶轮 检查冷却水温度、流量 检查通风、加强散热
振动增大	叶轮平衡破坏、有异物黏附 轴承磨损或损坏 紧固螺栓松动	清理叶轮附着物 更换轴承 检查连接螺栓、紧固

11.2.4　曝气器试车及运行

（1）曝气器的调试

向曝气池中注入清水至曝气器的高度，继续向池中注水直至水面高于曝气器 20cm，启动风机向曝气系统供气，检查空气管道和曝气器的连接处有无泄漏。如果空气管道发生泄漏或空气分配管于曝气管连接处有泄漏，则将处理池中的水排放到一定高度，以使泄漏点露出水面并进行修补，然后重新向池中注水，并再次进行检查。经检查无泄漏后，关闭立管上的阀门以停止向空气管供气，观察曝气器连接处有无气泡冒出。气管检查无泄漏后，继续向池中注水直至水面高于池内挡气墙约50cm，方可启动风机、射流泵，向曝气系统供气、供水，检查水面曝气是否均匀。

（2）曝气系统的日常运行

通过调整曝气系统可以控制好氧池内溶解氧的量。调节曝气流量时，注意不得超过曝气器的一般供气量范围，过大的气流量会降低氧转移效率，气流量低于建议值则会导致曝气器利用率降低，产生曝气不均的现象。在正常运行过程中，整个曝气系统应该有多余的溶解氧浓度，通过溶解氧的测量可以确定曝气系统的运行效果。

11.3　整套试运（清水联动）

系统整套试运（清水联动）目的主要是：在系统带负荷运行之前检验所有参与渗滤液处理的构筑物、管线、渠道等，是否畅通、无堵塞、无渗漏；检验所有参与渗滤液处理的电气设备、机械设备等，在工作状态是否正常、可靠、安全，检验设备各种性能指标是否满足设计要求；检验自控系统程序设计是否合理，能否满足运行要求等。

11.3.1　整套试运条件检查确认及准备工作

整套试运的必备条件主要有：①各构筑物土建工程和安装工程施工均已完毕，符合设计要求，且已按照程序通过质量验收；②各种设备均已完成空载单机调试，设备功能齐全、性能良好、满足工艺要求；③运行线路上的各构筑物及与设备相连的工艺管线按要求清理吹洗干净并已完成压力试验；④全系统所有阀门密封严密，检查符合标准，操作灵活可靠；⑤各种电气仪表安装无误，开关、按钮操作灵活并已完成各种功能试验，符合设计要求。

整套试运的准备工作主要有：①成立整套试运工作小组，根据试运小组进行工作内容及职责划分；②确定试运的临时水源；③制定整套试运方案及计划；④组织以设备安装、电气、仪表技术工种为骨干的试运值班队伍，并进行调试交底；⑤备齐检查试运中所需的各种测试仪器，如万用表、测温仪、测振仪等，制定相应记录表格；⑥开始执行试运期间工作制度，主要包括"两票三制"；⑦明确整套试运后的厂外退水管线。

11.3.2　整套试运联动步骤与签证

（1）整套试运联动步骤

保证各个处理单元水位达到试验条件，按照系统流程依次开启设备、阀门，其步骤为：

①开启系统流程中的阀门，检查各个构筑物内的水位深度，要求达到试验高度；

②检查转动设备中的润滑系统，以保证设备润滑正常；检查引水罐有无泄漏、将引水罐补满水；

③开启系统中的搅拌类设备，开启厌氧进水泵，开启进水调节阀，调整流量至最大设计量；

④开启厌氧系统循环水泵，厌氧出水经配水管进入生化池；

⑤开启反硝化反应池的搅拌器；

⑥依次开启鼓风机，射流泵，消泡泵及换热泵；

⑦深度处理系统按照流程方案依次进行；

⑧以上各系统稳定后，进行污泥系统联动：开启预处理、生化系统排泥、开启污泥储池搅拌器；

⑨检查记录各设备的运行工况，复核在线仪器、仪表的准确性，检查各工艺管路、构筑物、设备有无"跑冒滴漏"；

⑩记录汇总试运过程中的主要缺陷，及时安排缺陷处理，处理完成后继续投入试运，直到试运结束。

（2）整套试运签证

整套试运结束后，办理整套试运验收签证卡，由调试单位报监理审查，经建设方批准后方可进行下一阶段的负荷调试。

11.4　系统负荷调试

工艺调试是渗滤液系统调试中最重要的部分，工艺调试总的原则是对各个处理单元单独调试，之后再进行负荷联动调试。在单元调试中，主要分为预处理系统、厌氧系统、好氧/缺氧系统、深度处理系统、污泥处理系统等。工艺调试需确定各处理单元最佳运行参数，最终保证渗滤液系统出水排放、气体排放、噪声等达到设计要求，并低于国家或地方相关排放标准。

11.4.1　预处理系统单元调试

预处理调试需确定自清洗过滤器运行方式，初沉池、污泥储池污泥排放周期及控制方法，各池体除臭风管阀门开度等。

11.4.1.1　预处理系统调试要点

（1）自清洗过滤器调试需要注意以下几点：①需确定自清洗工作压力范围，一般设置为压力高于设定值时过滤器进行自动清洗；②摸清自清洗过滤器的清洗周期。

（2）初沉池的调试需要注意以下几点：①运行时应尽量保证进水平稳，以免对沉淀池造成冲击；②根据进出水 SS 去除效果，摸清和掌握排泥量，以保证沉淀效果；③注意关闭人孔盖板，开启除臭系统进行臭味集中收集和处理；④检查溢流堰堰板安装是否水平，是否造成出水短流。

（3）调节池的调试需要注意以下几点：①通过搅拌防止可沉降的固体物质在池中沉降下来而导致底部集淤严重，影响水质调节作用；②搅拌机开启后，检查推流搅拌效果是否达到预期；③调节池处于全密封状态，检查调节池除臭装置负压抽吸情况。

11.4.1.2　异常问题及解决对策

（1）出水带有细小悬浮颗粒

主要原因：水力负荷冲击或长期超负荷运行；因短流而减少了停留时间，以致絮体在沉降前即流出出水堰；进水中含有某些难沉淀污染物颗粒。

解决办法：调整进水流量，减轻冲击负荷的影响，克服短流；投加化学药剂，改善某些难沉淀悬浮物颗粒的沉降性能。

（2）出水堰污染且出水不均

主要原因：出水堰受污泥附着、结垢等影响，导致出水堰污堵，甚至某些堰口堵塞出水不匀。

解决办法：清理出水堰。

（3）污泥管道或设备堵塞

主要原因：污泥中易沉淀物、杂质等含量高。

解决办法：规范污泥系统操作要求，增加水力冲刷频次。

（4）自清洗过滤器清洗频繁

主要原因：过滤器滤网孔径选型过小，或者渗滤液原液中含大量毛发、纤维状等杂质。

解决办法：更换过滤器滤网；在渗滤液收集池内增加过滤装置；清理主厂房渗滤液收集沟道间。

（5）预处理系统除臭效果差

主要原因：多是由于各除臭空间密闭不严实；除臭风管疏水排放不畅；除臭风机性能下降。

解决方法：检查并完善除臭空间密封性；检查除臭风管疏水收集及排放情况；检查除臭风机，分析性能下降原因并使其恢复。

11.4.2 厌氧系统单元调试

厌氧系统设备较为复杂，需要监控、控制、调整的指标较多，厌氧系统是保证渗滤液稳定出水、达标出水的必要条件，必须进行高质量的调试以保证厌氧单元处于最佳运行状态。调试内容主要包括进水量、罐内温度、循环量、污泥浓度、排泥量、排泥周期、沼气压力控制范围等方面的调试。厌氧生物处理单元的启动成功与否，会直接影响厌氧处理系统能否顺利投入使用。厌氧系统启动的首要工作是污泥接种，通过污泥接种向厌氧反应装置中接入厌氧代谢的微生物种群。对于较难降解的垃圾渗滤液，宜采用分批培养法，当接种适量污泥后，垃圾渗滤液可分批进料。启动运行初期，厌氧反应装置应间歇运行，每批渗滤液进入后，开启循环泵使进水与污泥充分反应，通过调整循环泵流量来控制罐内液体上升流速，经一段时间厌氧反应后，大部分有机物被分解，此时可投加第二批渗滤液。在分批进水间歇运行时，可逐步提高进水的浓度，缩短反应的时间，直至污泥完全适应渗滤液的水质水量，并连续运行。

11.4.2.1 厌氧系统调试要点

（1）厌氧污泥接种

采集接种污泥时，应注意选用比甲烷活性值高、相对密度大的污泥，同时应除去其中夹带的大颗粒固体和毛发、纤维状杂物等。接种量依据接种污泥的性能、厌氧反应器的类型、容积和启动运行条件（如时间限制、运输条件）等来决定。加大接种量有利于缩短启动时间，工程应用中污泥的接种量多控制在 $10kg/m^3$ 左右。

（2）厌氧进水

厌氧进水系统主要由厌氧罐进水泵、进水电动调节阀、进水电磁流量计、进水管路及相关阀门等组成。调试时需要重点关注以下几个方面：①厌氧罐采用连续进水、连续出水的运行方式，要尽量保证进水量的连续稳定，调试初期进水可采用小量多次的方式；②运行期间密切关注进水流量、沼气压力等参数。

（3）蒸汽加热

蒸汽加热时需要注意以下几个方面：①蒸汽管路投入使用前需进行打压试验，保证管路和阀门无泄漏，安全阀门动作正常，试验完成后进行保温处理；②冷管初次使用蒸汽时需要缓慢预热，用排空阀、疏水阀排出管内的疏水，待冷凝水排干净后方可对系统进行加热；③给厌氧循环管路加热时需注意调节蒸汽压力，防止混合器和蒸汽管路振动过大，且加热速度不宜过快；④厌氧系统运行温度不宜波动过大，波动控制在2℃/d以内；⑤厌氧罐不需要加热时，关闭进出口阀门隔离混合器，长时间停运后再次投用时需进行清理，防止管道混合器结垢。

（4）外循环系统

外循环系统主要由循环泵、外循环集水装置、循环布水总管、循环布水支管及相关阀门等组成，需要重点关注以下几个方面：①初次启动循环泵时，需检查所有进出口阀门是否到位，当罐体内液位高度超过外循环集水装置时，可开启循环泵进行外循环运行；②通过调节循环泵出口阀门使泵达到额定流量；③因接种污泥比重大、沉降性能好，调试初期可开启两台循环泵进行外循环，使泥水充分接触，使其尽快恢复活性。

（5）厌氧罐

厌氧罐体调试运行过程中需要注意以下几点：①严禁厌氧罐内气体压力在任何时候、任何情况下偏离设计压力 -500～4000Pa；②监视厌氧罐液位高度，防止出现出水不畅造成厌氧罐超高液位运行的情况；③对于长时间不取样的取样管至少每周排放一次，防止污泥在管内沉积硬化；④内循环系统的驱动力为系统自身产生沼气的汽提作用，日常运行中只需确保气水分离器进气阀门处于完全开启状态，同时需要每天观察气水分离器内水位，若水位达到气水分离器高度的三分之二以上，则需要检查分离器回流管是否堵塞，并采取相应措施；⑤每台厌氧罐底部均设有排空管，用于厌氧罐放空检修，日常运行时严禁开启。

（6）厌氧出水

出水系统主要由出水堰、出水排气口、U形存水弯、出水支管、出水总管、A/O池进水支管及相关阀门等组成。出水管水平段设置了U形水封，防止沼气从出水管溢出，运行时需经常排污，保证U形弯畅通，但需要注意的是必须在厌氧系统出水的时候才能排污，否则会造成沼气从出水管泄露。厌氧罐出水管上的阀门关闭后会引起罐内积水，可能会导致罐体焊缝开裂等严重事故，在日常运行时应在阀门上悬挂"严禁操作"标识牌，防止外来人员误操作，并且在调试前需要检查该管路和阀门是否畅通，运行时需要时刻注意厌氧罐内液位高度。

（7）厌氧排泥

排泥系统主要由集泥装置、排泥泵及相关管道、阀门组成。排泥前适当降低入炉风机频率，排泥时需有专人监控沼气压力，使罐内沼气压力保持在500～1500Pa，根据沼气压力变化及时调整沼气风机频率，多个厌氧罐排泥时，必须进行轮流排泥，避免瞬时排泥量过大，造成罐体负压；合理控制排泥量，宜进行少量、多次排泥，避免无机污泥砂沉积造成管路堵塞。调试初期，厌氧罐不排泥，调试后期视污泥浓度、厌氧处理效果等情况合理控制排泥量。

（8）沼气系统

沼气系统主要由沼气集气管、气水分离器、水封罐、火炬及相关阀门组成。汽水分离器用于分离沼气上升过程中带出的水汽，运行时需定期检查气水分离情况；水封罐用于稳定沼气压力并防止回火，因沼气带有大量水汽，水封罐底部设有排水管，以将罐内多余的水排出，运行时应定期打开排水阀进行排水；日常运行时应确保沼气主管道上的阀门均处于开启状态，不得随意操作相关阀门；沼气总管上设有疏水管，用于排出管内的冷凝水；沼气点火前需进行沼气样品分析，当沼气浓度达到点火要求，混合气体中氧气含量接近为 0 时，可采集沼气进行点火小试，小试成功后方可进接入火炬进行点火燃烧。

11.4.2.2 厌氧系统运行参数控制

（1）温度

厌氧罐的最佳处理温度为 30～35℃（指罐内温度），每天罐内温度的波动不要超过 2℃。

（2）pH 值

厌氧罐的 pH 值范围为 6.5～8.0，最佳 pH 值范围为 6.8～7.2。当厌氧罐内 pH 值有明显下降趋势时则需密切关注，当 pH 值降至 7.0 以下时，则需在进水中投加适量的碱，将罐内 pH 值稳定在 7.0 以上。

（3）污泥浓度（MLSS、MLVSS）

厌氧罐内保持适当的污泥浓度是厌氧系统能否正常稳定运行的关键，厌氧罐内的污泥浓度应控制在 15～30g/L 之间，当罐内污泥为絮状时，部分污泥容易随出水带出，因此污泥浓度不宜过高，此时可控制在 15～20g/L，当污泥呈现颗粒化后，可适当增加罐内的污泥浓度。同时，在运行过程中应尽量控制 MLVSS/MLSS≥0.6。

（4）挥发性脂肪酸（VFA）

挥发酸对甲烷菌的毒性受系统 pH 值的影响，如果厌氧反应器中的 pH 值较低，则甲烷菌将不能生长，系统内 VFA 不能转化为沼气而是在罐内积累，相反，在 pH 值为 7 或略高于 7 时，VFA 是相对无毒的。在 pH 值约等于 5 时，甲烷菌在含 VFA 的废水中停留长达两月仍可存活，但其活性在系统 pH 值恢复正常几天到几个星期内才能够恢复。

（5）化学需氧量（COD_{Cr}）

化学需氧量是检测厌氧罐对有机物去除效果的最直观指标，当厌氧罐内 VFA 开始累积时，COD_{Cr} 值也会明显上升，因此通过检测进出水 COD_{Cr}，可以了解厌氧罐运行是否正常。

（6）营养物与微量元素

厌氧菌正常生长所需的主要营养物有氮、磷、钾、硫以及其他微量元素。一般氮和磷的要求大约为 COD_{Cr}：N：P =（350～500）：5：1。渗滤液中含有过量的氮，但磷较少，运行过程中应检测磷含量是否充足，是否需要额外补充。此外甲烷菌细胞组成中有较高浓度的铁、镍和钴，运行过程中投加此类微量元素也可促进甲烷菌的生长，提高系统处理效率。

（7）毒物

对厌氧菌有毒害作用的化合物主要有氨氮、无机硫化物、盐类、重金属、非极性有机化合物（挥发性脂肪酸）等，运行中的毒性化合物应当低于抑制浓度或应给污泥足够的驯化时间。根据渗滤液处理的相关经验数据，氨氮超过 2000mg/L 时，会对产甲烷菌造成毒害作用，降低厌氧系统的产甲烷能力。

（8）沼气成分

处理渗滤液的厌氧系统产生的沼气主要成分含有甲烷（CH_4）、硫化氢（H_2S）、二氧化碳（CO_2）以及少量氧气（O_2），其中甲烷含量约占 50%～80%，二氧化碳约占 20%～40%，氧气小于 0.4%。

当厌氧罐运行产生异常时，沼气产量会相应减少，同时沼气中甲烷气体所占比例也会减少，CO_2 浓度会升高，因此通过定期检测沼气成分可以判断厌氧罐运行是否正常。

11.4.2.3 异常问题及解决对策

异常问题及解决对策，如表11.4所示。

表11.4 异常问题及解决对策汇总表

存 在 问 题	原 因	解 决 方 法
污泥生长过慢	营养物不足，微量元素不足 进液酸化度过高 种泥不足	增加营养物和微量元素 减少酸化度 增加种泥
反应器过负荷	反应器污泥量不够 污泥产甲烷活性不足 每次进泥量过大，间断时间短	增加种污或提高污泥产量 减少污泥负荷 减少每次进泥量，加大进泥间隔
污泥活性不够	温度不够 产酸菌生长过快 营养或微量元素不足 无机物 Ca^{2+} 引起沉淀	提高温度 控制产酸菌生长条件 增加营养物和微量元素 减少进泥中 Ca^{2+} 含量
污泥流失	气体集于污泥中，污泥上浮 产酸菌使污泥分层 污泥脂肪和蛋白过大	增加污泥负荷，增加内部水循环 稳定工艺条件，增加废水酸化程度 采取预处理去除脂肪蛋白
污泥扩散颗粒污泥破裂	负荷过大 过度机械搅拌 有毒物质存在 预酸化突然增加	稳定负荷 改水力搅拌 废水清除毒素 应用更稳定酸化条件
厌氧反应器渗滤液酸化	厌氧反应器超负荷	降低负荷 加中和剂
厌氧反应器出现负压	厌氧反应器、污泥管道或沼气管道漏气 排泥量过大	检查系统管道 调整运行操作方式
厌氧反应器压力偏高	沼气管线及排水管线有异常操作 沼气水封罐水位偏高 反应器进水量增加 沼气风机性能降低或设备故障	严格按照操作规程进行操作 调整水封罐水位至正常范围 调整进水流量 检查沼气风机

11.4.3 A/O 系统调试

A/O 系统的调试需根据处理水量，确定最佳 DO、SV30、MLSS 的控制范围以及剩余污泥的排放量。好氧系统调试也有一定的难度，其调试难度的主要体现在活性污泥的驯化等方面。

11.4.3.1 好氧生物系统调试要点

（1）活性污泥的培养驯化

启动的首要工作是污泥接种。接种是向好氧池中接入微生物种群，加大接种量有利于缩短启动时间，经验值一般为5g/L。运行初期，由于污泥尚未大量形成，污水浓度较低，且污泥活性较低，故系统的运行负荷和曝气量需低于正常运行时的参数。对于生物降解比较困难的垃圾渗滤液，通过驯化过程可使能利用废水中有机污染物的微生数量逐渐增加，不能利用的则逐渐死亡、淘汰，最终使污泥有较好的适应性，达到好的处理效果。在污泥驯化过程中，应使渗滤液比例逐渐增加，外加营养量比例逐渐减少。

（2）活性污泥的性状检测

活性污泥絮粒的大小、形状、紧密程度、构成絮粒的菌胶团细菌与丝状菌的比例及其生长情况能够很好地反映活性污泥性状。

运行正常的活性污泥生物相主要体现在，活性污泥的污泥絮粒大、边缘清晰、结构紧密，呈封闭状、具有良好的吸附和沉降性能。絮粒以菌胶团细菌为骨架，穿插生长一些丝状菌，但丝状菌数量远少于菌胶团细菌，未见游离细菌、微型动物以固着类纤毛虫为主，如钟虫、盖纤虫、累枝虫等，可见到木盾纤虫在絮粒上爬动，偶尔还可看到少量的游动纤毛虫等。轮虫生长活跃表明污泥沉降及凝聚性能较好，它在二沉池能很快和彻底地进行泥水分离，处理出水效果好。在形成这种生物相结构时，应加强运行管理，以继续保持这种运行条件。

污泥出现絮体结构松散，絮粒变小，观察到大量的游动型纤毛虫类（豆形虫属、肾形虫属、草履虫属、波多虫属、滴虫属等）生物、肉足类生物（变形虫属和简便虫属等）急剧增加的生物相，出现这种生物相时，污泥沉降性差，影响泥水分离。产生的原因主要是由于污泥负荷过低，菌胶团细菌体外的多糖类基质会被细菌作为营养物用于维持生命需要，从而使絮体结构松散，絮粒变小。若同时观察到大量的游离细菌的生物相时，则主要是由于污泥负荷过高引起的，这时污水中的营养物质丰富，促使游离细菌生长很好，絮凝的菌胶团细菌趋于解絮成单个游离菌，以增大同周围环境的比表面，同样使污泥结构松散，絮粒变小。此外，由于污泥絮粒的解絮或变小容易被微型生物吞噬，使得微型生物因食物充足而大量繁殖。

对由于污泥负荷过低，应采取减少污泥回流量、投加营养物质、缩短泥龄等方法提高污泥负荷运行；对由于污泥负荷过高，则应采取减少进水流量，减少排泥等措施降低污泥负荷运行。

11.4.3.2 好氧系统主要控制因素

（1）温度

A/O池的最佳处理温度为20～30℃（指池内温度），但由于渗滤液生化系统污泥浓度高，微生物生化反应放热量大，而工业冷却塔出口冷水温度在32℃左右（夏季），实际运行中生化系统温度时常在35℃左右（夏季），为保证处理效果，生化系统温度波动要求控制在2℃以内。

（2）pH值

A/O系统的pH值范围一般为6.8～8.5，最佳pH值范围为7～8。当pH值降至7.0以下时，则要补充部分碳源，加强反硝化，将池内pH值稳定在7.0以上，若后续深度处理系统含化软工艺，建议控制pH值在7.5以上。

（3）溶解氧（DO）

A段需保持DO在0.5mg/L以下，O池末端需保持DO在2mg/L左右。溶解氧过低，好氧微生物正常的代谢活动就会下降，活性污泥会发黑发臭，影响出水水质；溶解氧过高，则会导致有机污染物分解过快，从而使微生物缺乏营养，活性污泥易于老化，结构松散，此时活性污泥中的微生物会进入自身氧化阶段，增加动力消耗。

（4）污泥浓度（MLSS、MLVSS）

在 A/O 池内保持适当的污泥浓度是系统能否正常稳定运行的关键，一般污泥浓度应控制在 15g/L 左右，在运行过程中应尽量控制 MLVSS/MLSS≥0.5。

（5）化学需氧量（COD_{Cr}）

化学需氧量是检测 A/O 池对有机物去除效果的最直观指标，因此通过对进出水 COD_{Cr} 进行检测，可以判断 A/O 池的运行是否正常。当进水 COD_{Cr} 超出设计值时，需要根据设计污泥负荷重新计算进水量，当出水 COD_{Cr} 指标异常时，则需尽快查明处理效果下降的原因，并采取相应的措施。

（6）氨氮

渗滤液中99%的氨氮是在 A/O 池内完成去除的，经过氨化、硝化、反硝化完成生物脱氮过程，因此通过对进出水的氨氮进行检测，可以判断 A/O 池运行是否正常，当出水氨氮指标异常时，需尽快查明处理效果下降的原因，并采取相应的措施。

（7）沉降比（SV30）

由于 SV30 值的测定简单快速，因此是评定活性污泥浓度和质量的常用方法，在调试启动初期能用于判断污泥生长情况。

（8）营养物与微量元素

A/O 池内微生物组成复杂，有好氧菌和兼性菌，营养比是否合适直接影响 A/O 池内微生物的增殖，磷在调试启动或活性污泥恢复时，可考虑投加，正常情况下则不需要投加。

（9）毒物

对好氧菌有毒害作用的因素主要包括氨氮、无机硫化物、盐类、重金属和过高的进水水力负荷等，运行中毒性化合物应当低于抑制浓度或应给予污泥足够的驯化时间。

11.4.3.3 异常问题及解决对策

异常问题及解决对策如表 11.5 所示。

表 11.5 异常问题及解决对策汇总表

存在问题	原因	解决对策
污泥膨胀	丝状菌大量繁殖和菌胶团结合水过度	调整运行方式，控制丝状菌生长繁殖；加强排泥；控制 DO 值等
曝气池有臭味	曝气池供 O_2 不足，DO 值低，出水氨氮有时偏高	增加供氧，使曝气池出水 DO 高于 2mg/L
污泥发黑	曝气池 DO 过低，有机物厌氧分解析出 H_2S 生成，其与 Fe 生成 FeS	增加供氧或加大污泥回流
污泥变白	丝状菌或固着型纤毛虫大量繁殖	如有污泥膨胀，参照污泥膨胀对策
	进水 pH 值过低，曝气池 pH 值≤6 丝状型菌大量生成	提高进水
曝气池表面出现浮渣似厚粥覆盖于表面	浮渣中见诺卡氏菌或纤发菌过量生长，或进水中洗涤剂过量	清除浮渣，避免浮渣继续留在系统内循环，增加排泥

存 在 问 题	原 因	解 决 对 策
污泥未成熟，絮粒瘦小 出水混浊，水质差 游动性小型鞭毛虫多	水质成分浓度变化过大 废水中营养不平衡或不足 废水中含毒物或 pH 值不足	使废水成分、浓度和营养物均衡化并适当补充所缺营养
曝气池中泡沫过多，色白	进水洗涤剂过量	增加喷淋水或消泡剂
曝气池泡沫不易破碎，发黏	进水负荷过高，有机物分解不全	降低负荷
曝气池泡沫呈茶色或灰色	污泥老化，泥龄过长，解絮污泥附于泡沫上	增加排泥
进水 pH 值下降	厌氧处理负荷过高，造成有机酸积累	降低负荷 增加负荷
出水色度上升	污泥解絮，进水色度高	改善污泥性状
出水 BOD_5、COD_{Cr} 升高	污泥中毒	污泥复壮

11.4.4　深度处理系统

渗滤液的深度处理一般采用膜分离技术，在调试过程中需获得最佳运行参数，主要包括：流量、产水率、压力、电导、温度等，膜运行的连锁保护值，膜污染的形式及清洗方法与频率。

11.4.4.1　深度处理系统调试要点

在清水联动试车正常经确认后，开通渗滤液进水管道，使渗滤液进入处理系统，进行系统工艺总调试。与此同时，正式取样、化验、分析，得出各采样点水质分析指标后，确定水处理效果；当总出水指标达到设计要求后，即完成调试任务。工艺调试总的原则是逐级、单座调试。系统开始调试前，对渗滤液进行水质监测，具体指标有：COD_{Cr}、BOD_5、$NH_3\text{-}N$、pH 值、碱度、硬度等，水质监测后方可开始整个系统调试。

在膜组件已安装、清洗完毕后，膜系统可以并入污水管路，开启运行工作。以下为启动步骤：

（1）膜系统、水箱和管路清洗

人工清理各物料箱、清洗箱、产水箱，清除焊渣杂物等，用自来水冲洗后从排放管路放空。

（2）冲洗各段系统的管路。

（3）管道的试压试漏

先将膜壳的端盖打开，将特制的滤液堵头装上，然后装上膜壳，开启增压泵，调节回流阀，系统压力在 3bar 下检测，发现漏点马上处理。

（4）水联动运行测试

管道试压试漏后进行水联动测试。

用纯水代替废水进行预处理系统的试运行，模拟废水运行时的温度、压力；按正常的运行程序开启膜系统，调整相关的阀门，把压力、流量、温度等设备运行参数调整到正常设计运行时的参数，观察单体设备是否在正常的范围内工作。如有不对进行校正。

（5）检测各台泵的运行情况（包括噪声、压力流量及电流等情况）。

（6）管道和设备分别进行化学清洗。

（7）膜芯的安装

①沿进水方向推入膜芯；

②安装端盖联结件；

③安装膜端盖；

④安装端盖卡簧及固定螺栓。

（8）膜芯的清洗和检测

进行膜水通量和截留率的检测。

做好废水的取样，检测废水的指标，对照合同附件上的指标，检查是否符合进膜系统的要求。

根据操作规程进行物料运行，根据数据表格填好运行数据。

取样检测经过膜处理的料液是否符合合同附件要求的指标。

操作人员培训及内容：

①系统工艺流程；

②单体设备特性（泵、阀、过滤器、膜、换热器等）；

③电气仪表特性（变频器等）；

④系统操作参数及运行步骤；

⑤系统及单体设备的保养与维护；

⑥实际操作培训。

11.4.4.2 深度系统主要控制因素

（1）所有电机、配电设备、检测仪器、管路、管件等应经常巡视，发现问题及时解决，并按说明及时解决，并按说明书和有关规范规程定期维护。

（2）生化系统中活性污泥的性状、对污染物的降解对深度处理系统稳定运行有着密切的联系。对生化系统进行水质监测的具体指标有：COD_{Cr}、NH_3-N、pH 值、碱度、硬度等，水质监测合格后方可进入深度处理系统。

11.4.4.3 异常问题及解决对策

异常问题及解决对策如表 11.6 所示。

表11.6 异常问题及解决对策

存在问题	原因	解决对策
产水浊度升高	有泄漏点	排查泄漏点，采取堵漏措施
产水通量下降	膜污染、膜结垢	进行化学清洗、排查结垢原因，进行阻垢剂投加、调整生化系统运行等
进水量减小	进水泵进出口堵塞、进水管路中带有空气	检查进水泵进出口有无堵塞，排出管路中气体
产水指标上升	膜老化、性能下降	如有污泥膨胀，参照污泥膨胀对策
	有泄漏点	排查泄漏点，采取堵漏措施
	生化系统指标恶化	调整生化系统运行

11.4.5 污泥处理系统调试

污泥处理系统主要包括污泥储池、污泥脱水机、控制系统等，污泥主要来自预处理系统污泥排放和生化系统剩余污泥的排放。在调试过程中需确定污泥脱水投加药剂的配制浓度及投加量，确定污泥脱水机的运行方式和参数。脱水系统常有以下异常问题，汇总表如表11.7所示。

表11.7 异常问题与解决对策汇总表

存 在 问 题	原 因	解 决 对 策
泥饼偏湿	挡门压力偏低 进泥导向尼龙块冲洗水密封处渗水	调高挡门压力 拆下导向块前端盖板， 用专用工装拔出导向块， 清洗并检查密封条
滤液浑浊、滤渣较多	挡门压力偏高 进泥压力偏高	调整挡门压力 参照上述方式排除
进泥压力上下波动较大，泥饼含水率（目测）忽高忽低	搅拌混合不均， 引起进料时泥水分布不匀	检查混合器工作是否正常
进料絮凝团细碎，但没有黏稠感	药剂与污泥不匹配 混合器搅拌速度过快 絮凝剂添加量偏少	更换合适药剂 调慢转速 提高絮凝剂添加配比
进料絮凝团细碎，但颗粒润滑，有明显的黏稠感	絮凝剂添加量过多	降低絮凝剂调价配比
进料絮凝团太大，造成进料不均，压力不稳	快速混合器的搅拌速度过慢 絮凝剂调价量过多	调整快速混合器的搅拌转速 降低絮凝剂添加配比
进泥压力偏高（超过10~15kPa）	进料浓度偏高 进料放量过大 主机滤网堵塞	适当提高主机转速 降低进料放量 先用后端的反冲洗水清洗， 进而再拆下导向块前段高板， 清洗并检查冲洗孔有无堵塞
浓缩混合器压力偏高（超过10~15kPa)	主机进泥压力高 主机转速过快	参照上述方式排除 减慢主机转速

11.5 调试质量与安全

11.5.1 质量保证措施

（1）调试质量控制需要注意以下几点：①调试质量控制以事前预防为主；建立质量管理的程序文件；②调试工程师在调试过程中进行方案制定及检查落实，及时纠正违规操作，消除质量隐患，跟踪质量问题，验证纠正效果，逐步建立岗位责任制度；③调试工程师在调试过程中采用必要的检查、测量和试验手段，以验证调试质量；④调试工程师应该对工程的关键工艺和重点单元的操作进行监督。

（2）调试质量的事前控制需要注意以下几点：①工程项目调试前，由建设方组织设计、技术、调试等部门相关人员进行技术交底，做好交底记录；②工程建安验收后，建设方向调试方提供一套完整的设备资料；③调试工程师在调试前应熟读设计图、技术方案，领会设计意图、掌握工程特点、了解工艺要求，并编写调试方案及相关措施；④调试工程师进场前，建设方应按调试工程师的要求配备调试小组相关人员；⑤调试工作进行之前，调试工程师应对调试相关人员进行培训。

（3）调试质量的过程控制需要注意以下几点：①调试工程师建立调试日志制度，记录每天的调试进度、处理效果、水质检测结果、出现的问题及解决办法等；②要求生产单位的试运操作严格按照"两票三制"执行；③调试工程师负责审核系统操作规程，严格要求操作人员按操作规程进行操作；④调试工程师对工艺单元的操作以操作通知单形式下达；⑤如调试过程中出现影响调试进度的设计、施工缺陷，调试工程师应及时向试运小组报告出现的问题，提出解决建议。

11.5.2 安全保证措施

工程调试期间，各类别设备均需要进行试运，很多处理设施或设备可能存在运行不稳定等情况，许多地方仍待完善，整体调试有一定的难度和危险性。为保证调试过程中的人员、设备安全，需制定如下安全保证措施：

①严格遵守各项安全规章制度，不违章作业，并制止他人违章作业，有权拒绝违章作业。

②严格遵守各项操作规程，精心操作，保证原始记录整洁、准确可靠。

③当班人员有权拒绝非本岗人员随意进入其岗位和动用其岗位任何物品。

④按时巡视检查，发现问题及时处理。发生事故要正确分析、判断，并做好记录，并向上级领导汇报。

⑤正确使用、妥善保管各种防护用品和器具，按规定着装上岗。

⑥加强设备维护，保持作业场所卫生、整洁。

⑦工作人员不得行走或站立在各处理设施的非安全位置。

⑧经常检查走道板、护栏等，如有损坏或不牢固情况，立即汇报修理。

⑨作业时，注意防滑，不得在池上追逐奔跑，不得酒后上池。

⑩维修作业专业人员必需持证上岗，当班运行人员有权监督。

⑪现场动火作业必须办理相应的工作票，并有监护人员在场，根据工作票要求在作业现场设置必要的安全、消防措施，安全措施不落实，动火作业人员有权拒绝作业。

⑫调试期间，严禁在调试中的厌氧罐进行动火作业。

⑬严禁在水泥地、池面拖滑金属工器具、防止摩擦产生火花。

⑭对相关人员进行安全教育，包括安全思想、劳动保护方针政策、安全技术知识、工业卫生、先进事迹教育及事故教训教育等，提高安全技术知识水平，增强安全生产和自我保护意识。

⑮进入调试现场的工作人员，必须严格按规定使用劳动防护用品，特殊工作环境中要根据要求使用特殊劳动防护用品，不按规定使用劳动防护用品的按违章进行处理。

⑯调试设备及系统周围安全措施必须安装完毕。

⑰调试时与试运有关的阀门和仪表计应悬挂标示牌，以免误操作，对不参与调试的系

统，应采取隔离措施，重要阀门采用上锁、拉电及挂警示牌等措施。

⑱调试时应服从统一指挥，无关人员不得进入试运场地，不得私自在中控室或对相关设施进行任何操作。

⑲调试时应做到场地平整，扶栏完整，道路畅通，照明充足。

⑳调试区域禁止进行危及试运行安全的工作，如必须进行相关工作，应先通知试运负责人，得到许可后，并采取必要的安全措施，方可进行作业。

㉑调试时如出现设备异常情况时，应立即汇报试运负责人以便及时安排人员进行处理。

㉒调试过程中如发生异常情况，如工艺指标和运行参数明显超标等，调试人员应立即中止调试，并分析原因，提出相应的解决办法。

㉓调试人员在调试现场应严格执行《电力安全工作规程》及现场有关安全规定，确保现场工作安全、可靠的进行。

㉔调试过程中如需要动火作业，必须按照动火作业相关流程进行，得到批准后方可作业。

11.5.3 主要防范措施

（1）防坠落、溺水措施

各池体盖板、护栏安全可靠，敞开池体各栏杆处应配备救生器材，包括救生圈、救生衣等。安全警示牌字体清晰、规范、醒目、标示位置合理。

（2）渗滤液泄漏处理措施

调试期间，污水运行人员应当加强设备巡检，发现设备有跑冒滴漏现象应当及时联系检修人员处理。如阀门、管路或池体发生泄漏，应根据泄漏情况及时进行隔离处理并汇报至试运小组。

（3）停电处理措施

各单元内设备如发生断电现象，应先停止运行，采取必要的隔离或调整措施，并联系专业人员前来处理，待系统通电正常后，再恢复试运。

（4）防窒息措施。

在试运期间，要采取可靠措施，防止沼气局部浓度增加。如果发现某些区域沼气已增浓或可能增浓时，必须作出清晰、明确的标记，并强制通风，同时严禁人员进入沼气增浓区域。

（5）沼气综合利用装置的安全及防护措施

主要如下：①沼气输送管道的安装和试验应符合《工业管道工程施工及验收规范》GB 50235—97 的规定；②沼气输送管道的附件、阀门的选型必须符合 GB 50235—97 的规定，并根据介质的类别按 HG/T 20679—1990 中有关要求，在管道上喷涂相应的颜色标志；③设备外露转动部位设计防护罩或挡板，以避免意外人身伤亡事故的发生；④沼气火炬的安全及防护措施；⑤严格按照沼气火炬生产厂家提供的操作规程执行。

（6）加强对生产人员的安全教育，制订安全操作规程，严格管理。

11.5.4 事故中毒的抢救和应急措施

（1）急救措施

吸入危害气体后，应迅速脱离现场至空气新鲜处，保持呼吸道通畅，并及时就医。

（2）预防措施（沼气在线检测系统）

在沼气输送管线上安装现场显示仪表和变送器，并利用计算机远程监控系统实时监控沼气的各种参数，实现在线检测和自动报警，主要包括沼气温度、压力、瞬时流量、累计流量、甲烷浓度等参数在线检测和沼气泄漏报警。

（3）泄漏处理

应急处理人员需戴自给式呼吸器，必须有两人以上执行，要有专人监护，切断气源，然后强力通风。

11.5.5　电气设备防护措施

电气设备防火、防爆、防雷、防静电涉及电控系统的安全，以及相关设备、设施的正常运行，如果处理不到位，可能会发生严重安全问题，必须加以重视。可以采用如下的相关措施进行处理。

①电气、仪表的设计，必须严格按电气防爆设计规范执行，按爆炸危险场所类型、等级、范围选择防爆电气设备。

②动力电缆和控制电缆从控制室内经电缆沟，通过预埋、电缆桥架等方式铺设到各用电设备。

③厂区的供电电源，应符合 GB 50052—95《供配电系统设计规范》的有关规定。

④电缆接头及电缆沟、电缆桥架内电缆应涂阻火涂料、设置阻火包、阻火泥。电缆沟不准与其他管沟相通，应保持通风良好。

⑤电气线路和设备的绝缘必须良好。裸露带电导体处必须设置安全遮拦和明显的示警标志、良好照明设施。

⑥电气设备和装置的金属外壳及有外壳的电缆，必须采取保护性接地和接零。

⑦按《建筑物防雷设计规范》（GB 50057—94）（2000 年版）的要求，发电站采用高杆避雷针保护全厂建筑物，接地电阻不大于 4Ω，站内机电设备、管线及金属构架均进行保护性接地。所有防雷、防静电接地装置，应定期检测接地电阻，每年至少检测一次。

⑧在照明设计中设事故应急照明，事故照明持续时间为 1h，以保证后续的应急使用需求。

⑨进入生产现场的所有人员一律不准吸烟。

⑩操作人员启、闭电器开关时，应按电器操作规程进行。

⑪必须断电维修的各种设备，断电后应在开关处悬挂维修标牌后，方可进行检修作业。

⑫检修电器控制柜时，必须断掉该系统电源，并验明无电后，方可作业。

⑬清理机电设备及周围环境卫生时，严禁擦拭设备运转部分，不得有冲洗水溅落在电缆接头或电机带电部位及润滑部位。

⑭某一工序设备停机检修时，应首先关闭相关的前序设备，并将有关信息传至中央控制室和后续工序。

⑮严禁非本岗位操作管理人员擅自启、闭本岗位设备，管理人员不允许违章指挥。

⑯应在构筑物的明显位置配必要的防护救生设施和用品。

⑰防爆区域内严禁违章明火作业。

⑱具有粉尘、异味、有害、有毒和易燃气体的场所，必须有通风措施，并保持通风、除尘、除臭设备设施完好。

⑲在相关区域设置"安全告示""安全周知卡""应急处理方式"等标示。

⑳消防器材设置应符合现行国家标准的有关规定，并定期检查，验核消防器材效用，如有必要必须及时更换。

㉑建筑物、构筑物等的避雷、防爆措施，应符合现行国家标准的有关规定，并定期测试、检修。

11.6 调试验收与移交

调试验收的必要条件包括以下几个方面：工程已按设计建成；能满足渗滤液处理系统的运行要求；主要工艺设备已安装配套，经联动负荷试车合格，安全生产和环境保护符合要求；已具备运行条件；系统处理水量不低于设计值的80%；系统最终出水指标达到设计要求。

（1）验收准备

工程项目在竣工验收前，做好下列竣工验收的准备工作。

①完成收尾工程，收尾工程的特点是零星、分散、工程量小，分布面广，如果不及时完成，将会直接影响工程项目的竣工验收及投产使用。

②竣工验收的资料准备。竣工验收资料和文件是工程项目竣工验收的重要依据，从施工开始就应该完整地积累和保管，竣工验收时经编目建档。

（2）竣工项目自检自验

竣工项目自检自验是指工程项目完工后施工单位自行组织的内部模拟验收，自检自验是顺利通过正式验收的可靠保证，通过自检自验，可及时发现遗留问题，事先予以处理。为了工作顺利进行，自检自验时请监理工程师参加。

（3）提交正式验收报告

施工完进行自检预检并做好相应的修正完善工作后，提交验收申请报告，同时递交有关竣工图，分项技术设备资料和调试报告。

（4）调试移交

验收工作结束后，标志着工程项目的建设已告完成。经验收后的工程项目将投入正式生产和使用。

11.7 主体工艺运营管理要求

国内垃圾焚烧厂渗滤液处理系统工艺种类繁多，前文已经做过系统的描述，现就当前主流工艺运行管理要求进行简要介绍。

11.7.1 厌氧系统运行管理要求

11.7.1.1 厌氧运行控制工艺参数

（1）温度

渗滤液厌氧系统的最佳处理温度为30~35℃（中温厌氧），每天罐内温度的上下波动不要超过2℃。当厌氧系统温度下降时，需启动加热装置保持罐体温度。

（2）pH值

厌氧系统的pH值范围为6.5~8.0，最佳pH值范围为6.8~7.2。pH值范围是指厌氧系统内的 pH 值，而不是进液的 pH 值。因处理渗滤液的厌氧系统缓冲能力较强，正常运行时不需要调节进水的 pH 值，但当厌氧罐内 pH 值有明显下降趋势时则要密切关注，当 pH 值降至 6.5 以下时，则要开始在进水中投加适量的碱，将罐内 pH 值稳定在 6.5 以上。渗滤液中蛋白质、氨基酸以及氨氮的浓度较高，在厌氧发酵过程中由于氨的形成，pH 值会略有上升。

（3）悬浮物（SS）

悬浮物在厌氧反应器污泥中的积累对于厌氧系统是不利的。悬浮物使污泥中细菌比例相对减少，使得污泥的活性降低。悬浮物的积累最终将使反应器产甲烷能力和污泥容积负荷下降。因此，在实际运行过程中应采取必要的措施尽量降低进水中的悬浮物。

（4）污泥浓度（MLSS、MLVSS）

在厌氧罐内保持适当的污泥浓度有助于厌氧系统的正常、稳定运行，厌氧罐内的污泥浓度应控制在 15～30g/L 之间，当罐内污泥为絮状时，部分污泥容易随出水带出，因此污泥浓度不宜过高，可控制在 15～20g/L，当污泥呈现颗粒化后，可适当增加罐内的污泥浓度。同时，在运行过程中应尽量控制 MLVSS/MLSS≥0.6。

（5）挥发性脂肪酸（VFA）

挥发性脂肪酸简称挥发酸，英文缩写为 VFA，它是有机物质在厌氧产酸菌的作用下经水解、发酵发酸而形成的简单的具有挥发性的脂肪酸，如乙酸、丙酸等。挥发酸对甲烷菌的毒性受系统 pH 值的影响，如果厌氧反应器中的 pH 值较低，则甲烷菌将不能生长，系统内 VFA 不能转化为沼气而是继续积累。相反在 pH 值为 7 或略高于 7 时，VFA 是相对无毒的。挥发酸在较低 pH 值下对甲烷菌的毒性是可逆的。在 pH 值约等于 5 时，甲烷菌在含 VFA 的废水中停留长达两月仍可存活，但一般讲，其活性需要在系统 pH 值恢复正常后几天到几个星期才能够恢复。如果低 pH 值条件仅维持 12h 以下，产甲烷活性可在 pH 值调节之后立即恢复。厌氧反应器运转正常的情况下，VFA 的浓度应小于 3mmol/L，但在启动和提高处理量的过程中 VFA 出现一定的波动是正常的，但是，要多加监控，必要时采取相应措施。

（6）化学需氧量

化学需氧量是检测厌氧罐对有机物去除效果的最直观指标，当厌氧罐内 VFA 开始累积时，COD_{Cr} 值也会明显上升，因此通过对进出水 COD_{Cr} 的检测，可以了解厌氧罐运行是否正常。当进水 COD_{Cr} 超出设计值时，需要根据设计容积负荷重新计算进水量；当出水 COD_{Cr} 超出设计值时，则需要尽快查明处理效果下降的原因，并采取相应的措施。

（7）碱度

碱度不是碱，其表示水吸收质子的能力的参数，通常用水中所含能与强酸定量作用的物质总量来标定。碱度在不同的 pH 值下的存在形式不同，在厌氧系统中有缓冲溶液的作用，可降低系统内 pH 值波动。碱度是衡量厌氧系统缓冲能力的重要指标。因此在运行过程中需要监测碱度，必要时及时采取相关措施。操作合理的厌氧反应器碱度一般在 2000～4000mg/L，正常范围在 1000～5000mg/L，而垃圾焚烧厂的渗滤液处理厌氧系统的碱度通常能达到 8000～12000mg/L，其耐 pH 值冲击和负荷冲击能力很高。（以上碱度均以 $CaCO_3$ 计）

（8）营养物与微量元素

厌氧菌正常生长所需的主要营养物有氮、磷、钾和硫等，以及其他微量元素。一般氮和磷的要求大约为 COD_{Cr}:N:P =（350～500）:5:1。

渗滤液中含有过量的氮，但磷较少，运行过程中应检测磷含量是否充足，是否需要额外补充。此外，甲烷菌细胞组成中有较高浓度的铁、镍和钴，运行过程中投加此类微量元素可促进甲烷菌的生长，提高系统处理效率。

（9）毒物

对厌氧菌有毒害作用的化合物主要有氨氮、无机硫化物、盐类、重金属、非极性有机化合物（挥发性脂肪酸）等。运行中，毒性化合物应当低于抑制浓度或应给予污泥足够的驯化时间。

根据渗滤液处理的相关经验数据，氨氮超过 2000mg/L（当达到 2500mg/L 时，对产甲烷菌的影响也不是很大）会对产甲烷菌造成毒害作用，降低厌氧系统的产甲烷能力。此外，渗滤液中硫化物含量较高，可通过在进水中投加铁盐去除。在运行过程中要根据监测结果判断毒性化合物是否对厌氧系统产生影响，并及时调整处理。

11.7.1.2 厌氧系统运行管理要求

（1）运行管理

①运行管理人员（管理人员、操作人员、检修人员、安全监督员）必须熟练掌握厌氧罐的工艺流程和设施、设备的运行要求与技术指标，并经过技术培训。

②运行管理人员应按工艺和管理要求巡视检查厌氧罐的运行情况，日常运行中每天应在厌氧罐周边及罐顶至少巡检一次，重点巡视部位有循环泵及循环进水管道、顶部气水分离器及相关沼气管道，重点观察循环泵及管道是否有跑冒滴漏、循环泵出口压力是否正常、气水分离器内液位是否正常、沼气管道是否漏气。按时准确地填写运行记录，各种设施、设备应保持清洁，避免水、泥、气的泄漏，发现运行异常时，应采取相应措施，及时上报并记录后果。

③每台厌氧罐由低到高分别设有六根取样管。取样管上设置有两道阀门，日常运行时将一次阀门常开，通过二次阀门的开启来进行取样。对高度较高的取样点进行取样时，需要将取样管内的泥水放出再进行取样，具体放空时间由取样人员在现场观察确定。对于长时间不取样的取样管要至少每周排放一次，防止污泥在管内积累硬化。

④渗滤液化验室每天对厌氧罐各项水质指标进行化验，运行上根据每天的化验及时调整运行，确保调试稳步推进。化验指标见表 11.8。

表 11.8 厌氧系统化验指标

名称	pH	COD	NH_3-N	SS	碱度	VFA
厌氧罐出水（低、中、上）						

⑤运行管理人员应从运行管理中不断总结经验，提高厌氧罐的运行效率和稳定性。

（2）维护保养

①渗滤液处理站应制定厌氧罐的维护保养计划，检修人员必须熟悉厌氧罐机电设备以及监测仪表的维护保养规定以及检查制度。

②应对厌氧罐的各种阀门、护栏、爬梯、管道、支架、盖板等定期进行检查维护，经常清理，保持畅通。

③每台厌氧罐顶部均设有呼吸阀，呼吸阀的工作压力为正压 5.0kPa，负压 -0.5kPa，呼吸阀主要作用是防止厌氧罐内压力的大幅波动对罐体造成损害，日常运行过程中要定期对呼吸阀进行维护保养，确保其处于最佳工作状态。

④维修机械设备时，不得随意搭接临时动力线。应按部门的规定定期检查和更换消防设施等防护用品。

（3）安全操作

①渗滤液处理站必须建立安全教育制度，制定火警、易燃及有害气体泄漏、爆炸、自然灾害等意外事件的紧急应变程序和方法，应在明显位置配备防护救生设施及用品，严禁非本岗位人员启闭本岗位的设备。

②厌氧罐周边设置隔离栏杆，此区域内严禁烟火，并在醒目位置设置"严禁烟火"标志。严禁违章明火作业，动火操作必须采取安全防护措施，并经过上级部门审批。

③密切关注厌氧系统区域气体在线监测仪表：甲烷、硫化氢、氨气、沼气压力等，做好数据统计，出现异常及时处理并上报。

④电源电压波幅大于额定电压10%时，不宜启动电机；各种设备维修时必须断电，并应在开关处悬挂维修标牌后，方可操作；严禁开机擦拭设备运转部位，冲洗水不得溅到电缆头和电机带电部位及润滑部位等。

⑤厌氧系统爬梯踏板采用镂空格栅踏板，日常上下爬梯，在厌氧罐上巡视和操作时，应注意安全，防止滑倒或坠落，雨天或冰雪天气应特别注意防滑。

⑥严禁随便进入具有有毒、有害气体的厌氧反应器内。在厌氧罐进行放空清理、维修或拆除时，必须采取安全措施，保证易燃气体和有毒、有害气体含量控制在安全规定值以下，同时防止缺氧。

⑦运行管理人员应穿戴齐全劳保用品，做好安全防范工作，并应熟悉使用灭火装置。具有有毒、有害气体、易燃气体、异味、粉尘和环境潮湿的地点，必须通风良好。

11.7.1.3　厌氧系统运行中的常见问题

（1）酸化

厌氧反应器在运行过程中由于进水负荷、水温、有毒物质进入等原因会导致挥发性脂肪酸在厌氧反应器内积累，从而出现产气量减小、出水 COD 值增加、出水 pH 值降低的现象，称之为"酸化"。发生"酸化"的反应器其污泥中的产甲烷菌受到严重抑制，乙酸转化为甲烷的效率大大降低，此时系统出水 COD_{Cr} 值甚至高于进水 COD_{Cr} 值，厌氧反应器处于瘫痪状态。

厌氧反应器自身具有良好的调节系统，在这个调节系统中，起着关键作用的是碱度，而渗滤液原液中碱度含量较高，它能对厌氧系统的 pH 值进行缓冲，防止因 pH 值的大幅变化对产甲烷菌造成干扰。因此只要在运行过程中科学、合理操作、监控相关指标，及时采取措施，就可以确保厌氧反应器正常、高效运行。

（2）温度变化

对厌氧反应器来说，其操作温度应以稳定为宜，一般情况下，波动范围24h内不得超过2℃。水温对微生物的影响很大，对微生物和群体的组成、微生物细胞的增殖、内源代谢过程、对污泥的沉降性能等都有影响。对于中温厌氧反应器，应该避免温度超过40℃，因为在这种温度下微生物的衰退速度过大，从而大大降低污泥的活性。此外，在反应器温度偏低时（<30℃），应根据运行情况及时调整负荷与停留时间，在低温下，厌氧反应器运行仍可稳定运行，但此时不能充分发挥反应器的处理能力，否则将导致反应器不能正常运行。

（3）厌氧反应器出水污泥流失及控制措施

厌氧反应器设置了三相分离器，但由于罐内上升流速较高、并且污泥呈絮状，因此出水常常仍会带有一定量的污泥。在启动过程中逐渐将轻质污泥洗出是必要的，但在实际运行过程中要防止污泥过量流失。

厌氧反应器发生污泥流失可分为三种情况：

①污泥悬浮层顶部保持在反应器出水堰口以下，污泥的流失量将低于其增殖量。

②在稳定负荷条件下，污泥悬浮层可能上升到出水堰口处，这时应及时排放剩余污泥。

③由于冲击负荷及水质条件突然恶化（如负荷突然增大等）导致污泥床的过度膨胀。在这种情况下污泥可能出现暂时性大量流失。

在运行过程中保持进水负荷稳定是控制污泥过量流失的主要办法，而提高污泥的沉降性能、使污泥颗粒化是防止污泥流失的根本途径。

厌氧系统运行中常见问题及分析见表11.9。

表11.9 厌氧系统常见问题分析

存 在 问 题	原　　因	解 决 方 法
污泥生长过慢	a. 营养物不足，微量元素不足； b. 进液酸化度过高； c. 种泥不足	a. 增加营养物和微量元素； b. 减少酸化度； c. 增加种泥
反应器过负荷	a. 反应器污泥量不够； b. 污泥产甲烷活性不足； c. 每次进泥量过大间断时间短	a. 增加种污或提高污泥产量； b. 减少污泥负荷； c. 减少每次进泥量加大进泥间隔
污泥活性不够	a. 温度不够； b. 产酸菌生长过快； c. 营养或微量元素不足； d. 无机物 Ca^{2+} 引起沉淀	a. 提高温度； b. 控制产酸菌生长条件； c. 增加营养物和微量元素； d. 减少进泥中 Ca^{2+} 含量
污泥流失	a. 气体集于污泥中，污泥上浮； b. 产酸菌使污泥分层； c. 污泥脂肪蛋白过大	a. 增加污泥负荷，增加内部水循环； b. 稳定工艺条件，增加废水酸化程度； c. 采取预处理去除脂肪蛋白
污泥扩散颗粒破裂	a. 负荷过大； b. 过度机械搅拌； c. 有毒物质存在； d. 预酸化突然增加	a. 稳定负荷； b. 改水力搅拌； c. 废水清除毒素； d. 应用更稳定酸化条件
厌氧反应器出现负压	若厌氧反应器、污泥管道或沼气管道漏气，或一次排泥量过大，有可能造成反应器中气室负压，会使沼气不纯，对厌氧反应状态也可能有一些影响	及时发现管道漏气现象并进行补救，排泥量不要一次性过大，操作中应尽量避免这种影响

11.7.2　生化系统运行管理要求

11.7.2.1　运行控制工艺参数

生化运行控制工艺参数主要包括以下几个方面，现总结如下：

（1）温度

渗滤液处理系统生化通常采用 A/O 工艺，A/O 池的最佳处理温度为 20～30℃（指池内温度），但由于生化反应放热量大，在实际运行中要控制 O 池的温度波动不要超过 3℃，以防止温度波动对生化系统正常运行造成过大的干扰。当温度升高超出预计值时，需开启换热泵，用冷却水对 O 池进行换热，考虑节能及换热效果，尽量选择在环境温度较低的时间段进行。

（2）pH 值

A/O 系统的适宜 pH 值范围为 6.8～8.5，最佳 pH 值范围为 7～8，pH 值范围是指池内的 pH 值，而不是进液的 pH 值。处理渗滤液的 A/O 系统缓冲能力较强，正常运行时不需要调节进水的 pH 值，但当生化系统内 pH 值有明显下降趋势时则要密切关注，当 pH 值降至 7.0 以下时则要补充部分碳源，加强反硝化，将池内 pH 值稳定在 7.0 以上。A/O 池内的 pH 值一般呈先上升后下降至"氨氮谷点"，再缓慢上升趋势，直至稳定。

（3）溶解氧（DO）

为保证处理效率，在 A 段时保持 DO 在 0.5mg/L 以下，O 池末端保持 DO 在 3mg/L 左右。如果溶解氧过低，好氧微生物正常的代谢活动就会下降，活性污泥会因此发黑发臭，进而使其处理污水的能力受到影响。而且溶解氧过低，利于丝状菌滋生，易产生污泥膨胀，影响出水水质。如果溶解氧过高，会导致有机污染物分解过快，从而使微生物缺乏营养，活性污泥易于老化，结构松散。活性污泥中的微生物会进入自身氧化阶段，还会增加动力消耗。

（4）污泥浓度（MLSS、MLVSS）

在 A/O 池内保持适当的污泥浓度是厌氧系统正常、稳定运行的关键，A/O 系统内的污泥浓度应控制在 15g/L 左右，当池内污泥为絮状时，部分污泥容易随出出水带出，因此污泥浓度不宜过高，在运行过程中应尽量控制 MLVSS/MLSS≥0.5。

（5）化学需氧量

化学需氧量是检测 A/O 池对有机物去除效果的最直观指标，因此通过对进出水 COD_{Cr} 的检测，可以了解 A/O 池运行是否正常。当进水 COD_{Cr} 超出设计值时，需要根据设计容积负荷重新计算进水量；当出水 COD_{Cr} 超出设计值时，则需要尽快查明处理效果下降的原因，并采取相应的措施。

（6）氨氮

渗滤液中 99% 的氨氮去除是在 A/O 池内完成，经过氨化、硝化、反硝化完成生物脱氮过程，因此通过对进出水氨氮的检测，可以了解 A/O 池运行是否正常，当出水氨氮指标异常时，需尽快查明处理效果下降的原因，并采取相应的措施。

（7）沉降比（SV30）

污泥沉降比（SV30）又称 30min 沉降率，指曝气池混合液在量筒内静置 30min 后形成的沉淀污泥体积占原混合液体积的比例，以% 表示。一般取混合液样 1000mL，用满量程 1000mL 量筒测量，静置 30min 后泥面的高度恰好就是 SV30 的数值。由于 SV30 值的测定简单快速，因此是评定活性污泥浓度和质量的常用方法。SV30 值能反映曝气池正常运行时的污泥量和污泥的凝聚性、沉降性能等。可用于控制剩余污泥排放量，SV30 的正常值一般在 40% ~ 60% 之间，低于此数值区说明污泥的沉降性能好，但也可能是污泥的活性不良，可少排泥或不排泥或加大曝气量。高于此数值区，说明需要排泥操作，或应采取措施加大曝气量，也可能是丝状菌的作用使污泥发生鼓胀，需加大进泥量或减少曝气量。

（8）营养物与微量元素

A/O 池内微生物组成复杂，有好氧菌、兼性菌等，A/O 池内营养比是否合适直接影响 A/O 池内微生物降解有机物的效率。一般认为，当废水中所含碳（BOD_5）与总氮的比值大于 3∶1 时，无需外加碳源，即可达到脱氮目的。若碳源不足，则需另外投加碳源才能达到理想的去氮效果。磷元素在调试启动或活性污泥恢复时可考虑投加，正常情况下不需要投加。

（9）毒物

对好氧菌有毒害作用的化合物主要有氨氮、无机硫化物、盐类、重金属、过高的进水负荷等，运行中毒性化合物应当低于抑制浓度或应给予污泥足够的驯化时间。另外，氨态氮和亚硝态氮对硝化细菌也有影响，据研究，当污水中氨氮浓度小于 200mg/L，亚硝态氮浓度小于 100mg/L 时，对硝化作用没有影响。当 pH 值小于 6.5 时，亚硝态氮浓度大于 200mg/L 就会产生强烈的毒性；当 pH 值大于 7 时，亚硝态氮浓度大于 500mg/L 时才会产生强烈的毒性。

11.7.2.2　运行管理要求

（1）运行管理

①运行管理人员（管理人员、操作人员、检修人员、安全监督员）必须熟练掌握 A/O 池的工艺流程和设施、设备的运行要求与技术指标，并经过技术培训。

②运行管理人员应按工艺和管理要求巡视检查 A/O 池的运行情况，日常运行中应每两小时在 A/O 池顶、设备廊道至少巡检一次，重点巡视部位有消泡系统、换热系统、曝气系统，重点观察各系统管道、阀门是否有跑冒滴漏，各水泵、风机出口压力是否正常，池表面曝气是否均匀，搅拌机是否运转等，按时准确地填写运行记录，各种设施、设备应保持清洁，避免水、泥的泄漏，发现运行异常时，应采取相应措施，及时上报并记录后果。

③渗滤液化验室每天对生化系统各项水质指标进行化验，根据每天的化验数据及时调整运行方式，确保调试稳步推进。

④运行管理人员应从运行管理中不断总结经验，提高 A/O 系统的运行效率和稳定性。

（2）维护保养

①渗滤液处理站应制定 A/O 系统的维护保养计划，检修人员必须熟悉 A/O 系统机电设备的维护保养规定以及检查制度。

②应对 A/O 系统的各种阀门、护栏、爬梯、管道、支架、盖板等定期进行检查维护，经常清理，保持畅通。

③维修机械设备时，不得随意搭接临时动力线。应按部门的规定定期检查和更换消防设施等防护用品。

（3）安全操作

①渗滤液处理站必须建立安全教育制度，制定火警、易燃及有害气体泄漏、爆炸、自然灾害等意外事件的紧急应变程序和方法，应在明显位置配备防护救生设施及用品，严禁非本岗位人员启闭本岗位的设备。

②电源电压波幅大于额定电压 10% 时，不宜启动电机；各种设备维修时必须断电，并应在开关处悬挂维修标牌后，方可操作；严禁开机擦拭设备运转部位，冲洗水不得溅到电缆头和电机带电部位及润滑部位。

③经常检查 A/O 池周边护栏有无缺失、破损，防止人员坠入池内，在各池壁上应挂有救生设备，并保证救生设备是完好的，具备功能性的。

11.7.2.3 运行中的常见问题

（1）泡沫

泡沫是活性污泥法处理系统中常见的运行现象。曝气池中产生的泡沫可分为两种：一种是化学泡沫，另一种是生物泡沫。

化学泡沫是由污水中的一些表面活性物质在曝气的搅拌和吹脱作用下形成的。在活性污泥培养时期，化学泡沫较多，有时在曝气池表面形成高达几米的泡沫山，且容易被风吹散。化学泡沫处理较为容易，可以采用用水力消泡，或投加消泡剂等措施。

生物泡沫主要是由诺卡氏菌属的一类丝状菌形成的，呈褐色。这种丝状菌表观特征为树枝形丝状体，其细胞中脂质、类脂化合物含量可达 11% 左右，其细胞质和细胞壁中均含有大量类脂物质，密度小、具有极强的疏水性。这类微生物比水的相对密度小，易漂浮到水面，而且与泡沫有关的微生物大部分呈丝状或枝状，易形成"网"，能捕扫微粒和小气泡等，导致其很容易浮至水面，形成泡沫。与此同时，被丝网包围的气泡，气泡的表面张力增加，使气泡不易破碎，泡沫更稳定。不论是微孔曝气还是机械曝气，都会产生气泡，而曝气气泡会对水中微小、质轻和具有疏水性的物质产生气浮作用，所以当水中存在油、脂类物质和含脂微生物时，则易产生表面泡沫现象。曝气是泡沫形成的主要动力。

（2）污泥膨胀的控制措施

控制曝气池污泥膨胀措施可分成三类。第一类是临时控制措施，第二类是工艺运行控制措施，第三类是永久性控制措施。

①临时控制措施。临时控制措施主要用于控制由于暂时性原因导致的污泥膨胀，防止污泥流失。临时控制措施包括絮凝剂助沉法、杀菌剂杀菌法等。絮凝剂助沉法一般用于非丝状菌引起的污泥膨胀，杀菌法适用丝状菌引起的污泥膨胀。

絮凝剂助沉法是指向发生污泥膨胀的曝气池中投加絮凝剂，增强活性污泥的凝聚性能，使之容易在初沉池实现泥水分离。常用的絮凝剂有聚合氯化铝、聚合氯化铁等无机絮凝剂和聚丙烯酰胺等有机高分子絮凝剂。絮凝剂可加在曝气池的进口，也可投在曝气池的出口，但投加量不可太多，否则有可能破坏细菌的生物活性，降低处理效果。药剂投加量折合三氧化二铝在 10mg/L 左右即可。

杀菌法是指向发生膨胀的曝气池中投加化学药剂，抑制丝状菌的繁殖，从而达到控制丝状菌污泥膨胀的目的。常用的杀菌剂如液氯、二氧化氯、次氯酸钠、漂白粉、过氧化氢等。在加氯过程中，应由小剂量到大剂量逐渐进行，并随时观察生物相和测定 SVI 值，一般加氯量为污泥干固体重的 0.3% ~ 0.6%，当发现 SVI 值低于最大允许值或镜检观察到丝状菌菌丝溶解时，应当立即停止加药。投加过氧化氢对丝状菌有持续的抑制作用，过低则不起作用，过高会导致污泥氧化解体。

②调节运行工艺控制措施。调节运行工艺控制措施对工艺条件控制不当产生的污泥膨胀非常有效。在曝气池的进口加黏土、消石灰、生污泥或消化污泥等，以提高活性污泥的沉降性能和密实性，使进入曝气池的污水处于新鲜状态；采取预曝气措施，使污水尽可能较长时

间处于好氧状态，同时吹脱硫化氢等有害气体；加强曝气强度，提高混合液溶解氧浓度，防止混合液局部缺氧或厌氧；补充氮、磷等营养盐，保持混合液中碳、氮、磷等营养物质的平衡；在不降低污水处理功能的前提下，适当提高 F/M；提高污泥回流比，降低污泥在二沉池的停留时间，避免在二沉池出现厌氧状态；当 pH 值低时应加碱性物质调节，提高曝气池进水的 pH 值；利用在线仪表的手段加强和提高水质分析的时效性，发挥预处理系统的作用，保证曝气池的污泥负荷相对稳定。

③永久性控制措施。永久性控制措施是指对现有设施进行改造或设计扩建，并且在新建工程时，应对污泥膨胀问题予以充分的考虑，防止污泥膨胀的发生，并设有相应应对措施。常用的永久性措施是在曝气池前设生物选择器，通过生物选择器对微生物进行选择性培养，即在系统内只利于菌胶团细菌的增长繁殖，不利于丝状菌的大量繁殖增长，从而避免生物处理系统中由于丝状菌大量繁殖，引发污泥膨胀问题。

好氧选择器的机理是提供一个溶解氧充足、食料充足的高负荷区，让菌胶团细菌率先抢占有机物，不给丝状菌过度增长的机会。例如在活性污法工艺的生物选择器就是在回流污泥进入曝气池前进行再生性曝气，减少回流污泥中高黏结性物质的含量，使其中微生物进入内源呼吸段，提高菌胶团细菌摄取有机物的能力，以及与丝状菌生物的竞争能力，从而使丝状菌膨胀和非丝状菌膨胀均能得到抑制。此外，为加强微生物选择器的效果，可以在再曝气过程中投加足量的氮、磷等营养物质，提高污泥的活性。

缺氧选择器控制污泥膨胀的原理是：大部分菌胶团细菌能利用选择器内硝酸盐中化合态氧做氧源，进行生物繁殖，而丝状菌（球衣菌）没有这种功能，因而在选择器内受到抑制，增殖落后于菌胶团菌种，大大降低了丝状菌膨胀发生的可能。

（3）污泥性状异常及分析

A/O 系统常见的污泥性状异常及解决对策见表 11.10。

表 11.10 常见污泥性状异常及分析

异常现象症状	分析及诊断	解决对策
曝气池有臭味	曝气池供 O_2 不足，DO 值低，出水氨氮有时偏高	增加供氧，使曝气池出水 DO 高于 2mg/L
污泥发黑	曝气池 DO 过低，有机物厌氧分解析出 H_2S，其与 Fe 生成 FeS	增加供氧或加大污泥回流
污泥变白	丝状菌或固着型纤毛虫大量繁殖	如有污泥膨胀，参照污泥膨胀对策
	进水 pH 值过低，曝气池 pH 值小于等于 6 丝状型菌大量生成	提高进水 pH 值
曝气池表面出现浮渣，似厚粥覆盖于表面	浮渣中见诺卡氏菌或纤发菌过量生长，或进水中洗涤剂过量	清除浮渣，避免浮渣继续留在系统内循环，增加排泥
污泥未成熟，絮粒瘦小；出水混浊，水质差；游动性小型鞭毛虫多	水质成分浓度变化过大；废水中营养不平衡或不足；废水中含毒物或 pH 值不足	使废水成分、浓度和营养物均衡化，并适当补充所缺营养
污泥过滤困难	污泥解絮	按不同原因分别处置
曝气池中泡沫多，色白	进水洗涤剂过量	增加喷淋水或消泡剂
曝气池泡沫不易破碎，发粘	进水负荷过高，有机物分解不全	降低负荷

异常现象症状	分析及诊断	解 决 对 策
曝气池泡沫呈茶色或灰色	污泥老化，泥龄过长解絮污泥附于泡沫上	增加排泥
进水 pH 值下降	厌氧处理负荷过高，有机酸积累	降低负荷
出水色度上升	好氧处理中负荷过低 污泥解絮，进水色度高	增加负荷 改善污泥性状
出水 COD、BOD 升高	污泥中毒	污泥复壮
	进水过浓	提高 MLSS
	进水中无机还原物（S_2O_3、H_2S）过高	增加曝气强度
	COD 测定受 Cl^- 影响	排除干扰

11.7.3 深度处理系统运行管理要求

目前在渗滤液处理系统中深度处理技术主要有膜处理、化学软化、高级氧化技术等，在应用过程中，主要根据不同的项目需求及进出水水质进行组合。膜处理技术是目前渗滤液深度处理技术中最常见的处理方式。本节将介绍膜处理系统的相关运行管理要求。

11.7.3.1 膜处理系统运行管理要求

膜系统在日常的运行中，会出现胶体颗粒物的沉积、微生物的滋生、膜的无机物结垢、化学污染等问题，这些因素影响系统安全、稳定的运行，需要及时进行必要的膜元件维护工作。膜元件的维护可归纳为两个大的方面：一是膜的前处理，二是膜设备的冲洗、清洗及保养。日常运行中的维护其目的主要是延长膜元件的使用寿命，维持膜元件的性能。在操作时，应严格按照膜系统厂家提供的说明书进行相关操作。

（1）前处理

膜种类不同，原水水质不同，所要求的预处理方式不同，大体可分为以下几种：混凝、澄清、过滤、软化、消毒、还原、阻垢等。

（2）冲洗

系统停机后，由于部分原水残留在膜组件内部，时间过久容易导致结垢、堵塞、微生物滋生等现象，所以停机后应进行冲洗操作，将残留原水顶出膜组件。一般采用水冲洗。

（3）清洗

膜组件运行时间过久，会产生通量下降、产水水质变差等现象，所以应进行清洗操作，以恢复膜组件性能。清洗方法分为酸洗、碱洗、离线清洗等。可根据操作说明书进行清洗操作。

（4）保养

①新膜元件

a. 膜元件在出厂前都经过了通水测试，并使用 1% 的亚硫酸钠溶液进行储藏处理，然后用氧气隔绝袋真空包装；

b. 膜元件必须一直保持在湿润状态。即使是在为了确认同一包装的数量而需暂时打开时，也必须是在不损坏塑料袋的状态下进行，此状态应保存到使用时为止；

c. 膜元件最好保存在 5～10℃ 的低温下。在温度超过 10℃ 的环境中保存时要选择通风良好的场所，并且避免阳光直射，保存温度不要超过 35℃；

d. 膜元件如果发生冻结就会发生物理破损，所以要采取保温措施，不要使之冻结；

e. 堆放膜元件时，包装箱不要超过 5 层，并要确保纸箱保持干燥。

②旧膜元件

a. 膜元件必须一直保持在阴暗的场所，保存温度不要超过 35℃，并且要避免阳光直射；

b. 温度在 0℃ 以下时会有冻结的风险，所以要采取防冻结措施；

c. 为了防止膜元件在短期储藏、运输以及系统待机时微生物的滋长，需要用纯水或反渗透产水配制浓度 500 ~ 1000ppm、pH 值为 3 ~ 6 的亚硫酸钠（食品级）保护液浸泡元件。通常，采用 $Na_2S_2O_5$，它与水反应生成亚硫酸氢盐：$Na_2S_2O_5 + H_2O \rightarrow 2NaHSO_3$；

d. 将膜元件放在保存溶液中浸泡大约 1h 后，将膜元件从溶液中取出，并包装在氧隔离袋中，将袋子密封并贴上标签，标明包装日期；

e. 需要保存的膜元件进行重新包装之后，保存条件与新的膜元件一致；

f. 保存液的浓度及 pH 值都要保持在上述范围，需定期检查，如果可能发生偏离上述范围时，要再次调制保存液；

g. 无论在何种情况下进行保存时，都不能使膜处于干燥状态；

h. 另外也可以采用浓度（质量百分比浓度）为 0.2% ~ 0.3% 甲醛溶液作为保存溶液。甲醛是比亚硫酸氢钠更强的微生物杀伤剂，并且成分中不含有氧。

其它：如避免产水侧产生背压、避免水锤现象、保持回收率在正常合理范围内、控制合理的清洗周期等。另外超滤、纳滤、卷式反渗透和碟管式反渗透等由于膜组件不同，运行管理中要点也不尽相同。具体膜系统的维护和故障处理详见第 6 章。

膜系统常见的异常现象、原因及解决办法见表 11.11。

表 11.11 膜系统的异常现象、原因及解决办法

膜类型	现象	可能存在的问题	解决措施
超滤	出水浑浊	存在膜管破损	需进行膜管检漏补漏措施
	通量太低	膜污染严重	需要进行清洗
		生化效果不佳，水的透过能力差	加强生化污泥的培养，改善生化系统的性状
	循环流量下降、膜管堵塞	污泥中含纤维较多，缠绕在膜管内，主要从源头来解决，一方面生化进水端设置过滤器，另一方面对接种污泥进行精细过滤后再投入到生化池内进行驯化。停机时冲洗不干净，导致大量的污泥停留在膜管内，时间一长，导致污泥结块堵塞膜管	采用 5mm 左右的硅橡胶管（里面接入自来水）通入堵塞的膜管内，用水慢慢冲开
纳滤反渗透 DTRO	跨膜压差过高	组件被污染	查出污染原因，采取相应的清洗方法
		产水流量过高	根据操作指导中的要求调整流量
		进水水温过低	提高进水温度
	产水水质差	进水水质超出允许范围	检查出水水质：COD、SS、电导率等
	产水流量小	膜组件被污染	查出污染原因，采取相应的清洗方法
		阀门开度设置不正确	检查阀门开启状态并调节开度

膜类型	现　象	可能存在的问题	解　决　措　施
纳滤反渗透 DTRO	产水流量小	流量计不准确	检查校准流量计
		供水压力不足	提高压力，调整参数
		进水水温低	提高进水温度
	自动系统无法运行	进水水箱处于低液位	待液位恢复
		产水水箱处于高液位	待液位恢复

（5）运行数据的记录

膜系统基本上很少需维修，关键是保证膜系统的运行参数处于正常范围内。必要的运行记录有利于跟踪装置的运行情况，准确的运行记录是分析装置运行状况的基础，是出现问题后查找问题最基本的资料。每天必须详细记录系统运行参数。

（6）运行注意事项

①系统处于自动运行状态，由于未知的原因而停机时应仔细检查各个环节找出问题的所在，严禁人为强制启动系统。

②开启泵之前，先确认产水阀处于打开状态，确认各阀门打开至正确位置。

③严格按照操作先后开启泵和阀门，不能在进水泵没有启动的情况下首先启动了高压泵和循环泵。

④系统在运行中，操作人员不得离开现场0.5h以上。

⑤发现系统运行中有异常声响，应当停机检查。

⑥保持设备现场地面干燥，防止漏电造成人员伤害。

11.7.3.2　化学软化系统运行管理要求

在膜深度处理系统中，常常会发生结垢问题。经过研究发现，通过在渗滤液处理系统中添加化学软化系统，用化学软化系统除硬，可有效提高反渗透进水水质，优化反渗透运行环境，减少反渗透污堵和结垢，提高反渗透通量和回收率。因此下面主要对化学软化系统运行管理进行介绍。

化软系统由化学软化反应槽 + TUF 微滤膜系统组成，整体工艺分四部分：加药系统、混合反应系统、TUF 膜系统和板框压滤脱水系统。目前，已经投入到具体的使用过程中，效果较好。但是，由于化学软化系统在整个渗滤液行业的运用相对较少，本部分内容主要结合实际的运行经验，总结、介绍了化学软化系统的运行管理要求，具体如下所示。

垃圾焚烧厂渗滤液处理系统的化学软化工艺的运行管理要求有：

①石灰浆制备：以一定比例的石灰和清水混合配置石灰浆溶液，配置石灰浓度为 8 ~ 10wt% 左右。

②石灰加药泵将石灰浆溶液输送至 TUF 反应槽，控制 TUF 反应槽渗滤液的 pH 值在 10.5 ~ 11.2 之间，加药量根据在线 pH 仪表以及实验分析确定。

③操作人员需要定期排放浓缩槽内的部分污泥以维持过滤系统内悬浮固体浓度恒定在一定范围内。槽内的污泥百分比和污泥排放频率，需要通过实验来分析确定。

④循环泵运行时要确保轴封水按正确的压力和流量冷却机械密封。

⑤通过压力表观察膜组件的压力变化，快速的压力变化通常可能意味着系统运行状况不正确，导致了膜的污堵或因化学腐蚀或机械摩擦导致了循环泵叶轮的磨损。

⑥如果系统停机 16~72h 之间，膜组件应以清水冲洗。不要让膜组件内充满废水存放，因为可能会导致膜的污堵。如停机时间超过 72h，应采取日常所用的清洗措施对膜组件进行化学清洗。

⑦渗滤液化验室每天对化软系统进出水水质指标进行化验，运行管理上根据每天的化验及时调整相关运行参数，确保调试稳步推进。具体化验指标见表 11.12。

表 11.12 化软系统化验指标

名称	pH	COD	电导率	硬度	碱度	温度
化软进水						
TUF 进水						
TUF 产水						

⑧运行管理人员应从运行管理中不断总结经验，提高化软系统的运行效率和稳定性。

TUF 膜系统运行及维护要求参照本书前面章节中超滤系统运行要求来进行，此处不再重复。

11.7.4　污泥脱水系统运行管理要求

预处理初沉池、厌氧罐及 A/O 池的污泥以及生活污水处理系统的污泥会进入污泥储池，在污泥储池内经过浓缩沉降和停留，底部浓缩后的污泥经泵压入脱水机进行污泥脱水。在生化系统污泥浓度达到设计水平后，根据工艺运行情况，每日进行定量排泥，当污泥浓缩池已存有一定存量的浓缩污泥后，开始污泥处理系统的启动运行。

目前国内渗滤液处理系统常用的脱水机类型有板框压滤、离心脱水和旋转挤压脱水三种。本节将主要介绍这三种污泥脱水机的相关运行管理要求。

11.7.4.1　板框压滤机运行管理要求

（1）运行注意事项

①在压紧滤板前，务必将滤板排列整齐，且靠近止推板端，平行于止推板放置，避免因滤板放置不正而引起主梁弯曲变形；

②压滤机在压紧后，通入料浆开始工作，进料压力必须控制在出厂铭牌上标定的最大过滤压力（表压）以下，否则将会影响机器的正常使用；

③过滤开始时，进料阀应缓慢开启，起初滤液往往较为浑浊，然后转清，属正常现象；

④由于滤布纤维的毛细作用，过滤时，滤板密封面之间有清液渗漏属正常现象；

⑤在冲洗滤布和滤板时，注意不要让水溅到油箱的电源上；

⑥搬运、更换滤板时，用力要适当，防止碰撞损坏，严禁摔打、撞击，以免使滤板、框破裂。滤板的位置切不可放错；过滤时不可擅自拿下滤板，以免油缸行程不够而发生意外；滤板破裂后，应及时更换，不可继续使用，否则会引起其它滤板破裂；

⑦液压油应通过空气滤清器充入油箱，必须达到规定油面，并要防止污水及杂物进入油箱，以免液压元件生锈、堵塞；

⑧电气箱要保持干燥，各压力表、电磁阀线圈以及各个电气元件要定期检验确保机器正常工作。停机后须关闭空气开关，切断电源；

⑨油箱、油缸、柱塞泵和溢流阀等液压元件需定期采用空载运行循环法清洗，在一般工作环境下使用的压滤机每六个月清洗一次，工作油的过滤精度为 20μm。新机在使用 1~2 周

后，需要换液压油，换油时将脏油放净，并把油箱擦洗干净。第二次换油周期为一个月，以后每三个月左右换油一次（也可根据环境不同适当延长或缩短换油周期）。

（2）保养及故障排除

①保养

a. 使用时做好运行记录，对设备的运转情况及所出现的问题记录备案，并应及时对设备的故障进行维修。

b. 保持各配合部位的清洁，并补充适量的润滑油以保证其润滑性能。

c. 对电控系统，要进行绝缘性试验和动作可靠性试验，对动作不灵活或动作准确性差的元件一经发现，及时进行修理或更换。

d. 经常检查滤板的密封面，保证其光洁、干净，检查滤布是否折叠，保证其平整、完好。

e. 液压系统的保养，主要是对油箱液面、液压元件各个连接口密封性的检查和保养，并保证液压油的清洁度。

f. 如设备长期不使用，应将滤板清洗干净，滤布清洗后晾干。

②常见故障及排除方法

具体如表 11.13。

表 11.13 板框压滤机常见故障及排除方法

序号	故障现象	产生原因	排除方式
1	滤板之间跑料	油压不足	参见序号 3
		滤板密封面夹有杂物	清理密封面
		滤布不平整，折叠	整理滤布
		低温板用于高温物料，造成滤板变形	更换滤板
		进料泵压力或流量超高	重新调整
2	滤液不清	滤板破损	检查并更换滤布
		滤布选择不当	重做实验，更换合适滤布
		滤布开孔过大	更换滤布
		滤布袋缝合处开线	重新缝合
		滤布带缝合处针脚过大	选择合理针脚重新缝合
3	油压不足	溢流阀调整不当或损坏	重新调整或更换
		阀内漏油	调整或更换
		油缸密封圈磨损	更换密封圈
		管路外泄露	修补或更换
		电磁换向阀未到位	清洗或更换
		柱塞泵损坏	更换
		油位不够	加油
4	滤板向上抬起	安装基础不准	重新修正地基
		滤板密封面除渣不净	除渣
		半挡圈内球垫偏移	调节半挡圈下部调节螺钉
5	主梁弯曲	滤板排列不齐	排列滤板
		滤布密封面除渣不净	除渣

序号	故障现象	产 生 原 因	排 除 方 式
6	滤板破裂	进料压力过高	调整进料压力
		进料温度过高	换高温板或过滤前冷却
		滤板进料孔堵塞	疏通进料孔
		进料速度过快	降低进料速度
		滤布破损	更换滤布
7	保压不灵	油路有泄漏	检修油路
		活塞密封圈磨损	更换
		液控单向阀失灵	用煤油清洗或更换
		安全阀泄漏	用煤油清洗或更换
8	压紧、回程无动作	油位不够	加油
		柱塞泵损坏	更换
		电磁阀无动作	如属电路故障需要重接导线、如属阀体故障需清洗更换
		回程溢流阀弹簧松弛	更换弹簧
9	时间继电器失灵	传动系统被卡	清理调整
		时间继电器失灵	参见序号10
		拉板系统电器失灵	检修或更换
		拉板电磁阀故障	检修或更换
10	拉板装置动作失灵	控制时间调整不当	重新调整时间
		电器线路故障	检修或更换
		时间继电器损坏	更换

11.7.4.2　离心脱水机运行管理要求

（1）运行注意事项

①每天上班后，注意按说明书中的规定将油眼加足润滑油。

②注意轴承座温度升高，需配有一只便携式红外测温仪。如果轴承座温度高于环境温度50℃时就要引起重视。轴承内部的润滑油脂允许耐高温80～120℃，但超过环境温度50℃时，一般情况下，在轴承加油孔中加足润滑油，过20min后轴承温度就会降下来，如果加足油运行半小时后，温度依旧不降，要停机检查。

③如果运行中发现振动异常增大，发生异常噪声等情况，必须立即停机检查，找出原因，排除故障才能继续开机。

④停机时，打开清水阀冲洗，冲洗时间以离心机出液口排出清水为宜，冲洗离心机内部污泥，以免离心机转鼓内部污泥因停机太久，而使污泥干涸影响下次再次启动离心机。如果离心机临时停机时间较短，不必进行水冲洗步骤。

（2）保养要求

①离心机保养必须由经过培训的专职人员进行。

②机器运行3000h需要进行一级保养，运行6000h进行二级保养。

③一级保养内容，主要包括：拆洗主轴承及轴承座；清洗润滑系统；检查连接螺钉的紧固程度。

④二级保养内容，主要包括一级保养内容，以及拆洗差速器；拆开主机，清洗螺旋推料器轴承；螺旋推料器动平衡；整机安装和整机加水动平衡。

详细的使用维护说明见产品自带的说明书。

（3）离心机故障分析与排除见表11.14。

表11.14 离心机故障分析与排除

故障现象	原 因		处 理 方 法
离心机处理量逐渐变小	工艺	离心机的污水性质发生变化 污泥含固率增大 污泥有机物含量变大 污水处理工艺有变动	减少进机的污泥含固率 调整差速及扭矩 减少有机物的含量 调整差速及扭矩 调整差速及扭矩 更换机器
	机械	人为地改变过机器的差速和扭矩 主机转速下降 进料管道或机器内的通道堵塞 螺旋推料器叶片磨损	调整到合适的差速和扭矩 张紧传送皮带 检查电机 检查供电频率及电压 更换螺旋推料器叶片或叶片上的防磨片
	电气	主电机转速下降 背驱动装置失控 控制线路连接故障	检查供电压及频率及相位或调整变频器 检查电机轴承等内部接线 调整背驱动装置的计定值 检查排除背驱动装置的故障 检查连接线路
污泥泥饼变稀	工艺	污水含固率下降 污水中有机物含量增加，无机物下降 进料流量过小 污水中有过期的"老泥"增加 絮凝剂投加量过小	增加污水中的固形物含量 增加无机物，减少有机物含量 增大污水进机的流量 去除上浮的"老泥" 增加絮凝剂的投加量
	机械	差速增大了，扭矩减少了（人为动作） 主机转速下降 螺旋推进器叶片磨损 某种机型的堰板发生变化	调整差速和扭矩到适量 检查供电电压及频率 检查电机 检查皮带的张紧力 修复磨损件 降低堰板控制的液位高度
	电气	主电机转速下降 背驱动装置失控，差速过大 控制线路故障	检查主电机内部轴承及接线 检查供电的电压及频率 调整差速到适量 检查、排除背驱动装置故障 信号屏蔽线损坏更换 连接松动、紧固

故障现象		原　　因	处　理　方　法
出口的清液变浑	工艺	进料污水的含固率增大了	增加进机污水的含固率
		进料流量加大了	降低进机的污水流量
		污水性质发生变化	调整污水处理工艺 重新调整机器的设定值
		絮凝剂投加量变小	增加絮凝剂的投加量
		絮凝剂型号变化	恢复原来的絮凝剂的牌号
	机械	主机的转速下降了	检查皮带的张紧力 检查主电机故障
		差速过大	调整差速到适当值
		某种机型的堰板高度发生变化	调整堰板使液位深度提高
	电气	差速过大（背驱动装置失控） 背驱动的信号线故障 速度传感器故障	调整差速至适当值 排除背驱动装置故障 速度信号传输受干扰，更换屏蔽线 检查并更换速度传感器
絮凝剂用量变大	工艺	污水中固形物含量增大 污水中 pH 值发生较大变化 污水中有机物含量增大 絮凝剂牌号变化或质量变动 天气温度变化较大	减少污水中固形物的含量 调整污水的 pH 值到适量 减少有机物含量 恢复原牌号、原质量 改善污水前处理效果
	机械	螺旋推进器叶片磨损 污水进离心机内部的入口 差速过大 流速过大	修复更换叶片 修复内部污水入口处 调整差速到适量 降低流速到适量
	电气	电气显示发生错误显示 电气自控部分发生故障	检查并排除某一错误显示 排除自控部分的故障

11.7.4.3　旋转挤压脱水机运行管理要求

（1）运行注意事项

污泥输送系统螺杆泵运行注意事项主要如下：运行前务必确认污泥螺杆泵的干运行保护和超压保护装置的安装、调试是否正常；保证所有管路中无外来杂质（大块坚固物体等），避免定、转子破损；确保脱水机进液顺畅，避免转子干转。

（2）絮凝剂的选择

絮凝剂的选择是影响絮凝效果好坏的一个重要影响因素，其也决定了旋转脱水机运行效果的好坏。

絮凝剂的配制浓度为（1~3）‰，即1000kg 的自来水加 1~3kg 的絮凝剂药粉。全自动配药系统能通过简单的操作得到所需浓度的絮凝剂溶液。絮凝剂溶液一般要当天使用当天配制，夏季高温时最好在药剂配制好后 1~2h 开始使用。冬季可以适当延长配制及存放时间。

旋转挤压脱水机运行中常见故障分析与排除见表11.15。

表 11.15 旋转挤压脱水机故障分析与排除

故障现象	原因分析	排除方法
进料絮凝团细碎，但没有黏稠感	药剂与污泥不匹配	更换合适药剂
	混合器搅拌速度过快	调慢转速
	絮凝剂添加量偏少	提高絮凝剂添加配比
进料絮凝团细碎，但颗粒润滑，有明显的黏稠感	絮凝剂添加量过多	降低絮凝剂调价配比
进料絮凝团太大，造成进料不均，压力不稳	快速混合器的搅拌速度过慢	调整快速混合器的搅拌转速
	絮凝剂调价量过多	降低絮凝剂添加配比
进泥压力偏高（超过 10～15kPa）	进料浓度偏高	适当提高主机转速
	进料放量过大	降低进料放量
	主机滤网堵塞	先用后端的反冲洗水清洗，进而再拆下导向块前段高板，用专用工装拔出出泥导向块，清洗并检查冲洗孔有无堵塞
浓缩混合器压力偏高（超过 10～15kPa）	主机进泥压力高	参照上述方式排除
	主机转速过快	减慢主机转速
泥饼偏湿	挡门压力偏低	调高挡门压力
	进泥导向尼龙块冲洗水密封处渗水	拆下导向块前端盖板，用专用工装拔出导向块，清洗并检查密封条
滤液浑浊、滤渣较多	挡门压力偏高	调整挡门压力
	进泥压力偏高	参照上述方式排除
进泥压力上下波动较大，泥饼含水率（目测）忽高忽低	搅拌混合不均，引起进料时泥水分布不匀	检查混合器工作是够正常

11.7.4.4 脱水机配套设备运行管理要求

（1）螺杆泵操作规程

①在对螺杆泵进行维护前，应熟悉螺杆泵的构造并阅读相关说明。确保泵处于停机状态，并打开相应保护装置和关闭电源。运行人员应严格遵守本规程，定期、定人对设备进行检修、维护。润滑维护应按要求依据螺杆泵润滑表格定期、定部位对螺杆泵进行润滑维护；每次启动前检查驱动装置的对齐和紧固情况，调整联轴器于正确位置；每次启动前检查防护装置，并使其处于使用位置；保证所有管路中无外来杂质（大块坚固物体），确保吸入室内进液顺畅，避免干运转（每次启动前通过吸入侧管线向泵内注入液体）。

②初运行时，密封函处漏液控制在 50～100 滴/分钟，持续约 10～15min。正常后，应维持在 1～10 滴/分钟。如漏液过大，可以调整填料压盖，使漏液控制在允许范围。长期停运时，应有防冻、防颗粒物沉淀、防颗粒物淤积、防液体腐蚀保护。

按设备使用手册及现场情况进行其他维护。其中特别需要注意以下几种情况：运行过程中经常查看吸入室的压力情况；运行时经常查看吸入室内液体的情况，防止干运转；如果漏液不能通过填料盖调整，则应该更换填料。详细的使用维护说明见产品自带的说明书。

（2）絮凝剂制备系统操作规程

污泥车间运行人员在操作絮凝剂制备系统前应经过专门培训，熟悉设备结构、性能，并按此说明进行操作。

①检查预溶解槽、注水元件、准备成熟罐、储存罐及相关管线等部件应完好、清洁无杂物。

②检查药槽内药量是否符合要求。

③检查齿轮箱油量。

④检查阀门开启情况。

⑤检查控制面板相关参数设置情况（浓度、搅拌时间等）。

⑥检查絮凝剂制备系统的控制模式。

⑦按设备及现场情况进行其他维护。

详细的使用维护说明见产品自带的说明书。

11.7.5　除臭系统运行管理要求

渗滤液是一种成分复杂的高浓度有机废水，处理难度较大。在处理渗滤液过程中会产生恶臭气体，这些臭气具有易挥发、嗅阈值低等特点，不仅严重污染厂区的工作环境，危害人体健康，而且对渗滤液处理站的金属材料、设备和管道具有较强烈的腐蚀性，因此，采取相应的除臭措施非常有必要。

渗滤液站产生的臭气具有浓度低、气量小的特点，可作为焚烧炉一次风入炉焚烧，无需单独配置除臭系统。臭气焚烧产生的尾气，进入焚烧炉配套的烟气净化系统，处理后达标排放。若焚烧厂不具备臭气接收条件，则需建设专门的臭气处理系统，根据臭气性质，选择合适的臭气处理方法，将臭气处理达标后排放。

（1）除臭系统操作规程

①检查各管道阀门，使之处于正确的状态。

②检查风机油位是否处于正常位置，如果油位太低，请加入润滑油。

③检查要开启风机进出口阀门，保证阀门处于开启状态；检查备用风机进出口阀门，保证阀门处于关闭状态。

④手动盘车，检查电机运转是否正常，发现异常立即报告相关检修部门进行维修。

⑤开启电机，检查风机运转状态，有没有异响，进出口风向是否正常。

⑥记录风机运行状态。

（2）除臭系统运行管理要求

①对于渗滤液处理系统中暂未投用的工艺可关闭该区域除臭管道阀门，减少除臭风机导气量。

②对于密闭性较好的池体或者构筑物可适当调节阀门，降低风量，保证该区域处于负压状态即可。

③密切关注除臭管道气体在线监测仪表数据，发生异常及时反馈，并做好数据记录。

④除臭风管低位设置冷凝水排放口，注意定时排污。

⑤运行管理人员应按工艺和管理要求巡视检查除臭系统的运行情况，发现臭气泄漏点及时处理。

11.8 运营管理规范

11.8.1 中控室管理制度

（1）运行人员值班要求

①运行值班人员进入岗位应穿统一工作服；

②运行值班人员在监控计算机时应思想集中、坐姿端正、全神贯注、监视仪表；

③在控制室内不准吸烟，设"禁止吸烟"标示牌；

④控制室内不准闲谈聊天，不准高声喧哗，不准用电话进行闲谈，不准看与生产无关书报，不准做与工作无关之事；

⑤不准在控制室内吃饭、吃零食。

（2）中控室管理要求

①严格按公司保卫制度执行；

②检修人员联系工作及办理工作票手续应在指定的地方进行，手续办完应即离开；

③到中控室内办理热控、电气维修和消缺手续的检修人员凭相关证件进入；

④各种值班运行日志、日报等记录均应书写清楚，字迹端正、内容正确、记录不得任意涂改，并放在规定的地方；

⑤控制室的规程、图纸、资料、文件、记录簿均应保持清洁整齐，备品备件、工器具、物品、摆放整齐、物放有序，实行定置管理；

⑥控制室内温度控制合理；

⑦外部单位参观人员应由专人陪同，并事先与主管联系，对进入控制室参观人员须经有公司领导批准手续，方可进入中控室内参观；

⑧运行值班人员对参观人员应有礼节，热情回答问题；

⑨控制室内禁止摄影、摄像；

⑩建立卫生值日制度，坚持每日清扫一次。

11.8.2 值班员岗位标准

①在部门负责人的领导下，严格执行运行规程，保证垃圾渗滤液处理后达标排放；

②熟悉垃圾渗滤液处理的工艺流程，了解各系统运行的基本原理及操作规程；完成每日处理量，并保证所有设备安全、经济、稳定运行，发现问题及时处理、汇报，并做好记录；

③负责垃圾渗滤液各采样点水质采样，并在规定的时间内交给化验员分析化验；

④按时、按规定路线巡回检查，发现问题及时处理，并向部门负责人汇报；

⑤遵守劳动纪律，按时交接班，工作期间不得做工作无关的事及阅读非专业书籍，及时、准确地填写报表及交接班记录；

⑥负责垃圾渗滤液仪表、设备及中央控制系统的正常使用并进行在线管理；

⑦当设备发生故障或者有其他人身伤害时，应积极主动采取紧急处理措施，并立即向部门负责人汇报；

⑧搞好设备及岗位环境卫生，仪表应当清晰整洁，工具摆放整齐；

⑨加强业务学习，不断提高专业技术水平，工作中有反事故预想能力，增强安全意识；

⑩完成公司领导交办的其它工作。

11.8.3 渗滤液交接班制度

（1）交班人员的职责

①维护好设备，保证设备正常、安全运行；

②对发生的缺陷按缺陷管理规定进行正确处理，交班前应对设备运行的各种情况进行准确、翔实的记录；

③交班人员向接班人员交班做到"三交"，即交运行方式及注意事项、交设备缺陷及安全情况、交运行操作及检修情况。

（2）接班人员的职责

①接班人应提前十五分钟到岗，做好接班前的准备工作，接班人未到时，交班人不得离开岗位；

②接班前做到"两查"，即查报表记录及运行指示要求，查设备情况及现场实际；

③接班过程中及接班后，要达到"五清楚"，即运行方式及注意事项清楚、设备缺陷及异常情况清楚、上班操作及检修情况清楚、安全情况及实际措施清楚、设备情况及清洁情况清楚。

（3）交接班的主要内容及要求

①接班人员与交班人员必须到现场进行交接班工作；

②在交、接双方根据交接班内容和方式做好各项交接工作后，准点办理交接手续，即双方在交接班记录簿上签名作为正式交接，交班人员方可正式下班离开现场；

③交接班方式，即口头交接、书面交接和现场交接；

④在交接班过程中，如发生事故，则应立即停止交接班，由交班人员负责处理，接班人员在交班人员的要求下应协助处理。若已办妥交接班手续，则由接班人员负责处理；

⑤接班人员有不了解的地方，要向交班人员询问，否则交接完毕后，一切不正常情况及设备问题，应由接班人员负责。

11.8.4 渗滤液巡检制度

①巡回检查是污水操作人员日常工作中的一项主要内容，是防止运行中异常情况发生，以及对异常情况发生的原因进行正确判断和清除的有效手段。

②巡回检查时，要熟悉设备检查标准，掌握设备运行变化，了解自然环境因素，发现异常要及时分析、汇报，采取措施排除隐患。

③根据各个项目实际情况，制定合理的巡回检查路线。

④对巡回检查的相关设备和仪表，应细心观察、勤看、勤听、勤嗅、勤摸，如实对所见情况做出记录，确保警示牌完好，清洁。

⑤污水操作员应当每两小时巡回检查一次，巡检应当在整点前后15min进行。

⑥不同班次的巡回检查时间按规定时间执行。

⑦巡回检查中若遇重大问题，不能自行解决的，则必须尽快上报有关部门或领导，在由处理人员交接后方可离开现场，并将发生的情况详细记录。

⑧遇异常情况，须跟踪观察，详细做好记录，并向下一班作交代，以免酿成重大事故。

⑨巡回检查完后，填写渗滤液处理站运行参数表，发现设备缺陷，及时填写缺陷单。

⑩记录渗滤液处理站运行参数表时，要求真实、准确、清晰，保持记录本的整洁。

11.8.5　安全生产管理规范

安全生产管理规范的制定，需要贯彻国家"安全第一，预防为主"的方针，制定各岗位安全操作规程、机械设备维护、维修规程、防火规程及安全检查制度等。并按照国家有关标准、规程、规范的要求，采取相应的安全与工业卫生设施。车间内的安全通道、消防设备、危险机械或设备等处均设明显的安全指示标记。此外，还需对职工进行安全教育，包括安全思想、劳动保护方针政策、安全技术知识、工业卫生、先进事迹教育及事故教训教育等，提高安全技术知识水平，增强安全生产和自我保护意识等。

11.8.5.1　安全文明生产管理

为了认真贯彻"安全第一，预防为主"的方针，树立高度安全防范意识，特制定本制度。

①严格遵守各项安全规章制度，不违章作业，并制止他人违章作业，有权拒绝违章作业。

②严格遵守各项操作规程，精心操作，保证原始记录整洁、准确可靠。

③当班人员有权拒绝非本岗人员随意进入其岗位和动用其岗位任何物品。

④按时巡视检查，发现问题及时处理；发生事故要正确分析、判断，并做好记录，并向上级领导汇报。

⑤正确使用、妥善保管各种防护用品和器具，按规定着装上岗。

⑥任何人不准带小孩进入生产区。

⑦加强设备维护，保持作业场所卫生、整洁。

⑧工作人员不得行走或站立在污处设施非安全位置。

⑨经常检查走道板、护栏等，如有损坏或不牢固情况，立即汇报修理。

⑩作业时，注意防滑，遇到池上积雪或结冰时，应先清扫，然后上池，不得在池上追逐奔跑，不得酒后上池。

⑪维修作业专业人员必需持证上岗，当班运行人员有权监督。

⑫现场动火作业必须办理相应的工作票，并有监护人员在场，根据工作票要求在作业现场设置必要的安全、消防措施，安全措施不落实，动火作业人员有权拒绝作业。

⑬池上动火作业，必须先做好安全保护措施，防止火星掉入池内。严禁在调试初期的厌氧池顶动火。

⑭池内检修，严禁将手机等非防爆电器带入池内。

⑮严禁在水泥地、池面拖滑金属工器具、防止摩擦产生火花。

11.8.5.2　危险防范措施

（1）危险源产生区域

渗滤液处理站危险源产生地主要包括渗滤液收集池、渗滤液提升泵房、预处理车间、调节池、污水池、加温池、厌氧罐区域、污泥脱水间及除臭风机房等。在进入这些危险源容易产生的区域时，要高度重视安全防护工作，并严格按照安全防护措施进行巡检和设备操作。

（2）主要危险源及其物化性质和危险特性

厌氧罐在调试阶段会产生沼气，沼气是一种混合气体，主要成分是甲烷（CH_4）和二氧化碳（CO₂），甲烷占 60% ~ 65%，二氧化碳占 30% ~ 40%，还有少量氢、一氧化碳、硫化氢、氧和氮等气体，一般硫化氢的含量小于 4000mg/m³。

①甲烷

a. 分类及标志。《危险货物品名表》（GB 12268）将该物质划分为第 2.1 类易燃气体，危规编号 21007，UN 号 1971。

b. 理化特性。本产品为无色无臭气体，相对密度（空气 = 1）0.55，熔点：- 182.5℃，沸点：- 161.5℃。闪点：- 188℃，引燃温度：538℃。临界温度：- 832.6℃，临界压力：4.59MPa。燃烧热：889.5kJ/mol，爆炸下限 5.3%（V/V），爆炸上限 15%（V/V），最小点火能 0.28MJ，最大爆炸压力 0.717MPa。微溶于水、溶于醇、乙醚。

c. 危险特性。燃烧性：与空气混合能形成爆炸性混合物，遇热源和明火有燃烧爆炸的危险。与五氧化二溴、氯气、次氯酸、三氟化氮、液氧、二氟化氧及其它强氧化剂接触剧烈反应。

②硫化氢

a. 分类及标志。危险货物品名表（GB 12268）将该物质划分为第 2.1 类易燃气体，危规编号 21006，UN 号 1053。

b. 理化特性。无色有恶臭的气体。熔点：- 85.5℃；沸点：- 60.4℃；饱和蒸气压（kPa）：2026.5/25.5℃；溶解性：溶于水。相对密度（空气 = 1）：1.19；临界温度：100.4℃；临界压力：9.01MPa。爆炸下限 4.0%（V/V），爆炸上限 46.05%（V/V）。最小点火能 0.077MJ，最大爆炸压力 0.490MPa。溶于水、醇。

c. 危险特性。燃烧性：易燃，具强刺激性，与空气混合能形成爆炸性混合物，遇明火、高热等，能引起燃烧、爆炸，可与浓硝酸、发烟硝酸或其他强氧化剂剧烈反应，发生爆炸。气体密度比空气重，能在较低处扩散到相当远的地方，当浓度达到一定程度时，遇火源会着火、回燃等。

③二氧化碳

a. 分类及标志。《危险货物品名表》（GB 12268）将该物质划分为第 2.2 类不燃气体，危规编号 22020（液化的），UN 号 2187（液化的）。

b. 理化特性。无色无臭气体。熔点：- 56.6℃/527kPa；沸点：- 78.5℃（升华）；溶解性：溶于水、烃类等多种有机溶剂。相对密度（空气 = 1）：1.53；临界温度：31℃；临界压力：7.39MPa。

c. 危险特性。窒息性气体。

（3）危险因素分析

调试过程中的主要危险因素是沼气引发的火灾和爆炸，另外还有中毒、窒息、雷击与静电、机械伤害、触电等。现对其进行具体分析。

①火灾、爆炸危险分析。沼气的主要成分甲烷，另外含有少量的硫化氢，甲烷和硫化氢均为易燃气体。甲烷与空气混合能形成爆炸性混合物，遇热源和明火有燃烧爆炸的危险。硫化氢易燃，具强刺激性，与空气混合能形成爆炸性混合物，遇明火、高热等，能引起燃烧爆炸。

②中毒及窒息性危险分析。硫化氢是强烈的神经毒物，对黏膜有强烈刺激作用。甲烷浓度过高时，使空气中的氧含量明显降低，能够使人窒息，当空气中的甲烷达 25% ~ 30% 时，可引起头痛、头晕、乏力、注意力不集中、呼吸和心跳加速等。严重者可能会导致窒息、死

亡等。

③雷击与静电危险分析。在沼气输送过程中，积聚沼气的各类设备，沼气管道易产生静电，如无静电跨接接地装置或防静电装置失效，则会存在静电集聚、放电等现象，大大增加了系统发生火灾、爆炸的可能性。

④共性伤害。

⑤触电伤害。触电事故的危害很大，需要多加注意。气候湿度大，沼气发电机组的相关设备安装不妥当，使用不合理、维修不及时，缺少保护装置，操作人员违章作业等原因都极易造成触电事故。触电事故的种类、形式多种多样，一般都是由于人体接触带电体，或是设备发生故障，或者是人体靠近带电体等引起的。在工作过程中，由于作业人员不能按照电气工作安全操作规程进行操作或缺乏安全用电常识，以及设备本身故障等原因，可能造成危险事故的发生。

装置中可能存在的触电危险因素主要有：设备故障、电气设备漏电，可造成人员伤害及财产损失；输电线路故障：如线路断路、短路等均可造成触电事故或设备损坏；带电体裸露：设备或线路绝缘性能不良造成人员伤害；电气设备或输电线路短路或故障造成的监控失灵或电气火灾；工作人员对电气设备的误操作引发的事故；电气设备或输电线路短路打火引燃可燃气体或液体的火灾事故；电气设备接地、接零不健全，存在触电的危险。

⑥机械伤害。生产装置中有泵等转动设备，存在机械伤害危险。如果外露的运动机件（泵、轴承等）没有安装防护罩或防护罩损坏，人体触及这些运动机件可能造成机械伤害事故。

⑦噪声伤害。噪声是包含多种音调成分的无规律的复合声，对人体的危害主要是损伤听觉。人的听觉器官适应是有一定限度的，长期在强噪声环境里工作，会引起听觉疲劳、听力下降。长期反复作用会造成听觉器官损伤，内耳发生器质性改变，导致噪声性耳聋。噪声同时可以使交感神经兴奋，出现心跳加快、心律不齐、血压不稳。同时还会引起神经衰弱症候群，如头痛、头晕、失眠、多梦、记忆力减退等。生产装置中发电机组及泵等转动设备，如出现故障或润滑不好，以及长时间在附近操作，会产生噪声伤害。

11.8.5.3 防范应对措施

（1）主要安全防范措施

①防窒息措施。在调试运行中，要采取可靠措施，防止沼气的局部浓度增加。如果发现某些区域沼气已增浓或可能增浓时，必须做出清晰明确标记，并施以强制通风。严禁人员进入沼气增浓区域。

②沼气综合利用装置的安全及防护措施。沼气综合利用装置的安全及防护措施需要注意，沼气输送管道的安装和试验应符合《工业管道工程施工及验收规范》（GB 50235—97）的规定；沼气输送管道的附件、阀门的选型必须符合 GB 50235—97 的规定，并根据介质的类别按 HG/T 20679—1990 中有关要求在管道上喷涂相应的颜色标志；设备外露转动部位设计防护罩或挡板，变压器设过流断电保护装置，以避免意外人身伤亡事故的发生。沼气火炬应严格按照沼气火炬生产设备厂家的操作规程进行，以保证安全；加强对生产人员的安全教育，制订安全操作规程，严格管理。

（2）发生事故和中毒的抢救和应急措施

①急救：迅速脱离现场至空气新鲜处，保持呼吸道通畅，就医。

②沼气在线检测系统通过在沼气输送管线上安装现场显示仪表和变送器，并利用计算机

远程监控系统实时显示和监控沼气的各种参数，实现在线检测和自动报警，主要包括沼气储气量、温度、压力、瞬时和累计流量、甲烷浓度等参数在线检测，沼气的储气量、沼气泄漏达到报警。

③泄漏处理：建议应急处理人员戴自给式呼吸器，切断火源，避免与易燃物接触。切断气源，然后强力通风。

（3）电气设备防火、防爆、防雷、防静电等措施

①电气、仪表专业的设计严格按电气防爆设计规范执行，按爆炸危险场所类型、等级、范围选择防爆电气设备。

②动力电缆和控制电缆从控制室内经电缆沟通过预埋铺设到各用电设备。

③厂区的供电电源，应符合 GB 50052—95《供配电系统设计规范》的有关规定。

④在照明设计中设事故应急照明，照明灯具防护结构按 IP2X。

⑤电缆接头及电缆沟内电缆应涂阻火涂料；电缆沟不准与其他管沟相通，应保持通风良好。

⑥电气线路和设备的绝缘必须良好。裸露带电导体处必须设置安全遮拦和明显的示警标志与良好照明。

⑦电气设备和装置的金属外壳及有外壳的电缆，必须采取保护性接地和接零。

⑧按《建筑物防雷设计规范》（GB 50057—94）（2000 年版）的要求，发电站采用高杆避雷针保护全厂建筑物，接地电阻不大于 4Ω，站内机电设备、管线及金属构架均进行保护性接地。储气柜单独设置避雷接地系统。所有防雷防静电接地装置，应定期检测接地电阻，每年至少检测一次。

⑨在照明设计中设事故应急照明，事故照明持续时间为 1h，以保证因正常照明系统发生故障时供继续工作或人员疏散时的安全。

（4）工作环境等其它方面的安全防护措施

①对有噪声的生产作业场所，应采取噪声控制措施并应符合《工业企业噪声控制设计规范》的要求。

②转动设备选用噪声低的产品以降低生产区内的噪声。噪声超过标准的设备、设施应有相应的降噪声措施。

③区域内严禁明火。

④生产车间应配备经专业技术培训合格的专职安全员，负责安全教育及安全检查工作。

⑤厂内配备常用的急救设备、急救药品。

11.8.5.4 突发事件应急方案

制定本预案是为了厂区职工在厂辖区内遇到突发事故时，能迅速准确的做出应急处置，最大限度地保护国家财产及个人的生命安全。

（1）突发事故的分类

①火灾事故。

②生产安全事故。

③民事纠纷。

④剧毒品安全事故。

（2）突发事故的应急处置一般原则

①当发生火灾时，在不危及机组运行时应迅速灭火；当可能危及机组运行时，应立刻停

机，迅速灭火，尽量减小损失。

②输水管道破裂时，应及时通知泵房紧急关机，并及时组织应急小组进行抢险，保护人民的生命财产。

③其他人员必须无条件服从现场负责人的指挥，快速做好恢复生产，把损失夺回来。

（3）火灾事故的应急处置预案

①发生火灾时，火灾灾情轻，完全可以控制的，当事人应马上进行扑救；火灾灾情严重，不能控制的，要及时切断电源，并遵照"谁发现，谁报警"的原则，第一时间拨打火警电话（119），同时，在正常上班时间，要报告班组长或调度员或中层以上领导并通知当班的义务消防员到达火灾现场，在节假日值班期间，则直接报告行政值班人员，并积极参加火灾扑救工作，抢救国家财产。

②火灾灾情出现后，接报的领导或行政值班人员要立即赶到现场指挥救灾工作，核查火灾报警是否真正落实，并组织好保安力量做好火灾现场的保护及治安秩序的维持等工作；在公安消防队到之前，组织当班的厂义务消防员队伍第一时间到达火灾现场，进行力所能及的扑救工作；在公安消防队到达现场后，协助公安消防队展开全面扑救以及火灾原因的调查工作。

③火灾扑灭后，由办公室协同火灾发生单位负责火灾善后的处理和火灾事故的责任追究工作。

（4）生产安全事故处置预案

①发生人员伤害性生产安全事故，有人员伤亡的，现场当班人员或第一个目击者要立即拨打急救中心电话（120）。

②发生管网水质异常，进水水质严重偏离设定进水指标，有可能导致污水处理不正常，或对生物处理构成损伤，或对关键设备造成危害时，应立即启动预警机制，减少，甚至暂停进水，立即通知总厂有关部门，协助追查水质异常原因，并实施连续水质取样，化验室全分析，直至水质恢复正常。

③如果水质变化异常已经造成危害，应作出恢复方案，并上报总厂。

④编写并公开发布《水质异常事故报告》，报告内容包括：发生时间、原因、采取措施、处理效果、经验教训总结等。编写并公开发布《水质异常事故报告》的目的就是为减少事故的发生，并帮助其他部门做好事故预防。

（5）民事纠纷

①发生与本厂事务有关的民事纠纷，当事人首先要冷静处理，避免矛盾激化。只涉及经济赔偿的，在正常上班时间，要报告班组长或中层以上领导；在节假日值班时间，则通知值班保安保护现场，并告知行政值班人员。

②民事纠纷发生后，不能通过电话解决问题的，接报的领导或行政值班人员要立即赶到出事现场，组织人员维持现场秩序和保护现场，并视情节严重情况通知公安等有关部门到场处理。

（6）剧毒药品安全事故应急处置预案

意外中毒紧急处置预案：

①第一个发现意外中毒事故发生的人，应立即将伤者移至空气新鲜处，拨打急救中心电话（120），同时通知厂医救治伤员。

②帮助伤者脱除遭受污染的衣物及鞋子，并加以隔离处理，对眼睛和皮肤接触到剧毒药

品的，用清水不断冲洗 15min 以上，保持伤者的平静，维持伤者的正常体温。在急救中心医护人员到达前，对已停止呼吸的伤者，施以人工呼吸，对呼吸困难的伤者，施以氧气协助。

（7）剧毒药品被盗紧急处置预案

第一个发现剧毒药品被盗的当班人员，应立即通知值班保安封锁现场，并向公安机关报案，同时，在正常的上班时间，要报告班组长或中层以上领导；在节假日值班时间，则报告行政值班人员到场处理。

第12章
工程案例

本书系统介绍了国内外渗滤液处理的发展及应用，下文将具体应用实例一一加以说明。

12.1 江阴某垃圾渗滤液处理工程

12.1.1 工程概况

江阴某生活垃圾焚烧发电项目位于江阴市月城镇，目前该项目共分为三期建设，其中一期工程建设规模为 800t/d，二期工程建设规模为 400t/d，三期工程建设规模 800t/d 机械炉排炉。入炉垃圾总量为 2000t/d，渗滤液产生率按照 30% 进行设计，考虑平台冲洗水、初期雨水等污水，渗滤液处理总规模为 1000m³/d。

12.1.2 设计规模

江阴某垃圾焚烧项目一、二、三期设计入炉垃圾总量为 2000t/d。渗滤液处理站设计规模计算如式（12-1）所示：

$$Q = [cf/(1-b)]b + q \qquad (12\text{-}1)$$

式中　Q——渗滤液产生量，m³/d；

　　　c——设计入炉垃圾量，t/d；

　　　f——垃圾焚烧电厂超负荷系数，宜取 1.0～1.2；

　　　b——入厂垃圾含水率，%，宜取 20%～35%；

　　　q——其他水。

根据附近区域类似项目调研，本项目渗滤液产生率取 30%。设计入炉垃圾量为 2000t/d，考虑焚烧炉超负荷系数取 1.1，考虑厂区卸料平台、垃圾运输车冲洗水，按照公式（12-1），本项目的渗滤液处理规模取 1000m³/d。

12.1.3 设计水质

（1）设计进水水质

江阴项目的设计进水水质如表 12.1 所示。

（2）设计出水水质

反渗透产水水质达到《城市污水再生利用　工业用水水质》（GB/T 19923—2005）中表 1 敞开式循环冷却水水质标准，具体如表 12.2 所示。

表12.1 渗滤液处理站设计的进水水质

序号	主 要 指 标	设计值
1	化学需氧量 COD_{Cr}/（mg/L）	≤60000
2	生化需氧量 BOD_5/（mg/L）	≤30000
3	氨氮/（mg/L）	≤2300
4	总氮/（mg/L）	≤2500
5	悬浮物/（mg/L）	≤15000
6	pH 值	6～9

表12.2 设计的反渗透出水水质

序号	控 制 项 目	水质标准
1	pH 值	6.5～8.5
2	浊度/NTU	≤5
3	色度/倍	≤30
4	生化需氧量（BOD_5）/（mg/L）	≤10
5	化学需氧量（COD_{Cr}）/（mg/L）	≤60
6	铁/（mg/L）	≤0.3
7	锰/（mg/L）	≤0.1
8	氯离子/（mg/L）	≤250
9	二氧化硅/（mg/L）	≤50
10	总硬度（以 $CaCO_3$ 计）/（mg/L）	≤450
11	总碱度（以 $CaCO_3$ 计）/（mg/L）	≤350
12	硫酸盐/（mg/L）	≤250
13	氨氮/（mg/L）	≤10
14	总磷	≤1.0
15	溶解性总固体/（mg/L）	≤1000
16	石油类/（mg/L）	≤1.0
17	阴离子表面活性剂/（mg/L）	≤0.5
18	余氯/（mg/L）	≤0.05
19	粪大肠菌群/（个/L）	≤2000

12.1.4 工艺流程

江阴某项目渗滤液处理工艺流程如图 12.1 所示，经过滤器过滤和沉淀池沉淀后的预处理出水经过提升泵提升进入厌氧系统，去除大部分有机污染物，厌氧出水后渗滤液进入两级 A/O 系统，厌氧出水首先进入一级 A 池（缺氧池），在缺氧条件下反硝化菌利用污水中的有机碳将硝酸盐还原为氮气，在脱氮的同时降低了容积负荷，并补充了后续硝化反应的碱度，同时部分悬浮污染物被吸附并分解，提高了污水的可生化性，随后污水通过推流进入一级 O 池（好氧池），在好氧条件下残余的有机物被进一步降解，同时硝化菌将污水中的氨氮氧化为硝酸盐氮，再回流至 A 池进行反硝化脱氮。为进一步的降低出水污染物浓度，本项目设计了二级硝化反硝化 A/O 系统。经过一级硝化/反硝化 A/O 系统的出水进入二级硝化/反硝化 A/O 系统对氨氮和硝酸盐进行进一步的脱除，经二级硝化/反硝化 A/O 系统处理后出水进入外置式管式超滤膜进一步去除大分子 COD、悬浮物等污染物，经超滤处理后出水进入纳滤、反渗透系统，去除悬浮物、溶解性固体、硬度、色度、氨氮、氯离子等污染指标，最终出水作为冷却塔循环冷却水补水。

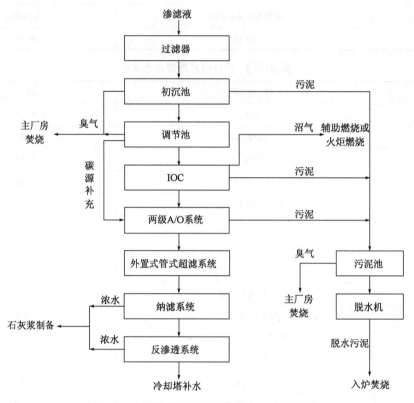

图 12.1　江阴某项目渗滤液处理工艺流程图

污泥处理工艺：渗滤液经混凝沉淀后，产生大量无机污泥，无机污泥经渣浆泵排入污泥浓缩池浓缩处理，厌氧系统和好氧系统在生物降解过程中产生大量活性污泥，经离心泵排入浓缩池，经浓缩后的污泥经泵输送至污泥脱水机脱水处理，脱水后污泥入炉焚烧，避免产生二次污染。

沼气综合利用工艺：本项目厌氧系统产生的沼气甲烷含量一般占 55%～75%，二氧化碳含量占 25%～40%，其他气体占 5%～10%；产生的沼气量约为 9900m³（标准）/d，沼气主要用于炉膛助燃发电，同时厌氧系统设置了应急内燃式火炬。

臭气处理工艺：垃圾渗滤液本身具有较强烈的恶臭气味，因此在处理过程中也会有臭气产生，若不进行处理则会对周边的大气环境和人群造成不良影响。本处理工程中臭气的主要产生点主要集中在预处理系统及污泥处理系统。本工程采用的除臭方法是将预处理系统、污泥处理系统均采用封闭式设计，再通过引风机将臭气收集后送至垃圾仓，通过引风机入炉燃烧处理。

纳滤浓缩液与反渗透浓缩液因所含污染物类别不同，拟分开处置。收集后的浓缩液用于石灰乳制备等用水点。

12.1.5　设计优化

本工程除对渗滤液处理工艺优化外，在设计上也进行了如下优化。

（1）平面合理布置

充分利用现有场地，渗滤液处理系统的建构筑物均为方形，平面布置紧凑，减小占地。所有建筑物沿进场主干道布置，渗滤液处理系统建构筑物设计风格充分结合一二期主场房及原办公楼的风格，做到整体风格统一，整洁美观。池顶及房顶采用绿化处理，不仅提高了厂区的绿化率，同时也提高整个渗滤液处理站的工作环境。

（2）节能设计

渗滤液从主厂房垃圾坑收集后，各处理单元之间大部分设计为重力流，减少提升设备和能耗。同时调节池搅拌机采用能耗更低，效率更高的双曲面搅拌机；采用能耗和噪声较低的离心风机代替了能耗较高的罗茨风机；低能耗、低噪声、高效率的旋转挤压脱水机代替了传统的离心脱水机；采用污泥料仓和干污泥泵输送装置直接将脱水后含水率80%的剩余污泥泵入主场房焚烧炉进行焚烧处理，避免了用车拉带来的人工、汽车、运输工程中的跑冒滴漏等问题。

（3）自动化程度高

各处理系统均设置有在线监测和自动化控制系统，且在线监测仪表均为进口仪器，仪表质量和灵敏度更高。膜系统设置了在线自动清洗系统，可根据运行情况进行在线自动清洗。

（4）安全可靠

渗滤液处理系统的易燃易爆区的用电设备和仪表均采用防爆设备，防爆区域设置了甲烷和硫化氢自动报警装置。除臭风机和应急火炬设计采用双电源供电，保证整个渗滤液处理系统在停电情况下能够稳定运行。

江阴垃圾焚烧发电厂渗滤液处理工艺流程能够使渗滤液处理的抗负荷冲击能力增强，从实际调试及运行结果表明，该系统的设计合理、流畅、运行稳定，可适应垃圾渗滤液的水质特点，是目前国内已运行项目中较为完善的处理工艺，代表了渗滤液处理技术发展方向之一。同时该项目被中国城市环境卫生协会评为2017年渗滤液处理系统综合评比的银奖。

12.2　南京某垃圾渗滤液处理工程

12.2.1　工程概况

南京某生活垃圾焚烧发电厂项目位于南京市浦口区，规模为日处理生活垃圾2000t，年可焚烧处理垃圾66万t。根据附近区域类似项目调研，考虑厂区卸料平台、垃圾运输车冲洗水等废水，南京项目的渗滤液处理规模取800m³/d。

12.2.2　设计水质

（1）设计进水水质

南京项目的设计进水水质如表12.3所示。

表 12.3　渗滤液处理站设计的进水水质

序号	主 要 指 标	设计值
1	化学需氧量 COD_{Cr}/（mg/L）	≤70000
2	生化需氧量 BOD_5/（mg/L）	≤35000
3	氨氮/（mg/L）	≤1500
4	总氮/（mg/L）	≤2000
5	悬浮物/（mg/L）	≤10000
6	pH 值	6～9

（2）设计出水水质

反渗透产水水质达到《城市污水再生利用　工业用水水质》（GB/T 19923—2005）中表 1 敞开式循环冷却水水质标准，具体如表 12.4 所示。

表 12.4　系统出水水质

序号	控 制 项 目	水质标准
1	pH 值	6.5～8.5
2	浊度/NTU	≤5
3	色度/倍	≤30
4	生化需氧量（BOD_5）/（mg/L）	≤10
5	化学需氧量（COD_{Cr}）/（mg/L）	≤60
6	铁/（mg/L）	≤0.3
7	锰/（mg/L）	≤0.1
8	氯离子/（mg/L）	≤250
9	二氧化硅/（mg/L）	≤50
10	总硬度（以 $CaCO_3$ 计）/（mg/L）	≤450
11	总碱度（以 $CaCO_3$ 计）/（mg/L）	≤350
12	硫酸盐/（mg/L）	≤250
13	氨氮/（mg/L）	≤10
14	总磷	≤1.0
15	溶解性总固体/（mg/L）	≤1000
16	石油类/（mg/L）	≤1.0
17	阴离子表面活性剂/（mg/L）	≤0.5
18	余氯/（mg/L）	≤0.05
19	粪大肠菌群/（个/L）	≤2000

12.2.3　工艺流程

其渗滤液处理工艺如图 12.2 所示。

来自垃圾焚烧厂垃圾储存坑中的垃圾渗滤液通过提升泵提升至渗滤液调节池（停留时间 5～8d），由于垃圾储存坑中渗滤液所含的固体粒物较多，为了避免固体颗粒物进入调节池，因此在调节池前加装格栅除渣预处理，渗滤液进入调节池之前经过除渣预处理以除去粒径大于 1mm 的固体颗粒物。

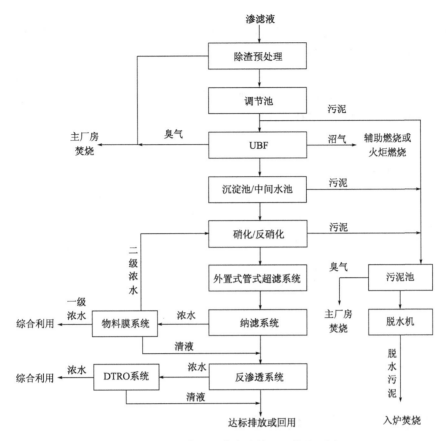

图12.2　南京某项目渗滤液处理工艺流程图

调节池中的经过除渣预处理的渗滤液提升至厌氧布水系统进入厌氧反应器，厌氧采用 UBF 厌氧反应器，渗滤液经过厌氧反应，COD_{Cr} 可得到大幅度的降解，并且渗滤液中的部分难生化降解的 COD_{Cr} 在厌氧条件下被水解酸化。

由于厌氧出水有时可能带有部分厌氧污泥，因此厌氧出水进入沉淀池进行沉淀，沉淀污泥部分排入剩余污泥脱水系统，部分回流厌氧反应器，避免厌氧污泥流失过多。

经过沉淀处理的厌氧出水进入中间水池，中间水池设置曝气系统，用于吹脱水中的有害气体（如硫化氢）以及抑制出水中的厌氧微生物。由于厌氧对温度波动较为敏感，为保证冬天厌氧能够顺利运行，因此冬天时需要对厌氧进行加温，设计采用焚烧厂的余热蒸汽对厌氧进行加温以保证厌氧反应温度的稳定。厌氧产生的沼气进入焚烧炉作为辅助燃料，同时设有沼气应急燃烧火炬，在焚烧炉检修时对沼气进行燃烧处理。

渗滤液从中间水池经过膜生化反应器进水泵提升，经袋式过滤器过滤后，进入膜生化反应器 MBR，生化去除可生化有机物以及进行生物脱氮。考虑厌氧反应器去除 COD_{Cr} 效果较好，而对氨氮无去除作用，可能造成进膜生化反应器的渗滤液 C/N 比失调，因此设计中考虑部分渗滤液原水（经过格栅过滤）超越厌氧反应器直接进入膜生化反应器，以保证膜生化反应器中反硝化所需的碳源，从而保持系统必要的反硝化率以及系统 pH 值的稳定性。

本项目需达到《城市污水再生利用　工业用水水质》（GB/T 19923—2005）中 "敞开式循环冷却水系统补充水" 的水质标准，因此设计采用纳滤＋反渗透对超滤出水进行深度处理。纳滤＋反渗透工艺的截留率较高，因此可确保出水满足工业用水回用标准。深度处理系统总的清液得率为 63.3% 左右。

本项目产生的膜浓缩液分为纳滤膜浓缩液和反渗透膜浓缩液。其中纳滤膜浓缩液采用物料膜系统进行处理，一级物料膜的膜浓缩液产生 0.5% 的腐殖酸溶液进行焚烧或外运处理，一级物料膜的清水进入二级物料膜处理，二级物料膜清水进入卷式反渗透处理达标排放或回用，二级物料膜浓缩液回生化系统进行处理。反渗透膜浓缩液采用 DTRO 系统进行减量化处理后清液达标回用于循环冷却水补水或排放，DTRO 膜浓缩液用于主场房的飞灰增湿和石灰浆制备。

12.2.4 运行及讨论

该工程调试完成后，经过长期运行取得了良好的处理效果，虽然渗滤液处理系统进水水质变化较大，但系统各项指标均能够稳定达到设计要求。

生活垃圾焚烧发电厂渗滤液的水量和水质具有随季节的变化而发生变化，一般分为丰水期（5 月~10 月）和枯水期（11 月~次年 4 月）。丰水期水量和水质较枯水期有大幅度的提高，因此在设计时一定要考虑丰水期的水量和水质负荷冲击，同时在丰水期应加大对生化池体的泡沫控制。

项目设计之初应根据整个焚烧厂对膜浓缩液的回用量考虑是否设计膜浓缩液处理或减量化处理系统，避免因渗滤液处理系统产水率较低，膜浓缩液无法全量回用给整个垃圾焚烧处理系统的稳定运行带来影响。

12.3 南通某垃圾渗滤液处理工程

12.3.1 工程概况

南通某生活垃圾焚烧发电项目位于南通如皋市，全厂总用地面积约 80000m² （120 亩）。该项目日处理生活垃圾 1500t，本项目的渗滤液处理规模 300m³/d。

12.3.2 进出水水质

（1）设计进水水质

设计进水水质如表 12.5 所示。

表12.5 渗滤液处理站设计的进水水质

序号	主 要 指 标	设计值
1	化学需氧量 COD_{Cr}/（mg/L）	≤65000
2	生化需氧量 BOD_5/（mg/L）	≤30000
3	氨氮/（mg/L）	≤2000
4	悬浮物/（mg/L）	≤4000
5	pH 值	6~9

（2）设计出水水质

反渗透产水水质达到《生活垃圾填埋场污染控制标准》（GB 16889—2008）中表 2 标准，具体如表 12.6 所示。

表 12.6 设计的反渗透出水水质

序号	控 制 项 目	水质标准
1	色度/倍	≤40
2	生化需氧量（BOD$_5$）/（mg/L）	≤30
3	化学需氧量（COD$_{Cr}$）/（mg/L）	≤100
4	氨氮/（mg/L）	≤25
5	总氮/（mg/L）	≤40
6	悬浮物 SS/（mg/L）	≤30
7	总磷/（mg/L）	≤3.0
8	粪类大肠菌群数/（个/升）	≤10000
9	总汞	≤0.001
10	总镉	≤0.01
11	总铬	≤0.1
12	六价铬	≤0.05
13	总砷	≤0.1
14	总铅	≤0.1

12.3.3 工艺流程

本项目渗滤液处理工艺流程如图 12.3 所示，经过格栅和初淀池沉淀后的预处理出水经过提升泵提升进入厌氧系统，去除大部分有机污染物，厌氧出水后渗滤液进入两级 A/O 系统，厌氧出水首先进入一级 A 池（缺氧池），在缺氧条件下反硝化菌利用污水中的有机碳将硝酸盐还原为氮气，在脱氮的同时降低了容积负荷，并补充了后续硝化反应的碱度，同时部分悬浮污染物被吸附并分解，提高了污水的可生化性，随后污水通过推流进入一级 O 池（好氧池），在好氧条件下残余的有机物被进一步降解，同时硝化菌将污水中的氨氮氧化为硝酸盐氮，再回流至 A 池进行反硝化脱氮。为进一步的降低出水污染物浓度，本项目设计了二级硝化反硝化 A/O 系统。经过一级硝化/反硝化 A/O 系统的出水进入二级硝化/反硝化 A/O 系统对氨氮和硝酸盐进行进一步的脱除，经二级硝化/反硝化 A/O 系统处理后出水进入外置式管式超滤膜进一步去除大分子 COD、悬浮物等污染物，经超滤处理后出水进入纳滤、反渗透系统，去除悬浮物、溶解性固体、硬度、色度、氨氮、氯离子等污染指标，最终出水作达标排放。

污泥处理工艺：渗滤液经混凝沉淀后，产生大量无机污泥，无机污泥经无堵塞污水泵排入污泥浓缩池浓缩处理，厌氧系统和好氧系统在生物降解过程中产生大量活性污泥，经离心泵排入污泥浓缩池，经浓缩后的污泥经泵输送至污泥脱水机脱水处理，脱水后污泥入炉焚烧，避免产生二次污染。

沼气处理工艺：厌氧系统产生的沼气作为一种清洁能源，主要成分为甲烷、二氧化碳等气体，其中甲烷的含量一般占 55% ~ 75%。本项目沼气产生量约为 500m³（标准）/h，沼气主要用于炉膛助燃发电。另外设置了应急火炬燃烧系统。

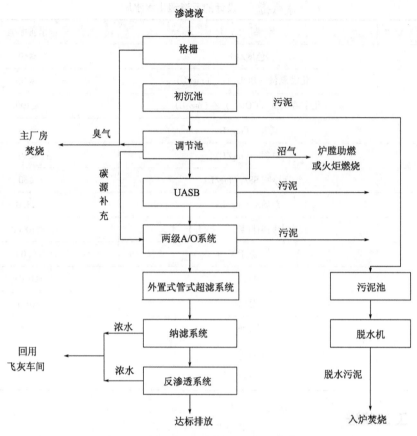

图 12.3　南通某项目渗滤液处理工艺流程图

臭气处理工艺：渗滤液处理系统产生臭气的主要为初沉池、调节池、污泥池、污泥脱水车间、反硝化池（A 池）等单元。本工程采用的除臭方法是臭气点加盖密封和管道收集，再通过引风机将臭气收集后送至垃圾仓，通过引风机入炉燃烧处理。

浓缩液处理、处置工艺：纳滤浓缩液和反渗透浓缩液送至飞灰处理车间进行综合利用。

12.3.4　工艺特点

（1）预处理系统
调节池前端设置格栅和初沉池，分离颗粒较大的进水悬浮物。
（2）厌氧系统
①厌氧采用 UASB 工艺，厌氧单元采用钢制罐体；
②采用外部循环，提高污泥床膨胀高度，增加污水与床体接触概率与时间；
③采用创新的多点布水方式，降低短流及堵塞概率；
④大管径多点排泥，并设置反冲洗接口，有效延长清池周期；
⑤出水管道设计水封，防止出水带气或带泥；
⑥设置蒸汽加热系统，控制厌氧中温条件。
（3）好氧系统
①采用两级 A/O 工艺，确保脱氮效果；
②曝气系统采用微孔曝气器，降低能耗；

③设置水力消泡设施；

④设置多路超越管，操作运行灵活。

（4）超滤系统

①超滤膜选用进口管式超滤膜，膜通量大，运行稳定；

②出水水质好且稳定，出水无细菌和固体悬浮物；

③管式超滤膜的应用避免了内置式膜生化反应膜容易污染、堵塞的缺点；

④管式超滤系统能耗较内置式超滤系统高。

（5）膜深度处理系统（"纳滤+反渗透"）

①纳滤和反渗透膜元件为进口卷式膜，运行稳定可靠；

②工艺产水率可达到60%~70%，产水率相对较高，且水质稳定达标；

③纳滤和反渗透系统均采用在线清洗，运行维护相对简单；

④"纳滤+反渗透"工艺产水虽稳定可靠，但存在膜浓缩液产率高等缺点。

（6）膜浓缩液处理

本项目膜浓缩液主要为纳滤膜浓缩液和反渗透膜浓缩液，考虑项目的特点，本项目采用纳滤膜浓缩液和反渗透膜浓缩液均回用于飞灰车间各用水点。

12.3.5 运行注意事项

根据本项目的工艺特点，该类型处理工艺运行应注意以下问题。

（1）水量和水质的季节变化

垃圾焚烧厂渗滤液的水量和水质具有随季节变化而变化，一般每年5月~10月为丰水期，11月至次年4月为枯水期。丰水期与枯水期的水量几乎相差一倍左右。丰水期污染物浓度也较枯水期高很多。运行时应制定不同的水量和水质变化应对方案。

（2）厌氧系统

由于本项目厌氧系统采用UASB工艺，运行时应避免大的水量和水质负荷冲击，保证UASB工艺系统的稳定性，同时应注意出水带泥现象，及时的监测厌氧出水，发现问题应及时处理。

（3）碳源补充

由于本项目排放标准为《生活垃圾填埋场污染控制标准》（GB 16889—2008）中表2标准，总氮的排放标准为低于40mg/L。因此本项目设计二级生化系统，运行时应根据实际进水水量和水质情况及时调整碳源补充和回流比等参数，确保系统产水总氮达标。

（4）膜系统运行

本项目的膜系统主要包括超滤系统、纳滤系统和反渗透系统，应及时根据进水水质、膜运行压力等参数及时地进行检修和维护，做到定期清洗、定期维护，保证系统能够长期稳定运行。

（5）安全运行

垃圾发电厂渗滤液处理站主要处理单元易泄露位置应设置有毒有害气体（甲烷、硫化氢）浓度检测与报警装置，并悬挂警示标识，其中：调节池及厌氧系统应设置甲烷、硫化氢等检测及报警装置，污泥脱水间应设置硫化氢的检测及报警装置，并定期校验相关检测与报警装置。

12.4 镇江某垃圾渗滤液处理工程

12.4.1 工程概况

镇江市某生活垃圾发电项目占地 80000m^2（120 亩），项目建设分二期进行建设，一期建设规模 3×350t/d 机械炉排炉焚烧炉，配置两台 12MW 汽轮发电机组及两台额定功率 12MW 发电机；二期建设规模建设规模为 400t/d 的机械炉排焚烧炉。本项目设计垃圾坑停留时间为 7d，生活垃圾在垃圾坑经过 7d 的堆积发酵后，渗滤液的产生率约为 20%~30% 左右。该项目经过渗滤液处理总规模为 600m^3/d。

12.4.2 设计规模

镇江市生活垃圾焚烧发电厂设计入炉垃圾量为 1450t/d。

渗滤液处理站设计规模依据公式（12-2）确定。

$$Q = [cf/(1-b)] b + q \tag{12-2}$$

式中　Q——渗滤液产生量，m^3/d；

　　　c——设计入炉垃圾量，t/d；

　　　f——垃圾焚烧电厂超负荷系数，宜取 1.0~1.2；

　　　b——入厂垃圾含水率，%，宜取 20%~35%；

　　　q——其他污水量。

根据环评规定，渗滤液产生率取 26%。镇江项目设计总入炉垃圾量为 1450t/d，考虑焚烧炉超负荷系数取 1.1，按照公式（12-2），镇江项目的渗滤液总产生量为 560m^3/d，考虑卸料平台冲洗水、初期雨水、杂用水、生活污水等污水一起进入渗滤液站处理，最终确定镇江项目渗滤液处理规模为 600m^3/d。

12.4.3 进出水水质

（1）设计进水水质

镇江项目的设计进水水质如表 12.7 所示。

表 12.7 渗滤液处理站设计的进水水质

序号	主 要 指 标	设计值
1	化学需氧量（COD_{Cr}）/（mg/L）	≤60000
2	生化需氧量（BOD_5）/（mg/L）	≤30000
3	氨氮/（mg/L）	≤2300
4	总氮/（mg/L）	≤2500
5	悬浮物/（mg/L）	≤15000
6	pH 值	6~9

（2）设计出水水质

反渗透产水水质达到《城市污水再生利用　工业用水水质》（GB/T 19923—2005）中表 1 敞开式循环冷却水水质标准，具体如表 12.8 所示。

表 12.8 设计的反渗透出水水质

序号	控 制 项 目	水质标准
1	pH 值	6.5 ~ 8.5
2	浊度/NTU	≤5
3	色度/倍	≤30
4	生化需氧量（BOD_5）/（mg/L）	≤10
5	化学需氧量（COD_{Cr}）/（mg/L）	≤60
6	铁/（mg/L）	≤0.3
7	锰/（mg/L）	≤0.1
8	氯离子/（mg/L）	≤250
9	二氧化硅/（mg/L）	≤50
10	总硬度（以 $CaCO_3$ 计）/（mg/L）	≤450
11	总碱度（以 $CaCO_3$ 计）/（mg/L）	≤350
12	硫酸盐/（mg/L）	≤250
13	氨氮/（mg/L）	≤10
14	总磷	≤1.0
15	溶解性总固体/（mg/L）	≤1000
16	石油类/（mg/L）	≤1.0
17	阴离子表面活性剂/（mg/L）	≤0.5
18	余氯/（mg/L）	≤0.05
19	粪大肠菌群/（个/L）	≤2000

12.4.4　工艺流程

如图 12.4 所示，垃圾渗滤液经收集后首先进入调节池进行均质均量后进入沉淀池，经预处理后的渗滤液经过提升泵提升进入厌氧罐，去除大部分有机污染物，厌氧出水后渗滤液进入 A/O 系统，厌氧出水首先进入 A 池（缺氧池），在缺氧条件下反硝化菌利用污水中的有机碳将硝酸盐还原为氮气，在脱氮的同时降低了容积负荷，并补充了后续硝化反应的碱度，同时部分悬浮污染物被吸附并分解，提高了污水的可生化性，随后污水通过推流进入 O 池（好氧池），在好氧条件下残余的有机物被进一步降解，同时硝化菌将污水中的氨氮氧化为硝酸盐氮，再回流至 A 池进行反硝化脱氮。经 A/O 处理后出水进入外置式管式超滤膜进一步去除大分子 COD、悬浮物等污染物，经超滤处理后出水进入化软微滤，化软系统的产水直接进入反渗透系统，反渗透的清液产率可达到 70% ~ 75%。反渗透系统最终出水作为冷却塔循环冷却水补水。

污泥处理工艺：本项目根据污泥性状共分为生化系统的有机污泥和化学软化的无机污泥。其中预处理系统、厌氧系统和 A/O 系统产生的无机污泥经过收集后进入离心泵脱水系统，脱水率达到 80% 后的生化污泥直接用泵输送进入焚烧炉。化软系统产生的无机污泥经过收集后进入板框脱水系统，根据污泥含水特性，无机污泥可脱至含水率 60%，由于本项目化软系统产生的无机污泥泥量少，因此无机污泥直接用车拉至主场房进行焚烧处理。

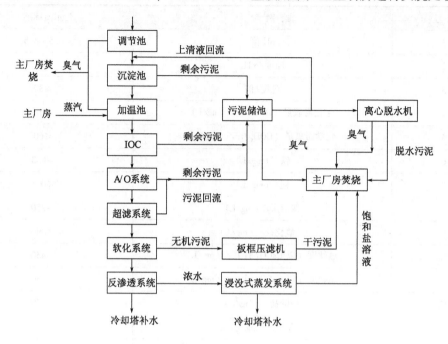

图 12.4　镇江某项目渗滤液处理工艺流程图

沼气综合利用工艺：厌氧发酵产生的沼气是一种高质量的清洁燃料，主要由甲烷、二氧化碳、氮气、氢气、氧气、硫化氢等气体组成，本项目沼气产量约为 $600m^3$（标准）/h，沼气主要用于膜浓缩液的浸没式蒸发用气，另外本项目也设置了应急火炬。

臭气处理工艺：垃圾渗滤液本身具有较强烈的恶臭气味，因此在处理过程中也会有臭气产生，若不进行处理则会对周边的大气环境和人群造成不良影响。本处理工程中臭气的主要产生点主要集中在预处理系统及污泥处理系统。本工程采用的除臭方法是将预处理系统、污泥处理系统均采用封闭式设计，再通过引风机将臭气收集后送至垃圾仓，通过引风机入炉燃烧处理。

浓缩液处理、处置工艺：本项目的浓缩液主要为反渗透膜浓缩液，根据项目对膜浓缩液处理的要求，膜浓缩液采用浸没式蒸发处理工艺，处理后的产水直接达标回用至冷却塔补水，蒸发产生的饱和盐浓液入炉焚烧处理。

12.4.5　项目特点

本项目采用渗滤液处理系统"预处理＋高效厌氧（IOC）＋硝化/反硝化＋超滤＋化学软化＋反渗透"，与常规工艺相比，化学软化系统取代了纳滤系统，不仅避免了纳滤浓缩液的产生，提高了反渗透系统的清液得率，而且化学软化系统能够去除渗滤液中 90% 以上硬度（钙、镁等硬度离子），保证反渗透膜能够长期稳定的运行，提高系统的产水水质和膜浓缩液水质，更有利于产水和膜浓缩液的后续综合利用，反渗透系统的产水率可提高至 75%。

膜浓缩液采用浸没式蒸发工艺，蒸发后的清液回用于循环水补水，饱和盐溶液入炉焚烧处理，渗滤系统做到近零排放。

本项目各系统的主要特点如下：

（1）预处理系统

调节池前端设置篮式过滤器和初沉池，分离颗粒较大的进水悬浮物。

（2）厌氧系统

①厌氧采用改进的高效 IC 工艺，厌氧罐体采用钢罐方式；

②增加高径比，提高污泥床膨胀高度，提高污水与床体接触概率与时间；

③采用创新的多点布水方式，降低短流及堵塞概率；

④底部设计成锥形斗结构，采用大管径单点排泥，改善排泥效果；

⑤设置双层三相分离器，减少生物体流失；

⑥出水管道设计水封，防止出水带气或带泥。

（3）好氧系统

①采用 A/O 工艺，提高池容和设备利用率；

②曝气系统采用射流曝气；

③设置水力消泡设施；

④设置厌氧超越管线，保证生物脱氮达到要求。

（4）超滤系统

①超滤膜选用进口管式超滤膜，膜通量大，运行稳定；

②出水水质好且稳定，出水无细菌和固体悬浮物；

③管式超滤膜的应用避免了内置式膜生化反应膜容易污染、堵塞的缺点；

④管式超滤系统能耗较内置式超滤系统高。

（5）化学软化系统

①化学软化包括了软化系统和微滤系统，其中微滤系统可采用管式微滤或中空纤维微滤两种形式；

②出水水质好且稳定，保证渗滤液中的硬度的去除率为 90% 以上；

③化软系统对硬度的去除避免了后续的膜处理系统和浓缩液处理系统结垢污染风险。

（6）膜深度处理系统（反渗透系统）

①反渗透膜元件为进口卷式膜，运行稳定可靠；

②工艺产水率可达到 70%，产水率较传统工艺高 5%~10%，且水质稳定达标；

③反渗透系统采用在线清洗，运行维护相对简单。

（7）膜浓缩液处理

本项目膜浓缩液主要为反渗透膜浓缩液，结合项目特点，反渗透膜浓缩液采用了国内较为先进的浸没式蒸发工艺。浸没式燃烧蒸发器是一种直接接触传热、传质的蒸发设备，传热效率一般高达 95% 以上。具有以下优点：

①工艺可靠、可达标排放；

②无传热间壁，不怕结垢，传质传热高效；

③浓缩程度高，可实现盐分结晶析出；

④占地小，抗冲击负荷能力强；

⑤挥发性污染物焚烧去除，热量用于蒸发；

⑥操作简单，运行维护方便，可自动长期连续稳定运行；

⑦可以廉价的沼气为热源，以废治废。

12.5 杭州某垃圾滤液处理工程

12.5.1 工程概况

杭州某垃圾焚烧项目位于余杭区，项目设置 4 台 750t/d 机械炉排式垃圾焚烧炉，同时配套建设烟气净化处理系统、污水处理系统、灰渣处理系统等环保工程，生活垃圾焚烧处理能力 3000t/d，渗滤液处理系统考虑渗滤液产生率、平台冲洗水和初期雨水等污水，本项目渗滤液处理规模按照 1500m³/d 进行设计。

12.5.2 设计规模

设计入炉垃圾量为 3000t/d。

依据《生活垃圾焚烧发电厂渗滤液处理工程技术规范》（送审稿）渗滤液处理站设计规模依据公式（12-3）确定。

$$Q = \left[cf/ \left(1 - b \right) \right] b + q \tag{12-3}$$

式中　Q——渗滤液产生量，m³/d；

　　　c——设计入炉垃圾量，t/d；

　　　f——垃圾焚烧电厂超负荷系数，宜取 1.1～1.2；

　　　b——入厂垃圾产水率，%，宜取 20%～35%；

　　　q——其他污水量。

根据附近区域类似项目调研，渗滤液产生率取 28%。该项目设计入炉垃圾量为 3000t/d，考虑焚烧炉超负荷系数取 1.2，按照公式（12-3），杭州九峰项目的渗滤液总产生量为 1400m³/d，考虑卸料平台冲洗水、初期雨水、杂用水、生活污水等污水一起进入渗滤液站处理，最终确定该项目渗滤液处理规模为 1500m³/d。

12.5.3 进出水水质

（1）设计进水水质

进水暂估水质如表 12.9 所示。

表 12.9　渗滤液处理站设计的进水水质

序号	主要指标	设计值
1	$COD_{Cr}/$（mg/L）	≤60000
2	$BOD_5/$（mg/L）	≤30000
3	$NH_4^+ - N/$（mg/L）	≤2000
4	TN/（mg/L）	≤2100
5	SS/（mg/L）	≤15000
6	pH 值	6～9

（2）设计出水水质

反渗透产水水质达到《城市污水再生利用　工业用水水质》（GB/T 19923—2005）中表 1 敞开式循环冷却水水质标准，具体如表 12.10 所示。

表 12.10 设计的出水水质

序号	控制项目	水质标准
1	pH 值	6.5 ~ 8.5
2	浊度/NTU	≤5
3	色度/倍	≤30
4	BOD_5/（mg/L）	≤10
5	COD_{Cr}/（mg/L）	≤60
6	铁/（mg/L）	≤0.3
7	锰/（mg/L）	≤0.1
8	氯离子/（mg/L）	≤250
9	二氧化硅/（mg/L）	≤50
10	总硬度（以 $CaCO_3$ 计）/（mg/L）	≤450
11	总碱度（以 $CaCO_3$ 计）/（mg/L）	≤350
12	硫酸盐/（mg/L）	≤250
13	$NH_4^+ - N$/（mg/L）	≤10
14	TP	≤1.0
15	溶解性总固体/（mg/L）	≤1000
17	阴离子表面活性剂/（mg/L）	≤0.5
18	余氯/（mg/L）	≤0.05
19	粪大肠菌群/（个/L）	≤2000

12.5.4 工艺流程

如图 12.5 所示，本项目采用"预处理 + 高效厌氧（IOC）+ 反硝化 + 硝化（纯氧曝气）+ 浸没式超滤 + 化学软化 + 卷式反渗透（RO）"处理工艺，膜浓缩液采用"碟管式反渗透（DTRO）"工艺，系统总的产水率为 85%。

渗滤液处理工艺：垃圾渗滤液经篮式过滤器后进入初沉池，去除悬浮物后溢流进入调节池，经调节池均质均量后，经厌氧进水泵，进入厌氧罐，去除大部分有机污染物，厌氧出水后渗滤液进入 A/O 系统，厌氧出水首先进入 A 池（缺氧池），在缺氧条件下反硝化菌利用污水中的有机碳将硝态氮还原为氮气，在脱氮的同时降低了容积负荷，并补充了后续硝化反应的碱度，同时部分悬浮污染物被吸附并分解，提高了污水的可生化性，随后污水通过推流进入 O 池（好氧池），好氧曝气方式采用纯氧曝气，在好氧条件下残余的有机物被进一步降解，同时硝化菌将污水中的氨氮氧化为硝态氮，再回流至 A 池进行反硝化脱氮。经 A/O 处理后出水进入浸没式超滤系统进一步去除大分子有机物、悬浮物等污染物，经超滤处理后出水进入化学软化 TUF 系统、反渗透系统，去除悬浮物、溶解性固体、硬度、色度、氨氮、氯离子等污染指标，最终出水作为冷却塔循环冷却水补水。

膜浓缩液处理工艺：由于本项目深度处理工艺采用"化学软化 + 反渗透"工艺，因此浓缩液主要为反渗透浓缩液，由于化学软化去除了渗滤液中 90% 以上的硬度和 30% 左右的电导，浓缩液水质相对较好，因此采用 DTRO 工艺对其进行处理，DTRO 系统的清液得率为 50%，DTRO 系统的清液回流至卷式反渗透进行再次处理，DTRO 浓缩液回用于主场房用于石灰浆制备。

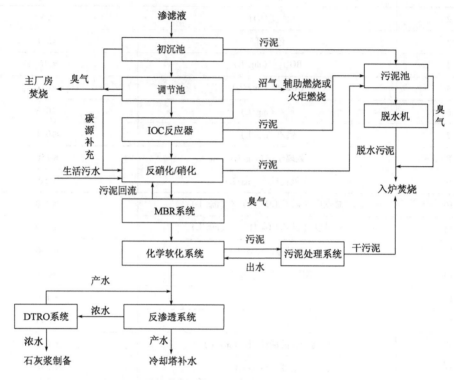

图 12.5　杭州某项目渗滤液处理工艺流程图

污泥处理工艺：渗滤液经过初沉池沉淀后，产生大量无机污泥，无机污泥经渣浆泵排入污泥储池，厌氧系统和好氧系统在生物降解过程中产生大量活性污泥，经污泥泵排入污泥储池收集，经污泥储池后的污泥经污泥螺杆泵输送至污泥脱水机脱水处理，脱水后污泥入炉焚烧，避免产生二次污染。

沼气综合利用工艺：厌氧发酵产生的沼气是一种高质量的清洁燃料，主要由甲烷、二氧化碳、氮气、氢气、氧气、硫化氢等气体组成，其中甲烷的含量一般占 55%～75%，二氧化碳含量占 25%～40%，其他气体占 5%～10%。本项目沼气产生量约为 1600Nm³/h，沼气主要用于炉膛助燃发电。从安全角度考虑，本项目设置了内燃式火炬作为备用。

臭气处理工艺：垃圾渗滤液本身具有较强烈的恶臭气味，因此在处理过程中也会有臭气产生，若不进行处理则会对周边的大气环境和人群造成不良影响。本处理工程中臭气的主要产生点主要集中在预处理系统及污泥处理系统。本工程采用的除臭方法是将预处理系统、污泥处理系统均采用封闭式设计，再通过引风机将臭气收集后送至垃圾仓，通过引风机入炉燃烧处理。

12.5.5　技术方案特点

（1）预处理系统
①调节池前段设置自清洗过滤器，截留小的颗粒和纤维；

②调节池前端设置竖流沉淀池进一步去除悬浮物。

（2）厌氧系统

①厌氧采用钢罐方式；

②增加高直径比，提高污泥床膨胀高度，提高污水与床体接触概率与时间；

③采用创新的多点布水方式，降低短流及堵塞概率；

④底部设计成锥形斗结构，采用大管径单点排泥，改善排泥效果；

⑤设置双层三相分离器，减少活性污泥流失；

⑥出水管道设计水封，防止出水带气或带泥。

（3）好氧系统

①采用 A/O 工艺，提高池容和设备利用率；

②曝气系统采用先进的纯氧曝气，无鼓风射流曝气系统降低了设备维护和能耗，避免了噪声问题；

③纯氧曝气氧利用率可高达 80% 以上，污泥活性高，处理效率好，无生化泡沫问题。

（4）浸没式超滤系统

①超滤膜选用进口浸没式超滤膜，膜材质为 PTFE 材质，抗拉强度高，无断丝问题；

②浸没式超滤系统运行能耗仅为外置式超滤的十分之一左右，系统运行更节能；

③浸没式超滤膜抗污染性能强，清洗较外置简便，维护量低。

（5）化学软化系统

①化学软化包括了软化系统和微滤系统，其中微滤系统可采用管式微滤或中空纤维微滤两种形式；

②出水水质好且稳定，保证渗滤液中的硬度的去除率为 90% 以上；

③化软系统对硬度的去除避免了后续的膜处理系统和浓缩液处理系统结垢污染风险。

（6）膜深度处理系统（反渗透系统）

①反渗透膜元件为进口卷式膜，运行稳定可靠；

②工艺产水率可达到 70%，产水率较传统工艺高 5%～10%，且水质稳定达标；

③反渗透系统采用在线清洗，运行维护相对简单。

（7）膜浓缩液处理

①本处理工艺无纳滤膜浓缩液，只有反渗透膜浓缩液，为了进一步降低膜浓缩液产量，膜浓缩液采用 DTRO 工艺进行处理，使整个深度处理系统的清水回收率达到 85%；

②反渗透膜浓缩液主要含有一价离子物质和小分子难降解腐殖酸，硬度和碱度低，不易导致结垢，因此可回用于石灰乳制备和反应塔烟气冷却。

12.5.6 主要构筑物及设备参数

（1）初沉池

功能描述：渗滤液中含有大量悬浮物和胶体物质，通过沉淀池去除大部分悬浮固体及胶体污染物，从而减轻了后续构筑物的处理负荷。渗滤液首先经过篮式过滤器过滤，去除大的纤维，后进入沉淀池，进行沉淀分离，上清液溢流进入调节池，沉淀下来储存在泥斗的污泥定期用渣浆泵排至污泥浓缩池。

①设计参数

设计流量：100m³/h；

尺寸规格：$L \times B \times H = 7.0\mathrm{m} \times 7.0\mathrm{m} \times 10.0\mathrm{m}$ 超高 1.0m，有效沉淀高度 3.5m，间隙和缓冲层高度 1.5m，泥斗高度 4.0m，数量：3 座。

②主要设备

渣浆泵：$Q = 50\mathrm{m}^3/\mathrm{h}$，$H = 12\mathrm{m}$，$N = 11\mathrm{kW}$，数量 2 台。

（2）调节池

功能描述：由于渗滤液来水呈峰、谷不均匀状态，渗滤液处理系统需要设置一定容积的调节池，以缓解来水不均匀给后续处理系统带来的冲击负荷。

①设计参数

处理规模：1500m³/d；

则有效容积：$V_{有效} = 5504\mathrm{m}^3$，数量：1 座，分 3 格。

②主要设备

潜水搅拌机：$N = 10\mathrm{kW}$，数量 6 台；

潜水搅拌机：$N = 7.5\mathrm{kW}$，数量 2 台；

调节池出水提升泵：$Q = 100\mathrm{m}^3/\mathrm{h}$，$H = 36\mathrm{m}$，$N = 22\mathrm{kW}$，数量 3 台。

（3）高效厌氧反应器

功能描述：厌氧生物反应系统选用自主研发厌氧反应器，中温条件下厌氧反应。该系统使用循环泵作为内循环系统。为了在冬天气温低时能维持系统需要的反应器温度，在渗滤液进入厌氧系统前需设置加热系统，厌氧反应器设计时还应考虑保温措施。

为确保工艺处理效果，后续厌氧系统需维持在中温条件下运行，本工程厌氧池中设计水温保持在 35℃。由于冬季气温很低，在渗滤液进入厌氧系统前需设置加热系统。

①加热设计参数

设计进水水量：1500m³/d；

设计厌氧反应温度：$t = 35℃$；

设计进水水温：$t = 15℃$（冬季最不利渗滤液进水温度）。

②加热系统设计计算

以冬季最不利月考虑日需蒸汽量确定：

进水需热量：$Q_1 = 12.6 \times 10^7 \mathrm{kJ}$；

每公斤蒸汽转化成 35℃ 的水共放热量：$Q_2 = 2747\mathrm{kJ}$；

理论所需蒸汽量为：$G_1 = 45.8\mathrm{t/d}$；

采取蒸汽混合器方式，将蒸汽混合器设置在厌氧循环泵的进水管上，蒸汽通过汽水混合器与厌氧循环水混合进入厌氧反应器。

厌氧中温消化设温度为 35℃；

设计流量：$Q = 1500\mathrm{m}^3/\mathrm{d}$；

则有效容积：$V_{有效} = 10173.6\mathrm{m}^3$；

单座尺寸规格：$D \times H = \phi 12\mathrm{m} \times 24\mathrm{m}$，有效水深 22.5m，数量：4 座。

③沼气产量

甲烷产气率：0.395Nm³/kgCOD；

则甲烷产气总量为：$Q \approx 25990\mathrm{Nm}^3/\mathrm{d}$；

取沼气中甲烷的含量为 70%，则沼气的总量为 37130m³/d；

产沼气量 $Q = 1547\mathrm{m}^3/\mathrm{h}$。

（4）硝化/反硝化系统

功能描述：采用曝气系统给待处理水充加足够的氧气，使好氧菌能有足够的氧气利用水中有机物进行新陈代谢，从而使水中的污染物变成二氧化碳和水等无害无机物。渗滤液先进入反硝化池进行反硝化脱氮，最后进入膜池。

生化池设计参数：

硝化池有效容积：$V_{有效} = 6997.8 \mathrm{m}^3$；

单座平面尺寸：$L \times B \times H = 21.8\mathrm{m} \times 10.7\mathrm{m} \times 8.5\mathrm{m}$，超高1m，数量4座；

反硝化池有效容积：$V_{有效} = 3842.25 \mathrm{m}^3$；

单座平面尺寸：$L \times B \times H = 11.75\mathrm{m} \times 21.8\mathrm{m} \times 8.5\mathrm{m}$，超高1m，数量2座。

（5）MBR膜系统

MBR膜系统采用进口品牌的浸没式帘式膜，进口品牌的浸没式帘式膜具有运行费用低、运行稳定、不断丝、清洗维护简单等优点。本项目中，设2套MBR膜系统，设1套MBR膜系统的清洗系统。

MBR膜系统设计可以按照表12.11所示设计参数进行设计。

表12.11　浸没式超滤膜设计参数

处理规模	MBR进水量	$1500\mathrm{m}^3/\mathrm{d}$
	MBR处理量	$1500\mathrm{m}^3/\mathrm{d}$
	MBR产水量	$1500\mathrm{m}^3/\mathrm{d}$
所需膜面积（设计值）		$6912\mathrm{m}^2$
所需膜组件的数量		576支
所需膜单元数量		8组
所需膜单元组数量		2套
1个膜单元所需膜组件的数量		72支
1个膜单元的膜面积		$864\mathrm{m}^2$
单套膜单元组所需膜单元数量		288支
单套膜单元组膜面积		$3456\mathrm{m}^2$
正常运行时实际运行膜通量 At25℃		$0.241\mathrm{m}^3/\mathrm{d}$ (10.04LMH)
化学清洗时平均膜通量 At0℃		$0.21\mathrm{m}^3/\mathrm{d}$ (8.75LMH)
化学时实际运行膜通量 At0℃		$0.21\mathrm{m}^3/\mathrm{d}$ (8.75LMH)
正常运行条件下运行的膜单元组的数量		8组
化学清洗时运行的膜单元组数量		4组
每次化学清洗膜单元组数量		1组

主要设备：

MBR自吸泵：$Q = 35\mathrm{m}^3/\mathrm{h}$，$H = 10\mathrm{m}$，$N = 3\mathrm{kW}$，数量4台；

污泥回流泵：$Q = 300\mathrm{m}^3/\mathrm{h}$，$H = 10\mathrm{m}$，$N = 18.5\mathrm{kW}$，数量4台；

MBR 反洗泵：$Q = 25m^3/h$，$H = 10m$，$N = 2.2kW$，数量 2 台；

MBR 清洗泵：$Q = 10m^3/h$，$H = 10m$，$N = 1.5kW$，数量 2 台；

酸洗池、碱洗池排空泵：$Q = 35m^3/h$，$H = 10m$，$N = 3kW$，数量 2 台。

（6）TUF 单元

①TUF 化学软化单元。系统由化学加药系统和反应池组成，反应池添加氢氧化钙，另添加少量次氯酸钠，搅拌反应，控制 pH 值在 11 左右；经过反应后的含沉淀物的水溢流进入到 TUF 的循环池。同时反应池均配套有搅拌装置，避免沉淀物沉入池底。

a. 混凝加药系统。混凝加药系统主要是加入石灰和碱，将原水中的碳酸氢根离子转换为碳酸根离子，与水中的钙离子、镁离子以及金属离子反应生成沉淀，通过过滤去除，降低反渗透膜运行中的结垢风险。

b. 石灰加药系统。石灰加药系统参数如表 12.12 所示。

表 12.12　石灰加药系统参数表

名　　称	参　　数
小时处理水量	$75m^3/h$
药剂浓度	10%
数量	1 台
加药槽搅拌器	$60r/min$，$3.0kW$
数量	1 台
石灰加药泵	$Q = 2m^3/h$，$H = 20m$，$0.75kW$
数量	4 台
石灰储罐	计量投加螺旋及 PLC 控制系统
数量	1 台

c. 反应池。反应池参数设计如表 12.13 所示。

表 12.13　反应池设计参数表

名　　称	反应池
材质	混凝土
尺寸	$4m \times 4m \times 6.2m$
数量	2 座

d. TUF 循环池。TUF 循环池设计参数如表 12.14 所示。

表 12.14　TUF 循环池设计参数表

名　　称	TUF 循环池
材质	混凝土
尺寸	$4m \times 4m \times 6.7m$
数量	1 座

②TUF 微滤系统。功能说明：本单元采用管式微滤 TUF 膜系统。TUF 膜组件对分子具有选择性截留，允许离子、小分子（小于 $0.1\mu m$）的物质透过膜。垃圾渗滤液投加石灰药剂调节 pH 值至 $10.5 \sim 11$，使二价金属离子（主要为钙镁离子）沉淀完全，然后通过管式微滤膜单元（TUF）循环浓缩，浓缩液含固量控制在 $3\% \sim 5\%$ 左右，后续压滤成泥。

TUF系统设计参数：设计进水量1550m³/d；设计产水量1500m³/d，50m³/d随污泥排放，经压滤后再回到系统；数量：3套TUF膜系统。

（7）反渗透系统（RO）

功能说明：本单元采用卷式RO膜系统。反渗透膜组件对离子具有选择性截留，去除绝大部分盐分。反渗透膜组件对各种离子、COD_{Cr}脱除率可以达到95%以上，出水水质稳定达标。

RO系统设计参数：设计进水量1500m³/d，设计产水量1050m³/d，系统产水率70%，数量：3套。

系统配置：设置3套独立运行的子系统，采用二段式，一段采用苦咸水膜，并联5支5芯装膜壳；二段采用海水膜，并联4支5芯装膜壳；RO系统采用135支膜组件。反渗透系统设备配置设计参数如表12.15所示。

表12.15 反渗透系统设计参数表

名　称	参　数
RO处理能力	1550m³/d
膜进水量	75m³/h
设计膜通量	10.5L/（m²·h）
回收率	70%
膜面积	37.2m²
膜数量	135支
膜壳数量	27支
膜排列方式	5:4

（8）膜浓缩液处理系统（DTRO工艺）

功能说明：本单元采用碟管式反渗透（简称DTRO）膜系统。DTRO膜组件不仅对离子具有选择性截留，去除绝大部分盐分；而且可以耐更高进水盐分，耐更高的运行压力。DTRO膜组件对各种离子、COD_{Cr}脱除率可以达到95%以上，出水水质稳定达标。由于进水水质较差，DTRO产水品质无法确保，故需回到RO系统再处理。

DTRO系统设计参数：设计进水量450m³/d，设计产水量225m³/d，系统产水率50%。使整个膜处理工段回收率提高至85%，数量：2套。设置2套独立运行的子系统，并联48支膜组件。DTRO膜组件系统配置参数表如表12.16所示。

表12.16 DTRO膜组件系统配置参数表

名　称	DTRO膜组件
数量	110支
膜组件形式	8寸
膜片型式	蝶管式膜
材质	聚酰胺复合膜
最高操作压力	90bar
膜面积	9.405m²/支

（9）污泥处理系统

①污泥储池。功能描述：预处理、厌氧池及 MBR 的污泥流入污泥储池，在储池内经过搅拌，由泵压入离心脱水机进行机械脱水。

a. 污泥产量

初沉池：绝干污泥 2.8t/d，含水率 96%，污泥含水率预沉池污泥产生量为 70m³/d；

好氧池：绝干污泥 3.45t/d（以 MLSS 计），含水率 98.5%，需排放污泥量 230m³/d；

厌氧池：厌氧系统产生绝干污泥 3.2t/d（以 MLSS 计），含水率 96%，需排放污泥量 80m³/d；

进污泥储池的污泥量：$Q=380m^3/d$。

b. 污泥储池设计参数

污泥储池尺寸：$L \times B \times H = 7.0m \times 7.0m \times 7.7m$，超高 1.0m，数量：2 座；

螺杆泵：$Q=20m^3/h$，$p=0.6MPa$，$N=5.5kW$，数量 2 台；

污泥搅拌机：$N=11kW$，数量 2 台。

②污泥脱水间。功能描述：主要用于为污泥进行机械脱水。脱水机进泥浓度约为 96.5%，脱水后出泥浓度 80%。脱水机每天排泥量为 45.5t/d。

旋转挤压污泥脱水机：$Q=12 \sim 16m^3/h$，$N_主=5.5kW$，数量 2 台，1 用 1 备；

污泥输送螺杆泵：$Q=3.0m^3/h$，$p=1.2MPa$，$N=7.5kW$，数量 2 台，1 用 1 备；

加药螺杆泵：$Q=2.5m^3/h$，$H=0.6MPa$，$N=1.5kW$；数量 2 台；

絮凝剂配投装置：最大投加量 2500L/h，溶液箱容积 4.0m³，数量 1 台；

泥斗：$V=10m^3$，数量 1 台；

污泥储罐：$V=150m^3$，数量 1 台。

（10）除臭系统

将调节池、沉淀、污泥储池、污泥脱水间产生的臭气收集一并输送至垃圾仓燃烧处理。

①臭气处理量确定

调节池：换气次数 5 次，臭气量 7287m³；

沉淀池：换气次数 5 次，臭气量 735m³；

污泥储池：换气次数 5 次，臭气量 490m³；

污泥脱水机房：换气次数 5 次，臭气量 4500m³；

反硝化池：换气次数 5 次，臭气量 2580m³；

污泥储罐：换气次数 5 次，臭气量 200m³；

处理总气量：15792m³/h。

②主要设备　除臭风机 $Q=18000m^3/h$，$p=1500Pa$，$N=15kW$，2 台。

12.5.7　处理效果及讨论

本项目主要处理对象是杭州市生活垃圾焚烧厂渗滤液，虽然垃圾渗滤液中的水量和水质随季节的变化较大，对渗滤液处理系统的影响较大。但采用上述组合工艺 COD 和氨氮的去除率分别达到了 99% 以上，产水水质和产水率均达到设计标准。各工艺单元的去除率如表 12.17 所示。

表 12.17 各处理单元去除率表

名　称		COD/（mg/L）	BOD/（mg/L）	NH₃ - N/（mg/L）	SS/（mg/L）
预处理	进水水质	60000	30000	2000	15000
	预计出水水质	54000	28500	2000	10500
	去除率/%	10	5	0	30
IOC	进水水质	54000	28500	2000	10500
	预计出水水质	7000	1425	2000	3000
	去除率/%	87	95	0	71
浸没式超滤	进水水质	7000	1425	2000	3000
	预计出水水质	500	20	20	5
	去除率/%	92.8	99	99	99.8
软化系统	进水水质	500	20	20	5
	预计出水水质	350	15	18	5
	去除率/%	30	25	10	0
反渗透系统	进水水质	350	15	18	5
	预计出水水质	50	5	5	0
	去除率/%	86	67	72	100
回用标准		≤60	≤10	≤10	≤20

参 考 文 献

[1]　冯延申，黄天寅，刘锋，等．反硝化脱氮新型外加碳源研究进展［J］．现代化工．2013，33（10）：52-57．

[2]　王海．城市污水处理厂曝气系统节能降耗影响因素及控制模式研究［D］．青岛：青岛理工大学，2010．

[3]　朱铁群．活性污泥法生物学原理［M］．西安：西安地图出版社，2009．

[4]　卜建伟，何文杰，黄廷林，等．浸没式膜工艺处理滦河水的膜污染清洗技术研究［J］．供水技术．2009，3（4）：1-5．

[5]　苏东辉，叶小郭，姚德飞，等．复合MBR工艺处理生活垃圾焚烧电厂渗滤液［J］．环境科学与技术．2012，35（4）：168-170．

[6]　潘涛．废水污染控制技术手册［M］．北京：化学工业出版社，2013．

[7]　徐扬纲．给水排水设计手册．第12册，器材与装置［M］．北京：中国建筑工业出版社，2012．

[8]　周雹．活性污泥工艺简明原理及设计计算［M］．北京：中国建筑工业出版社，2005．

[9]　张自杰．排水工程．下册［M］．北京：中国建筑工业出版社，2000．

[10]　高延耀，顾国维，周琪，等．水污染控制工程．下册［M］．北京：高等教育出版社，2007．

[11]　刘守亮，安文超．MBR+纳滤+反渗透工艺处理垃圾渗滤液实验研究［J］．环境科学与管理．2013，38（3）：96-99．

[12]　罗宇，杨宏毅．MBR工艺应用于垃级渗滤液处理的研究［J］．环境工程．2004，22（2）：69-71．

[13]　袁江，夏明，黄兴，等．UASB和MBR组合工艺处理生活垃圾焚烧发电厂渗滤液［J］．工业安全与环保．2010，36（4）：21-22．

[14]　吴莉娜，徐莹莹，史枭，等．短程硝化-厌氧氨氧化组合工艺深度处理垃圾渗滤液［J］．环境科学研究．2016，29（4）：587-593．

[15]　李会兵．鼓风曝气设备充氧性能检测方法及过程影响因素研究［D］．青岛：青岛理工大学，2013．

[16]　吴莉娜，涂楠楠，程继坤，等．垃圾渗滤液水质特性和处理技术研究［J］．科学技术与工程．2014，14（31）：136-143．

[17]　刘星．曝气技术中氧传质影响因素的实验研究［D］．大连：大连理工大学，2008．

[18]　李宾祥．污水处理系统曝气设备氧转移能力及α值影响因素研究［D］．青岛：青岛理工大学，2016．

[19]　王宝贞，王琳．城市固体废物渗滤液处理与处置［M］．环境科学与工程出版中心，2005．

[20]　左剑恶，蒙爱红．一种新型生物脱氮工艺——SHARON—ANAMMOX组合工艺［J］．给水排水．2001，27（10）：22-28．

[21]　张徵晟．生活垃圾焚烧厂渗滤液处理工艺的研究［D］．上海：同济大学，2006．

[22]　楼紫阳，赵由才，张全，等．渗滤液处理处置技术及工程实例［M］．北京：化学工业出版社，2007．

[23]　李颖．垃圾渗滤液处理技术及工程实例［M］．北京：中国环境科学出版社，2008．

[24]　王惠中．垃圾渗滤液处理技术及工程示范［M］．南京：河海大学出版社，2009．

[25]　胡焰宁．垃圾焚烧发电厂垃圾渗滤液处理工艺的研究［J］．环境工程．2004，22（5）：30-32．

[26]　张璐，李武，高兴斋，等．垃圾焚烧发电厂渗滤液处理工程设计［J］．中国给水排水．2009，25（4）：29-31．

[27]　蒋文化．生活垃圾焚烧厂渗滤液处理示范工程研究［D］．苏州：苏州科技学院 苏州科技大学，2013．

[28]　王昉，陆新生，欧明，等．UASB—MBR—NF工艺在生活垃圾焚烧电厂渗滤液处理中的应用［J］．给水排水．2009，35（s1）：135-139．

[29]　陈鹏．垃圾填埋场和垃圾焚烧厂渗滤液处理工艺研究［D］．重庆：重庆大学，2007．

[30]　李旭东，李毅军，陈忠余，等．垃圾填埋场渗滤液处理工艺研究［J］．应用与环境生物学报．1999，5（s1）：143-146．

[31]　黄娟，王惠中，焦涛，等．垃圾填埋场渗滤液处理技术及示范工程研究［J］．环境科技．2008，21（5）：35-38．

[32]　李永旺，杨超，项官兴．浅析生活垃圾焚烧厂渗滤液处理工艺［J］．内江科技．2017，38（2）：33．

[33]　陈威，施武斌，刘磊，等．生活垃圾焚烧发电厂渗滤液处理工程实例［J］．水处理技术．2014（5）：121-123．

[34]　宋灿辉，吕志中，方朝军，等．生活垃圾焚烧厂垃圾渗滤液处置技术［J］．环境工程．2008（s1）：148-150．

[35]　乐俊超．生活垃圾焚烧厂渗沥液处理方式与分析［J］．净水技术．2013，32（3）：46-51．

[36] 杜昱，李晓尚，孙月驰，等．二级厌氧＋厌氧氨氧化＋MBR工艺处理垃圾焚烧厂渗滤液探讨［J］．给水排水．2016，42（1）：42-46.

[37] 肖诚斌，庞保蕾，任艳双，等．垃圾焚烧发电厂垃圾渗滤液处理工程实例［J］．中国给水排水．2012，28（10）：77-79.

[38] 李志华．预处理/厌氧/MBR/NF/RO工艺处理垃圾焚烧渗滤液［J］．中国给水排水．2016（8）：92-94.

[39] 吴永新．垃圾渗滤液处理技术的理论与实践研究［J］．能源与节能．2014（11）：110-112.

[40] 韩温堂，李新红，余承烈，等．小型工业废水处理站调节池的设计探讨［J］．工业用水与废水．2015，v.46；No. 207（2）：33-35.

[41] 孟建丽，张润斌，孟建雄，等．调节池的作用及设计探讨［J］．图书情报导刊．2011，21（12）：173-176.

[42] 都军东，刘斌，孙凯，等．山东省某垃圾焚烧项目配套渗滤液处理工程实例［J］．中国给水排水．2013，29（10）.

[43] 奥斯曼·吐尔地，杨令，安迪，等．吹脱法处理氨氮废水的研究和应用进展［J］．石油化工．2014，43（11）：1348-1353.

[44] 傅菁菁．吹脱法及其工程应用［J］．建设科技．2002（8）：60-62.

[45] 岳秀．垃圾渗滤液的预处理方法及其机理研究［D］．长沙：湖南大学，2011.

[46] 李颖．垃圾渗滤液处理技术及工程实例［M］．北京：中国环境科学出版社，2008.

[47] 潘涛．废水污染控制技术手册［M］．北京：化学工业出版社，2013.

[48] 唐受印，汪大翚．废水处理工程［M］．北京：化学工业出版社，1998.

[49] 都军东，刘斌，孙凯．山东省某垃圾焚烧项目配套渗滤液处理工程实例［J］．中国给水排水．2013，29（10）.

[50] 马放，田禹，王树涛，等．环境工程设备与应用［M］．北京：高等教育出版社，2011.

[51] 钟琼．废水处理技术及设施运行［M］．北京：中国环境科学出版社，2008.

[52] 贺延龄．废水的厌氧生物处理［M］．北京：中国轻工业出版社，1998：9-12.

[53] 张希衡．废水厌氧生物处理工程［M］．北京：中国环境科学出版社，1996：159-161.

[54] 王绍文，罗志腾，钱雷，等．高浓度有机废水处理技术与工程应用［M］．北京：冶金工业出版社，2003.

[55] 崔志，何为庆．工业废水处理［M］．北京：冶金工业出版社，1999.

[56] 斯特罗纳奇S.M.工业废水处理的厌氧消化过程［M］．北京：中国环境科学出版社，1989.

[57] 刘永红．工业厌氧颗粒污泥自固定化过程中的流体力学［M］．西安：西安交通大学出版社，2011.

[58] 赵由才．可持续生活垃圾处理与处置［M］．北京：化学工业出版社，2007.

[59] 顾夏声．水处理工程［M］．北京：清华大学出版社，1985.

[60] 高俊发，王社平．污水处理厂工艺设计手册［M］．北京：化学工业出版社，2003.

[61] 冯孝善，方士．厌氧消化技术［M］．杭州：浙江科学技术出版社，1989.

[62] 刘聿大．沼气发酵微生物及厌氧技术［M］．北京：科学出版社，1990.

[63] 钟琼．废水处理技术及设施运行［M］．北京：中国环境科学出版社，2008.

[64] 王薇，杜启云．纳滤技术用于垃圾渗滤液深度处理［J］．水处理技术．2009，35（11）：72-74.

[65] 刘晓晶，何长明，李俊，等．纳滤组合技术在垃圾渗滤液处理中的应用进展［J］．应用化工．2017，46（11）.

[66] 李黎，王志强，陈文清，等．纳滤在垃圾渗滤液处理工程中的应用［J］．工业水处理．2012，32（10）：90-92.

[67] 张勇明．纳滤膜在生活垃圾填埋场渗滤液处理中的应用发展［J］．中外建筑．2014（8）：164-165.

[68] 张雅静．垃圾渗滤液膜处理技术的工程应用研究［D］．广州：华南理工大学，2010.

[69] 沈源源．DTRO＋卷式RO工艺处理垃圾渗滤液的优化研究［D］．成都：西南交通大学，2014.

[70] 姜彦超．MBR＋NF＋RO工艺处理垃圾渗滤液的研究［D］．哈尔滨：哈尔滨工业大学，2015.

[71] 高用贵．"化学软化＋反渗透"法处理垃圾焚烧厂渗滤液中试研究［D］．北京：清华大学，2013.

[72] 姜晓杰，张栩聪．DTRO膜在垃圾渗滤液处理中的应用［J］．资源节约与环保．2014（4）：109.

[73] 赵爽，汪晓军，袁延磊，等．垃圾渗滤液反渗透浓水深度处理中试研究［J］．中国给水排水．2017（5）：65-67.

[74] 关法强，赵于鹏．回灌＋DTRO工艺在垃圾渗滤液处理中的应用［J］．价值工程．2010，29（3）：40-41.

[75] 张立娜．垃圾渗滤液两级碟管式反渗透处理系统工艺设计［J］．中国给水排水．2016（16）：59-62.

[76] 钟剑．垃圾渗滤液膜过滤浓缩液处理技术综述［J］．广东化工．2011，38（8）：264-265.

[77] 赵伟义．垃圾渗滤液浓缩液处理技术研究［J］．冶金丛刊．2017（3）：83-84.

[78] 岳东北, 刘建国, 聂永丰, 等. 蒸发法深度处理浓缩渗滤液的实验研究 [J]. 环境与可持续发展. 2005 (1): 44-45.

[79] 杨琦, 何品晶, 邵立明, 等. 负压蒸发法处理生活垃圾填埋场渗滤液 [J]. 环境工程. 2006, 24 (2): 17-19.

[80] 林峪如, 吕全伟, 莫榴, 等. 新型垃圾渗滤液蒸发法处理技术研究 [J]. 科技风. 2016 (23): 94-95.

[81] 褚贵祥, 邹琳. 垃圾焚烧发电厂渗滤液 NF 浓缩液蒸发处理的试验研究 [J]. 黑龙江电力. 2014, 36 (6): 554-556.

[82] 徐苏士. UV-Fenton 工艺对垃圾渗滤液纳滤浓缩液的处理研究 [D]. 北京: 清华大学, 2012.

[83] 江皓, 吴全贵, 周红军. 沼气净化提纯制生物甲烷技术与应用 [J]. 中国沼气. 2012, 30 (2): 6-11.

[84] 中华人民共和国国家质量监督检验检疫总局. 中华人民共和国国家标准. 大中型沼气工程技术规范 [M]. 北京: 中国建筑工业出版社, 2015.

[85] 朱泉雯, 李向东. 铁碳微电解/Fenton 试剂联合处理垃圾渗滤液研究 [J]. 环境科学与管理. 2015, 40 (5): 85-88.

[86] 郭鹏, 黄理辉, 高宝玉, 等. 铁碳微电解-H2O2 法预处理晚期垃圾渗滤液 [J]. 水处理技术. 2008, 34 (12): 57-61.

[87] 罗凯. 三维电极—铁碳微电解一体式反应器处理垃圾渗滤液的实验研究 [D]. 南昌: 南昌大学, 2014.

[88] 于洪锋. 铁碳微电解预处理垃圾渗滤液的研究 [J]. 轻工科技. 2013 (8): 100-101.

[89] 王燕飞. 水污染控制技术 [M]. 北京: 化学工业出版社, 2008.

[90] 郭红生. 电气自动化工程控制系统的现状及其发展趋势 [J]. 科技创业月刊. 2011, 24 (12): 115-117.

[91] 张良. 电气仪表自动化控制技术发展的新趋势探讨 [J]. 工程技术: 全文版. 2016 (5): 206.

[92] 张金伟, 朴振华, 张赵辉, 等. 浅谈工业电气自动化系统发展趋势 [J]. 中国科技纵横. 2011 (20): 100.

[93] 张永兰. 无人值守变电站发展与电力自动化应用 [J]. 技术与市场. 2013 (8): 203.

[94] Ju-Ming L I. An Effective Way to Solve Garbage Siege [C]. 2010.

[95] Kurniawan T A, Lo W H, Chan G Y. Physico-chemical treatments for removal of recalcitrant contaminants from landfill leachate [J]. Journal of Hazardous Materials. 2006, 129 (1–3): 80-100.

[96] Grimes S M, Taylor G H, Cooper J. The availability and binding of heavy metals in compost derived from household waste [J]. Journal of Chemical Technology & Biotechnology. 2015, 74 (12): 1125-1130.

[97] Zhang G Y, Ming-Cheng H E, Wang Y F, et al. Zero Emission Practice of Landfill Leachate Treatment in Municipal Solid Waste Incineration Plant [J]. China Water & Wastewater. 2015.

[98] Metcalf, Eddy I. Wastewater Engineering: Treatment and Reuse [J]. McGraw-Hill Series in Water Resources and Environmental Engineering. 2003, 73 (1): 50-51.

[99] Chiang L C, Chang J E, Chung C T. Electrochemical Oxidation Combined with Physical-Chemical Pretreatment Processes for the Treatment of Refractory Landfill Leachate [J]. Environmental Engineering Science. 2001, 18 (6): 369-379.

[100] Ushikoshi K, Kobayashi T, Uematsu K, et al. Leachate treatment by the reverse osmosis system [J]. Desalination. 2002, 150 (2): 121-129.

[101] Gálvez A, Greenman J, Ieropoulos I. Landfill leachate treatment with microbial fuel cells: scale-up through plurality [J]. Bioresource Technology. 2009, 100 (21): 5085-5091.

[102] Li H, Zhou S, Sun Y, et al. Advanced treatment of landfill leachate by a new combination process in a full-scale plant [J]. Journal of Hazardous Materials. 2009, 172 (1): 408-415.

[103] Kargi F, Pamukoglu M Y. Adsorbent supplemented biological treatment of pre-treated landfill leachate by fed-batch operation [J]. Bioresource Technology. 2004, 94 (3): 285-291.

[104] Guo J, Abbas A A, Chen Y, et al. Treatment of landfill leachate using a combined stripping, Fenton, SBR, and coagulation process [J]. Journal of Hazardous Materials. 2010, 178 (1): 699-705.

[105] You S, Zhao Q, Jiang J, et al. Sustainable Approach for Leachate Treatment: Electricity Generation in Microbial Fuel Cell [J]. Journal of Environmental Science & Health Part A Toxic/hazardous Substances & Environmental Engineering. 2006, 41 (12): 2721.

[106] Liang Z, Liu J. Landfill leachate treatment with a novel process: Anaerobic ammonium oxidation (Anammox) combined with soil infiltration system [J]. Journal of Hazardous Materials. 2008, 151 (1): 202-212.

[107] Bashir M J K, Isa M H, Kutty S R M, et al. Landfill leachate treatment by electrochemical oxidation [J]. Waste Management. 2009, 29 (9): 2534-2541.

[108] Wang F, Smith D W, Eldin M G. Application of advanced oxidation methods for landfill leachate treatm... [J]. Journal of Environmental Engineering & Science. 2003, 2 (6): 413-427.

[109] Mohajeri S, Aziz H A, Isa M H, et al. Statistical optimization of process parameters for landfill leachate treatment using e-lectro-Fenton technique [J]. Journal of Hazardous Materials. 2010, 176 (1): 749-758.

[110] Laitinen N, Luonsi A, Vilen J. Landfill leachate treatment with sequencing batch reactor and membrane bioreactor [J]. Desalination. 2006, 191 (1): 86-91.

[111] Alvarez-Vazquez H, Jefferson B, Judd S J. Membrane bioreactors vs conventional biological treatment of landfill leachate: a brief review [J]. Journal of Chemical Technology & Biotechnology. 2004, 79 (10): 1043-1049.

[112] Linde K, Jönsson A, Wimmerstedt R. Treatment of three types of landfill leachate with reverse osmosis [J]. Desalination. 1995, 101 (1): 21-30.

[113] Kim S, Geissen S, Vogelpohl A. Landfill leachate treatment by a photoassisted fenton reaction [J]. Water Science and Technology. 1997, 35 (4): 239-248.

[114] Deng Y, Englehardt J D. Electrochemical oxidation for landfill leachate treatment [J]. Waste Management. 2007, 27 (3): 380-388.

[115] Wiszniowski J, Robert D, Surmacz-Gorska J, et al. Landfill leachate treatment methods: A review [J]. Environmental Chemistry Letters. 2006, 4 (1): 51-61.

[116] Lin S H, Chang C C. Treatment of landfill leachate by combined electro-Fenton oxidation and sequencing batch reactor method [J]. Water Research. 2000, 34 (17): 4243-4249.

[117] Ahn W, Kang M, Yim S, et al. Advanced landfill leachate treatment using an integrated membrane process [J]. Desalination. 2002, 149 (1): 109-114.

[118] Deng Y, Englehardt J D. Treatment of landfill leachate by the Fenton process [J]. Water Research. 2006, 40 (20): 3683-3694.

[119] Renou S, Givaudan J G, Poulain S, et al. Landfill leachate treatment: Review and opportunity [J]. Journal of Hazardous Materials. 2008, 150 (3): 468-493.